KB262946

내신 1등급 문제서

절대등급

절대등급

Time Attack

137

절대등급으로
수학 내신 1등급 도전!

- 1등급을 위한 **최고 수준 문제**
- 실전을 위한 **타임어택 1, 2, 7분컷**
- 기출에서 pick한 **출제율 높은 문제**

이 책의 검토에 참여하신 선생님들께 감사드립니다.
김문석(포항제철고), 김영산(전일고), 김종서(마산중앙고), 김종익(대동고)
남준석(마산가포고), 박성목(창원남고), 배정현(세화고), 서효선(전주사대부고)
손동준(포항제철고), 오종현(전주해성고), 윤성호(클라이매쓰), 이태동(세화고), 장진영(장진영수학)
정재훈(금성고), 채종윤(동암고), 최원욱(육민관고)

이 책의 감수에 도움을 주신 분들께 감사드립니다.
권대혁(창원남산고), 권순만(강서고), 김경열(세화여고), 김대의(서문여고), 김백중(고려고), 김영민(행신고)
김영욱(혜성여고), 김종관(진선여고), 김종성(중산고), 김종우(우신고), 김준기(중산고), 김지현(진명여고), 김헌충(고려고)
김현주(살레시오여고), 김형섭(경산과학고), 나준영(단대부고), 류병렬(대진여고), 박기헌(울산외고)
백동훈(청구고), 손태진(풍문고), 송영식(혜성여고), 송진웅(대동고), 유태혁(세화고), 윤신영(대륜고)
이경란(일산대진고), 이성기(세화여고), 이승열(제일고), 이의원(인천국제고), 이장원(세화고), 이주현(목동고)
이준배(대동고), 임성균(인천과학고), 전윤미(한가람고), 정지현(수도여고), 최동길(대구여고)

이 책을 검토한 선배님들께 감사드립니다.
김은지(서울대), 김형준(서울대), 안소현(서울대), 이우석(서울대), 최윤성(서울대)

내신 1등급
문제서

절대등급

미적분

성공은 열심히 노력하며
기다리는 사람에게 찾아온다.

By 토머스 에디슨

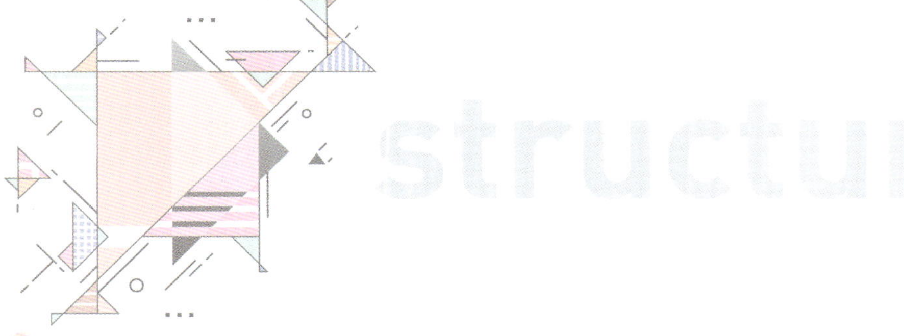

이 책의 **특장점**

절대등급은

전국 500개 최근 학교 시험 문제를 분석하고 내신 1등급이라면 꼭 풀어야
하는 문제들만을 엄선하여 효과적으로 내신 1등급 대비가 가능하게 구성한
상위권 실전 문제집입니다.

첫째, 타임어택 1, 3, 7분컷!

학교 시험 문제 중에서
출제율이 높은 문제를 기본과 실력으로 나누고
1등급을 결정짓는 변별력 있는 문제를 선별하여
[기본 문제 1분컷], [실력 문제 3분컷],
[최상위 문제 7분컷]의 3단계 난이도로 구성하였습니다.
제한된 시간 안에 문제를 푸는 연습을 하여
실전에 대한 감각을 기르고, 세 단계를 차례로 해결하면서
탄탄하게 실력을 쌓을 수 있습니다.

둘째, 격이 다른 문제!

원리를 해석하면 감각적으로 풀리는 문제,
다양한 영역을 통합적으로 생각해야 하는 문제,
최근 떠오르고 있는 새로운 유형의 문제 등
계산만 복잡한 문제가 아닌 수학적 사고력과
문제해결력을 기를 수 있는 문제들로
구성하였습니다.

셋째, 차별화된 해설!

[전략]을 통해 풀이의 실마리를 제시하였고,
이해하기 쉬운 깔끔한 풀이와
한 문제에 대한 여러 가지 해결 방법,
사고의 폭을 넓혀주는 친절한 Note를
다양하게 제시하여 문제, 문제마다
충분한 점검을 할 수 있습니다.

간단 명료한 개념 정리

단원별로 꼭 알아야 하는 필수 개념을 읽기
편하고 이해하기 쉽게 구성하였습니다.
문제를 푸는 데 있어 기본적인 바탕이 되는
개념들이므로 정리하여 익히도록 합니다.

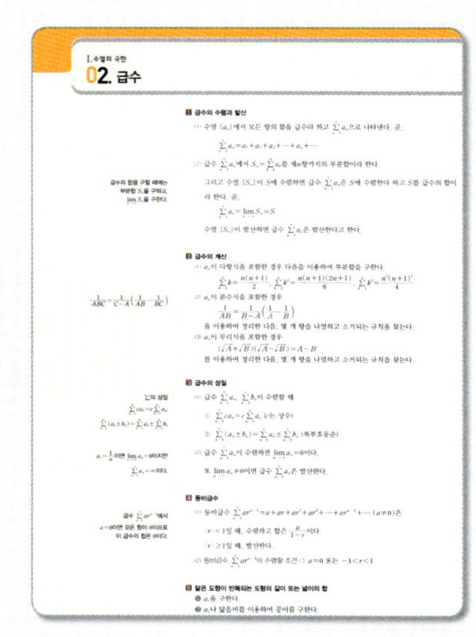

contents

미적분

Ⅰ. 수열의 극한

Ⅱ. 미분법

Ⅲ. 적분법

I. 수열의 극한

01. 수열의 극한

함수의 극한에서
$x \to \infty$는 x가 실수로서
한없이 커진다는 뜻이고,
수열의 극한에서
$n \to \infty$는 n이 자연수로서
한없이 커지다는 뜻이다.

1 수열의 극한

(1) 수열의 수렴과 발산

① $n \to \infty$일 때 수열 $\{a_n\}$이 일정한 값 α에 한없이 가까워지면 수열 $\{a_n\}$은 α에 수렴한다 하고, α를 수열 $\{c_n\}$의 극한 또는 극한값이라 한다.

$$\lim_{n \to \infty} a_n = \alpha \text{ 또는 } n \to \infty \text{일 때 } a_n \to \alpha$$

② $n \to \infty$일 때 수열 $\{a_n\}$이 수렴하지 않으면 발산한다고 한다.

(2) ∞, $-\infty$로 발산

수열 $\{a_n\}$에서 $n \to \infty$일 때 일반항 a_n의 값이 한없이 커지면 ∞로 발산한다 하고 $\lim_{n \to \infty} a_n = \infty$로 나타낸다

또 일반항 a_n의 값이 음수이면서 절댓값이 한없이 커지면 $-\infty$로 발산한다 하고 $\lim_{n \to \infty} a_n = -\infty$로 나타낸다.

함수의 극한에서
공부한 성질과 같다.

2 수열의 극한의 성질

(1) 수열 $\{a_n\}$, $\{b_n\}$이 각각 수렴할 때

① $\displaystyle \lim_{n \to \infty} ca_n = c \lim_{n \to \infty} a$ (c는 상수)

② $\displaystyle \lim_{n \to \infty} (a_n \pm b_n) = \lim_{n \to \infty} a_n \pm \lim_{n \to \infty} b_n$

③ $\displaystyle \lim_{n \to \infty} a_n b_n = \lim_{n \to \infty} a_n \times \lim_{n \to \infty} b_n$

④ $\displaystyle \lim_{n \to \infty} \frac{a_n}{b_n} = \frac{\displaystyle \lim_{n \to \infty} a_n}{\displaystyle \lim_{n \to \infty} b_n}$ $\left(\lim_{n \to \infty} b_n \neq 0 \right)$

(2) 수열의 극한의 대소 관계

수열 $\{a_n\}$, $\{b_n\}$이 각각 수렴할 때, 수열 $\{c_n\}$에 대하여

$$a_n < c_n < b_n \ \Rightarrow \ \lim_{n \to \infty} a_n \leq \lim_{n \to \infty} c_n \leq \lim_{n \to \infty} b_n$$

(3) a_n, b_n이 n에 대한 다항식이고 $\displaystyle \lim_{n \to \infty} \frac{a_n}{b_n}$이 수렴하면 a_n과 b_n의 차수는 같다.

$x \to \infty$일 때 함수의 극한을
계산하는 것과 같다.

3 극한의 계산

(1) $\dfrac{\infty}{\infty}$ 꼴의 극한 ▷ 분모, 분자를 분모의 최고차항으로 나눈다.

(2) 무리식을 포함한 극한 ⇨ 분모나 분자를 유리화하고 정리한다.

4 등비수열의 극한

(1) 등비수열 $\{r^n\}$의 수렴과 발산

① $-1 < r < 1$이면 $\displaystyle \lim_{n \to \infty} r^n = 0$ (수렴)

② $r = 1$이면 $\displaystyle \lim_{n \to \infty} r^n = 1$ (수렴)

등비수열 $\{(-1)^n\}$은 진동,
곧 발산한다.

③ $r > 1$ 또는 $r \leq -1$이면 수열 $\{r^n\}$은 발산한다.

(2) 등비수열 $\{ar^{n-1}\}$이 수렴할 조건 ⇨ $a = 0$ 또는 $-1 < r \leq 1$

5 등비수열을 포함한 극한의 계산

$\dfrac{\infty}{\infty}$ 꼴의 극한 ⇨ 분모의 밑의 절댓값이 가장 큰 항으로 분모, 분자를 나눈다.

→ 정답 및 풀이 4쪽

---

code 1　$\dfrac{\infty}{\infty}$ 꼴의 극한

01

$\displaystyle\lim_{n\to\infty}\dfrac{4n^2+6}{n^2+3n}$ 의 값은?

① 1　　　　② 2　　　　③ 3
④ 4　　　　⑤ 5

02

$\displaystyle\lim_{n\to\infty}\dfrac{n}{\sqrt{2n^2+1}-\sqrt{n^2-1}}$ 의 값은?

① $-\sqrt{2}-1$　　② $-\sqrt{2}+1$　　③ $\sqrt{2}-1$
④ 1　　　　⑤ $\sqrt{2}+1$

03

$\displaystyle\lim_{n\to\infty}\dfrac{1^2+2^2+3^2+\cdots+n^2}{n\{3+5+7+\cdots+(2n+1)\}}$ 의 값은?

① $\dfrac{1}{4}$　　② $\dfrac{1}{3}$　　③ $\dfrac{5}{12}$
④ $\dfrac{1}{2}$　　⑤ $\dfrac{7}{12}$

04

$\displaystyle\lim_{n\to\infty}\dfrac{n^2+3n}{\left\{\left(1+\frac{1}{2}\right)\left(1+\frac{1}{3}\right)\left(1+\frac{1}{4}\right)\cdots\left(1+\frac{1}{n}\right)\right\}^2}$ 의 값은?

① $\dfrac{1}{4}$　　② $\dfrac{1}{2}$　　③ 1
④ 2　　　　⑤ 4

05

$f(x)=2x^2+4nx+1$일 때, 방정식 $f(x)=0$의 두 근을 α_n, β_n이라 하자. $\displaystyle\lim_{n\to\infty}\dfrac{\alpha_n{}^2+\beta_n{}^2}{f(n)}$ 의 값은?

① $\dfrac{1}{2}$　　② $\dfrac{2}{3}$　　③ 1
④ $\dfrac{4}{3}$　　⑤ $\dfrac{3}{2}$

---

code 2　$\infty-\infty$ 꼴의 극한

06

$\displaystyle\lim_{n\to\infty}\left(\sqrt{n^2+\dfrac{n}{2}}-n\right)$ 의 값은?

① $\dfrac{1}{8}$　　② $\dfrac{1}{4}$　　③ $\dfrac{\sqrt{2}}{4}$
④ $\dfrac{1}{2}$　　⑤ $\dfrac{\sqrt{2}}{2}$

07

$\displaystyle\lim_{n\to\infty}(\sqrt{n^2+15n+13}-\sqrt{n^2-13n})$ 의 값을 구하시오.

08

$\displaystyle\lim_{n\to\infty}\sqrt{n}(\sqrt{n+4}-\sqrt{n})$ 의 값은?

① 0　　　　② $\dfrac{1}{2}$　　③ 1
④ 2　　　　⑤ 4

09

$$\lim_{n \to \infty} \frac{\sqrt{n^2-1005}-n}{n-\sqrt{n^2-1004}}$$ 의 값은?

① $-\dfrac{1005}{1004}$　　② $-\dfrac{1004}{1005}$　　③ $-\dfrac{502}{1005}$

④ $\dfrac{1004}{1005}$　　⑤ $\dfrac{1005}{1004}$

10

n이 자연수일 때, x에 대한 이차방정식
$$x^2+2nx-4n=0$$
의 양의 실근을 a_n이라 하자. $\lim\limits_{n \to \infty} a_n$의 값을 구하시오.

code 3 미정계수의 결정

11

$\lim\limits_{n \to \infty} \dfrac{an^2+bn+7}{3n+1}=4$ 일 때, a, b의 값을 구하시오.

12

a가 양수, b가 실수이고
$$\lim_{n \to \infty} \left(\sqrt{an^2+4n}-bn\right)=\frac{1}{5}$$
일 때, a, b의 값을 구하시오.

code 4 등비수열을 포함한 극한

13

$\lim\limits_{n \to \infty} \left(2+\dfrac{1}{3^n}\right)\left(a+\dfrac{1}{2^n}\right)=10$ 일 때, a의 값은?

① 1　　② 2　　③ 3
④ 4　　⑤ 5

14

$\lim\limits_{n \to \infty} \dfrac{3 \times 9^n-13}{9^n}$ 의 값을 구하시오.

15

$\lim\limits_{n \to \infty} \dfrac{2 \times 5^n-3^n}{5^{n+1}+2^n}$ 의 값은?

① 1　　② $\dfrac{4}{5}$　　③ $\dfrac{3}{5}$

④ $\dfrac{2}{5}$　　⑤ $\dfrac{1}{5}$

16

$\{a_n\}$은 공비가 3인 등비수열이다.
$$\lim_{n \to \infty} \frac{a_n-2}{3^{n+1}+2a_n}=\frac{2}{5}$$
일 때, a_1의 값은?

① 10　　② 12　　③ 14
④ 16　　⑤ 18

17

수열 $\{a_n\}$의 첫째항부터 제n항까지의 합 S_n이

$S_n=3^r+2^n$일 때, $\displaystyle\lim_{n\to\infty}\frac{a_n}{S_n}$의 값은?

① $\dfrac{1}{6}$　　　② $\dfrac{1}{3}$　　　③ $\dfrac{1}{2}$

④ $\dfrac{2}{3}$　　　⑤ $\dfrac{5}{6}$

18

이차방정식 $x^2-4x+1=0$의 두 근을 α, β라 할 때,

$\displaystyle\lim_{n\to\infty}\frac{\alpha^{n+1}-\beta^{n+1}}{\alpha^n+\beta^n}$의 값은?

① $-2-\sqrt{3}$　　　② $-2+\sqrt{3}$　　　③ 0

④ $2-\sqrt{3}$　　　⑤ $2+\sqrt{3}$

19

공비가 3인 등비수열 $\{a_n\}$의 첫째항부터 제n항까지의 합을

S_n이라 하자. $\displaystyle\lim_{n\to\infty}\frac{S_n}{3^n}=5$일 때, a_1의 값은?

① 8　　　② 10　　　③ 12

④ 14　　　⑤ 16

20

첫째항이 1이고 공비가 r $(r>1)$인 등비수열 $\{a_n\}$에 대하여

$S_n=\displaystyle\sum_{k=1}^{n}a_k$라 하자. $\displaystyle\lim_{n\to\infty}\frac{a_n}{S_n}=\frac{3}{4}$일 때, r의 값을 구하시오.

21

수열 $\left\{\left(\dfrac{k^2-k}{6}\right)^n\right\}$이 수렴할 때, 정수 k의 개수는?

① 4　　　② 5　　　③ 6

④ 7　　　⑤ 8

22

수열 $\{(2\cos x)^{n-1}\}$이 수렴할 때, x값의 범위는?
(단, $0\le x<\pi$)

① $\dfrac{\pi}{6}\le x<\dfrac{\pi}{2}$　　　② $\dfrac{\pi}{6}<x\le\dfrac{\pi}{2}$

③ $\dfrac{\pi}{3}\le x<\dfrac{2}{3}\pi$　　　④ $\dfrac{\pi}{3}<x\le\dfrac{2}{3}\pi$

⑤ $\dfrac{5}{6}\pi\le x<\pi$

23

$\displaystyle\lim_{n\to\infty}\frac{r^{n+1}+r+2}{r^n+1}=\frac{7}{3}$을 만족시키는 양수 r값의 합은?

① $\dfrac{4}{9}$　　　② $\dfrac{5}{9}$　　　③ 2

④ $\dfrac{7}{3}$　　　⑤ $\dfrac{8}{3}$

24

함수 $f(x)=\displaystyle\lim_{n\to\infty}\frac{x^{2n-1}+x^{2n}}{x^{2n}+2}$일 때, $f(-2)+f\left(\dfrac{1}{2}\right)$의 값은?

① -2　　　② $-\dfrac{1}{2}$　　　③ 0

④ $\dfrac{1}{2}$　　　⑤ 2

code 6 수열의 극한의 성질

25

두 수열 $\{a_n\}$, $\{b_n\}$이
$$\lim_{n \to \infty} (a_n - 1) = 2, \quad \lim_{n \to \infty} (a_n + 2b_n) = 9$$
를 만족시킬 때, $\lim_{n \to \infty} a_n(1 + b_n)$의 값을 구하시오.

26

수열 $\{a_n\}$에 대하여 $\lim_{n \to \infty} \dfrac{2a_n - 3}{a_n + 1} = \dfrac{3}{4}$일 때, $\lim_{n \to \infty} a_n$의 값은?

① 1　　　　② 2　　　　③ 3
④ 4　　　　⑤ 5

27

수열 $\{a_n\}$에 대하여 $\lim_{n \to \infty} \dfrac{a_n}{n+1} = 3$일 때, $\lim_{n \to \infty} \dfrac{(2n+1)a_n}{3n^2}$의 값은?

① 1　　　　② 2　　　　③ 3
④ 4　　　　⑤ 5

28

두 수열 $\{a_n\}$, $\{b_n\}$이
$$\lim_{n \to \infty} (n+1)a_n = 2, \quad \lim_{n \to \infty} (n^2 + 1)b_n = 7$$
을 만족시킬 때, $\lim_{n \to \infty} \dfrac{(10n+1)b_n}{a_n}$의 값을 구하시오.
(단, $a_n \neq 0$)

29

수열 $\{a_n\}$의 모든 항은 양수이다. $\lim_{n \to \infty} (\sqrt{a_n + n} - \sqrt{n}) = 5$일 때, $\lim_{n \to \infty} \dfrac{a_n}{\sqrt{n}}$의 값을 구하시오.

code 7 수열의 극한의 대소 관계

30

수열 $\{a_n\}$이 모든 자연수 n에 대하여
$$3n^2 + 2n < a_n < 3n^2 + 3n$$
을 만족시킬 때, $\lim_{n \to \infty} \dfrac{5a_n}{n^2 + 2n}$의 값을 구하시오.

31

수열 $\{a_n\}$은 수렴하고,
$$a_n + 2 < 3a_{n+1} < 2a_n + 1 \ (n = 1, 2, 3, \cdots)$$
이 성립한다. $\lim_{n \to \infty} a_n$의 값은?

① $\dfrac{1}{3}$　　　　② $\dfrac{2}{3}$　　　　③ 1
④ $\dfrac{4}{3}$　　　　⑤ $\dfrac{5}{3}$

32

수열 $\{a_n\}$에 대하여 곡선 $y = x^2 - (n+1)x + a_n$은 x축과 만나고, 곡선 $y = x^2 - nx + a_n$은 x축과 만나지 않는다.
$\lim_{n \to \infty} \dfrac{a_n}{n^2}$의 값은?

① $\dfrac{1}{20}$　　　　② $\dfrac{1}{10}$　　　　③ $\dfrac{3}{20}$
④ $\dfrac{1}{5}$　　　　⑤ $\dfrac{1}{4}$

01

$\lim\limits_{n \to \infty} \dfrac{1^2-2^2+3^2-4^2+\cdots+(2n-1)^2-(2n)^2}{1-n^2}$ 의 값은?

① 0　　　　② 1　　　　③ 2

④ 4　　　　⑤ 6

02

자연수 n에 대하여 다항식 $(x-1)^{2n}+(x+1)^n$을 $x-3$으로 나눈 나머지를 a_n, $x-1$로 나눈 나머지를 b_n이라 할 때, $\lim\limits_{n \to \infty} \dfrac{\log_2 a_n+\log_2 b_n}{n}$ 의 값은?

① 1　　　　② 2　　　　③ 3

④ 4　　　　⑤ 5

03

집합 $S_n=\{x\,|\,x는\ 3n\ 이하의\ 자연수\}$의 부분집합 중에서 원소가 두 개이고, 두 원소의 차가 $2n$보다 큰 집합의 개수를 a_n이라 하자. $\lim\limits_{n \to \infty} \dfrac{1}{n^3} \sum\limits_{k=1}^{n} a_k$의 값은? (단, n은 자연수이다.)

① $\dfrac{1}{7}$　　　　② $\dfrac{1}{6}$　　　　③ $\dfrac{1}{5}$

④ $\dfrac{1}{4}$　　　　⑤ $\dfrac{1}{3}$

04

$\{a_n\}$은 첫째항이 1이고 공차가 6인 등차수열이다.
$$S_n=a_1+a_2+a_3+\cdots+a_n$$
$$T_n=-a_1+a_2-a_3+\cdots+(-1)^n a_n$$
이라 할 때, $\lim\limits_{n \to \infty} \dfrac{a_{2n}T_{2n}}{S_{2n}}$의 값을 구하시오.

05

$\lim\limits_{n \to \infty} \dfrac{\sqrt{kn+1}}{n(\sqrt{n+1}-\sqrt{n-1})}=5$일 때, k의 값을 구하시오.

06

자연수 n에 대하여 $\sqrt{n^2+n+1}$의 소수 부분을 a_n이라 하자. $\lim\limits_{n \to \infty} 10a_n$의 값을 구하시오.

07

$\lim\limits_{n\to\infty}(\sqrt{n^2-n}+\sqrt{n^2+2n}-2n)$의 값은?

① $\dfrac{1}{2}$ ② 1 ③ $\dfrac{3}{2}$

④ 2 ⑤ $\dfrac{5}{2}$

08

$\lim\limits_{n\to\infty}(\sqrt{4^n+a^n}-2^n)$의 값이 존재할 때, 자연수 a의 값을 모두 구하시오.

09

자연수 k에 대하여 $a_k=\lim\limits_{n\to\infty}\dfrac{\left(\dfrac{6}{k}\right)^{n+1}}{\left(\dfrac{6}{k}\right)^{n}+1}$이라 할 때,

$\displaystyle\sum_{k=1}^{10}ka_k$의 값을 구하시오.

10

수열 $\{a_n\}$에 대하여 $\lim\limits_{n\to\infty}\dfrac{5^n a_n}{3^n+1}$이 0이 아닌 상수일 때,

$\lim\limits_{n\to\infty}\dfrac{a_n}{a_{n+1}}$의 값은?

① $\dfrac{2}{3}$ ② $\dfrac{4}{5}$ ③ $\dfrac{5}{3}$

④ $\dfrac{9}{5}$ ⑤ $\dfrac{8}{3}$

11

두 수열 $\{a_n\}$, $\{b_n\}$에 대하여

$$\lim_{n\to\infty}a_n=\infty, \quad \lim_{n\to\infty}(2a_n-5b_n)=3$$

일 때, $\lim\limits_{n\to\infty}\dfrac{2a_n+3b_n}{a_n+b_n}$의 값을 구하시오.

12

두 수열 $\{a_n\}$, $\{b_n\}$에 대하여

$$\sum_{k=1}^{n}(a_k+b_k)=\frac{1}{n+1}, \quad \lim_{n\to\infty}n^2 b_n=2$$

일 때, $\lim\limits_{n\to\infty}n^2 a_n$의 값은?

① -3 ② -2 ③ -1

④ 0 ⑤ 1

13

수열 $\{a_n\}$의 모든 항은 양수이다. 모든 자연수 n에 대하여

$$1+2\log_3 n < \log_3 a_n < 1+2\log_3 (n+1)$$

이 성립할 때, $\displaystyle\lim_{n\to\infty}\dfrac{a_n}{n^2}$의 값은?

① 1   ② 2   ③ 3

④ 4   ⑤ 5

14   신유형

수열 $\{a_n\}$이 모든 자연수 n에 대하여

$$2n^2-1 < a_1+2a_2+3a_3+\cdots+na_n < 2n^2+1$$

을 만족시킬 때, $\displaystyle\lim_{n\to\infty} a_n$의 값을 구하시오.

15

수열 $\{a_n\}$은

$$a_1=1,\ 5a_{n+1}=2a_n+1\ (n=1,\ 2,\ 3,\ \cdots)$$

을 만족시킨다. $\displaystyle\lim_{n\to\infty} a_n$의 값은?

① $\dfrac{1}{5}$ ② $\dfrac{2}{7}$ ③ $\dfrac{1}{3}$

④ $\dfrac{2}{5}$ ⑤ $\dfrac{1}{2}$

16

자연수 n에 대하여 두 직선 $2x+y=4^n$, $x-2y=2^n$이 만나는 점의 좌표를 $(a_n,\ b_n)$이라 하자. $\displaystyle\lim_{n\to\infty}\dfrac{b_n}{a_n}$의 값을 구하시오.

17

함수 $f(x)=(x-3)^2$과 자연수 n에 대하여 방정식 $f(x)=n$의 두 근을 α, β라 하자. $h(n)=|\alpha-\beta|$일 때, $\displaystyle\lim_{n\to\infty}\sqrt{n}\,\{h(n+1)-h(n)\}$의 값은?

① $\dfrac{1}{2}$ ② 1   ③ $\dfrac{3}{2}$

④ 2   ⑤ $\dfrac{5}{2}$

18

n이 자연수일 때, 좌표가 $(0,\ 2n+1)$인 점을 P라 하고, 곡선 $y=nx^2$ 위의 점 중 y좌표가 1이고 x좌표가 양인 점을 Q라 하자. 점 R$(0,\ 1)$에 대하여 삼각형 PRQ의 넓이를 S_n, 선분 PQ의 길이를 l_n이라 할 때, $\displaystyle\lim_{n\to\infty}\dfrac{S_n^{\,2}}{l_n}$의 값은?

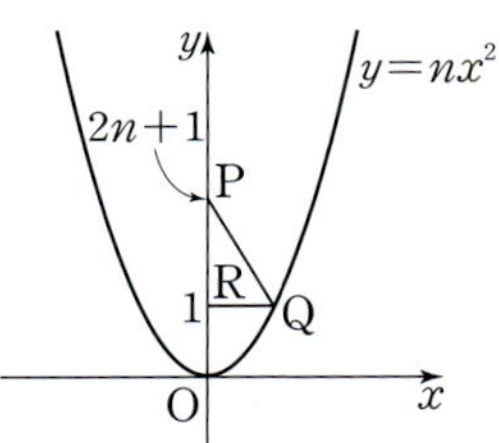

① $\dfrac{1}{2}$ ② $\dfrac{3}{4}$ ③ 1

④ $\dfrac{5}{4}$ ⑤ $\dfrac{3}{2}$

19 신유형

n이 자연수일 때, 직선 $3x-4y+4^n=0$과 x축, y축에 동시에 접하면서 원의 중심이 직선 $y=x$ 위에 있는 두 원의 반지름의 길이의 합을 a_n이라 하자. $\lim\limits_{n\to\infty}\dfrac{a_n}{4^n+1}$의 값은?

① $\dfrac{5}{12}$　　　② $\dfrac{1}{2}$　　　③ $\dfrac{7}{12}$

④ $\dfrac{2}{3}$　　　⑤ $\dfrac{3}{4}$

20 번뜩 아이디어

2 이상의 자연수 n에 대하여 좌표평면 위의 두 원

$$C_1 : x^2+y^2=(n-1)^2$$
$$C_2 : (x-n)^2+y^2=n^2$$

이 만나는 서로 다른 두 점을 각각 P_n, Q_n이라 할 때, $\lim\limits_{n\to\infty}\dfrac{\overline{P_nQ_n}}{n}$의 값은?

① $\dfrac{\sqrt{3}}{3}$　　　② $\dfrac{\sqrt{2}}{2}$　　　③ 1

④ $\sqrt{2}$　　　⑤ $\sqrt{3}$

21

자연수 n에 대하여 중심이 점 $(3n, 4n)$이고 y축에 접하는 원 O_n이 있다. 원 O_n 위를 움직이는 점과 점 $(0, -1)$ 사이 거리의 최댓값을 a_n, 최솟값을 b_n이라 할 때, $\lim\limits_{n\to\infty}\dfrac{a_n}{b_n}$의 값을 구하시오.

22

n이 자연수일 때, 곡선 $y=x^2$ $(x\geq0)$과 직선 $y=n^2$, y축으로 둘러싸인 부분(경계 포함)에 속하고 x좌표와 y좌표가 모두 정수인 점의 개수를 a_n이라 하자. $\lim\limits_{n\to\infty}\dfrac{a_n}{n^3}$의 값은?

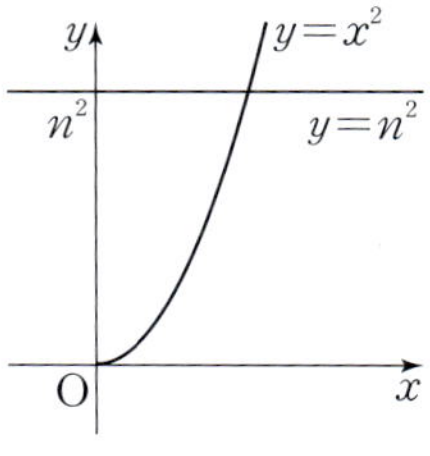

① $\dfrac{1}{2}$　　　② $\dfrac{7}{12}$　　　③ $\dfrac{2}{3}$

④ $\dfrac{3}{4}$　　　⑤ $\dfrac{5}{6}$

23

좌표평면에서 점 $A_1(1, 0)$일 때, 자연수 n에 대하여 점 A_{n+1}을 다음과 같이 정한다.

> 점 A_n을 x축 방향으로 n만큼 평행이동한 점을 B_n이라 하고, B_n에서 A_n을 지나고 기울기가 2인 직선에 내린 수선의 발을 C_n이라 하자. 이때 C_n에서 x축에 내린 수선의 발을 A_{n+1}이라 하자.

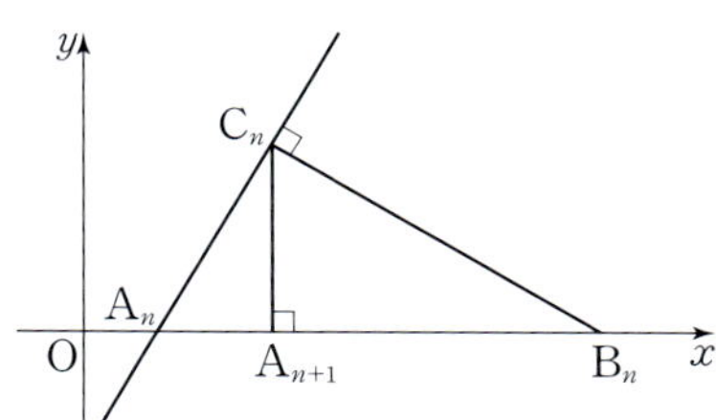

점 A_n의 x좌표를 a_n이라 할 때, $\lim\limits_{n\to\infty}\dfrac{a_n}{n^2}$의 값은?

① $\dfrac{1}{10}$　　　② $\dfrac{1}{5}$　　　③ $\dfrac{3}{10}$

④ $\dfrac{2}{5}$　　　⑤ $\dfrac{1}{2}$

01

자연수 n에 대하여 이차함수 $f(x)=\sum\limits_{k=1}^{n}\left(x-\dfrac{k}{n}\right)^2$의 최솟값을 a_n이라 할 때, $\lim\limits_{n\to\infty}\dfrac{a_n}{n}$의 값은?

① $\dfrac{1}{12}$ ② $\dfrac{1}{6}$ ③ $\dfrac{1}{3}$

④ $\dfrac{1}{2}$ ⑤ 1

02

구간 $[-2,\ 5]$에서 정의된 함수 $y=f(x)$의 그래프가 그림과 같다.

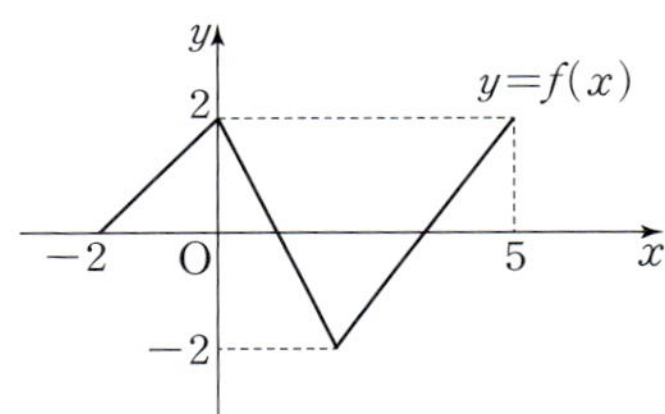

$\lim\limits_{n\to\infty}\dfrac{|nf(a)-1|-nf(a)}{2n+3}=1$을 만족시키는 실수 a의 개수는?

① 1 ② 2 ③ 3

④ 4 ⑤ 5

03 신유형

함수 $f(x)=\dfrac{x-1}{2x-6}$과 3 이상의 자연수 k에 대하여

$$\lim_{n\to\infty}\dfrac{|f(3-a)|^{n+1}}{2^n+|1-f(3+a)|^n}=k$$

인 실수 a값의 합을 $g(k)$라 하자. $\sum\limits_{k=3}^{17}g(k)$의 값은?

① $-\dfrac{2}{7}$ ② $-\dfrac{12}{35}$ ③ $-\dfrac{2}{5}$

④ $-\dfrac{16}{35}$ ⑤ $-\dfrac{18}{35}$

04 번뜩 아이디어

자연수 n과 점 $P_1(a_1,\ 0)$ $(0<a_1<2)$에 대하여 x축 위의 점 P_{n+1}을 다음 규칙에 따라 정한다.

> (가) 점 P_n을 지나고 y축에 평행한 직선이 직선 $y=-x+2$와 만나는 점을 A_n이라 한다.
> (나) 점 A_n을 지나고 x축에 평행한 직선이 직선 $y=4x+4$와 만나는 점을 B_n이라 한다.
> (다) 점 B_n을 지나고 y축에 평행한 직선이 x축과 만나는 점을 C_n, 점 C_n을 y축에 대칭이동한 점을 P_{n+1}이라 한다.

$a_1=\dfrac{3}{2}$이고, 점 P_n의 x좌표가 a_n일 때 $\lim\limits_{n\to\infty}a_n$의 값을 구하시오.

→ 정답 및 풀이 14쪽

05

자연수 n에 대하여 가로의 길이가 n, 세로의 길이가 48인 직사각형 AOC_nB_n이 있다.

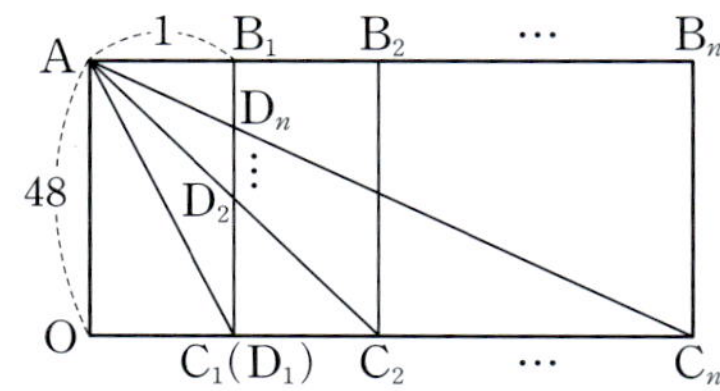

대각선 AC_n과 선분 B_1C_1의 교점을 D_n이라 할 때,
$$\lim_{n \to \infty} \frac{\overline{AC_n} - \overline{OC_n}}{\overline{B_1D_n}}$$
의 값을 구하시오.

06

자연수 n에 대하여 곡선 $y=(x-2n)^2$이 x축, y축과 만나는 점을 각각 P_n, Q_n이라 하자. 직선 P_nQ_n과 곡선 $y=(x-2n)^2$으로 둘러싸인 부분(경계 포함)에 속하고 x좌표와 y좌표가 모두 자연수인 점의 개수를 a_n이라 할 때, $\lim_{n \to \infty} \dfrac{a_n}{n^3}$의 값을 구하시오.

07

2 이상의 자연수 n과 정수 a, b에 대하여 좌표평면 위의 세 점 $A(a, b)$, $B(0, 2)$, $C(0, 2^n)$을 꼭짓점으로 하는 삼각형 ABC가 있다. 이 중에서
$$\angle B = 90° \text{이고 } |ab| \leq 2^{n+1}$$
인 삼각형의 넓이의 합을 S_n이라 할 때, $\lim_{n \to \infty} \dfrac{S_n}{8^{n-2}}$의 값을 구하시오.

08

한 변의 길이가 2인 정사각형 A와 한 변의 길이가 1인 정사각형 B는 변이 서로 평행하고, A의 대각선의 교점과 B의 대각선의 교점이 일치하게 놓여 있다.

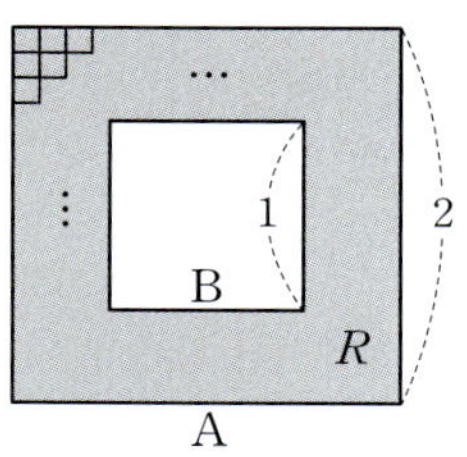

정사각형 A와 A의 내부에서 정사각형 B의 내부를 제외한 영역을 R라 하자. 2 이상인 자연수 n에 대하여 다음 규칙에 따라 R에 그릴 수 있는 한 변의 길이가 $\dfrac{1}{n}$인 작은 정사각형의 개수의 최댓값을 a_n이라 하자.

> (가) 작은 정사각형의 한 변은 A의 한 변에 평행하다.
> (나) 작은 정사각형들의 내부는 서로 겹치지 않는다.

$\lim_{n \to \infty} \dfrac{a_{2n+1} - a_{2n}}{a_{2n} - a_{2n-1}}$의 값을 구하시오.

02. 급수

1 급수의 수렴과 발산

(1) 수열 $\{a_n\}$에서 모든 항의 합을 급수라 하고 $\sum\limits_{n=1}^{\infty} a_n$으로 나타낸다. 곧,

$$\sum_{n=1}^{\infty} a_n = a_1 + a_2 + a_3 + \cdots + a_n + \cdots$$

(2) 급수 $\sum\limits_{n=1}^{\infty} a_n$에서 $S_n = \sum\limits_{k=1}^{n} a_k$를 제$n$항까지의 부분합이라 한다.

그리고 수열 $\{S_n\}$이 S에 수렴하면 급수 $\sum\limits_{n=1}^{\infty} a_n$은 S에 수렴한다 하고 S를 급수의 합이라 한다. 곧,

$$\sum_{n=1}^{\infty} a_n = \lim_{n \to \infty} S_n = S$$

수열 $\{S_n\}$이 발산하면 급수 $\sum\limits_{n=1}^{\infty} a_n$은 발산한다고 한다.

> 급수의 합을 구할 때에는 부분합 S_n을 구하고, $\lim\limits_{n \to \infty} S_n$을 구한다.

2 급수의 계산

(1) a_n이 다항식을 포함한 경우 다음을 이용하여 부분합을 구한다.

$$\sum_{k=1}^{n} k = \frac{n(n+1)}{2}, \ \sum_{k=1}^{n} k^2 = \frac{n(n+1)(2n+1)}{6}, \ \sum_{k=1}^{n} k^3 = \frac{n^2(n+1)^2}{4}$$

(2) a_n이 분수식을 포함한 경우

$$\frac{1}{AB} = \frac{1}{B-A}\left(\frac{1}{A} - \frac{1}{B}\right)$$

을 이용하여 정리한 다음, 몇 개 항을 나열하고 소거되는 규칙을 찾는다.

(3) a_n이 무리식을 포함한 경우

$$(\sqrt{A} + \sqrt{B})(\sqrt{A} - \sqrt{B}) = A - B$$

를 이용하여 정리한 다음, 몇 개 항을 나열하고 소거되는 규칙을 찾는다.

> $$\frac{1}{ABC} = \frac{1}{C-A}\left(\frac{1}{AB} - \frac{1}{BC}\right)$$

3 급수의 성질

(1) 급수 $\sum\limits_{n=1}^{\infty} a_n$, $\sum\limits_{n=1}^{\infty} b_n$이 수렴할 때

① $\sum\limits_{n=1}^{\infty} ca_n = c\sum\limits_{n=1}^{\infty} a_n$ (c는 상수)

② $\sum\limits_{n=1}^{\infty} (a_n \pm b_n) = \sum\limits_{n=1}^{\infty} a_n \pm \sum\limits_{n=1}^{\infty} b_n$

(2) 급수 $\sum\limits_{n=1}^{\infty} a_n$이 수렴하면 $\lim\limits_{n \to \infty} a_n = 0$이다.

또 $\lim\limits_{n \to \infty} a_n \neq 0$이면 급수 $\sum\limits_{n=1}^{\infty} a_n$은 발산한다.

> $\sum$의 성질
> $$\sum_{k=1}^{n} ca_k = c\sum_{k=1}^{n} a_k,$$
> $$\sum_{k=1}^{n} (a_k \pm b_k) = \sum_{k=1}^{n} a_k \pm \sum_{k=1}^{n} b_k$$
>
> $a_n = \dfrac{1}{n}$이면 $\lim\limits_{n \to \infty} a_n = 0$이지만 $\sum\limits_{n=1}^{\infty} a_n = \infty$이다.

4 등비급수

(1) 등비급수 $\sum\limits_{n=1}^{\infty} ar^{n-1} = a + ar + ar^2 + ar^3 + \cdots + ar^{n-1} + \cdots \ (a \neq 0)$은

$|r| < 1$일 때, 수렴하고 합은 $\dfrac{a}{1-r}$이다.

$|r| \geq 1$일 때, 발산한다.

(2) 등비급수 $\sum\limits_{n=1}^{\infty} ar^{n-1}$이 수렴할 조건 $\Rightarrow a = 0$ 또는 $-1 < r < 1$

> 급수 $\sum\limits_{n=1}^{\infty} ar^{n-1}$에서 $a=0$이면 모든 항이 0이므로 이 급수의 합은 0이다.

5 닮은 도형이 반복되는 도형의 길이 또는 넓이의 합

❶ a_1을 구한다.

❷ a_2나 닮음비를 이용하여 공비를 구한다.

❸ 반복되는 도형의 개수의 규칙을 찾는다.

code 1 급수와 부분합

01

$\displaystyle\sum_{n=1}^{\infty}\dfrac{84}{(2n+1)(2n+3)}$ 의 값을 구하시오.

02

x에 대한 이차방정식 $x^2-2nx+n^2-1=0$의 두 근의 곱을 a_n이라 할 때, $\displaystyle\sum_{n=2}^{\infty}\dfrac{2}{a_n}$의 값은?

① $\dfrac{1}{2}$ 　　　② 1 　　　③ $\dfrac{3}{2}$

④ 2 　　　⑤ $\dfrac{5}{2}$

03

$\displaystyle\sum_{n=1}^{\infty}\log_2\left\{1-\dfrac{1}{(n+1)^2}\right\}$ 의 값은?

① -2 　　　② -1 　　　③ 0
④ 1 　　　⑤ 2

04

원 $(x-2n)^2+y^2=1$과 제1사분면에서 접하고 원점을 지나는 직선의 기울기를 a_n이라 할 때, $\displaystyle\sum_{n=1}^{\infty}a_n{}^2$의 값은?

① $\dfrac{1}{2}$ 　　　② $\dfrac{2}{3}$ 　　　③ $\dfrac{3}{4}$
④ 1 　　　⑤ 2

code 2 급수의 성질

05

두 수열 $\{a_n\}$, $\{b_n\}$에 대하여
$$\sum_{n=1}^{\infty}a_n=4,\ \sum_{n=1}^{\infty}b_n=10$$
일 때, $\displaystyle\sum_{n=1}^{\infty}(a_n+5b_n)$의 값을 구하시오.

06

수열 $\{a_n\}$이 $\displaystyle\sum_{n=1}^{\infty}\left(\dfrac{a_n}{n}-\dfrac{2n}{n+3}\right)=5$를 만족시킬 때,
$\displaystyle\lim_{n\to\infty}\dfrac{5a_n-2n}{a_n+2n+1}$의 값은?

① 1 　　　② 2 　　　③ 3
④ 4 　　　⑤ 5

07

두 수열 $\{a_n\}$, $\{b_n\}$에 대하여
급수 $\displaystyle\sum_{n=1}^{\infty}\left(a_n-\dfrac{3n}{n+1}\right)$과 $\displaystyle\sum_{n=1}^{\infty}(a_n+b_n)$이 모두 수렴할 때,
$\displaystyle\lim_{n\to\infty}\dfrac{3-b_n}{a_n}$의 값을 구하시오. (단, $a_n\neq0$)

code 3 등비급수가 수렴할 조건

08

급수 $\displaystyle\sum_{n=1}^{\infty}\left(\dfrac{2x-3}{7}\right)^n$이 수렴할 때, 정수 x의 개수는?

① 2 　　　② 4 　　　③ 6
④ 8 　　　⑤ 10

09

급수 $\displaystyle\sum_{n=1}^{\infty} \frac{(3^a+1)^n}{6^{3n}}$ 이 수렴할 때, 자연수 a 의 개수는?

① 2 ② 3 ③ 4
④ 5 ⑤ 6

code 4 등비급수

10

수열 $\{a_n\}$ 이 $a_1=1$ 이고 $2a_{n+1}=7a_n$ $(n \geq 1)$ 을 만족시킬 때, $\displaystyle\sum_{n=1}^{\infty} \frac{10}{a_n}$ 의 값은?

① 11 ② 12 ③ 13
④ 14 ⑤ 15

11

수열 $\{a_n\}$ 은 등비수열이고,
$$a_1+3a_2=0, \quad a_1+a_2+a_3=28$$
이다. $\displaystyle\sum_{n=1}^{\infty} a_n$ 의 값을 구하시오.

12

$\displaystyle\sum_{n=1}^{\infty} \frac{5^{n+2}-4^{n+2}}{6^n}$ 의 값을 구하시오.

13

공비가 같은 등비수열 $\{a_n\}$, $\{b_n\}$ 에 대하여
$a_1-b_1=1$ 이고 $\displaystyle\sum_{n=1}^{\infty} a_n=8$, $\displaystyle\sum_{n=1}^{\infty} b_n=6$ 일 때, $\displaystyle\sum_{n=1}^{\infty} a_n b_n$ 의 값을 구하시오.

code 5 등비급수의 합으로 변형하는 문제

14

2보다 큰 자연수 n 에 대하여 $(-3)^{n-1}$ 의 n 제곱근 중 실수인 것의 개수를 a_n 이라 할 때, $\displaystyle\sum_{n=3}^{\infty} \frac{a_n}{2^n}$ 의 값은?

① $\dfrac{1}{6}$ ② $\dfrac{1}{4}$ ③ $\dfrac{1}{3}$
④ $\dfrac{5}{12}$ ⑤ $\dfrac{1}{2}$

15

$\displaystyle\sum_{n=1}^{\infty} \left(\frac{3}{4}\right)^n \cos \frac{(n-1)\pi}{2}$ 의 값을 구하시오.

16

자연수 n 에 대하여 9^n 의 일의 자리 숫자를 a_n 이라 할 때, $\displaystyle\sum_{n=1}^{\infty} \frac{a_n}{10^{n-2}}$ 의 값은?

① $\dfrac{1900}{99}$ ② $\dfrac{1900}{91}$ ③ $\dfrac{9100}{99}$
④ $\dfrac{9119}{91}$ ⑤ $\dfrac{9100}{19}$

code 6 등비급수의 활용

17

한 변의 길이가 1인 정삼각형 ABC 의 각 변을 $2:1$로 내분한 점을 이어 정삼각형 $A_1B_1C_1$을 만든다. 이와 같이 한없이 만들 때, 처음 정삼각형을 포함하여 모든 정삼각형의 넓이의 합은?

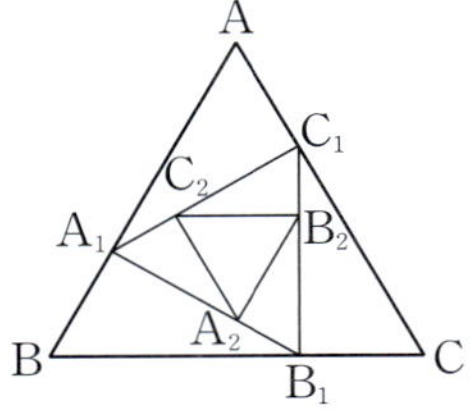

① $\dfrac{\sqrt{3}}{3}$ ② $\dfrac{3\sqrt{3}}{8}$ ③ $\dfrac{\sqrt{3}}{2}$

④ 1 ⑤ $\dfrac{3\sqrt{3}}{4}$

18

$\angle ABC=60°$, $\overline{AB}=2$, $\overline{BC}=3$ 인 삼각형 ABC에 내접하는 마름모 $BB_1A_1D_1$을 만든다. 또 삼각형 A_1B_1C에 내접하는 마름모 $B_1B_2A_2D_2$를 만든다. 이와 같이 한없이 만들 때, 모든 마름모의 넓이의 합은?

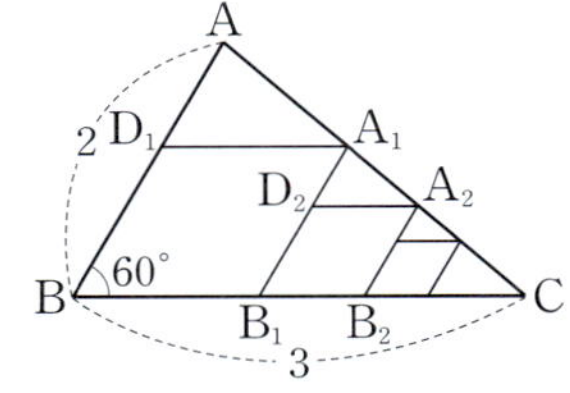

① $\dfrac{8\sqrt{3}}{9}$ ② $\sqrt{3}$ ③ $\dfrac{9\sqrt{3}}{8}$

④ $\dfrac{7\sqrt{3}}{6}$ ⑤ $\dfrac{3\sqrt{3}}{2}$

19

반지름의 길이가 2인 원 C_1에 내접하는 정사각형을 M_1, 정사각형 M_1에 내접하는 원을 C_2, 원 C_2에 내접하는 정사각형을 M_2라 정하고, 이 과정을 계속 반복할 때, 원 C_n의 넓이에서 정사각형 M_n의 넓이를 뺀 값을 S_n이라 하자. $\displaystyle\sum_{n=1}^{\infty} S_n$의 값을 구하시오.

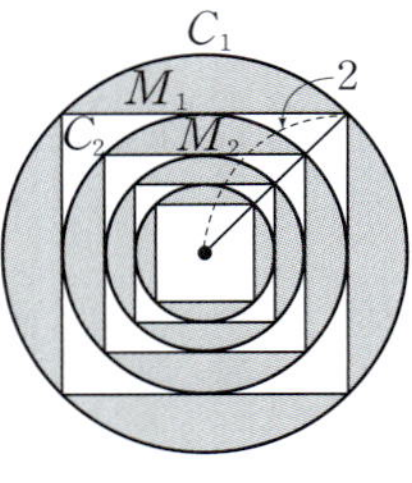

20

반지름의 길이가 4이고 중심각의 크기가 $\dfrac{\pi}{4}$인 부채꼴 $A_0A_1B_1$이 있다.

점 A_1에서 선분 A_0B_1에 내린 수선의 발 B_2와 선분 A_0A_1 위의 $\overline{A_1B_2}=\overline{A_1A_2}$인 점 A_2에 대하여 중심각의 크기가 $\dfrac{\pi}{4}$인 부채꼴 $A_1A_2B_2$를 그린다.

점 A_2에서 선분 A_1B_2에 내린 수선의 발 B_3과 선분 A_1A_2 위의 $\overline{A_2B_3}=\overline{A_2A_3}$인 점 A_3에 대하여 중심각의 크기가 $\dfrac{\pi}{4}$인 부채꼴 $A_2A_3B_3$을 그린다.

이 과정을 계속 반복할 때, 부채꼴 $A_{n-1}A_nB_n$의 호 A_nB_n의 길이를 l_n이라 하자. $\displaystyle\sum_{n=1}^{\infty} l_n$의 값을 구하시오.

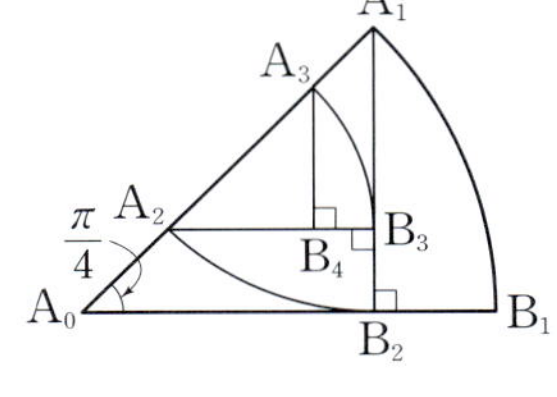

21

길이가 1인 선분 2개로 만든 ㅜ 모양의 도형을 S_0이라 하자. S_0의 위쪽에 있는 선분의 양 끝에 길이가 $\dfrac{1}{3}$인 선분 2개로 만든 ㅜ 모양의 도형을 붙여 도형 S_1을 만든다. 이와 같은 방법으로 도형 S_{n-1}의 가장 위쪽에 있는 각 선분의 양 끝에 길이가 $\left(\dfrac{1}{3}\right)^n$인 선분 2개로 만든 ㅜ 모양의 도형을 붙여 도형 S_n을 만든다. 도형 S_n을 이루는 모든 선분의 길이의 합을 l_n이라 할 때, $\displaystyle\lim_{n\to\infty} l_n$의 값을 구하시오.

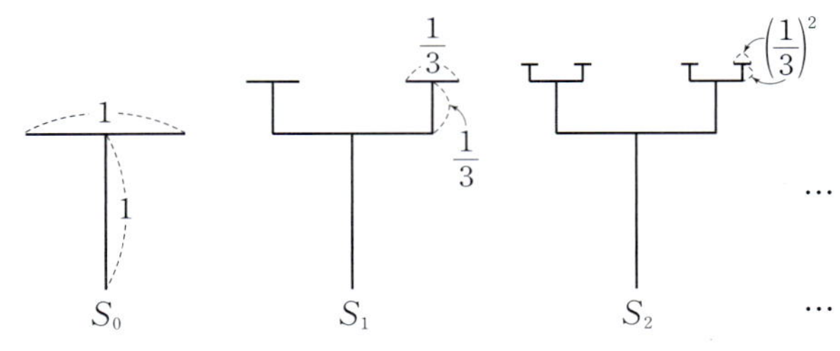

22

지름의 길이가 4인 반원 T_1이 있다. 지름을 2 : 1로 나누고 나눈 두 선분이 지름인 반원 2개를 그린 도형을 T_2라 하자. T_2에서 그린 두 반원의 지름을 각각 2 : 1로 나누고 나눈 네 선분이 지름인 반원 4개를 그린 도형을 T_3이라 하자. 이와 같은 과정을 계속하여 n번째 얻은 도형을 T_n이라 하고, T_n에서 새로 그린 반원 넓이의 합을 S_n이라 하자. $\sum_{n=1}^{\infty} S_n$의 값을 구하시오.

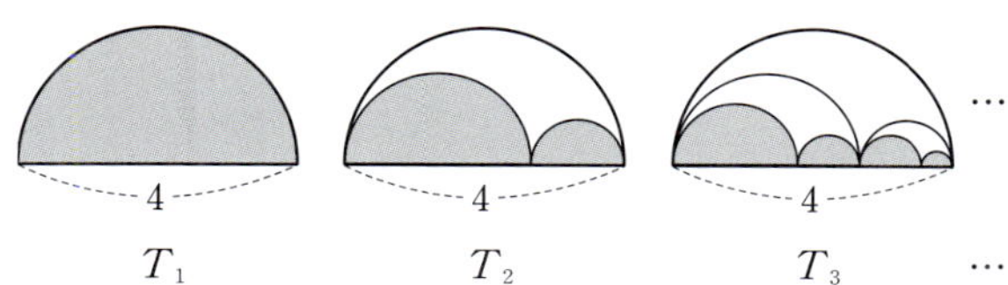

$$T_1 \qquad T_2 \qquad T_3 \qquad \cdots$$

23

중심이 O, 반지름의 길이가 2이고 중심각의 크기가 90°인 부채꼴 OAB가 있다. 선분 OA의 중점을 C, 선분 OB의 중점을 D라 하자. 점 C를 지나고 선분 OB와 평행한 직선이 호 AB와 만나는 점을 E, 점 D를 지나고 선분 OA와 평행한 직선이 호 AB와 만나는 점을 F라 하자. 선분 CE와 선분 DF가 만나는 점을 G, 선분 OE와 선분 DF가 만나는 점을 H, 선분 OF와 선분 CE가 만나는 점을 I라 하자. 사각형 OIGH를 색칠하여 얻은 그림을 R_1이라 하자.

그림 R_1에 중심이 C, 반지름의 길이가 $\overline{CI}$, 중심각의 크기가 90°인 부채꼴 CJI와 중심이 D, 반지름의 길이가 $\overline{DH}$, 중심각의 크기가 90°인 부채꼴 DHK를 그린다. 두 부채꼴 CJI, DHK에 그림 R_1을 얻는 것과 같은 방법으로 두 개의 사각형을 그리고 색칠하여 얻은 그림을 R_2라 하자.

이와 같은 과정을 계속하여 n번째 얻은 그림 R_n에 색칠되어 있는 부분의 넓이를 S_n이라 할 때, $\lim_{n \to \infty} S_n$의 값을 구하시오.

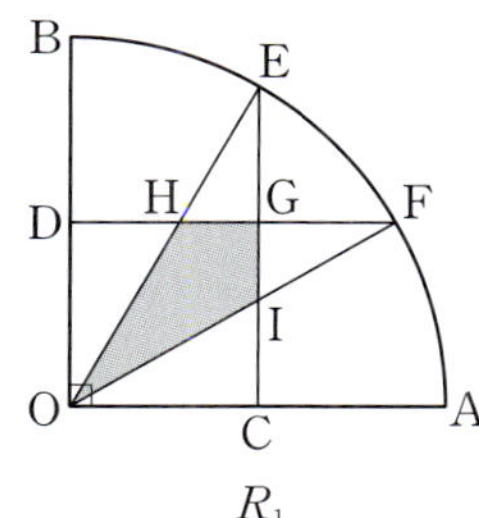
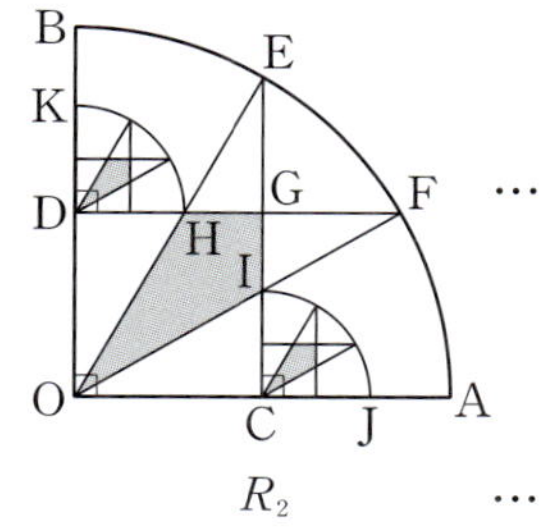

$$R_1 \qquad\qquad R_2 \qquad \cdots$$

24

길이가 6인 선분 AB를 지름으로 하는 원을 그리고, 선분 AB의 3등분점을 각각 P_1, P_2라 하고 선분 AP_1을 지름으로 하는 원의 아래쪽 반원, 선분 AP_2를 지름으로 하는 원의 아래쪽 반원, 선분 P_2B를 지름으로 하는 원의 위쪽 반원, 선분 P_1B를 지름으로 하는 원의 위쪽 반원을 경계로 하여 만든 $\sim$ 모양의 도형에 색칠하여 얻은 그림을 R_1이라 하자.

그림 R_1에서 선분 AB 위의 색칠되지 않은 두 선분 AP_1, P_2B를 각각 지름으로 하는 두 원을 그리고, 이 두 원 안에 각각 그림 R_1을 얻은 것과 같은 방법으로 만들어지는 두 $\sim$ 모양의 도형에 색칠하여 얻은 그림을 R_2라 하자.

이와 같은 과정을 계속하여 n번째 얻은 그림 R_n에 색칠되어 있는 모든 $\sim$ 모양 도형의 넓이의 합을 S_n이라 할 때, $\lim_{n \to \infty} S_n$의 값은?

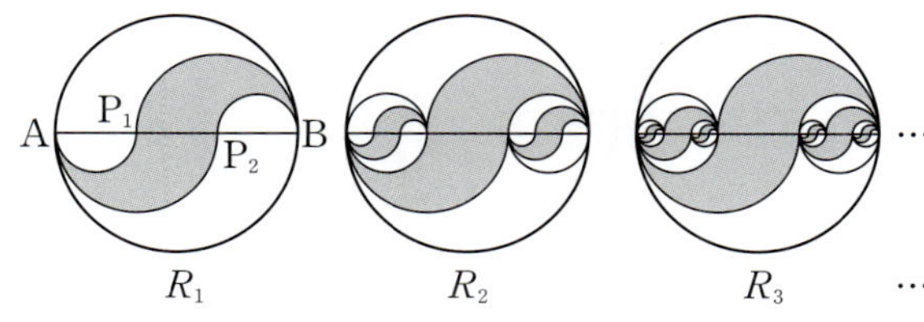

$$R_1 \qquad\qquad R_2 \qquad\qquad R_3 \qquad \cdots$$

① $\dfrac{25}{7}\pi$ ② $\dfrac{27}{7}\pi$ ③ $\dfrac{29}{7}\pi$

④ $\dfrac{31}{7}\pi$ ⑤ $\dfrac{33}{7}\pi$

01

수열 $\{a_n\}$에 대하여 다항식 $a_n x^2 + a_n x + 2$를 $x-n$으로 나눈 나머지가 25일 때, $\sum\limits_{n=1}^{\infty} a_n$의 값을 구하시오.

02

수열 $\{a_n\}$이 $\sum\limits_{k=1}^{n} \dfrac{a_k}{k} = n^2 + 3n$을 만족시킬 때, $\sum\limits_{n=1}^{\infty} \dfrac{1}{a_n}$의 값은?

① $\dfrac{1}{3}$　　② $\dfrac{1}{2}$　　③ $\dfrac{2}{3}$

④ $\dfrac{5}{6}$　　⑤ 1

03

좌표평면에서 직선 $x-3y+3=0$ 위에 있는 점 중에서 x좌표와 y좌표가 자연수인 모든 점의 좌표를

$$(a_1, b_1), (a_2, b_2), \cdots, (a_n, b_n), \cdots$$

이라 하자. $a_1 < a_2 < \cdots < a_n < \cdots$일 때, $\sum\limits_{n=1}^{\infty} \dfrac{1}{a_n b_n}$의 값은?

① $\dfrac{1}{5}$　　② $\dfrac{1}{4}$　　③ $\dfrac{1}{3}$

④ $\dfrac{1}{2}$　　⑤ 1

04

수열 $\{a_n\}$이

$$a_1=1,\ a_2=2,\ a_{n+2}=a_{n+1}+a_n\ (n=1,\ 2,\ 3,\ \cdots)$$

을 만족시킬 때, $\sum\limits_{n=1}^{\infty} \dfrac{a_n}{a_{n+1} a_{n+2}}$의 값은?

① $\dfrac{1}{2}$　　② 1　　③ $\dfrac{3}{2}$

④ 2　　⑤ 3

05 번뜩 아이디어

$\sum\limits_{n=1}^{\infty} \dfrac{n}{n^4+n^2+1}$의 값은?

① $\dfrac{1}{2}$　　② $\dfrac{2}{3}$　　③ $\dfrac{3}{4}$

④ 1　　⑤ 2

06

수열 $\{a_n\}$이 $\sum\limits_{n=1}^{\infty} (2a_n - 3) = 2$를 만족시킨다.

$\lim\limits_{n\to\infty} a_n = r$일 때, $\lim\limits_{n\to\infty} \dfrac{r^{n+2}-1}{r^n+1}$의 값은?

① $\dfrac{7}{4}$　　② 2　　③ $\dfrac{9}{4}$

④ $\dfrac{5}{2}$　　⑤ $\dfrac{11}{4}$

07

모든 항이 양수인 수열 $\{a_n\}$에 대하여 $\sum\limits_{n=1}^{\infty}(3^n a_n - 2)$가 수렴할 때, $\lim\limits_{n\to\infty}\dfrac{6a_n + 5\times 4^{-n}}{a_n + 3^{-n}}$의 값을 구하시오.

08

$\sum\limits_{n=1}^{\infty}\left(-\dfrac{1}{3}\right)^n \sin\left(\dfrac{\pi}{6}+n\pi\right)$의 값은?

① $\dfrac{1}{5}$ ② $\dfrac{1}{4}$ ③ $\dfrac{1}{3}$

④ $\dfrac{1}{2}$ ⑤ 1

09

첫째항이 1인 등비수열 $\{a_n\}$에 대하여 $\sum\limits_{n=1}^{\infty} a_n = 3$일 때, $\sum\limits_{n=1}^{\infty}(a_{3n-2} - a_{3n-1})$의 값은?

① $\dfrac{7}{19}$ ② $\dfrac{8}{19}$ ③ $\dfrac{9}{19}$

④ $\dfrac{10}{19}$ ⑤ $\dfrac{11}{19}$

10

함수 $f(x) = \log_{\frac{1}{3}} x$이고 $0 < x < 1$일 때,
방정식 $[f(x)] = f(x)$의 해의 합은?
(단, $[x]$는 x보다 크지 않은 최대의 정수이다.)

① $\dfrac{1}{4}$ ② $\dfrac{1}{2}$ ③ $\dfrac{2}{3}$

④ $\dfrac{3}{4}$ ⑤ $\dfrac{8}{9}$

11

$\dfrac{13}{99}$을 순환소수로 나타낼 때, 소수점 아래 n번째 자리의 숫자를 a_n이라 하자. $\sum\limits_{n=1}^{\infty}\dfrac{a_n}{2^n}$의 값은?

① $\dfrac{4}{3}$ ② $\dfrac{3}{2}$ ③ $\dfrac{5}{3}$

④ 2 ⑤ $\dfrac{5}{2}$

12

점 P_n이 x축 또는 y축에 평행하게
$$\overline{OP_1}=1,\ \overline{P_1P_2}=\dfrac{3}{4},$$
$$\overline{P_{n+1}P_{n+2}}=\dfrac{3}{4}\overline{P_nP_{n+1}}$$
$$(n=1,\ 2,\ 3,\ \cdots)$$

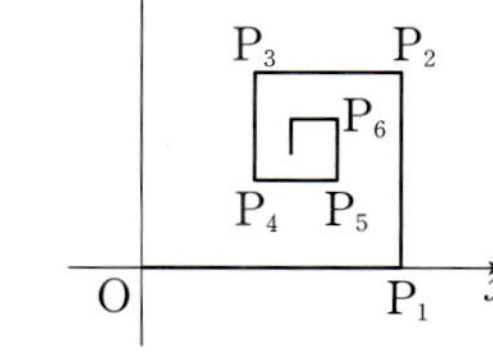

을 만족시키면서 움직일 때,
$\lim\limits_{n\to\infty}\overline{OP_n}$의 값을 구하시오.
(단, O는 원점이고, 점 P_1은 x축 위에 있다.)

13

원 $x^2+y^2=\left(\dfrac{1}{4}\right)^{n-1}$ 을 C_n이라 하자.

원 C_{n+1}의 한 접선에서 원 C_n의 현에 해당되는 선분의 길이를 d_n이라 할 때, $\displaystyle\sum_{n=1}^{\infty} d_n$의 값을 구하시오.

(단, 모든 원의 중심은 일치한다.)

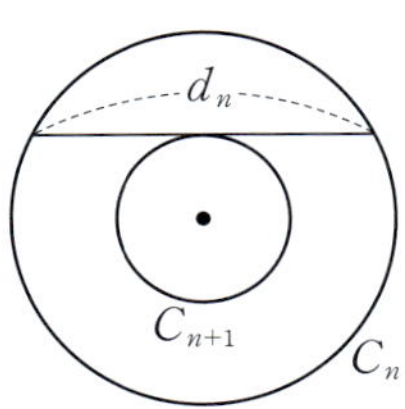

14

좌표평면에서 자연수 n에 대하여 점 $\mathrm{P}_n(n,\ 3^n)$, 점 $\mathrm{Q}_n(n,\ 0)$이 있다. 사각형 $\mathrm{P}_n\mathrm{Q}_{n+1}\mathrm{Q}_{n+2}\mathrm{P}_{n+1}$의 넓이를 a_n이라 할 때, $\displaystyle\sum_{n=1}^{\infty}\dfrac{1}{a_n}$의 값을 구하시오.

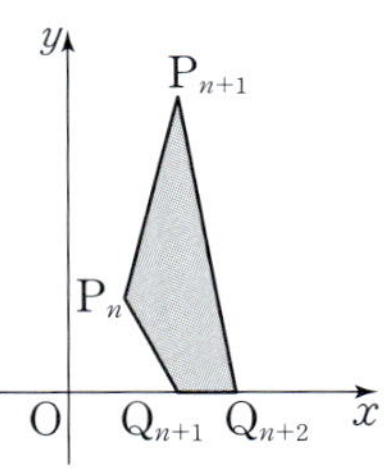

15 신유형

한 변의 길이가 4인 정사각형 $\mathrm{A}_1\mathrm{B}_1\mathrm{C}_1\mathrm{D}_1$이 있다. 선분 $\mathrm{C}_1\mathrm{D}_1$의 중점을 E_1이라 하고, 직선 $\mathrm{A}_1\mathrm{B}_1$ 위에 두 점 F_1, G_1을 $\overline{\mathrm{E}_1\mathrm{F}_1}=\overline{\mathrm{E}_1\mathrm{G}_1}$, $\overline{\mathrm{E}_1\mathrm{F}_1}:\overline{\mathrm{F}_1\mathrm{G}_1}=5:6$이 되도록 잡고 이등변삼각형 $\mathrm{E}_1\mathrm{F}_1\mathrm{G}_1$을 그린다. 선분 $\mathrm{D}_1\mathrm{A}_1$과 선분 $\mathrm{E}_1\mathrm{F}_1$의 교점을 P_1, 선분 $\mathrm{B}_1\mathrm{C}_1$과 선분 $\mathrm{G}_1\mathrm{E}_1$의 교점을 Q_1이라 할 때, 네 삼각형 $\mathrm{E}_1\mathrm{D}_1\mathrm{P}_1$, $\mathrm{P}_1\mathrm{F}_1\mathrm{A}_1$, $\mathrm{Q}_1\mathrm{B}_1\mathrm{G}_1$, $\mathrm{E}_1\mathrm{Q}_1\mathrm{C}_1$로 만들어진 ⋀ 모양의 도형에 색칠하여 얻은 그림을 R_1이라 하자.

그림 R_1에 선분 $\mathrm{F}_1\mathrm{G}_1$ 위의 두 점 A_2, B_2와 선분 $\mathrm{G}_1\mathrm{E}_1$ 위의 점 C_2, 선분 $\mathrm{E}_1\mathrm{F}_1$ 위의 점 D_2를 꼭짓점으로 하는 정사각형 $\mathrm{A}_2\mathrm{B}_2\mathrm{C}_2\mathrm{D}_2$를 그리고, 그림 R_1을 얻는 것과 같은 방법으로 정사각형 $\mathrm{A}_2\mathrm{B}_2\mathrm{C}_2\mathrm{D}_2$에 ⋀ 모양의 도형을 그리고 색칠하여 얻은 그림을 R_2라 하자.

이와 같은 과정을 계속하여 n번째 얻은 그림 R_n에 색칠되어 있는 부분의 넓이를 S_n이라 할 때, $\displaystyle\lim_{n\to\infty} S_n$의 값은?

R_1
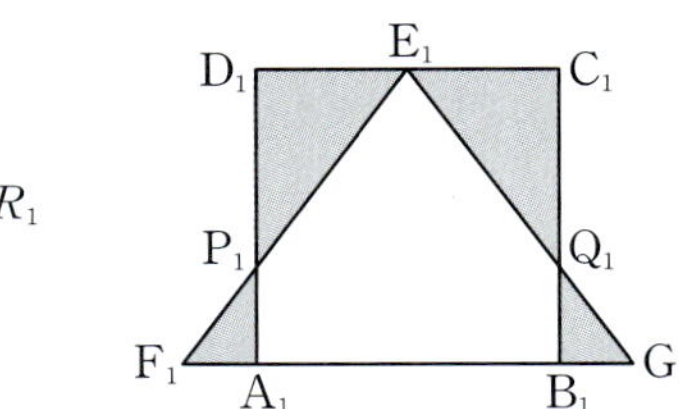

R_2
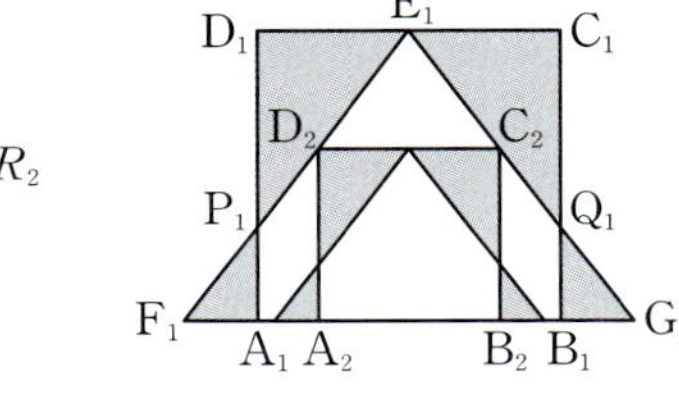

① $\dfrac{61}{6}$　　② $\dfrac{125}{12}$　　③ $\dfrac{32}{3}$

④ $\dfrac{131}{12}$　　⑤ $\dfrac{67}{6}$

16

$\overline{A_1B_1}=1$, $\overline{A_1D_1}=2$인 직사각형 $A_1B_1C_1D_1$에서 선분 A_1D_1과 선분 B_1C_1의 중점을 각각 M_1, N_1이라 하자.

중심이 N_1, 반지름의 길이가 $\overline{B_1N_1}$이고 중심각의 크기가 $\dfrac{\pi}{2}$인 부채꼴 $N_1M_1B_1$을 그리고 중심이 D_1, 반지름의 길이가 $\overline{C_1D_1}$이고 중심각의 크기가 $\dfrac{\pi}{2}$인 부채꼴 $D_1M_1C_1$을 그린다.

부채꼴 $N_1M_1B_1$의 호 M_1B_1과 선분 M_1B_1로 둘러싸인 부분과 부채꼴 $D_1M_1C_1$의 호 M_1C_1과 선분 M_1C_1로 둘러싸인 부분인 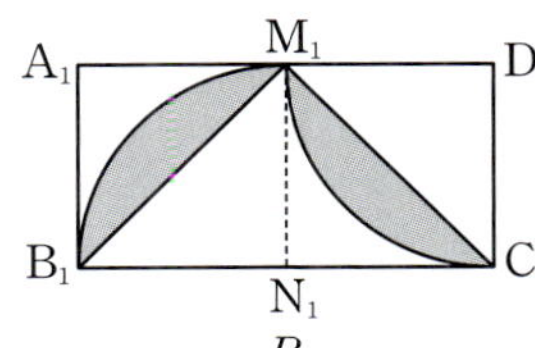 모양에 색칠하여 얻은 그림을 R_1이라 하자.

그림 R_1에서 선분 M_1B_1 위의 점 A_2, 호 M_1C_1 위의 점 D_2와 변 B_1C_1 위의 두 점 B_2, C_2를 꼭짓점으로 하고 $\overline{A_2B_2}:\overline{A_2D_2}=1:2$인 직사각형 $A_2B_2C_2D_2$를 그리고, 직사각형 $A_2B_2C_2D_2$에서 그림 R_1을 얻는 것과 같은 방법으로 만들어지는 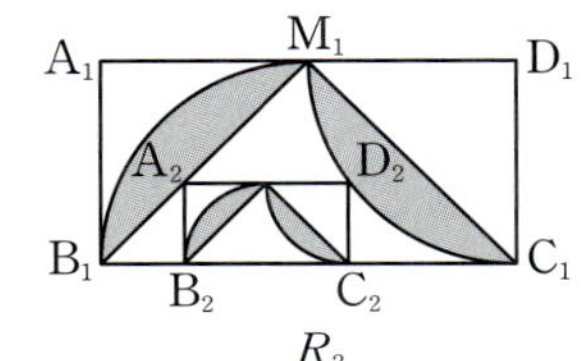 모양에 색칠하여 얻은 그림을 R_2라 하자.

이와 같은 과정을 계속하여 n번째 얻은 그림 R_n에 색칠되어 있는 부분의 넓이를 S_n이라 할 때, $\displaystyle\lim_{n\to\infty}S_n$의 값은?

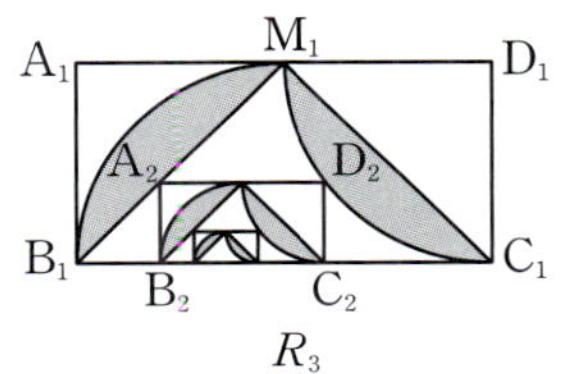

① $\dfrac{25}{19}\left(\dfrac{\pi}{2}-1\right)$ ② $\dfrac{5}{4}\left(\dfrac{\pi}{2}-1\right)$ ③ $\dfrac{25}{21}\left(\dfrac{\pi}{2}-1\right)$

④ $\dfrac{25}{22}\left(\dfrac{\pi}{2}-1\right)$ ⑤ $\dfrac{25}{23}\left(\dfrac{\pi}{2}-1\right)$

17

한 변의 길이가 1인 정삼각형 $A_1B_1C_1$이 있다. 선분 A_1B_1의 중점을 D_1이라 하고, 선분 B_1C_1 위의 $\overline{C_1D_1}=\overline{C_1B_2}$인 점 B_2에 대하여 중심이 C_1인 부채꼴 $C_1D_1B_2$를 그린다. 점 B_2에서 선분 C_1D_1에 내린 수선의 발을 A_2, 선분 C_1B_2의 중점을 C_2라 하자. 두 선분 B_1B_2, B_1D_1과 호 D_1B_2로 둘러싸인 부분과 삼각형 $C_1A_2C_2$의 내부에 색칠하여 얻은 그림을 R_1이라 하자.

그림 R_1에서 선분 A_2B_2의 중점을 D_2라 하고, 선분 B_2C_2 위의 $\overline{C_2D_2}=\overline{C_2B_3}$인 점 B_3에 대하여 중심이 C_2인 부채꼴 $C_2D_2B_3$을 그린다. 점 B_3에서 선분 C_2D_2에 내린 수선의 발을 A_3, 선분 C_2B_3의 중점을 C_3이라 하자. 두 선분 B_2B_3, B_2D_2와 호 D_2B_3으로 둘러싸인 부분과 삼각형 $C_2A_3C_3$의 내부에 색칠하여 얻은 그림을 R_2라 하자.

이와 같은 과정을 계속하여 n번째 얻은 그림 R_n에 색칠되어 있는 부분의 넓이를 S_n이라 할 때, $\displaystyle\lim_{n\to\infty}S_n$의 값은?

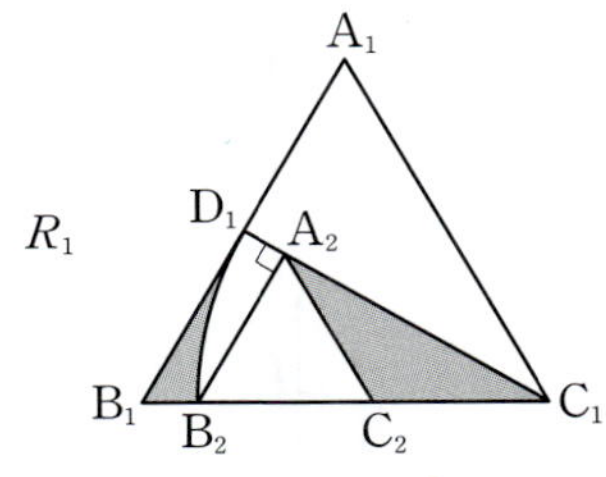

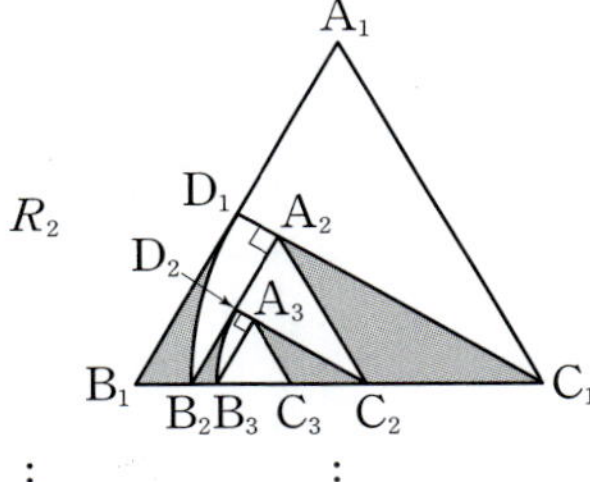

① $\dfrac{11\sqrt{3}-4\pi}{56}$ ② $\dfrac{11\sqrt{3}-4\pi}{52}$ ③ $\dfrac{15\sqrt{3}-6\pi}{56}$

④ $\dfrac{15\sqrt{3}-6\pi}{52}$ ⑤ $\dfrac{15\sqrt{3}-4\pi}{52}$

→ 정답 및 풀이 23쪽

18

중심이 원점이고 반지름의 길이가 3인 원 O_1을 그리고, 원 O_1이 좌표축과 만나는 네 점을 각각 $A_1(0, 3)$, $B_1(-3, 0)$, $C_1(0, -3)$, $D_1(3, 0)$이라 하자.

점 B_1과 D_1을 모두 지나고 중심이 각각 A_1, C_1인 두 원이 원 O_1의 내부에서 y축과 만나는 점을 각각 C_2, A_2라 하자.

호 $B_1A_1D_1$과 호 $B_1A_2D_1$로 둘러싸인 도형의 넓이를 S_1, 호 $B_1C_1D_1$과 호 $B_1C_2D_1$로 둘러싸인 도형의 넓이를 T_1이라 하자.

선분 A_2C_2가 지름인 원 O_2를 그리고, 원 O_2가 x축과 만나는 두 점을 각각 B_2, D_2라 하자. 점 B_2와 D_2를 지나고 중심이 각각 A_2, C_2인 두 원이 원 O_2의 내부에서 y축과 만나는 점을 각각 C_3, A_3이라 하자.

호 $B_2A_2D_2$와 호 $B_2A_3D_2$로 둘러싸인 도형의 넓이를 S_2, 호 $B_2C_2D_2$와 호 $B_2C_3D_2$로 둘러싸인 도형의 넓이를 T_2라 하자. 이와 같은 과정을 계속하여 n번째 얻은 호 $B_nA_nD_n$과 호 $B_nA_{n+1}D_n$으로 둘러싸인 도형의 넓이를 S_n, 호 $B_nC_nD_n$과 $B_nC_{n+1}D_n$으로 둘러싸인 도형의 넓이를 T_n이라 할 때, $\sum_{n=1}^{\infty} (S_n+T_n)$의 값은?

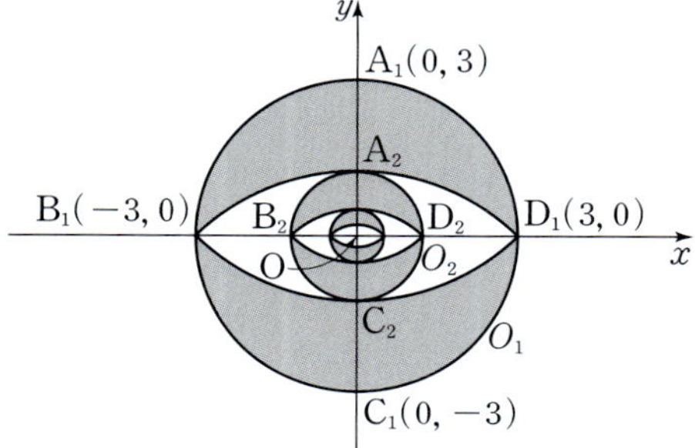

① $6(\sqrt{2}+1)$ ② $6(\sqrt{3}+1)$ ③ $6(\sqrt{5}+1)$
④ $9(\sqrt{2}+1)$ ⑤ $9(\sqrt{3}+1)$

19

중심이 O이고 반지름의 길이가 3인 원이 있다. $\angle AOB = \dfrac{\pi}{2}$인 원 위의 두 점을 A, B라 하고, 호 AC와 호 BC의 길이가 같도록 점 C를 잡자. 선분 OC를 $1 : 2$로 내분하는 점을 D라 하고, 네 선분 OA, AD, DB, BO로 둘러싸인 ∨ 모양의 도형에 색칠하여 얻은 그림을 R_1이라 하자.

그림 R_1에서 반지름 OA, OB가 지름인 반원을 두 개 그리고, 반원 안에 지름의 길이가 최대인 내접원을 각각 그린다. 두 내접원 안에 각각 그림 R_1을 얻은 것과 같은 방법으로 만든 ∨ 모양의 두 도형에 색칠하여 얻은 그림을 R_2라 하자.

그림 R_2에서 그린 두 내접원의 반지름 4개가 지름인 반원을 4개 그리고, 반원 안에 지름의 길이가 최대인 내접원을 각각 그린다. 네 내접원 안에 각각 그림 R_1을 얻은 것과 같은 방법으로 만든 ∨ 모양의 네 도형에 색칠하여 얻은 그림을 R_3이라 하자.

이와 같은 과정을 계속하여 n번째 얻은 그림 R_n에 색칠된 ∨ 모양 도형의 넓이의 합을 S_n이라 할 때, $\lim_{n \to \infty} S_n$의 값은?

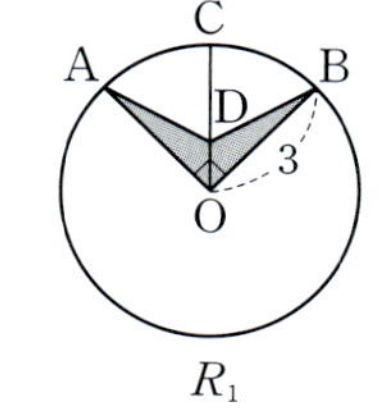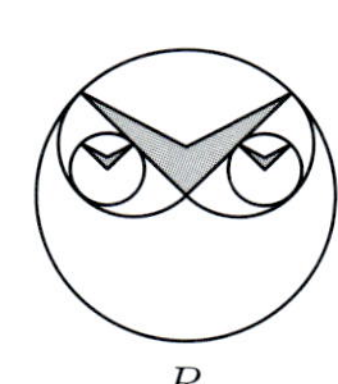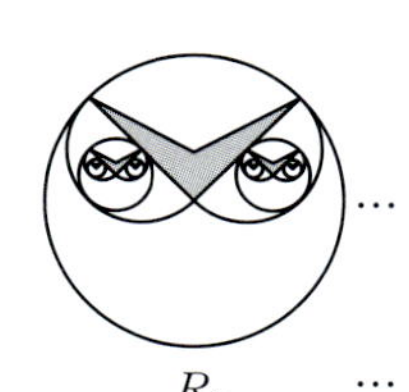

R_1 R_2 R_3 ⋯

① $\dfrac{11\sqrt{2}}{7}$ ② $\dfrac{12\sqrt{2}}{7}$ ③ $\dfrac{13\sqrt{2}}{7}$

④ $2\sqrt{2}$ ⑤ $\dfrac{15\sqrt{2}}{7}$

01

수열 $\{a_n\}$은 첫째항이 3인 등차수열이다. $a_{10}-a_2=4$일 때, $\displaystyle\sum_{n=1}^{\infty}\frac{1}{a_n a_{n+1} a_{n+2}}$의 값은?

① $\dfrac{1}{21}$ ② $\dfrac{2}{21}$ ③ $\dfrac{1}{7}$

④ $\dfrac{4}{21}$ ⑤ $\dfrac{5}{21}$

02 번뜩 아이디어

$\displaystyle\sum_{n=1}^{\infty}\frac{2n+3}{n(n+1)(n+2)}$의 값을 구하시오.

03

수열 $\{a_n\}$은 $a_1=1$이고 $\displaystyle\lim_{n\to\infty}n^2 a_n=0$이다.

$$\sum_{n=1}^{\infty}a_n=A,\ \sum_{n=1}^{\infty}na_n=B$$

일 때, $\displaystyle\sum_{n=1}^{\infty}(n+1)^2(a_{n+1}-a_n)$을 A, B로 나타낸 것은?

① $-A-2B-1$ ② $-A-B-1$
③ $-A-2B+1$ ④ $-A+B-1$
⑤ $A+2B-1$

04

집합 $A=\{1,\ 2,\ 3\}$이고 수열 $\{a_n\}$은 집합 A의 원소로 이루어진 수열이다. $\displaystyle\sum_{n=1}^{\infty}\frac{a_n}{10^n}=\frac{104}{333}$일 때, $\displaystyle\sum_{n=1}^{\infty}\frac{a_n}{5^n}$의 값을 구하시오.

05

가로의 길이가 5이고 세로의 길이가 4인 직사각형에서 가로의 폭 a가 직사각형 가로의 길이의 $\dfrac{1}{4}$, 세로의 폭 b가 직사각형 세로의 길이의 $\dfrac{1}{5}$인 ✚ 모양의 도형을 잘라내어 얻은 직사각형 4개를 R_1이라 하고, 직사각형 4개의 넓이의 합을 S_1이라 하자.

R_1의 각 직사각형에서 가로의 폭이 각 직사각형 가로의 길이의 $\dfrac{1}{4}$, 세로의 폭이 각 직사각형 세로의 길이의 $\dfrac{1}{5}$인 ✚ 모양의 도형을 잘라내어 얻은 직사각형 16개를 R_2라 하고, 직사각형 16개의 넓이의 합을 S_2라 하자.

이와 같은 과정을 계속하여 n번째 얻은 R_n에서 직사각형 4^n개의 넓이의 합을 S_n이라 할 때, $\displaystyle\sum_{n=1}^{\infty} S_n$의 값은?

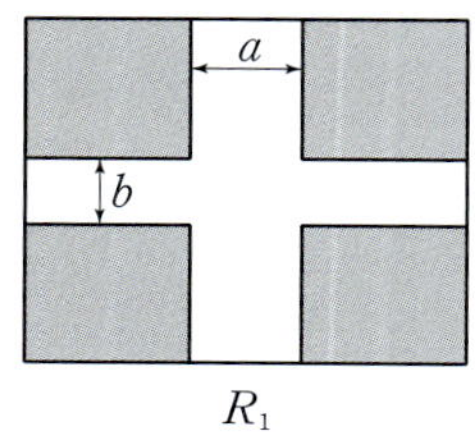

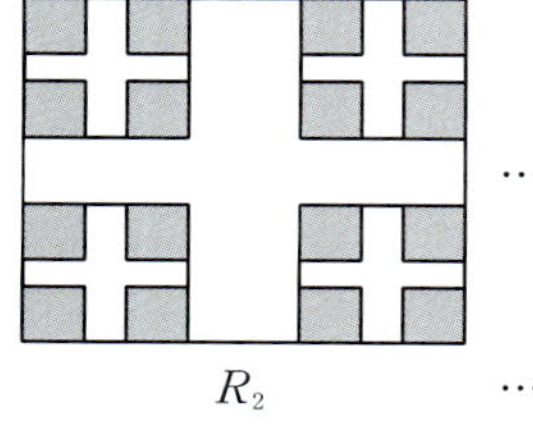

R_1　　　　　R_2　　…

① 26　　　② 30　　　③ 34

④ 38　　　⑤ 42

06

원에 다음 [과정]을 실행한다.

> (가) 원의 지름을 2 : 1로 내분하는 점을 잡는다.
> (나) 이 원에 내접하면서 (가)의 내분점에서 서로 외접하는 두 개의 원을 그린다.

지름의 길이가 6인 원에 [과정]을 실행하여 그린 원 2개를 색칠한 그림을 C_1이라 하자. C_1에서 새로 그린 원 2개에 각각 [과정]을 실행하여 그린 원 4개의 내부를 제외하여 얻은 그림을 C_2라 하자. C_2에서 새로 그린 원 4개에 각각 [과정]을 실행하여 그린 원 8개의 내부를 색칠하여 얻은 그림을 C_3이라 하자. C_3에서 새로 그린 원 8개에 각각 [과정]을 실행하여 그린 원 16개의 내부를 제외하여 얻은 그림을 C_4라 하자. 이와 같은 방법으로 n번째 그린 그림 C_n에서 색칠한 부분의 넓이의 합을 S_n이라 할 때, $\displaystyle\lim_{n\to\infty} S_n$의 값을 구하시오.

(단, 모든 원의 중심은 처음 원의 한 지름 위에 있다.)

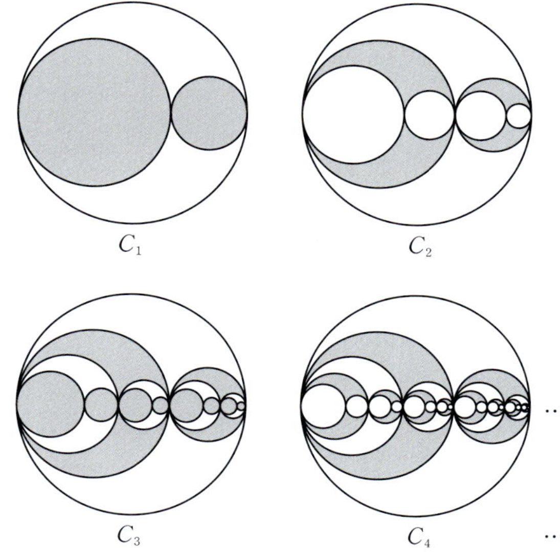

C_1　　　　　C_2

C_3　　　　　C_4　…

03. 여러 가지 함수의 극한

❶ 지수함수, 로그함수의 극한

함수 $y=a^x$, $y=\log_a x$는
연속이므로
$$\lim_{x\to p} a^x = a^p,$$
$$\lim_{x\to p} \log_a x = \log_a p$$

(1) $a>1$일 때
$$\lim_{x\to\infty} a^x = \infty, \quad \lim_{x\to-\infty} a^x = 0$$
$$\lim_{x\to\infty} \log_a x = \infty,$$
$$\lim_{x\to 0+} \log_a x = -\infty$$

(2) $0<a<1$일 때
$$\lim_{x\to\infty} a^x = 0, \quad \lim_{x\to-\infty} a^x = \infty$$
$$\lim_{x\to\infty} \log_a x = -\infty, \quad \lim_{x\to 0+} \log_a x = \infty$$

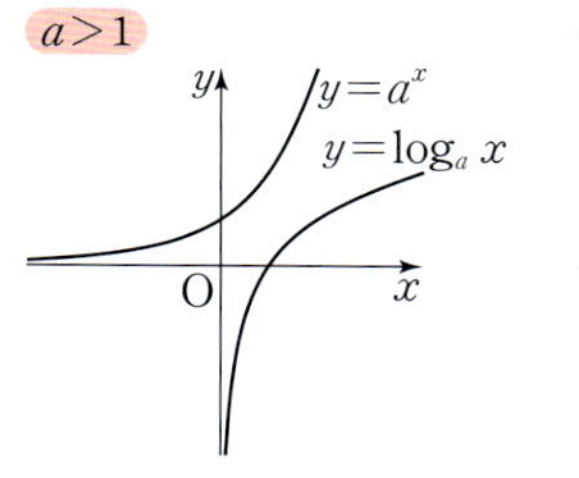

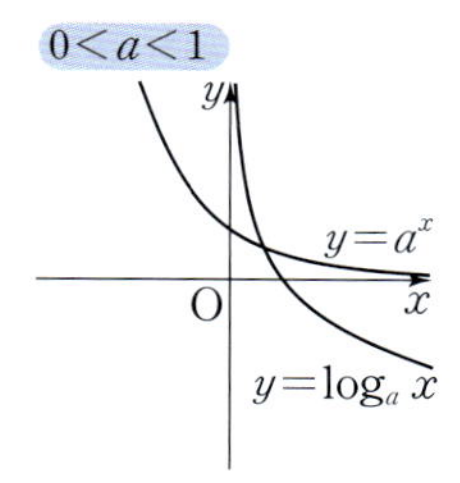

❷ 무리수 e

$\lim_{x\to 0}(1+x)^{\frac{1}{x}}=e$에서
$\dfrac{1}{x}=t$라 하면
$$\lim_{x\to\infty}\left(1+\frac{1}{x}\right)^x = e$$

(1) $x\to 0$일 때 $(1+x)^{\frac{1}{x}}$은 수렴한다. 이 극한값을 기호 e로 나타낸다. 곧,
$$\lim_{x\to 0}(1+x)^{\frac{1}{x}}=e$$

(2) 밑이 e인 로그를 자연로그라 하고 $\ln$으로 나타낸다.

❸ 지수함수, 로그함수 극한의 계산

$$\lim_{x\to 0}\frac{\log_a(1+x)}{x}=\frac{1}{\ln a}$$
$$\lim_{x\to 0}\frac{a^x-1}{x}=\ln a$$

(1) 1^∞ 꼴 $\Rightarrow$ $\lim_{x\to 0}(1+x)^{\frac{1}{x}}=e$, $\lim_{x\to\infty}\left(1+\frac{1}{x}\right)^x=e$를 이용할 수 있는 꼴로 고친다.

(2) $\dfrac{0}{0}$ 꼴 $\Rightarrow$ $\lim_{x\to 0}\dfrac{\ln(1+x)}{x}=1$, $\lim_{x\to 0}\dfrac{e^x-1}{x}=1$을 이용할 수 있는 꼴로 고친다.

❹ 삼각함수

(1) $\sin\theta$, $\cos\theta$, $\tan\theta$의 역수 $\dfrac{r}{y}$, $\dfrac{r}{x}$, $\dfrac{x}{y}$를 대응시키는 함수를
코시컨트함수, 시컨트함수, 코탄젠트함수라 한다.
$$\csc\theta=\frac{r}{y}\ (y\neq 0)\quad \sec\theta=\frac{r}{x}\ (x\neq 0),\quad \cot\theta=\frac{x}{y}\ (y\neq 0)$$

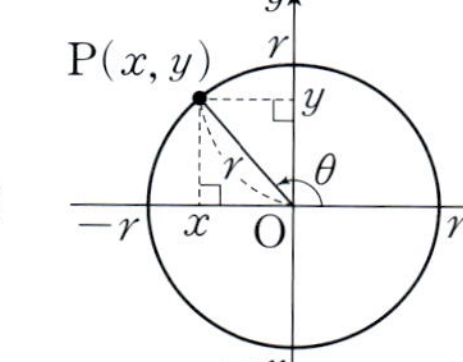

$\sin^2\theta+\cos^2\theta=1$의 양변을
$\sin^2\theta$로 나누면
$1+\cot^2\theta=\csc^2\theta$,
$\cos^2\theta$로 나누면
$1+\tan^2\theta=\sec^2\theta$

(2) 삼각함수 사이의 관계
① $\tan\theta=\dfrac{\sin\theta}{\cos\theta}$, $\cot\theta=\dfrac{\cos\theta}{\sin\theta}$
② $\sin^2\theta+\cos^2\theta=1$, $1+\cot^2\theta=\csc^2\theta$, $1+\tan^2\theta=\sec^2\theta$

❺ $\lim_{x\to 0}\dfrac{\sin x}{x}$

단위가 라디안임에 주의한다.

x의 단위가 라디안일 때, $\lim_{x\to 0}\dfrac{\sin x}{x}=1$

❻ $\dfrac{0}{0}$ 꼴 삼각함수의 극한

$$\lim_{x\to 0}\frac{\tan x}{x}=\lim_{x\to 0}\frac{\sin x}{x\cos x}$$
$$=1$$

(1) $\sin x$를 포함한 경우 $\Rightarrow$ $\lim_{x\to 0}\dfrac{\sin x}{x}=1$, $\lim_{x\to 0}\dfrac{\sin ax}{bx}=\dfrac{a}{b}$를 이용할 수 있는 꼴로 고친다.

(2) $\tan x$를 포함한 경우 $\Rightarrow$ $\lim_{x\to 0}\dfrac{\tan x}{x}=1$, $\lim_{x\to 0}\dfrac{\tan ax}{bx}=\dfrac{a}{b}$를 이용할 수 있는 꼴로 고친다.

(3) $\cos x$를 포함한 경우 $\Rightarrow$ $1-\cos^2 x=\sin^2 x$를 이용하여 $\cos$을 $\sin$으로 나타낸다.

code 1 지수함수, 로그함수의 극한

01

$\lim\limits_{x \to \infty} \dfrac{7^{x+1}+4^x}{7^x+4^{x+3}}$ 의 값은?

① 7　　　　　② 4　　　　　③ 1

④ $\dfrac{1}{4}$　　　　⑤ $\dfrac{1}{7}$

02

$\lim\limits_{x \to -2} (\log_2 |x^3+8| - \log_2 |x^2-4|)$ 의 값은?

① -1　　　　② 0　　　　③ $\log_3 2$

④ 1　　　　⑤ $\log_2 3$

03

$\lim\limits_{x \to \infty} (5^x - 3^x)^{\frac{2}{x}}$ 의 값을 구하시오.

code 2 1^∞ 꼴의 극한

04

$\lim\limits_{x \to 0} (1+3x)^{\frac{1}{6x}}$ 의 값은?

① $\dfrac{1}{e^2}$　　　　② $\dfrac{1}{e}$　　　　③ $\sqrt{e}$

④ e　　　　⑤ e^2

05

$\lim\limits_{x \to \infty} \left(\dfrac{x-1}{x+1}\right)^{2x}$ 의 값은?

① e^{-4}　　　　② e^{-2}　　　　③ e

④ e^2　　　　⑤ e^4

06

$\lim\limits_{x \to 3} \left(\dfrac{x}{3}\right)^{\frac{1}{3-x}}$ 의 값을 구하시오.

07

$\lim\limits_{x \to \frac{\pi}{2}} (1-\cos x)^{\sec x}$ 의 값은?

① $\dfrac{1}{e^2}$　　　　② $\dfrac{1}{e}$　　　　③ 1

④ e　　　　⑤ e^2

08

$\lim\limits_{x \to \infty} \left\{\left(1+\dfrac{1}{5x}\right)\left(1-\dfrac{1}{3x}\right)\right\}^{15x}$ 의 값은?

① $\dfrac{1}{e^2}$　　　　② e^{15}　　　　③ e

④ $\dfrac{1}{e^{15}}$　　　　⑤ e^2

09

$\lim\limits_{x \to \infty} x\{\ln(2x+4) - \ln 2x\}$ 의 값은?

① 1   ② 2   ③ 4
④ e^2 ⑤ e^4

10

$\lim\limits_{n \to \infty} \dfrac{1}{2^n}\left\{\left(1+\dfrac{1}{n}\right)\left(1+\dfrac{1}{n+1}\right)\left(1+\dfrac{1}{n+2}\right) \times \cdots \times \left(1+\dfrac{1}{2n}\right)\right\}^n$
의 값은?

① $\sqrt[3]{e}$ ② $\sqrt{e}$ ③ e
④ $2e$ ⑤ e^2

code 3 $\dfrac{0}{0}$ 꼴 로그함수의 극한

11

$\lim\limits_{x \to 0} \dfrac{\ln(1+3x)+9x}{2x}$ 의 값을 구하시오.

12

$\lim\limits_{x \to 1}\left(\dfrac{x-1}{\log_4 x} - \dfrac{x-1}{\log_2 x}\right)$ 의 값은?

① -1 ② $-\ln 2$ ③ $\dfrac{1}{2}$
④ $\ln 2$ ⑤ $\ln 4$

code 4 $\dfrac{0}{0}$ 꼴 지수함수의 극한

13

$\lim\limits_{x \to 0} \dfrac{e^{5x}-1}{3x}$ 의 값은?

① $\dfrac{4}{3}$ ② $\dfrac{5}{3}$ ③ 2
④ $\dfrac{7}{3}$ ⑤ $\dfrac{8}{3}$

14

함수 $f(x)=e^x-e^{-x}$ 일 때, $\lim\limits_{x \to 0} \dfrac{f(x)}{x}$ 의 값은?

① 1   ② 2   ③ 3
④ 4   ⑤ 5

15

$\lim\limits_{x \to 0} \dfrac{(a+12)^x - a^x}{x} = \ln 3$ 일 때, 양수 a의 값은?

① 2   ② 3   ③ 4
④ 5   ⑤ 6

code 5   지수함수, 로그함수와 극한의 성질

16

함수 $f(x)$가 $x > -1$에서
$$\ln(1+x) \le f(x) \le \dfrac{1}{2}(e^{2x}-1)$$
을 만족시킬 때, $\lim\limits_{x \to 0} \dfrac{f(3x)}{x}$ 의 값은?

① 1   ② e ③ 3
④ 4   ⑤ $2e$

정답 및 풀이 26쪽

17

$\lim\limits_{x \to 0} \dfrac{e^{2x}-1}{2\ln(1+ax)+b}=\dfrac{1}{2}$일 때, $a+b$의 값은?

① 1   ② 2   ③ 3
④ 4   ⑤ 5

18

함수 $f(x)=\begin{cases} \dfrac{e^{2x}+a}{x} & (x\neq 0) \\ b & (x=0) \end{cases}$ 이 $x=0$에서 연속일 때, $a+b$의 값은?

① $e-1$ ② 1   ③ 2
④ e ⑤ 3

19

$f(x)$는 이차항의 계수가 1인 이차함수이고,
$$g(x)=\begin{cases} \dfrac{1}{\ln(x+1)} & (x\neq 0) \\ 8 & (x=0) \end{cases}$$
이다. 함수 $f(x)g(x)$가 구간 $(-1,\ \infty)$에서 연속일 때, $f(3)$의 값은?

① 6   ② 9   ③ 12
④ 15   ⑤ 18

code 6 $\dfrac{0}{0}$ 꼴 사인함수의 극한

20

$\lim\limits_{x \to 0} \dfrac{\sin 2x}{x\cos x}$의 값을 구하시오.

21

$\lim\limits_{x \to 0} \dfrac{\tan x}{xe^x}$의 값은?

① 1   ② 2   ③ 3
④ 4   ⑤ 5

22

$\lim\limits_{x \to 0} \dfrac{e^{3x}-1}{\sin(\sin 2x)}$의 값은?

① $\dfrac{3}{2}$ ② 2   ③ $\dfrac{5}{2}$
④ 3   ⑤ $\dfrac{7}{2}$

23

$\lim\limits_{x \to 0} \dfrac{\sin(x^2+x)}{2x^2+2x}$의 값은?

① 1   ② $\dfrac{1}{2}$ ③ $\dfrac{1}{3}$
④ $\dfrac{1}{4}$ ⑤ 0

24

$\lim\limits_{x \to 0} \dfrac{\sin x}{\sin 5x + \sin 3x}$의 값은?

① $\dfrac{1}{32}$ ② $\dfrac{1}{16}$ ③ $\dfrac{1}{8}$
④ $\dfrac{1}{4}$ ⑤ $\dfrac{1}{2}$

25

$\displaystyle\lim_{x\to\pi}\dfrac{\sin 4x}{x-\pi}$의 값은?

① 0　　　　　　② 1　　　　　　③ 2

④ 3　　　　　　⑤ 4

---

code 7 $\dfrac{0}{0}$ 꼴 코사인함수의 극한

26

$\displaystyle\lim_{x\to 0}\dfrac{\sec 2x-1}{x^2}$의 값은?

① $\dfrac{1}{4}$　　　　　② $\dfrac{1}{2}$　　　　　③ 1

④ 2　　　　　　⑤ 4

27

$\displaystyle\lim_{\theta\to 0}\dfrac{\sec 2\theta-1}{\sec\theta-1}$의 값은?

① 1　　　　　　② 2　　　　　　③ 3

④ 4　　　　　　⑤ 5

28

$\displaystyle\lim_{x\to 0}\dfrac{\csc x-\cot x}{e^{3x}-1}$의 값은?

① $\dfrac{1}{6}$　　　　　② $\dfrac{1}{5}$　　　　　③ $\dfrac{1}{3}$

④ $\dfrac{1}{2}$　　　　　⑤ 1

---

code 8 삼각함수와 극한의 성질

29

$\displaystyle\lim_{x\to 0}\dfrac{x^2}{a\cos^2 x+b}=\dfrac{1}{2}$일 때, ab의 값은?

① 4　　　　　　② 2　　　　　　③ 1

④ -2　　　　　⑤ -4

30

함수 $f(x)=\begin{cases} \dfrac{e^x-\sin 2x-a}{3x} & (x\neq 0) \\ b & (x=0) \end{cases}$ 가 $x=0$에서 연속일

때, $a+b$의 값은?

① $\dfrac{1}{3}$　　　　　② $\dfrac{2}{3}$　　　　　③ 1

④ $\dfrac{4}{3}$　　　　　⑤ $\dfrac{5}{3}$

31

a, b가 자연수이고 $\displaystyle\lim_{x\to 0}\dfrac{\ln(x^a+1)}{(1-\cos 2x)\tan bx}=\dfrac{1}{8}$일 때, $b-a$의 값은?

① 1　　　　　　② 2　　　　　　③ 3

④ 4　　　　　　⑤ 5

32

함수 $f(x)$가

$$\lim_{x\to 0}f(x)\left(1-\cos\dfrac{x}{2}\right)=1$$

을 만족시킬 때, $\displaystyle\lim_{x\to 0}x^2 f(x)$의 값을 구하시오.

33

좌표평면 위에 두 점 $A(2, 0)$, $B(0, 3)$과 곡선 $y=3^x-1$ 위에 점 P가 있다. P에서 직선 $x=2$에 내린 수선의 발을 H라 하고, 사다리꼴 OAHP와 삼각형 OPB의 넓이를 각각 S, T라 하자. P가 원점 O에 한없이 가까워질 때, $\dfrac{S}{T}$의 극한값은? (단, 점 P는 제1사분면 위의 점이다.)

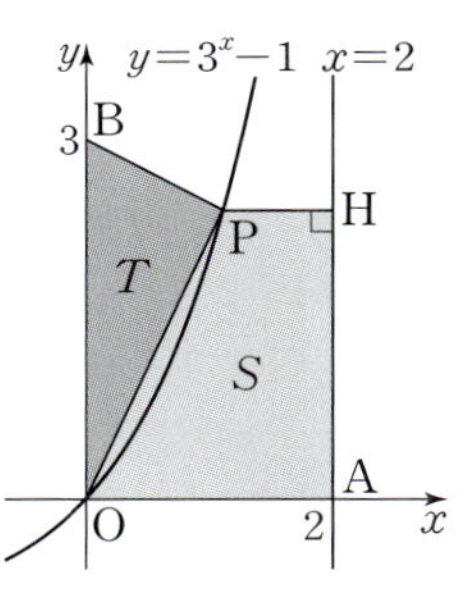

① $\dfrac{4}{3}\ln 3$ ② $\dfrac{4}{3\ln 3}$ ③ 1

④ $\dfrac{4}{3}e^3$ ⑤ $\dfrac{4}{3}e^{-3}$

34

곡선 $y=\ln x$ 위를 움직이는 점 $P(t, \ln t)$와 두 점 $A(1, 0)$, $B(e, 0)$이 있다. 삼각형 PAB의 넓이를 $S(t)$라 할 때, $\displaystyle\lim_{t \to 1+}\dfrac{S(t)}{t-1}$의 값은?

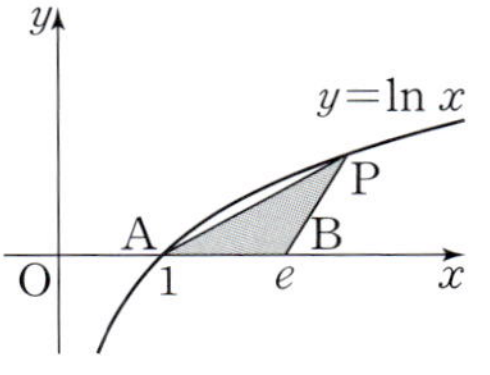

① $\dfrac{e-1}{2e}$ ② $\dfrac{e-1}{2}$ ③ $e-1$

④ $\dfrac{e(e-1)}{2}$ ⑤ $2(e-1)$

35

길이가 8인 선분 AB가 지름이고 중심이 O인 반원 위에 점 C가 있다. 점 B를 지나고 선분 OC와 평행한 직선이 반원과 만나는 점을 D라 하자. $\angle AOC=\theta$일 때, 색칠한 부분의 넓이를 $S(\theta)$라 하자. $\displaystyle\lim_{\theta \to 0+}\dfrac{S(\theta)}{\theta}$의 값은?

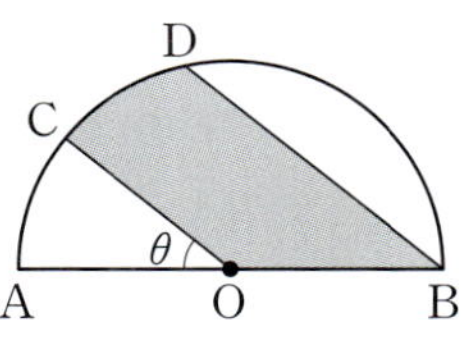

① 8   ② 12   ③ 16

④ 24   ⑤ 40

36

중심각의 크기가 θ이고 반지름의 길이가 r인 부채꼴 OAB가 있다. 호 AB의 길이를 l_1, 삼각형 OBA에 내접하는 원의 둘레의 길이를 l_2라 할 때, $\displaystyle\lim_{\theta \to 0}\dfrac{l_2}{l_1}$의 값은?

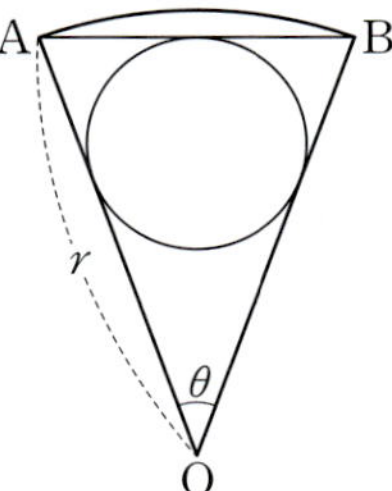

① $\dfrac{\pi}{4}$ ② $\dfrac{\pi}{2}$ ③ π

④ $\dfrac{3}{2}\pi$ ⑤ 2π

37

길이가 2인 선분 AB가 지름인 반원 위에 점 P가 있다. $\angle PAB=\theta$라 할 때, 선분 OB 위의 점 C는 $\angle APO=\angle OPC$를 만족시킨다. $\displaystyle\lim_{\theta \to 0+}\overline{OC}$의 값은? (단, 점 O는 선분 AB의 중점이다.)

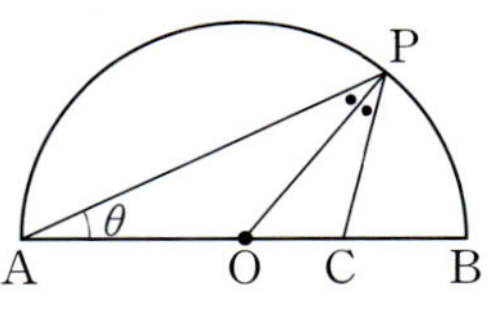

① $\dfrac{1}{12}$ ② $\dfrac{1}{6}$ ③ $\dfrac{1}{4}$

④ $\dfrac{1}{3}$ ⑤ $\dfrac{5}{12}$

38

반지름의 길이가 1이고 중심각의 크기가 $\dfrac{\pi}{2}$인 부채꼴 OAB가 있다. 호 AB 위의 점 P에서 선분 OA에 내린 수선의 발을 H, 선분 PH와 선분 AB의 교점을 Q라 하자. $\angle POH=\theta$일 때, 삼각형 AQH의 넓이를 $S(\theta)$라 하자. $\displaystyle\lim_{\theta \to 0+}\dfrac{S(\theta)}{\theta^4}$의 값은? $\left(\text{단, } 0<\theta<\dfrac{\pi}{2}\right)$

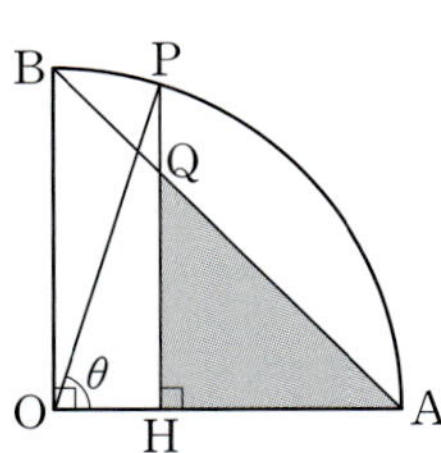

① $\dfrac{1}{8}$ ② $\dfrac{1}{4}$ ③ $\dfrac{3}{8}$

④ $\dfrac{1}{2}$ ⑤ $\dfrac{5}{8}$

01

$\displaystyle\lim_{x\to\infty}\frac{2}{x}\log_5(5^x-3^x)$의 값은?

① 2   ② 3   ③ 4
④ 5   ⑤ 6

02

$\displaystyle\lim_{x\to 0+}\frac{b^x+\log_a x}{a^x+\log_b x}$의 값은?

① $\ln a$ ② $\ln b$ ③ $\log_a b$
④ $\log_b a$ ⑤ 1

03

$\displaystyle\lim_{x\to\infty}\left(\frac{x+a}{x-a}\right)^x=\sqrt{e}$일 때, a의 값은?

① $\dfrac{1}{4}$ ② $\dfrac{1}{2}$ ③ 1
④ 2   ⑤ 4

04

함수 $f(x)=\log_2(x+3)$의 역함수를 $g(x)$라 할 때,
$\displaystyle\lim_{x\to 0}\frac{f(x-2)}{g(x)+2}$의 값은?

① $(\ln 2)^2$ ② $\ln 2$ ③ 1
④ $\dfrac{1}{\ln 2}$ ⑤ $\dfrac{1}{(\ln 2)^2}$

05

$a>e$인 실수 a에 대하여 두 곡선 $y=e^{x-1}$, $y=a^x$이 만나는
점의 x좌표를 $f(a)$라 할 때, $\displaystyle\lim_{a\to e+}\frac{1}{(e-a)f(a)}$의 값은?

① $\dfrac{1}{e^2}$ ② $\dfrac{1}{e}$ ③ 1
④ e ⑤ e^2

06

n이 자연수이고,
$$f(n)=\lim_{x\to 0}\frac{\ln\{(1+x)(1+2x)\times\cdots\times(1+nx)\}}{x}$$
일 때, $f(10)$의 값을 구하시오.

07

n이 자연수이고,

$$f(n) = \lim_{x \to 0} \frac{30x}{e^x + e^{2x} + e^{3x} + \cdots + e^{nx} - n}$$

일 때, $\displaystyle\sum_{n=1}^{\infty} f(n)$의 값은?

① 15   ② 30   ③ 45

④ 60   ⑤ 75

08

두 곡선 $y = 4 \times 3^x$, $y = 3 \times 4^x$과 직선 $x = t$가 만나는 두 점을 각각 P, Q라 하자. $\displaystyle\lim_{t \to 1} \frac{\overline{PQ}}{|t-1|}$의 값은?

① 0   ② $\ln \dfrac{3}{2}$ ③ $3 \ln \dfrac{4}{3}$

④ $12 \ln \dfrac{3}{2}$ ⑤ $12 \ln \dfrac{4}{3}$

09

$f(x)$가 연속함수이고 $\displaystyle\lim_{x \to 0} \frac{f(x)}{\ln(1-3x)} = -1$일 때, $\displaystyle\lim_{x \to 0} \frac{f(x)}{\ln(1+2x)}$의 값은?

① $-\dfrac{3}{2}$ ② $-\dfrac{1}{2}$ ③ 0

④ $\dfrac{1}{2}$ ⑤ $\dfrac{3}{2}$

10

$\displaystyle\lim_{x \to 0} \frac{f(x)}{2^x - 1} = 3$일 때, $\displaystyle\lim_{x \to 0} \frac{\{f(x)\}^2}{x \ln(3x+1)}$의 값은?

① $\ln 2$ ② $2 \ln 2$ ③ $(\ln 2)^2$

④ $2(\ln 2)^2$ ⑤ $3(\ln 2)^2$

11

x, b, c가 양수이고

$$\lim_{x \to \infty} x^a \ln\left(b + \frac{c}{x^2}\right) = 2$$

일 때, $a+b+c$의 값은?

① 5   ② 6   ③ 7

④ 8   ⑤ 9

12

a, b가 자연수이고 $\displaystyle\lim_{x \to 1} \frac{x^a - e^{x-1}}{x^2 - 1} = b$일 때, $3a - 6b$의 값은?

① 1   ② 2   ③ 3

④ 4   ⑤ 5

13

$\displaystyle\lim_{x \to 0} \frac{3\cos^2 x + 2\cos x - 5}{x^2}$의 값은?

① -4 ② -3 ③ -2

④ -1 ⑤ 0

14

함수 $f(x) = 1 - \cos x$일 때, $\displaystyle\lim_{x \to 0} \frac{\{f(x)\}^2}{f(f(x))}$의 값은?

① $\dfrac{1}{4}$ ② $\dfrac{1}{2}$ ③ 1

④ 2 ⑤ 4

15

$\displaystyle\lim_{x \to \frac{\pi}{6}} \frac{\sqrt{3}\sin x - \cos x}{x - \dfrac{\pi}{6}}$의 값은?

① -2 ② $-\sqrt{3}$ ③ 1

④ $\sqrt{3}$ ⑤ 2

16

$\displaystyle\lim_{x \to 0} \frac{e^{x\sin x} + e^{x\sin 2x} - 2}{x\ln(1+x)}$의 값은?

① 1 ② 2 ③ 3

④ 4 ⑤ 5

17

함수 $f(x) = \displaystyle\lim_{t \to 0} \frac{1 - \cos xt}{t^4 + t^2}$일 때, $\displaystyle\lim_{x \to \infty} \left\{1 + \frac{1}{f(2x)}\right\}^{f(x)}$의 값은?

① $e^{\frac{1}{4}}$ ② $e^{\frac{1}{2}}$ ③ 0

④ e^2 ⑤ e^4

18

$f(x)$는 연속함수이고, $\displaystyle\lim_{x \to 0} \frac{f(x)}{1 - \cos x^2} = 2$이다.

$\displaystyle\lim_{x \to 0} \frac{f(x)}{x^p} = q$일 때, $p + q$의 값은? (단, $p > 0$, $q > 0$)

① 4 ② 5 ③ 6

④ 7 ⑤ 8

19 번뜩 아이디어

두 곡선 $y=ax^2\,(a>0)$, $y=\ln\,(2x+1)$이 제1사분면에서 만나는 점을 A라 하자. 원점이 O이고 B$(1,\ 0)$, C$(0,\ 1)$일 때, 삼각형 AOB, OAC의 넓이를 각각 S_1, S_2라 하자. $\displaystyle\lim_{a\to\infty}\dfrac{S_1}{S_2}$의 값은?

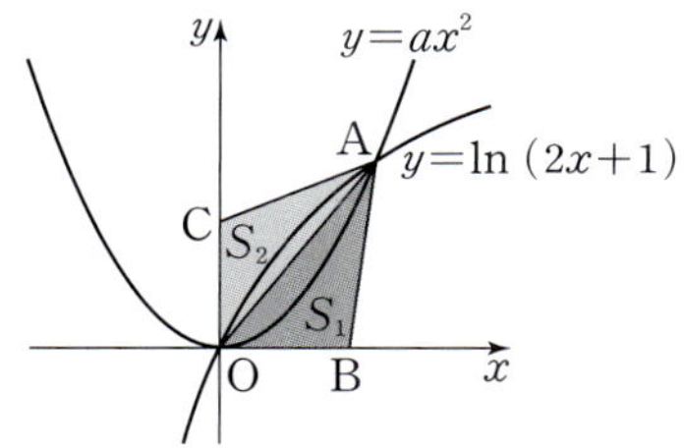

① $\dfrac{1}{e}$ ② $\dfrac{1}{2}$ ③ 1

④ 2 ⑤ e

20

원 $x^2+y^2=1$과 곡선 $y=\ln\,(x+1)$이 제1사분면에서 만나는 점을 A라 하고, 호 AB 위의 점 P에서 y축에 내린 수선의 발을 H, 선분 PH와 곡선 $y=\ln\,(x+1)$이 만나는 점을 Q라 하자. 점 B$(1,\ 0)$, $\angle$POB$=\theta$일 때, 삼각형 OPQ의 넓이를 $S(\theta)$, 선분 HQ의 길이를 $L(\theta)$라 하자. $\displaystyle\lim_{\theta\to0+}\dfrac{S(\theta)}{L(\theta)}$의 값을 구하시오.

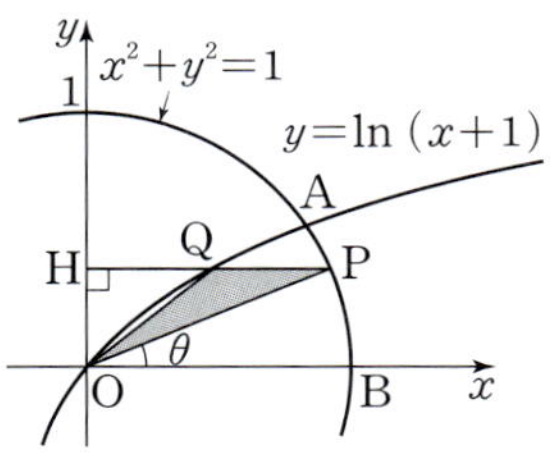

$\left(\text{단, }0<\theta<\dfrac{\pi}{6}\text{이고, O는 원점이다.}\right)$

21

한 변의 길이가 1인 마름모 ABCD가 있다. 점 C에서 선분 AB의 연장선에 내린 수선의 발을 E, 점 E에서 선분 AC에 내린 수선의 발을 F, 선분 EF와 선분 BC의 교점을 G라 하자. $\angle$DAB$=\theta$일 때, 삼각형 CFG의 넓이를 $S(\theta)$라 하자. $\displaystyle\lim_{\theta\to0+}\dfrac{S(\theta)}{\theta^5}$의 값을 구하시오. $\left(\text{단, }0<\theta<\dfrac{\pi}{2}\right)$

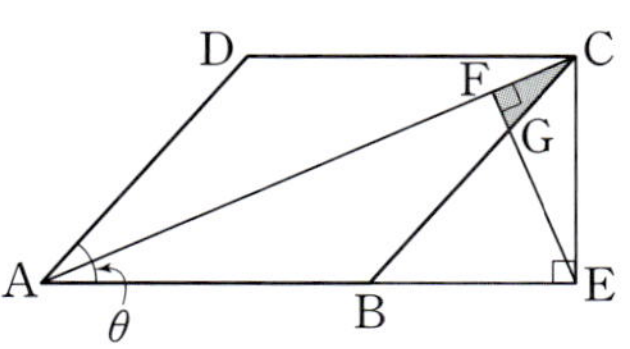

22

원 $x^2+y^2=1$ 위의 점 P에서의 접선이 x축과 만나는 점을 Q라 하자. 점 A$(-1,\ 0)$과 원점 O에 대하여 $\angle$PAO$=\theta$라 할 때, $\displaystyle\lim_{\theta\to\frac{\pi}{4}}\dfrac{\overline{PQ}-\overline{OQ}}{\theta-\dfrac{\pi}{4}}$의 값은?

(단, 점 P는 제1사분면 위의 점이다.)

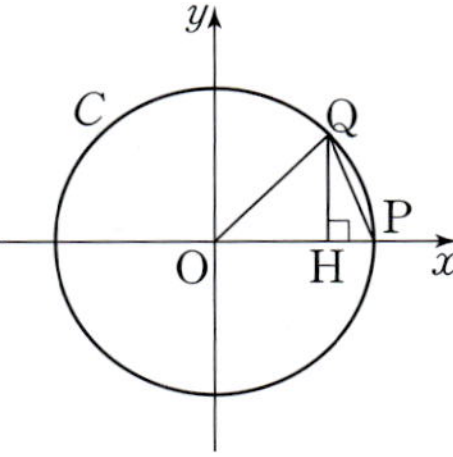

① 2 ② $\sqrt{3}$ ③ $\dfrac{3}{2}$

④ 1 ⑤ $\dfrac{\sqrt{2}}{2}$

23 신유형

n이 자연수일 때, 중심이 원점 O이고 점 P$(2^n,\ 0)$을 지나는 원 C가 있다. 원 C 위에 점 Q를 호 PQ의 길이가 π가 되도록 잡는다. Q에서 x축에 내린 수선의 발을 H라 할 때, $\displaystyle\lim_{n\to\infty}(\overline{OQ}\times\overline{HP})$의 값은?

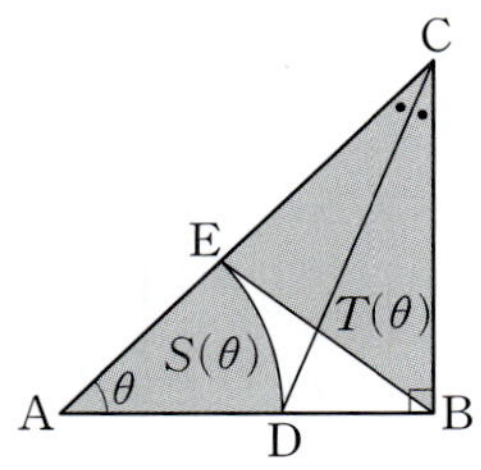

① $\dfrac{\pi^2}{2}$ ② $\dfrac{3}{4}\pi^2$ ③ π^2

④ $\dfrac{5}{4}\pi^2$ ⑤ $\dfrac{3}{2}\pi^2$

24 신유형

$\overline{AB}=1$, $\angle$B$=\dfrac{\pi}{2}$인 직각삼각형 ABC에서 $\angle$C를 이등분하는 직선과 선분 AB의 교점을 D, 중심이 A이고 반지름의 길이가 $\overline{AD}$인 원과 선분 AC의 교점을 E라 하자. $\angle$A$=\theta$일 때, 부채꼴 ADE의 넓이를 $S(\theta)$, 삼각형 BCE의 넓이를 $T(\theta)$라 하자. $\displaystyle\lim_{\theta\to0+}\dfrac{\{S(\theta)\}^2}{T(\theta)}$의 값을 구하시오.

25

$\overline{AC}=\overline{BC}$, $\overline{AB}=4$인 이등변삼각형 ABC에서 $\angle ACB=\theta$라 하자. 선분 AB의 연장선 위에 $\overline{AC}=\overline{AD}$인 점 D와 $\overline{AC}=\overline{AP}$이고 $\angle PAB=2\theta$인 점 P를 잡는다. 삼각형 BDP의 넓이를 $S(\theta)$라 할 때, $\displaystyle\lim_{\theta\to 0+}\{\theta\times S(\theta)\}$의 값을 구하시오. $\left(\text{단, } 0<\theta<\dfrac{\pi}{6}\right)$

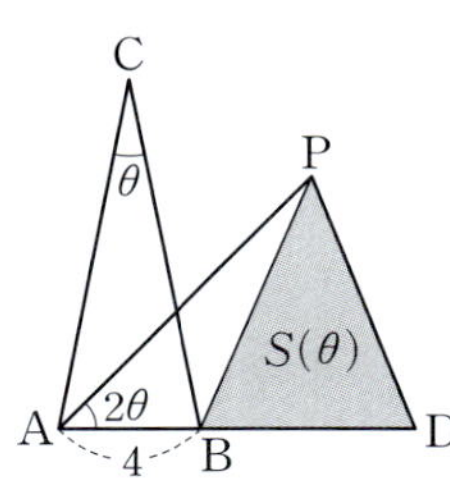

26

길이가 2인 선분 AB가 지름인 반원의 호 AB 위에 점 P가 있다. 중심이 A이고 반지름의 길이가 $\overline{AP}$인 원과 선분 AB의 교점을 Q라 하자. 호 PB 위에 호 PB의 길이를 $3:7$로 나누는 점 R를 잡는다. 선분 AB의 중점을 O라 할 때, 선분 OR와 호 PQ의 교점을 T, 점 O에서 선분 AP에 내린 수선의 발을 H라 하자. 세 선분 PH, HO, OT와 호 TP로 둘러싸인 부분의 넓이를 S_1, 두 선분 RT, QB와 두 호 TQ, BR로 둘러싸인 부분의 넓이를 S_2라 하자. $\angle PAB=\theta$라 할 때, $\displaystyle\lim_{\theta\to 0+}\dfrac{S_1-S_2}{\overline{OH}}$의 값을 구하시오. $\left(\text{단, } 0<\theta<\dfrac{\pi}{4}\right)$

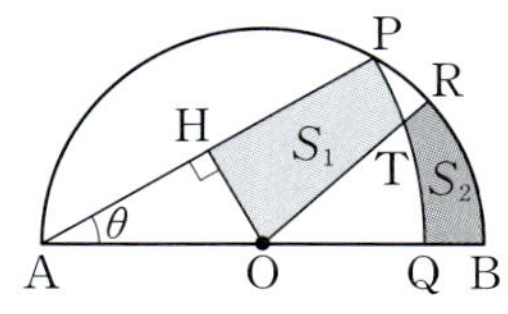

27

반지름의 길이가 1인 원에 외접하고 $\angle CAB=\angle BCA=\theta$인 이등변삼각형 ABC가 있다. 선분 AB의 연장선 위에 $\angle DCB=\theta$가 되는 점 D를 잡는다. 삼각형 BDC의 넓이를 $S(\theta)$라 할 때, $\displaystyle\lim_{\theta\to 0+}\{\theta\times S(\theta)\}$의 값은? $\left(\text{단, } 0<\theta<\dfrac{\pi}{4}\right)$

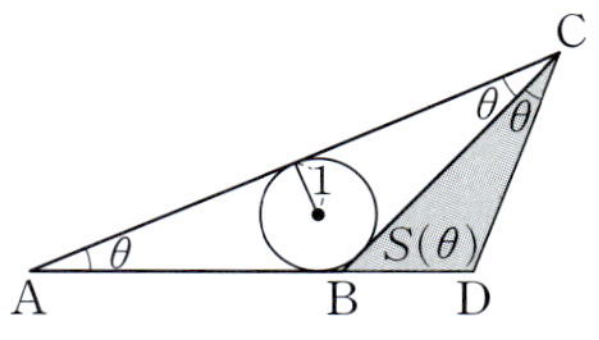

① $\dfrac{2}{3}$ ② $\dfrac{8}{9}$ ③ $\dfrac{10}{9}$

④ $\dfrac{4}{3}$ ⑤ $\dfrac{14}{9}$

28

길이가 2인 선분 AB가 지름인 반원 위에 두 점 P, Q를 $\angle ABP=\angle BAQ=\theta$ $\left(0<\theta<\dfrac{\pi}{4}\right)$가 되도록 잡는다. 두 선분 AQ, BP와 호 PQ에 내접하는 원의 반지름의 길이를 $r(\theta)$라 할 때, $\displaystyle\lim_{\theta\to \frac{\pi}{4}-}\dfrac{r(\theta)}{\frac{\pi}{4}-\theta}$의 값을 구하시오.

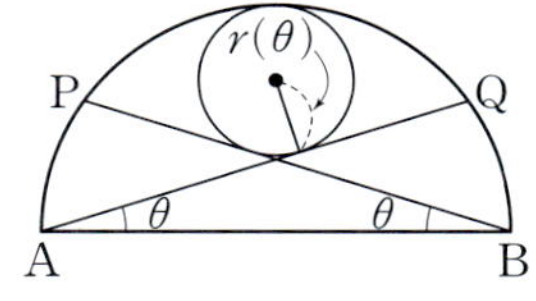

29 신유형

반지름의 길이가 1이고 중심각의 크기가 $\dfrac{\pi}{2}$인 부채꼴 OAB가 있다. 호 AB 위의 점 P에서 선분 OA에 내린 수선의 발을 H라 하고, 호 BP 위에 점 Q를 $\angle POH=\angle PHQ$가 되도록 잡는다. $\angle POH=\theta$일 때, 삼각형 OHQ의 넓이를 $S(\theta)$라 하자. $\displaystyle\lim_{\theta\to 0+}\dfrac{S(\theta)}{\theta}$의 값은? $\left(\text{단, } 0<\theta<\dfrac{\pi}{6}\right)$

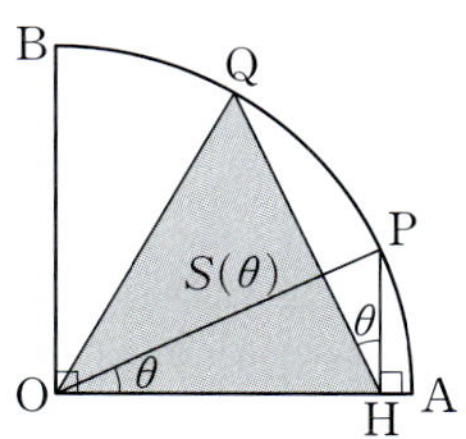

① $\dfrac{1+\sqrt{2}}{2}$ ② $\dfrac{2+\sqrt{2}}{2}$ ③ $\dfrac{3+\sqrt{2}}{2}$

④ $\dfrac{4+\sqrt{2}}{2}$ ⑤ $\dfrac{5+\sqrt{2}}{2}$

30

반지름의 길이가 1이고 중심이 각각 O, O'인 두 원 O, O'이 외접하고 있다. 원 O 위의 점 A에서 원 O'에 그은 두 접선의 접점을 각각 P, Q라 하자. $\angle AOO'=\theta$라 할 때, $\displaystyle\lim_{\theta\to 0+}\dfrac{\overline{PQ}}{\theta}$의 값을 구하시오. $\left(\text{단, } 0<\theta<\dfrac{\pi}{2}\right)$

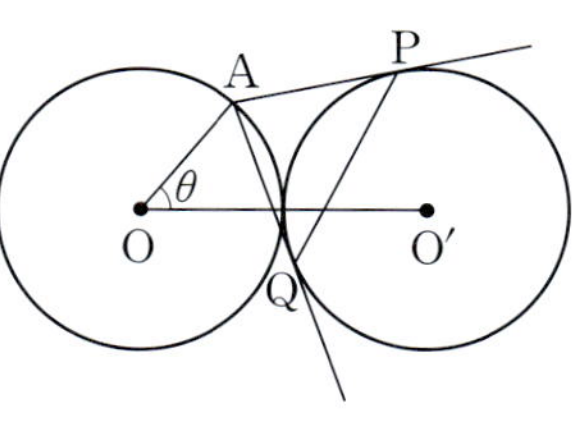

01

$$\lim_{x \to 0+} \frac{\ln\left(\frac{2}{x}+3\right)}{\ln\left(\frac{4}{x}+5\right)}$$ 의 값은?

① $\dfrac{1}{3}$ ② $\dfrac{1}{2}$ ③ $\dfrac{3}{5}$

④ 1 ⑤ $-\ln 2$

03

$\overline{AB}=1$, $\angle ABC=\dfrac{\pi}{2}$, $\angle ACB=\dfrac{\pi}{6}$ 인 직각삼각형 ABC가 있다. 변 BC의 연장선 위에 $\overline{CC_1}=\overline{AC}=a_1$, $\overline{C_1C_2}=\overline{AC_1}=a_2$, $\overline{C_2C_3}=\overline{AC_2}=a_3$, $\cdots$이 되도록 점 C_1, C_2, C_3, $\cdots$과 변의 길이 a_1, a_2, a_3, $\cdots$을 정한다.

$\lim\limits_{n \to \infty} \dfrac{\pi a_n}{2^n}$의 값은?

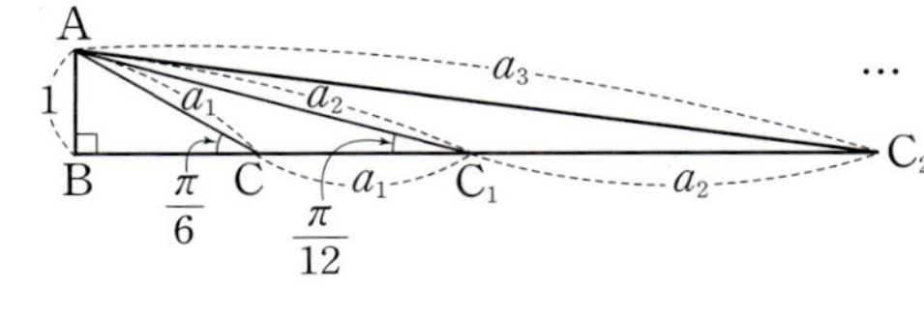

① 2 ② 3 ③ 4

④ 5 ⑤ 6

02

곡선 $y=xe^x$ 위의 점 $P(t,\ te^t)$ $(t>0)$이 중심이고, y축에 접하는 원을 C라 하자. 원 C의 반지름의 길이를 $r(t)$, 원점 O를 지나고 원 C에 접하는 직선 중에서 y축이 아닌 직선의 기울기를 $m(t)$라 할 때,

$$\lim_{t \to 0+} \frac{4r(t)-e^t \times m(t)}{t}$$의 값을 구하시오.

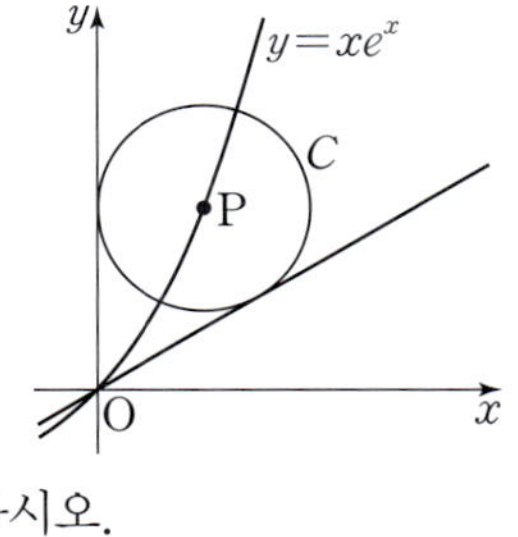

04

길이가 2인 선분 AB가 지름이고 중심이 O인 반원이 있다. 호 AB 위의 점 P에 대하여 점 O를 지나고 선분 AP에 수직인 직선이 호 AP와 만나는 점을 Q, 선분 AP와 만나는 점을 R라 하고,

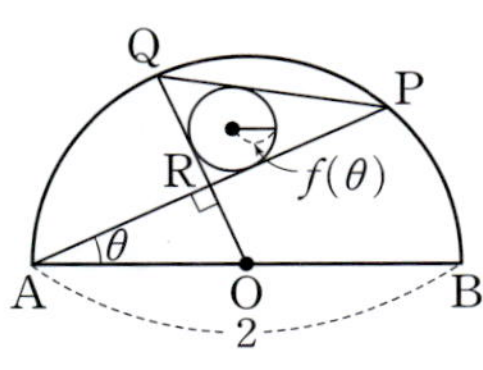

$\angle PAB=\theta \left(0<\theta<\dfrac{\pi}{2}\right)$일 때 삼각형 PQR에 내접하는 원의 반지름의 길이를 $f(\theta)$라 하자. $\lim\limits_{\theta \to \frac{\pi}{2}-} \dfrac{f(\theta)}{\left(\dfrac{\pi}{2}-\theta\right)^2}$의 값은?

① $\dfrac{1}{4}$ ② $\dfrac{1}{2}$ ③ $\dfrac{3}{4}$

④ 1 ⑤ $\dfrac{5}{2}$

05

$\overline{AB}=\overline{AC}=2$, $\overline{AB}<\overline{BC}$인 이등변삼각형 ABC가 있다. ∠B의 이등분선이 변 AC와 만나는 점을 D라 하자. 또, 선분 BC의 중점 M을 지나고 직선 BD와 평행한 직선이 선분 AC와 만나는 점을 E, M에서 선분 AC에 내린 수선의 발을 H라 하자. ∠ABD=θ, 삼각형 MEH의 넓이를 $S(\theta)$라 할 때, $\displaystyle\lim_{\theta\to\frac{\pi}{6}-}\frac{S(\theta)}{\frac{\pi}{6}-\theta}$의 값을 구하시오.

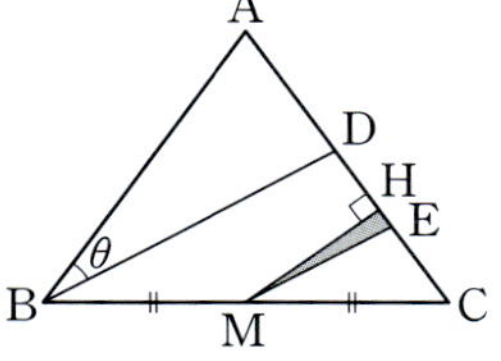

07

삼각형 ABC에서 $\overline{AB}=1$이고 ∠A=θ, ∠B=2θ이다. 변 AB 위에 ∠ACD=2∠BCD가 되도록 점 D를 잡자. $\displaystyle\lim_{\theta\to0+}\frac{\overline{CD}}{\theta}$의 값을 구하시오. $\left(\text{단, }0<\theta<\dfrac{\pi}{4}\right)$

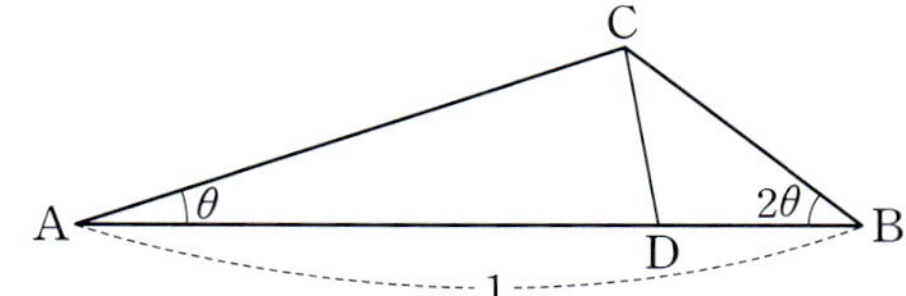

06

반지름의 길이가 1인 원 O 위에 점 A가 있다. ∠BAC=θ이고 $\overline{AB}=\overline{AC}$가 되도록 원 O 위에 두 점 B, C를 잡자. 삼각형 ABC의 내접원의 반지름의 길이를 $r(\theta)$라 할 때, $\displaystyle\lim_{\theta\to\pi-}\frac{r(\theta)}{(\pi-\theta)^2}$의 값을 구하시오.

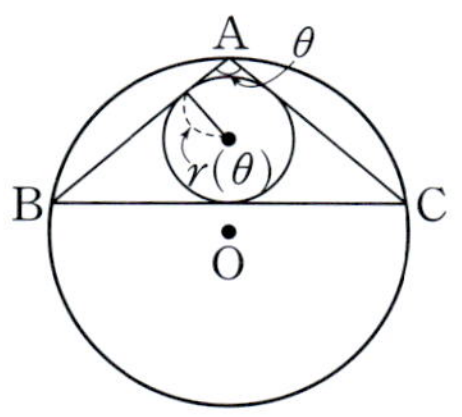

08

길이가 1인 선분 AB가 지름인 반원 위에 점 C를 잡고 ∠BAC=θ라 하자. 호 BC와 두 선분 AB, AC에 동시에 접하는 원의 반지름의 길이를 $f(\theta)$라 할 때, $\displaystyle\lim_{\theta\to0+}\frac{\tan\dfrac{\theta}{2}-f(\theta)}{\theta^2}$의 값을 구하시오. $\left(\text{단, }0<\theta<\dfrac{\pi}{4}\right)$

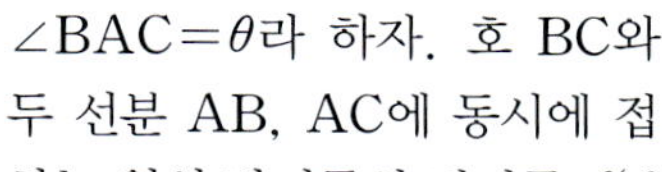
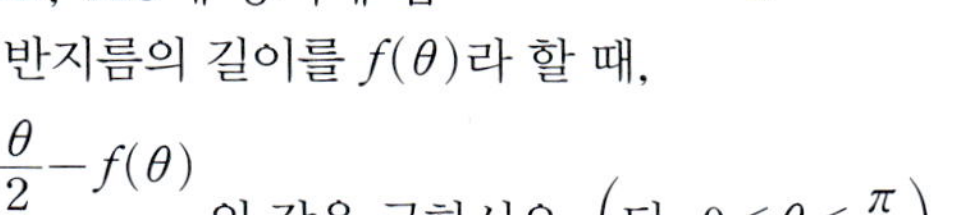

04. 여러 가지 미분법

합성함수의 미분에서
$$y=e^{f(x)} \Rightarrow y'=e^{f(x)} \times f'(x)$$
$$y=\ln f(x) \Rightarrow y'=\frac{f'(x)}{f(x)}$$

1 지수함수, 로그함수의 미분

(1) $y=e^x \Rightarrow y'=e^x, \qquad y=a^x \Rightarrow y'=a^x \ln a$

(2) $y=\ln x \Rightarrow y'=\dfrac{1}{x}, \qquad y=\log_a x \Rightarrow y'=\dfrac{1}{x \ln a}$

(3) $y=\ln |x| \Rightarrow y'=\dfrac{1}{x}$

(4) $y=f(x)$에서 $\ln |y|=\ln |f(x)|$로 놓고 양변을 x에 대해 미분하여 $\dfrac{dy}{dx}$를 구할 수 있다. 이를 로그미분법이라 한다.

2 삼각함수의 미분

(1) 삼각함수의 덧셈정리

① $\sin (\alpha \pm \beta)=\sin \alpha \cos \beta \pm \cos \alpha \sin \beta$

② $\cos (\alpha \pm \beta)=\cos \alpha \cos \beta \mp \sin \alpha \sin \beta$

③ $\tan (\alpha+\beta)=\dfrac{\tan \alpha+\tan \beta}{1-\tan \alpha \tan \beta}, \qquad \tan (\alpha-\beta)=\dfrac{\tan \alpha-\tan \beta}{1+\tan \alpha \tan \beta}$

$(\csc x)'=-\csc x \cot x$
$(\sec x)'=\sec x \tan x$
$(\cot x)'=-\csc^2 x$

(2) 삼각함수의 미분

$$y=\sin x \Rightarrow y'=\cos x, \qquad y=\cos x \Rightarrow y'=-\sin x$$
$$y=\tan x \Rightarrow y'=\sec^2 x$$

3 여러 가지 미분법

(1) 합성함수의 미분법: 함수 $y=f(u)$, $u=g(x)$가 미분가능할 때
$$\{f(g(x))\}'=f'(g(x))g'(x) \text{ 또는 } \frac{dy}{dx}=\frac{dy}{du} \times \frac{du}{dx}$$

$\tan x$, $\sec x$의 도함수는
$\dfrac{\sin x}{\cos x}, \dfrac{1}{\cos x}$의
도함수를 이용하여 구한다.

(2) 몫의 미분법: 함수 $f(x)$, $g(x)$가 미분가능하고 $g(x) \neq 0$일 때
$$\left\{\frac{1}{g(x)}\right\}'=-\frac{g'(x)}{\{g(x)\}^2}, \qquad \left\{\frac{f(x)}{g(x)}\right\}'=\frac{f'(x)g(x)-f(x)g'(x)}{\{g(x)\}^2}$$

(3) x^n, $\sqrt{x}$의 도함수
$$y=x^n \Rightarrow y'=nx^{n-1} \text{ (n은 실수)}, \qquad y=\sqrt{x} \Rightarrow y'=\frac{1}{2\sqrt{x}}$$

$y=\sqrt{f(x)} \Rightarrow y'=\dfrac{f'(x)}{2\sqrt{f(x)}}$

(4) 음함수의 미분법

x와 y의 대응 관계가 $f(x, y)=0$으로 주어질 때,

y를 x에 대한 함수로 보고 각 항을 x에 대해 미분하여 $\dfrac{dy}{dx}$를 구한다.

$\dfrac{d}{dx}y^n=ny^{n-1}\dfrac{dy}{dx}$
$\dfrac{d}{dx}(xy)=y+x\dfrac{dy}{dx}$

(5) 역함수의 미분법

함수 $f(x)$가 미분가능하고 역함수가 존재할 때

① $f(a)=b$이고, $f'(a) \neq 0$이면 $(f^{-1})'(b)=\dfrac{1}{f'(a)}$

② $\dfrac{dx}{dy}=\dfrac{1}{\dfrac{dy}{dx}} \left(\dfrac{dy}{dx} \neq 0\right)$

$\dfrac{b}{a}=\dfrac{1}{\dfrac{a}{b}}$로
기억하면 된다.

(6) 매개변수로 나타낸 함수의 미분법

$x=f(t)$, $y=g(t)$이고 함수 $f(t)$, $g(t)$가 미분가능할 때
$$\frac{dy}{dx}=\frac{\dfrac{dy}{dt}}{\dfrac{dx}{dt}}=\frac{g'(t)}{f'(t)} \ (f'(t) \neq 0)$$

4 이계도함수

$y=f(x)$의 도함수 $f'(x)$가 미분가능할 때, $f'(x)$의 도함수를
$$y'', \ f''(x), \ \frac{d^2y}{dx^2}, \ \frac{d^2}{dx^2}f(x)$$
와 같이 나타내고, $f'(x)$의 도함수를 $f(x)$의 이계도함수라 한다.

---

code **1** 삼각함수의 덧셈정리

01

$\cos \alpha = -\dfrac{1}{3}$, $\sin \beta = \dfrac{\sqrt{2}}{4}$일 때, $\cos(\alpha-\beta)$의 값은?

$\left(\text{단, } \dfrac{\pi}{2} \leq \alpha \leq \pi,\ 0 \leq \beta \leq \dfrac{\pi}{2}\right)$

① $\dfrac{3-\sqrt{14}}{12}$ ② $\dfrac{-4+\sqrt{14}}{12}$ ③ $\dfrac{4-\sqrt{14}}{12}$

④ $\dfrac{-3+\sqrt{14}}{12}$ ⑤ $\dfrac{3+\sqrt{14}}{12}$

02

$\sin x - \sin y = \dfrac{1}{2}$, $\cos x + \cos y = 1$일 때,
$\cos(x+y)$의 값은?

① $-\dfrac{5}{4}$ ② $-\dfrac{3}{4}$ ③ $-\dfrac{3}{8}$

④ $\dfrac{5}{4}$ ⑤ $\dfrac{11}{8}$

03

$\tan\left(\alpha + \dfrac{\pi}{4}\right) = 5$일 때, $\cos \alpha$의 값은? $\left(\text{단, } \pi < \alpha < \dfrac{3}{2}\pi\right)$

① $-\dfrac{3\sqrt{10}}{13}$ ② $-\dfrac{3\sqrt{11}}{13}$ ③ $-\dfrac{6\sqrt{3}}{13}$

④ $-\dfrac{3\sqrt{13}}{13}$ ⑤ $-\dfrac{3\sqrt{14}}{13}$

04

이차방정식 $2x^2 - px + 1 = 0$의 두 근이 $\tan \alpha$, $\tan \beta$이고,
$\tan(\alpha+\beta) = 3$일 때, p의 값을 구하시오.

---

code **2** 도형과 삼각함수의 덧셈정리

05

삼각형 ABC는 $\overline{AB} = \overline{AC}$인 이등변삼각형이고,
$\angle A = \alpha$, $\angle B = \beta$이다. $\tan(\alpha+\beta) = -\dfrac{3}{2}$일 때, $\tan \alpha$의
값은?

① $\dfrac{21}{10}$ ② $\dfrac{11}{5}$ ③ $\dfrac{23}{10}$

④ $\dfrac{12}{5}$ ⑤ $\dfrac{5}{2}$

06

그림은 $\overline{AB} = 3$, $\overline{AD} = 5$인 직사각
형 ABCD를 한 변의 길이가 1인
정사각형 15개로 나누어 놓은 것이
다. $\tan(\angle EFC)$의 값은?

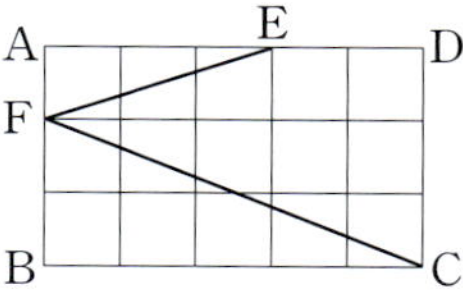

① $\dfrac{11}{13}$ ② $\dfrac{6}{7}$ ③ $\dfrac{13}{15}$

④ $\dfrac{7}{8}$ ⑤ $\dfrac{15}{17}$

07

그림과 같이 두 직각삼각형 ABC와
ADE가 있다. $\overline{AB} = \overline{DE} = 3$,
$\overline{BC} = \overline{AD} = 4$이고, $\angle CAE = \theta$일 때,
$\tan \theta$의 값을 구하시오.

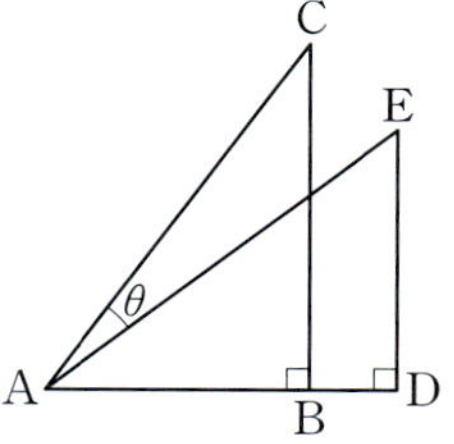

08

좌표평면에서 두 직선

$$x-3y+1=0,\ kx-2y+5=0$$

이 이루는 예각의 크기가 $45°$일 때, k값의 합을 구하시오.

code 3 유리함수의 미분

09

함수 $f(x)=8x-\dfrac{4}{x}$일 때, $f'(1)$의 값을 구하시오.

10

함수 $f(x)=\dfrac{1}{x+3}$이고,

$$\lim_{h\to 0}\frac{f'(a+h)-f'(a)}{h}=2$$

일 때, a의 값은?

① -2 ② -1 ③ 0

④ 1 ⑤ 2

code 4 지수함수와 로그함수의 미분

11

함수 $f(x)=2^{2x-3}+1$일 때, $f'(1)$의 값은?

① $\dfrac{1}{2}\ln 2$ ② $\ln 2$ ③ $\dfrac{3}{2}\ln 2$

④ $3\ln 2$ ⑤ $4\ln 2$

12

$f(x)=(x^2+2x+5)e^x$일 때, $\lim\limits_{x\to 0}\dfrac{f(x)-5}{x}$의 값을 구하시오.

13

$f(x)$는 실수 전체의 집합에서 미분가능한 함수이고, $g(x)=\dfrac{f(x)}{e^{x-2}}$이다. $\lim\limits_{x\to 2}\dfrac{f(x)-3}{x-2}=5$일 때, $g'(2)$의 값은?

① 1 ② 2 ③ 3

④ 4 ⑤ 5

14

함수 $f(x)=x\ln x+13x$일 때, $f'(1)$의 값을 구하시오.

15

함수 $f(x)=\dfrac{\ln x}{x^2}$일 때,

$$\lim_{h\to 0}\frac{f(e+h)-f(e-2h)}{h}$$

의 값은?

① $-\dfrac{2}{e}$ ② $-\dfrac{3}{e^2}$ ③ $-\dfrac{1}{e}$

④ $-\dfrac{2}{e^2}$ ⑤ $-\dfrac{3}{e^3}$

16

함수 $f(x)=a \sin x+b \cos x$이고,
$f\left(\dfrac{\pi}{3}\right)=-1$, $f'\left(\dfrac{\pi}{3}\right)=\sqrt{3}$일 때, a, b의 값을 구하시오.

17

함수 $f(x)=x \sin x+\cos x$일 때,
$\displaystyle\lim_{h \to 0}\dfrac{f(\pi-2h)-f(\pi)}{h}$의 값은?

① 0 ② $\dfrac{\pi}{2}$ ③ π

④ $\dfrac{3}{2}\pi$ ⑤ 2π

18

함수 $f(x)=\sin (x+\alpha)+2 \cos (x+\alpha)$이고,
$f'\left(\dfrac{\pi}{4}\right)=0$일 때, $\tan \alpha$의 값은?

① $-\dfrac{5}{6}$ ② $-\dfrac{2}{3}$ ③ $-\dfrac{1}{2}$

④ $-\dfrac{1}{3}$ ⑤ $-\dfrac{1}{6}$

19

함수 $f(x)=e^{2x} \cos \pi x$일 때, $f'(0)$의 값은?

① 2 ② e ③ π

④ 4 ⑤ 2π

20

함수 $f(x)=\sqrt{x^3+1}$일 때, $f'(2)$의 값을 구하시오.

21

함수 $f(x)=\ln \left(\tan \dfrac{x}{2}\right)$일 때,
$\displaystyle\lim_{x \to 0}\dfrac{f\left(\dfrac{\pi}{4}+x\right)-f\left(\dfrac{\pi}{4}-x\right)}{x}$의 값은?

① $\dfrac{2\sqrt{2}}{3}$ ② $\sqrt{2}$ ③ $2\sqrt{2}$

④ $3\sqrt{2}$ ⑤ $4\sqrt{2}$

22

함수 $f(x)=kx^2-2x$, $g(x)=e^{3x}+1$이 있다.
$h(x)=(f \circ g)(x)$라 하면 $h'(0)=42$일 때, k의 값을 구하시오.

23

함수 $f(x)=\sin^2 x$, $g(x)=e^x$일 때,
$\displaystyle\lim_{x \to \frac{\pi}{4}}\dfrac{g(f(x))-\sqrt{e}}{x-\dfrac{\pi}{4}}$의 값은?

① $\dfrac{1}{e}$ ② $\dfrac{1}{\sqrt{e}}$ ③ 1

④ $\sqrt{e}$ ⑤ e

24

$f(x)=\dfrac{2^x}{\ln 2}$ 과 $g(x)$는 실수 전체의 집합에서 미분가능한 함수이고 다음 조건을 만족시킨다.

> (가) $\displaystyle\lim_{h\to 0}\dfrac{g(2+4h)-g(2)}{h}=8$
>
> (나) $x=2$에서 $(f\circ g)(x)$의 미분계수는 10이다.

이때 $g(2)$의 값은?

① 1 ② $\log_2 3$ ③ 2

④ $\log_2 5$ ⑤ $\log_2 6$

25

$f(x)$는 실수 전체의 집합에서 미분가능한 함수이다. 모든 실수 x에 대하여
$$f(2x+1)=(x^2+1)^2$$
일 때, $f'(3)$의 값은?

① 1 ② 2 ③ 3

④ 4 ⑤ 5

26

함수 $f(x)=e^{-x}$과 함수 $g(x)$가 양수 x에 대하여
$$(g\circ f)(x)=\sin \pi x$$
를 만족시킬 때, $g'\!\left(\dfrac{1}{e}\right)$의 값은?

① $-\pi e$ ② $-\dfrac{e}{\pi}$ ③ $\dfrac{e}{\pi}$

④ $\dfrac{\pi}{e}$ ⑤ πe

27

함수 $f(x)=\dfrac{x}{2}+2\sin x$이고, 함수 $g(x)=(f\circ f)(x)$라 할 때, $g'(\pi)$의 값은?

① -1 ② $-\dfrac{7}{8}$ ③ $-\dfrac{3}{4}$

④ $-\dfrac{5}{8}$ ⑤ $-\dfrac{1}{2}$

---

code 7 **여러 가지 함수의 미분**

28

매개변수 t로 나타내어진 함수
$$x=e^{2t-6},\ y=t^2-t+5$$
에서 $t=3$일 때, $\dfrac{dy}{dx}$의 값은?

① $\dfrac{1}{2}$ ② 1 ③ $\dfrac{3}{2}$

④ 2 ⑤ $\dfrac{5}{2}$

29

곡선 $2x+x^2y-y^3=2$ 위의 점 $(1,\ 1)$에서 접선의 기울기를 구하시오.

30

곡선 $\pi x=\cos y+x\sin y$ 위의 점 $\left(0,\ \dfrac{\pi}{2}\right)$에서 접선의 기울기는?

① $1-\dfrac{5}{2}\pi$ ② $1-2\pi$ ③ $1-\dfrac{3}{2}\pi$

④ $1-\pi$ ⑤ $1-\dfrac{\pi}{2}$

code **8**　역함수의 미분법

31

함수 $f(x)=\dfrac{1}{1+e^{-x}}$ 의 역함수를 $g(x)$ 라 할 때, $g'(f(-1))$ 의 값은?

① $\dfrac{1}{(1+e)^2}$　　② $\dfrac{e}{1+e}$　　③ $\left(\dfrac{1+e}{e}\right)^2$

④ $\dfrac{e^2}{1+e}$　　⑤ $\dfrac{(1+e)^2}{e}$

32

함수 $f(x)=e^x+\ln x$ 의 역함수를 $g(x)$ 라 할 때, $g'(e)$ 의 값은?

① $\dfrac{1}{e+1}$　　② $\dfrac{1}{e}$　　③ $\dfrac{e}{e+1}$

④ e　　⑤ $e+1$

33

$x\geq\dfrac{1}{e}$ 에서 정의된 함수 $f(x)=3x\ln x$ 의 그래프가 점 $(e,\ 3e)$ 를 지난다. $f(x)$ 의 역함수를 $g(x)$ 라 할 때, $\displaystyle\lim_{h\to 0}\dfrac{g(3e+h)-g(3e-h)}{h}$ 의 값은?

① $\dfrac{1}{3}$　　② $\dfrac{1}{2}$　　③ $\dfrac{2}{3}$

④ $\dfrac{5}{6}$　　⑤ 1

34

함수 $f(x)=3e^{5x}+x+\sin x$ 의 역함수를 $g(x)$ 라 할 때, 곡선 $y=g(x)$ 는 점 $(3,\ 0)$ 을 지난다. $\displaystyle\lim_{x\to 3}\dfrac{x-3}{g(x)-g(3)}$ 의 값을 구하시오.

code **9**　로그미분법

35

함수 $f(x)=\dfrac{x(x+2)^3}{(x+1)^4}$ 일 때, $f'(1)$ 의 값을 구하시오.

36

함수 $f(x)=x^{\ln x}\ (x>0)$ 일 때, $\displaystyle\lim_{h\to 0}\dfrac{f(e+h)-e}{2h}$ 의 값은?

① 0　　② $\dfrac{2}{e}$　　③ 1

④ 2　　⑤ e

code **10**　이계도함수

37

함수 $f(x)=12x\ln x-x^3+2x$ 일 때, $f''(a)=0$ 인 a 의 값은?

① $\dfrac{1}{2}$　　② $\dfrac{\sqrt{2}}{2}$　　③ 1

④ $\sqrt{2}$　　⑤ 2

38

함수 $f(x)=\sin(e^x-1)$ 일 때, $f''(0)$ 의 값은?

① $\sin(-1)$　　② 0　　③ $\sin e$

④ $\sin e^2$　　⑤ 1

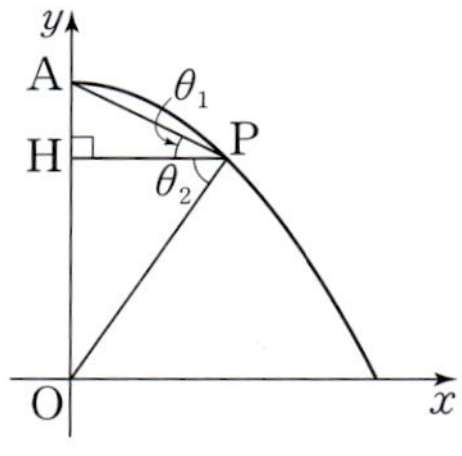

정답 및 풀이 46쪽

01

$\tan^2\theta+\cot^2\theta=7$일 때, $(\sec\theta+\csc\theta)^2$의 값은?

$\left(\text{단, } 0<\theta<\dfrac{\pi}{2}\right)$

① 14　　　　② 15　　　　③ 16

④ 17　　　　⑤ 18

02

정삼각형 ABC를 꼭짓점 A를 중심으로 하여 시계 반대 방향으로 $45°$만큼 회전시킨 도형을 삼각형 AB′C′이라 하자. 변 AC와 변 B′C′의 교점을 P라 할 때, $\sin(\angle APB')$의 값을 구하시오.

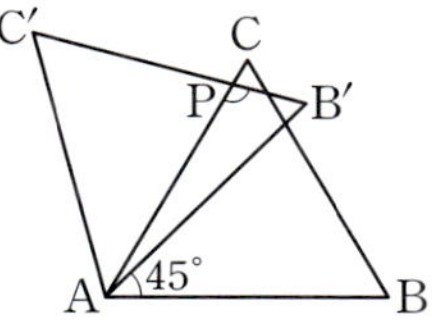

03

$\overline{AB}=5$, $\overline{AC}=2\sqrt{5}$인 삼각형 ABC의 꼭짓점 A에서 선분 BC에 내린 수선의 발을 D라 하자. 선분 AD를 $3:1$로 내분하는 점 E에 대하여 $\overline{EC}=\sqrt{5}$이다. $\angle ABD=\alpha$, $\angle DCE=\beta$라 할 때, $\cos(\alpha-\beta)$의 값은?

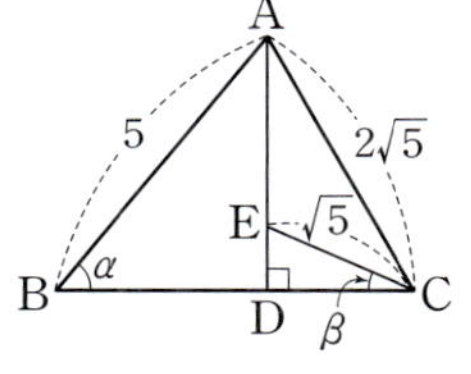

① $\dfrac{\sqrt{5}}{5}$　　　　② $\dfrac{\sqrt{5}}{4}$　　　　③ $\dfrac{3\sqrt{5}}{10}$

④ $\dfrac{7\sqrt{5}}{20}$　　　　⑤ $\dfrac{2\sqrt{5}}{5}$

04

곡선 $y=1-x^2\ (0<x<1)$ 위의 점 P에서 y축에 내린 수선의 발을 H라 하고, 원점 O와 점 $A(0,\,1)$에 대하여 $\angle APH=\theta_1$, $\angle HPO=\theta_2$라 하자. $\tan\theta_1=\dfrac{1}{2}$일 때, $\tan(\theta_1+\theta_2)$의 값은?

① 2　　　　② 4　　　　③ 6

④ 8　　　　⑤ 10

05

$\overline{AB}=1$, $\overline{AC}=9$, $\angle A=90°$인 직각삼각형 ABC에서 $\overline{AD}=2$인 점 D와 $\overline{AC}$ 위를 움직이는 점 P가 있다. $\angle ADB=\alpha$, $\angle APB=\beta$, $\angle ACB=\gamma$라 하면 $\alpha+\beta+\gamma=45°$이다. 선분 AP의 길이를 구하시오.

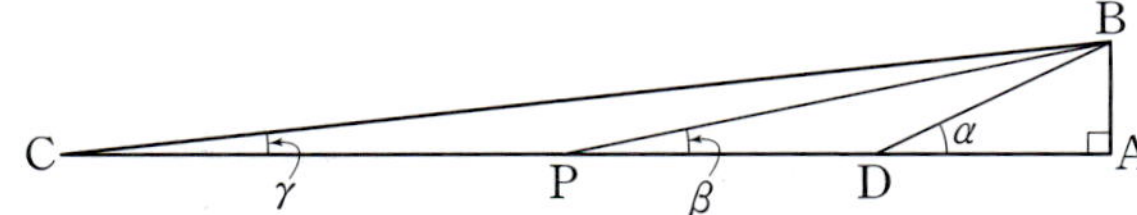

06

예각삼각형 ABC의 꼭짓점 A에서 선분 BC에 내린 수선의 발을 H라 하자. $\overline{BH}=6$, $\overline{CH}=2$, $\tan(\angle BAC)=2$일 때, 선분 AH의 길이는?

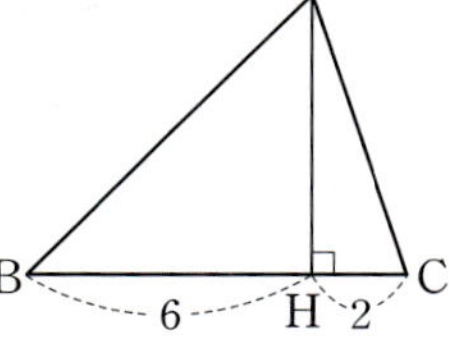

① 5　　　　② $\dfrac{11}{2}$　　　　③ 6

④ $\dfrac{13}{2}$　　　　⑤ 7

07

어느 공원에는 높이가 $1\,\text{m}$인 받침대 위에 높이가 $2\,\text{m}$인 깃대가 놓여 있다. 지면에서 깃대에 비추는 빛이 이루는 각의 크기 θ가 최대인 지점에 그림과 같이 조명을 설치하려고 할 때, 조명과 받침대 사이의 거리는?

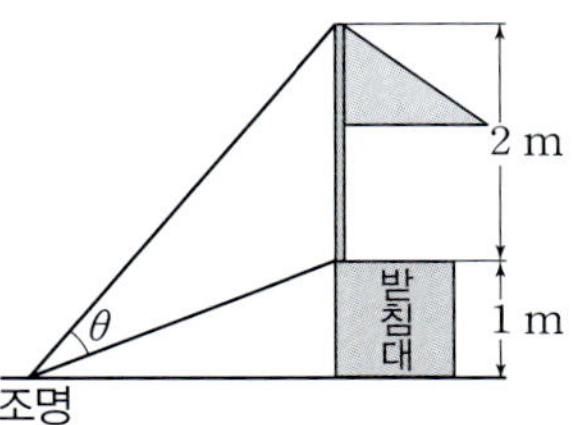

① $\sqrt{5}\,\text{m}$ ② $\sqrt{3}\,\text{m}$ ③ $1\,\text{m}$

④ $\dfrac{\sqrt{3}}{3}\,\text{m}$ ⑤ $\dfrac{\sqrt{5}}{5}\,\text{m}$

08

함수 $f(x)=\begin{cases} x^2\cos\dfrac{2}{x}+2\sin x+e^x & (x\neq 0) \\ 1 & (x=0) \end{cases}$ 일 때, $f'(0)$의 값을 구하시오.

09 신유형

함수 $f(x)=2\sin x+4x$일 때,

$\displaystyle\lim_{x\to 0}\dfrac{f(\sin 2x)-f(\tan 3x)}{x}$의 값은?

① -6 ② -2 ③ 0

④ 2 ⑤ 6

10

함수 $f(x)=\sqrt{\dfrac{1+\sin x}{1-\sin x}}$일 때, $f'\left(\dfrac{\pi}{6}\right)$의 값은?

① 1 ② $\sqrt{2}$ ③ $\sqrt{3}$

④ 2 ⑤ 3

11

함수 $f(x)=\displaystyle\lim_{h\to 0}\dfrac{\cos(x+h)+\cos(x-h)-2\cos x}{h^2}$일 때, $f'\left(\dfrac{\pi}{3}\right)$의 값은?

① $-\dfrac{\sqrt{3}}{2}$ ② $-\dfrac{1}{2}$ ③ $\dfrac{1}{2}$

④ $\dfrac{\sqrt{2}}{2}$ ⑤ $\dfrac{\sqrt{3}}{2}$

12

함수 $f(x)=(x^2-x)\log_2(x+3)-7$일 때, $\displaystyle\lim_{h\to 0}\dfrac{f(1+h)-f(1-h)}{h}$의 값을 구하시오.

13 신유형

$\lim\limits_{x \to 0} \dfrac{1}{x} \ln \dfrac{e^x + e^{2x} + e^{3x} + \cdots + e^{nx}}{n} = 19$일 때, 자연수 n의 값은?

① 36   ② 37   ③ 38

④ 39   ⑤ 40

14

함수 $f(x) = \begin{cases} ae^x & (x \le 1) \\ x \ln x + b & (x > 1) \end{cases}$ 가 $x = 1$에서 미분가능할 때, a, b의 값을 구하시오.

15

$f(x)$는 실수 전체의 집합에서 미분가능한 함수이고, 함수 $g(x)$는 $g(x) = \dfrac{f(x) \cos x}{e^x}$이다.

$g'(\pi) = e^\pi g(\pi)$일 때, $\dfrac{f'(\pi)}{f(\pi)}$의 값은? (단, $f(\pi) \ne 0$)

① $e^{-2\pi}$ ② 1 ③ $e^{-\pi} + 1$

④ $e^\pi + 1$ ⑤ $e^{2\pi}$

16

매개변수 t로 나타낸 곡선
$$x = t \sin t, \quad y = e^t \cos t$$
의 $t = \dfrac{\pi}{2}$에서 접선의 기울기는?

① $-e^{\frac{\pi}{2}}$ ② $-\dfrac{\pi}{2}$ ③ $\dfrac{\pi}{2}$

④ $e^{-\frac{\pi}{2}}$ ⑤ $e^{\frac{\pi}{2}}$

17

곡선 $e^y \ln x = 2y + 1$ 위의 점 $(e,\ 0)$에서 접선의 기울기를 구하시오.

18

함수 $f(x) = \ln(e^x - 1)$의 역함수를 $g(x)$라 할 때, $\dfrac{1}{f'(a)} + \dfrac{1}{g'(a)}$의 값은? (단, $a > 0$)

① 2 ② 4 ③ 6

④ 8 ⑤ 10

19

$f(x)$, $g(x)$는 실수 전체의 집합에서 미분가능한 함수이다. $f(x)$는 $g(x)$의 역함수이고 $f(1)=2$, $f'(1)=3$이다. 함수 $h(x)=xg(x)$라 할 때, $h'(2)$의 값은?

① 1　　　　　② $\dfrac{4}{3}$　　　　　③ $\dfrac{5}{3}$

④ 2　　　　　⑤ $\dfrac{7}{3}$

20

함수 $f(x)=a(x^2+2)e^{-x}$이고, 함수 $g(x)$는 미분가능하다. $g\left(\dfrac{x+8}{10}\right)=f^{-1}(x)$, $g(1)=0$일 때, $g'(1)$의 값을 구하시오.

21

함수 $f(x)=x(e^{x-1}+3)$이고, 함수 $g(x)$는 $f(2x-1)$의 역함수이다. 곡선 $y=g(x)$ 위의 점 $(f(1), g(f(1)))$에서 접선의 기울기는?

① $\dfrac{1}{2}$　　　　　② $\dfrac{1}{4}$　　　　　③ $\dfrac{1}{6}$

④ $\dfrac{1}{8}$　　　　　⑤ $\dfrac{1}{10}$

22

점 $A(1, 0)$을 지나고 기울기가 양수인 직선 l이 곡선 $y=2\sqrt{x}$와 만나는 점을 B, 점 B에서 x축에 내린 수선의 발을 C, 직선 l이 y축과 만나는 점을 D라 하자. 점 $B(t, 2\sqrt{t})$에 대하여 삼각형 BAC의 넓이를 $f(t)$라 할 때, $f'(9)$의 값은?

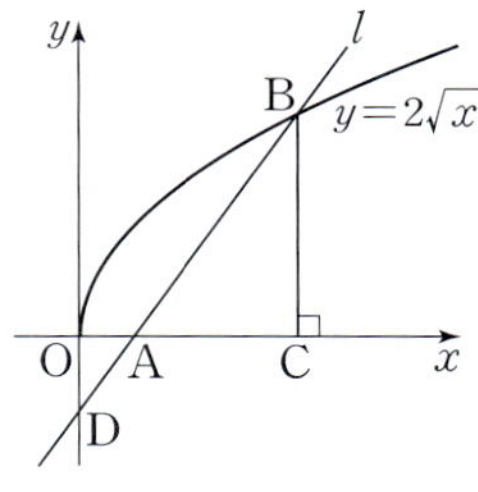

① 3　　　　　② $\dfrac{10}{3}$　　　　　③ $\dfrac{11}{3}$

④ 4　　　　　⑤ $\dfrac{13}{3}$

23

함수 $f(x)=e^{3x}\cos 4x$이고 모든 실수 x에 대하여
$$f''(x)+af'(x)+bf(x)=0$$
이 성립한다. a, b의 값을 구하시오.

24

함수 $f(x)=x^2 \ln x$일 때,
$$\lim_{h\to 0}\frac{f'(e^2+h)-f'(e^2-3h)}{h}$$
의 값을 구하시오.

01

직선 $y=1$ 위의 점 P에서 원 $x^2+y^2=1$에 그은 접선이 x축과 만나는 점을 A라 하고, $\angle AOP=\theta$라 하자. $\overline{OA}=\dfrac{5}{4}$일 때, $\tan 3\theta$의 값은?

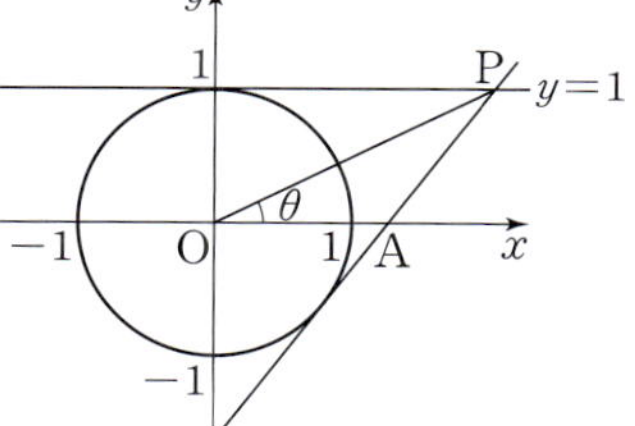

$\left(\text{단, } 0<\theta<\dfrac{\pi}{4}\text{이고, O는 원점이다.}\right)$

① 4　　　　② $\dfrac{9}{2}$　　　　③ 5

④ $\dfrac{11}{2}$　　　　⑤ 6

02

눈높이가 1 m인 어린이가 나무로부터 7 m 떨어진 지점에서 나무의 꼭대기를 바라본 선과 나무가 지면에 닿는 지점을 바라본 선이 이루는 각의 크기가 θ이었다. 이 어린이가 나무로부터 2 m 떨어진 지점까지 다가가서 나무를 바라보았더니 나무의 꼭대기를 바라본 선과 나무가 지면에 닿는 지점을 바라본 선이 이루는 각의 크기가 $\theta+\dfrac{\pi}{4}$가 되었다. 나무의 높이는 a m 또는 b m일 때, $a+b$의 값은?

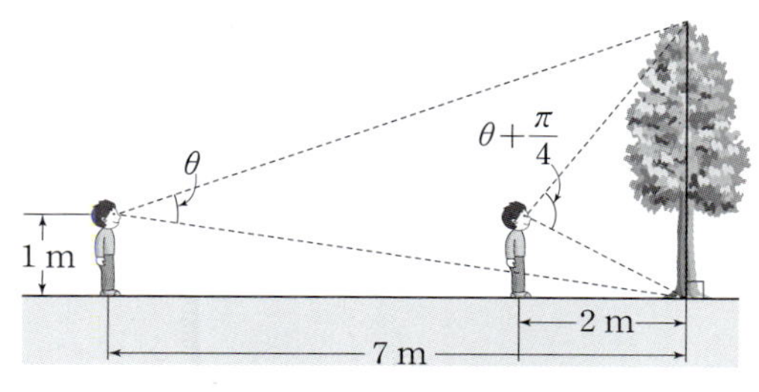

① 11　　　　② 12　　　　③ 13
④ 14　　　　⑤ 15

03

$f(x)$는 실수 전체의 집합에서 미분가능한 함수이고 다음 조건을 만족시킨다.

> (가) 모든 실수 x, y에 대하여
> $$f(x+y)=f(x)f(y)+4f(x)+4f(y)+12$$
> (나) $f(\ln 2)=0$, $f'(0)=2$

이때 $f'(\ln 2)$의 값을 구하시오.

04

함수 $f(x)=x^3-3x^2+4x-9$의 역함수를 $g(x)$라 할 때, $\displaystyle\lim_{x\to 3}\dfrac{f(x)-g(x)}{(x-3)g(x)}$의 값은?

① $\dfrac{54}{13}$　　　　② $\dfrac{55}{13}$　　　　③ $\dfrac{56}{13}$

④ $\dfrac{57}{13}$　　　　⑤ $\dfrac{58}{13}$

05

함수 $f(x)=(x^2+ax+b)e^x$과 함수 $g(x)$가 다음 조건을 만족시킨다.

> (가) $f(1)=e$, $f'(1)=e$
> (나) 모든 실수 x에 대하여 $g(f(x))=f'(x)$이다.

$h(x)=f^{-1}(x)g(x)$일 때, $h'(e)$의 값은?

① 1   ② 2   ③ 3

④ 4   ⑤ 5

06 번뜩 아이디어

함수 $f(x)=\sin x \left(0 \le x \le \dfrac{\pi}{2}\right)$의 역함수를 $g(x)$라 할 때, $g''\left(\dfrac{1}{2}\right)$의 값은?

① $\dfrac{1}{3}$ ② $\dfrac{2\sqrt{3}}{9}$ ③ $\dfrac{2}{3}$

④ $\dfrac{4\sqrt{3}}{9}$ ⑤ $4\sqrt{3}$

07

$0<t<41$일 때, 곡선 $y=x^3+2x^2-15x+5$와 직선 $y=t$가 만나는 세 점 중에서 x좌표가 가장 큰 점의 좌표를 $(f(t),\ t)$, x좌표가 가장 작은 점의 좌표를 $(g(t),\ t)$라 하자. $h(t)=t\{f(t)-g(t)\}$라 할 때, $h'(5)$의 값은?

① $\dfrac{79}{12}$ ② $\dfrac{85}{12}$ ③ $\dfrac{91}{12}$

④ $\dfrac{97}{12}$ ⑤ $\dfrac{103}{12}$

08 신유형

양수 t에 대하여 곡선 $y=t^3 \ln(x-t)$가 곡선 $y=2e^{x-a}$과 오직 한 점에서 만나도록 하는 실수 a의 값을 $f(t)$라 하자. $\left\{f'\left(\dfrac{1}{3}\right)\right\}^2$의 값을 구하시오.

05. 접선과 그래프

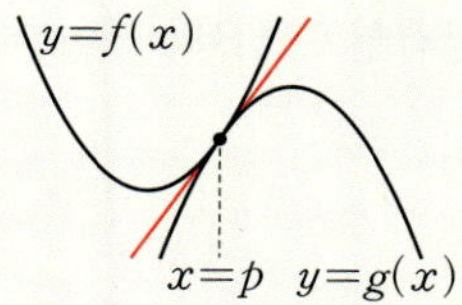

곡선 $y=f(x)$, $y=g(x)$가
$x=p$인 점에서 접하면
$f(p)=g(p)$, $f'(p)=g'(p)$

1 접선의 방정식

⑴ 곡선 $y=f(x)$ 위의 점 $P(a, f(a))$에서 곡선에 접하는
직선의 방정식은
$$y-f(a)=f'(a)(x-a)$$
⑵ 접점이 주어지지 않은 경우
접점을 $(a, f(a))$로 놓고 접선의 방정식을 구한 다음,
주어진 조건을 활용한다.

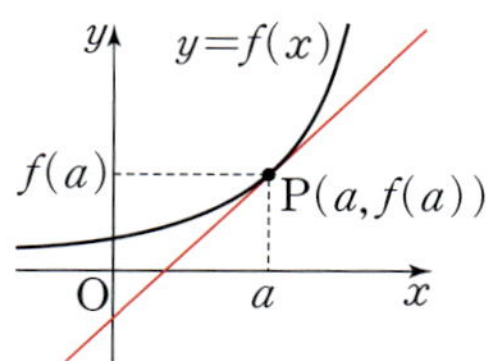

2 평균값 정리

함수 $f(x)$가 구간 $[a, b]$에서 연속이고, 구간 (a, b)에서
미분가능할 때,
$$\frac{f(b)-f(a)}{b-a}=f'(c)$$
를 만족시키는 c가 구간 (a, b)에 적어도 하나 있다.

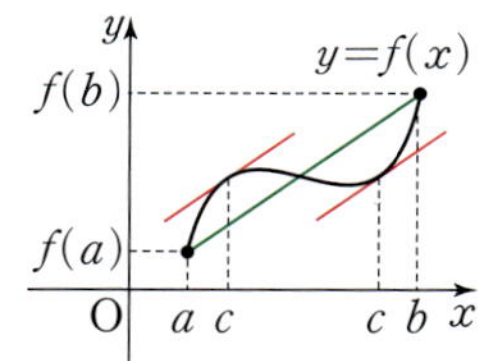

3 오목, 볼록과 변곡점

⑴ 곡선 $y=f(x)$ 위의 두 점 P, Q에 대하여 선분 PQ
보다 곡선이 아래쪽에 있으면 곡선은 이 구간에서 아
래로 볼록(위로 오목)하다고 하고, 선분 PQ보다 곡
선이 위쪽에 있으면 곡선은 이 구간에서 위로 볼록
(아래로 오목)하다고 한다.

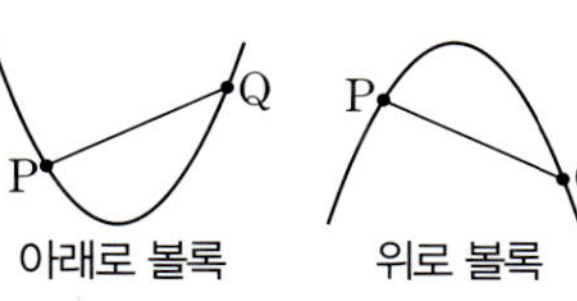

⑵ 곡선 위의 점 A의 좌우어서 곡선의 모양이 위로 볼록에서 아래로 볼록으로 바뀌거나
아래로 볼록에서 위로 볼록으로 바뀔 때, A를 이 곡선의 변곡점이라 한다.

$f(x)$의 증감 $\Longleftrightarrow$ $f'(x)$의 부호
$f'(x)$의 증감 $\Longleftrightarrow$ $f''(x)$의 부호

⑶ 함수 $f(x)$가 어떤 구간에서 두 번 미분가능할 때,
$f''(x)>0$이면 곡선 $y=f(x)$는 아래로 볼록하고,
$f''(x)<0$이면 곡선 $y=f(x)$는 위로 볼록하다.
또 $f''(a)=0$이고 $x=a$의 좌우에서 $f''(x)$의 부호가 바뀌면 점 $(a, f(a))$는 곡선
$y=f(x)$의 변곡점이다.

4 극대, 극소

$f'(a)=0$일 때
$x=a$의 좌우에서
$f'(x)$의 부호 변화를 찾기 어려우면
$f''(a)$의 부호를 조사한다.

$f(x)$가 두 번 미분가능한 함수일 때,
⑴ $f(x)$가 $x=a$에서 극대이다.
$\Rightarrow$ $f'(a)=0$이고, $x=a$의 좌우에서 $f'(x)$의
부호가 양에서 음으로 바뀐다.
$\Rightarrow$ $f'(a)=0$이고, $f''(a)<0$이다.
⑵ $f(x)$가 $x=b$에서 극소이다.
$\Rightarrow$ $f'(b)=0$이고, $x=b$의 좌우에서 $f'(x)$의 부호가 음에서 양으로 바뀐다.
$\Rightarrow$ $f'(b)=0$이고, $f''(b)>0$이다.

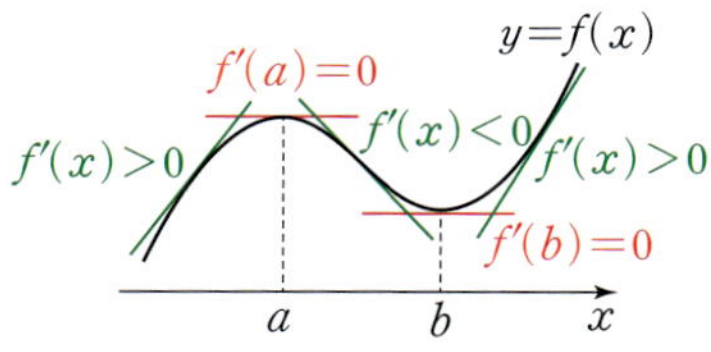

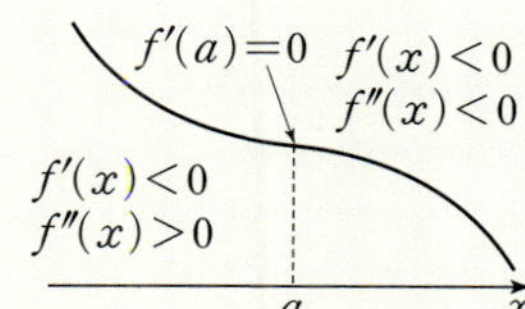

5 함수의 그래프

함수 $f(x)$가 두 번 미분가능할 때, $y=f(x)$의 그래프는 다음과 같은 순서로 그린다.
❶ $f'(x)=0$의 해를 구하고, 해의 좌우에서 f'의 부호 변화(f의 증감)를 조사한 다음
극대, 극소인 점을 구한다.
❷ $f''(x)=0$의 해를 구하고, 해의 좌우에서 f''의 부호 변화(곧, 오목과 볼록)를 조사한
다음 변곡점을 구한다.
❸ $\lim_{x \to \infty} f(x)$와 $\lim_{x \to -\infty} f(x)$를 조사한다.
❹ $f(x)$가 $x=a$에서 정의되지 않으면 $\lim_{x \to a+} f(x)$와 $\lim_{x \to a-} f(x)$도 조사한다.

code 1 접선의 기울기

01

$f(x)=\sin x \cos x$는 구간 $\left(0, \dfrac{\pi}{2}\right)$에서 정의된 함수이다.

곡선 $y=f(x)$ 위의 점 $(a, f(a))$에서 접선의 기울기가 0일 때, 실수 a의 값은?

① $\dfrac{\pi}{4}$　　　　② $\dfrac{\pi}{3}$　　　　③ $\dfrac{\pi}{2}$

④ π　　　　⑤ $\dfrac{3}{2}\pi$

02

곡선 $y=\sqrt{2}\sin x+a$ 위의 점 $(0, 1)$에서의 접선의 기울기가 b일 때, ab의 값은?

① 0　　　　② 1　　　　③ $\sqrt{2}$

④ 2　　　　⑤ $2\sqrt{2}$

03

곡선 $y=\dfrac{2x}{x+1}$ 위의 두 점 $(0, 0)$, $(1, 1)$에서의 접선을 각각 l, m이라 하자. l과 m이 이루는 예각의 크기를 θ라 할 때, $\tan\theta$의 값을 구하시오.

code 2 접점이 주어진 접선

04

곡선 $y=\dfrac{1}{x^2+1}\ (x>0)$ 위의 점 $\left(1, \dfrac{1}{2}\right)$에서 접선을 l이라 할 때, l의 y절편은?

① 1　　　　② $\dfrac{3}{2}$　　　　③ 2

④ $\dfrac{5}{2}$　　　　⑤ 3

05

곡선 $y=e^{x-2}$ 위의 점 $(3, e)$에서의 접선이 x축, y축과 만나는 점을 각각 A, B라 하자. 삼각형 OAB의 넓이는? (단, O는 원점이다.)

① e　　　　② $\dfrac{3}{2}e$　　　　③ $2e$

④ $\dfrac{5}{2}e$　　　　⑤ $3e$

06

$0<x<\dfrac{\pi}{2}$에서 정의된 함수 $f(x)=\ln(\tan x)$의 그래프와 x축이 만나는 점을 P라 하자. 곡선 $y=f(x)$ 위의 점 P에서 접선의 y절편은?

① $-\pi$　　　　② $-\dfrac{5}{6}\pi$　　　　③ $-\dfrac{2}{3}\pi$

④ $-\dfrac{\pi}{2}$　　　　⑤ $-\dfrac{\pi}{3}$

code 3 기울기가 주어진 접선

07

곡선 $y=2\ln x+1$에 접하고 기울기가 2인 직선의 방정식을 $y=g(x)$라 할 때, $g(0)$의 값은?

① -1　　　　② 0　　　　③ 1

④ 2　　　　⑤ 3

08

직선 $y=-4x$가 곡선 $y=\dfrac{1}{x-2}-a$에 접할 때, a의 값을 모두 구하시오.

code 4 곡선 밖의 한 점이 주어진 경우

09

점 $(1, 0)$을 지나고 곡선 $y=2xe^x$에 접하는 두 직선의 기울기를 m, n이라 할 때, mn의 값을 구하시오.

10

원점에서 곡선 $y=\dfrac{x+n}{e^x}$에 그은 접선이 2개일 때, 자연수 n의 최솟값은?

① 1   ② 2   ③ 3
④ 4   ⑤ 5

code 5 접선의 활용

11

두 곡선 $y=ke^x+1$ $(k>0)$, $y=x^2-3x+4$가 점 P에서 만나고, P에서 각 곡선에 접하는 두 직선이 수직일 때, k의 값은?

① $\dfrac{1}{e}$ ② $\dfrac{2}{e^2}$ ③ $\dfrac{1}{e^2}$
④ $\dfrac{3}{e^3}$ ⑤ $\dfrac{2}{e^3}$

12

함수 $f(x)=\ln\dfrac{x}{k}$이고 $g(x)$는 $f(x)$의 역함수이다. 곡선 $y=f(x)$ 위의 점과 곡선 $y=g(x)$ 위의 점 사이의 최단 거리를 l_k라 할 때, $l_k \geq 3\sqrt{2}$를 만족시키는 자연수 k의 최솟값은? (단, $e=2.7$로 계산한다.)

① 7   ② 8   ③ 9
④ 10   ⑤ 11

13

점 P는 원 $x^2+y^2=1$ 위를 움직이고, 점 Q는 곡선 $y=\sqrt{x}-3$ 위를 움직인다. 선분 PQ의 길이의 최솟값을 구하시오.

code 6 평균값 정리

14

함수 $f(x)=\sin 2x$일 때, 구간 $[0, 5]$에서 $f(5)=f(0)+5f'(c)$가 성립하는 실수 c의 개수는?

① 3   ② 4   ③ 5
④ 6   ⑤ 7

code 7 함수의 증가와 감소

15

함수 $f(x)=e^{-x}\sin x$가 구간 $(0, 2\pi)$에서 감소하는 구간이 $[a, b]$일 때, $b-a$의 최댓값은?

① $\dfrac{\pi}{4}$ ② $\dfrac{\pi}{2}$ ③ $\dfrac{3}{4}\pi$
④ π ⑤ $\dfrac{5}{4}\pi$

16

함수 $f(x)=\dfrac{1}{2}x^2-3x-\dfrac{k}{x}$가 구간 $(0, \infty)$에서 증가할 때, 실수 k의 최솟값은?

① 3   ② $\dfrac{7}{2}$ ③ 4
④ $\dfrac{9}{2}$ ⑤ 5

---

code 8 극대와 극소

17

함수 $f(x)=(x^2-8)e^{-x+1}$은 극솟값 a와 극댓값 b를 갖는다. ab의 값은?

① -34 ② -32 ③ -30
④ -28 ⑤ -26

18

함수 $f(x)=x(\ln x-1)^2$이 $x=\alpha$에서 극대이고 $x=\beta$에서 극소일 때, $\dfrac{\beta}{\alpha}$의 값은?

① $\dfrac{1}{e^2}$ ② $\dfrac{1}{e}$ ③ 1
④ e ⑤ e^2

19

함수 $f(x)=\dfrac{x-1}{x^2-x+1}$의 극댓값과 극솟값의 합은?

① -1 ② $-\dfrac{5}{6}$ ③ $-\dfrac{2}{3}$
④ $-\dfrac{1}{2}$ ⑤ $-\dfrac{1}{3}$

20

구간 $(0,\ 2\pi)$에서 함수 $f(x)=e^x(\sin x+\cos x)$의 극댓값과 극솟값의 곱은?

① $-e^{2\pi}$ ② $-e^{\pi}$ ③ $\dfrac{1}{e^{3\pi}}$
④ $\dfrac{1}{e^{2\pi}}$ ⑤ $\dfrac{1}{e^{\pi}}$

21

함수 $f(x)=\dfrac{6x}{x^2+ax+b}$가 $x=1$에서 극값 $\dfrac{1}{2}$을 가질 때, a^2+b^2의 값은?

① 100 ② 101 ③ 102
④ 103 ⑤ 104

22

함수 $f(x)=\dfrac{1}{2}x^2-a\ln x\ (a>0)$의 극솟값이 0일 때, a의 값은?

① $\dfrac{1}{e}$ ② $\dfrac{2}{e}$ ③ $\sqrt{e}$
④ e ⑤ $2e$

23

곡선 $y=x^2\ln x$ 위의 점 $(t,\ t^2\ln t)$에서 접선이 y축과 만나는 점의 y좌표를 $f(t)$라 하자. $f(t)$가 $t=a$에서 극댓값을 가질 때, a의 값은?

① $\dfrac{1}{e^2}$ ② $\dfrac{1}{\sqrt{e^3}}$ ③ $\dfrac{1}{e}$
④ $\dfrac{1}{\sqrt{e}}$ ⑤ e

---

code 9 극값의 개수

24

함수 $f(x)=e^x(x^2+ax+a+1)$이 극값을 갖지 않을 때, 정수 a의 개수는?

① 1 ② 2 ③ 3
④ 4 ⑤ 5

25

함수 $f(x)=\dfrac{\sin x}{e^{2x}}$가 $x=a\ (0<a<2\pi)$에서 극솟값을 가질 때, $\cos a$의 값은?

① $-\dfrac{2\sqrt{5}}{5}$ ② $-\dfrac{\sqrt{5}}{5}$ ③ 0

④ $\dfrac{\sqrt{5}}{5}$ ⑤ $\dfrac{2\sqrt{5}}{5}$

26

함수 $f(x)=ax^2+2\cos x$가 하나의 극값을 가질 때, 양수 a 값의 범위를 구하시오.

27

$x>1$에서 함수 $f(x)=\dfrac{3}{x^2}+\dfrac{k}{x-1}$가 극댓값과 극솟값을 모두 가질 때, 실수 k값의 범위는?

① $-\dfrac{5}{3}<k<0$ ② $-\dfrac{4}{3}<k<-1$

③ $-\dfrac{8}{9}<k<0$ ④ $-\dfrac{8}{9}<k<\dfrac{1}{3}$

⑤ $k<-\dfrac{4}{27}$

code 10 변곡점

28

곡선 $y=(\ln x)^2-x+1$의 변곡점에서 접선의 기울기는?

① $\dfrac{1}{e}-1$ ② $\dfrac{2}{e}-1$ ③ $\dfrac{1}{e}$

④ $\dfrac{2}{e}+1$ ⑤ $\dfrac{5}{e}$

29

점 $(2,\ a)$가 곡선 $y=\dfrac{2}{x^2+b}\ (b>0)$의 변곡점일 때, a, b의 값을 구하시오.

30

$0\le x\le 6\pi$에서 곡선 $y=2x^2+5x+3k\sin\dfrac{x}{3}$가 변곡점을 갖지 않을 때, 자연수 k의 개수는?

① 12 ② 13 ③ 14

④ 15 ⑤ 16

code 11 함수의 그래프 판별

31

함수 $f(x)=x\sin x$에 대하여 **보기**에서 옳은 것만을 있는 대로 고른 것은?

> **보기**
>
> ㄱ. $f(x)$는 $x=0$에서 극솟값을 갖는다.
> ㄴ. 직선 $y=x$는 곡선 $y=f(x)$에 접한다.
> ㄷ. 구간 $\left(\dfrac{\pi}{2},\ \dfrac{3}{4}\pi\right)$에서 $f(x)$는 극댓값을 갖는다.

① ㄱ   ② ㄱ, ㄴ   ③ ㄱ, ㄷ

④ ㄴ, ㄷ   ⑤ ㄱ, ㄴ, ㄷ

32

함수 $f(x)=\dfrac{x}{x^2+1}$에 대하여 **보기**에서 옳은 것만을 있는 대로 고른 것은?

보기

ㄱ. $f'(0)=1$

ㄴ. 모든 실수 x에 대하여 $f(x)\geq-\dfrac{1}{2}$이다.

ㄷ. $0<a<b<1$일 때, $\dfrac{f(b)-f(a)}{b-a}>1$이다.

---

① ㄱ　　　　② ㄷ　　　　③ ㄱ, ㄴ
④ ㄴ, ㄷ　　　⑤ ㄱ, ㄴ, ㄷ

33

$x>0$에서 정의된 함수 $f(x)=e^x+\dfrac{1}{x}$이 $x=a$에서 극값을 가질 때, **보기**에서 옳은 것만을 있는 대로 고른 것은?

보기

ㄱ. $e^a=\dfrac{1}{a^2}$

ㄴ. 곡선 $y=f(x)$의 변곡점이 존재한다.

ㄷ. $f(x)$는 $x=a$에서 최솟값을 갖는다.

---

① ㄱ　　　　② ㄴ　　　　③ ㄱ, ㄴ
④ ㄱ, ㄷ　　　⑤ ㄱ, ㄴ, ㄷ

34

함수 $f(x)=xe^{-x}$에 대하여 **보기**에서 옳은 것만을 있는 대로 고른 것은? $\left(\text{단, } \lim\limits_{x\to\infty}\dfrac{x}{e^x}=0\right)$

보기

ㄱ. 방정식 $f(x)=\dfrac{1}{e}$의 서로 다른 실근은 2개이다.

ㄴ. 곡선 $y=f(x)$의 변곡점에서 접선의 기울기는 $-\dfrac{1}{e^2}$이다.

ㄷ. $-\dfrac{1}{e^2}<k<0$일 때, 기울기가 k인 직선이 곡선 $y=f(x)$와 접하는 점이 2개이다.

---

① ㄴ　　　　② ㄷ　　　　③ ㄱ, ㄴ
④ ㄴ, ㄷ　　　⑤ ㄱ, ㄴ, ㄷ

35

구간 $[0,\ 2\pi]$에서 정의된 함수 $f(x)=\ln(\sin x+2)$에 대하여 **보기**에서 옳은 것만을 있는 대로 고른 것은?

보기

ㄱ. $f(x)$의 최댓값은 $\ln 3$이다.

ㄴ. 방정식 $f(x)=\ln 2$의 실근은 2개이다.

ㄷ. 구간 $(0,\ 2\pi)$에서 곡선 $y=f(x)$의 변곡점은 2개이다.

---

① ㄱ　　　　② ㄴ　　　　③ ㄱ, ㄷ
④ ㄴ, ㄷ　　　⑤ ㄱ, ㄴ, ㄷ

01

점 $(\ln t,\ 0)$에서 곡선 $y=e^x$에 그은 접선의 접점을 $(f(t),\ g(t))$라 할 때, $\displaystyle\lim_{t\to 0+}\dfrac{f(t+1)-1}{g(t)}$의 값은?

① $\dfrac{1}{e}$ ② $\dfrac{2}{e}$ ③ $\dfrac{3}{e}$

④ $\dfrac{4}{e}$ ⑤ $\dfrac{5}{e}$

02

자연수 n에 대하여 점 $(n,\ 0)$에서 곡선 $y=xe^{x+1}$에 그은 두 접선의 기울기를 a_n, b_n이라 할 때, $\displaystyle\sum_{n=1}^{10}\ln(a_nb_n)$의 값을 구하시오.

03

곡선 $y=a^{x-1}\ (a>3)$과 $y=3^x$이 점 P에서 만난다. P의 x좌표를 k라 하고, P에서 곡선 $y=3^x$에 접하는 직선이 x축과 만나는 점을 A, P에서 곡선 $y=a^{x-1}$에 접하는 직선이 x축과 만나는 점을 B라 하자. 점 H$(k,\ 0)$에 대하여 $\overline{\text{AH}}=2\overline{\text{BH}}$일 때, a의 값은?

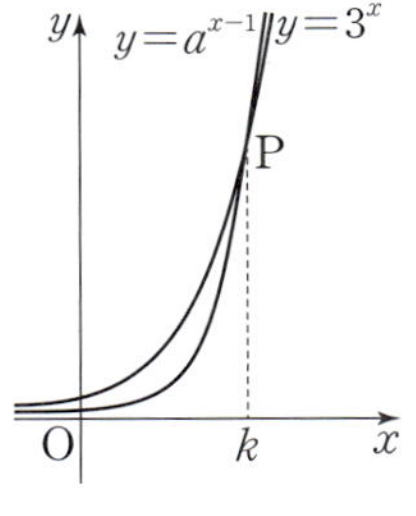

① 6   ② 7   ③ 8

④ 9   ⑤ 10

04

두 곡선 $y=a-\sqrt{3}\cos x$, $y=\sin^2 x\ \left(0\le x\le\dfrac{\pi}{2}\right)$가 만나는 점에서 공통접선을 가질 때, a값의 합은?

① $\dfrac{3}{2}$ ② $\dfrac{7}{4}+\sqrt{3}$ ③ $2+\sqrt{3}$

④ 4 ⑤ $3+2\sqrt{3}$

05

점 A$(a,\ 0)$에서 곡선 $y=2x^2e^{-\frac{x}{2}}$에 세 개의 접선을 그을 수 있을 때, 자연수 a의 최솟값은?

① 8   ② 9   ③ 10

④ 11   ⑤ 12

06

두 곡선 $y=\ln x+4$, $y=e^{x-4}$의 두 교점의 x좌표를 각각 a, b라 하자. $a\le x\le b$에서 직선 $y=-x+k$와 두 곡선이 만나는 두 점 사이의 거리가 최대일 때, k의 값은?

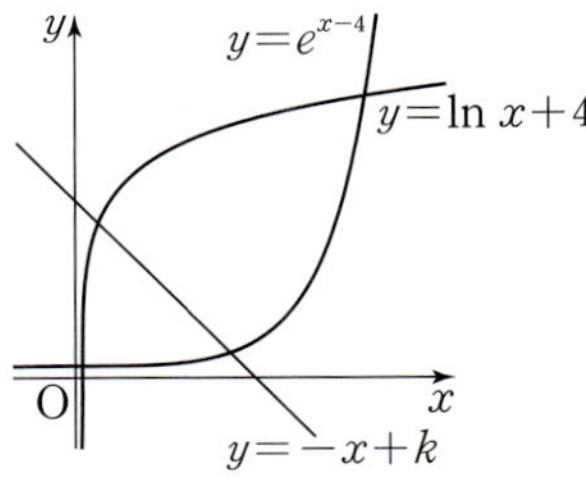

① $\dfrac{7}{2}$ ② 4

③ $\dfrac{9}{2}$ ④ 5

⑤ $\dfrac{11}{2}$

07

미분가능한 함수 $f(x)$가 다음 조건을 만족시킬 때, $f(2e)$의 최댓값은?

> (가) $f'(x)$가 실수 전체의 집합에서 연속이다.
> (나) $0<x\leq e$일 때, $f(x)=ax\ln x$이다. (단, a는 상수이다.)
> (다) e 이상인 두 실수 x_1, x_2에 대하여
> $$\frac{f(x_2)-f(x_1)}{x_2-x_1}\leq 4$$이다.

① $2e$ ② $4e$ ③ $6e$

④ $8e$ ⑤ $10e$

08

함수 $f(x)=\sqrt{3}\sin x-\cos x+ax-5$가 일대일대응일 때, 자연수 a의 최솟값은?

① 1   ② 2   ③ 3

④ 4   ⑤ 5

09

함수 $f(x)=\dfrac{a\sin^2 x-8}{\cos x-2}$이 구간 $[0,\pi]$에서 감소할 때, 정수 a의 개수는?

① 4   ② 5   ③ 6

④ 7   ⑤ 8

10

$f(x)=x-2\sin x$는 $x>0$에서 정의된 함수이다. $f(x)$가 극솟값을 갖는 x의 값을 크기가 작은 것부터 차례로 나열하여 얻은 수열을 $\{a_n\}$이라 할 때, $\sum_{k=1}^{10}a_k=\dfrac{q}{p}\pi$이다. $p+q$의 값은? (단, p와 q는 서로소인 자연수이다.)

① 283   ② 293   ③ 303

④ 313   ⑤ 323

11

함수 $f(x)=n\ln x+\dfrac{n+1}{x}-n\cos\dfrac{1}{n}$의 극솟값을 L_n이라 할 때, $\lim\limits_{n\to\infty}L_n$의 값은?

① -2 ② -1 ③ 0

④ 1   ⑤ 2

12

함수 $f(x)=e^{2x}-4ae^x+2x$가 극댓값과 극솟값을 가지고, 극댓값과 극솟값의 합이 -102일 때, a의 값은?

① 1   ② 2   ③ 3

④ 4   ⑤ 5

13

곡선 $y=3\sin kx+4x^3$의 변곡점이 하나일 때, 실수 k의 최댓값을 구하시오.

14

곡선 $y=\cos^n x\left(0<x<\dfrac{\pi}{2},\ n=2,\ 3,\ 4,\ \cdots\right)$의 변곡점의 y좌표를 a_n이라 할 때, $\displaystyle\lim_{n\to\infty}a_n$의 값은?

① $\dfrac{1}{e^2}$ ② $\dfrac{1}{e}$ ③ $\dfrac{1}{\sqrt{e}}$

④ $\dfrac{1}{2e}$ ⑤ $\dfrac{1}{\sqrt{2e}}$

15

집합 $S=\{x\,|\,p<x<q\}$와 함수 $f(x)=\ln(x^2+9)$가 있다. 모든 $x\in S$, $t\in S$에 대하여
$$f(x)\geq f'(t)(x-t)+f(t)$$
일 때, $q-p$의 최댓값은?

① 4 ② 6 ③ 8

④ 10 ⑤ 12

16

함수 $f(x)=e^{-x}\sin x\ (x\geq0)$에 대하여 **보기**에서 옳은 것만을 있는 대로 고른 것은?

> **보기**
>
> ㄱ. $\displaystyle\lim_{x\to\infty}f(x)=0$
>
> ㄴ. 모든 실수 x에 대하여 $f(x+2\pi)<f(x)$이다.
>
> ㄷ. $f(x)$는 $x=\dfrac{5}{4}\pi$에서 최솟값을 갖는다.

① ㄱ ② ㄴ ③ ㄱ, ㄴ

④ ㄱ, ㄷ ⑤ ㄱ, ㄴ, ㄷ

17

함수 $f(x)=\cos\dfrac{2\pi}{x^2+1}$에 대하여 **보기**에서 옳은 것만을 있는 대로 고른 것은?

> **보기**
>
> ㄱ. $f(x)$가 극값을 갖는 x의 값은 3개이다.
>
> ㄴ. 곡선 $y=f(x)$와 직선 $y=x$의 교점은 3개이다.
>
> ㄷ. $-1<k<1$이면 방정식 $f(x)-k=0$은 서로 다른 네 실근을 갖는다.

① ㄱ ② ㄱ, ㄴ ③ ㄱ, ㄷ

④ ㄴ, ㄷ ⑤ ㄱ, ㄴ, ㄷ

18

두 함수 $f(x)=e^x$, $g(x)=\dfrac{e^x}{x}$과 $h(x)=(g\circ f)(x)$에 대하여 **보기**에서 옳은 것만을 있는 대로 고른 것은?

> **보기**
>
> ㄱ. $\displaystyle\lim_{x\to-\infty}h(x)=0$
>
> ㄴ. $h(x)$의 극값은 1개이다.
>
> ㄷ. 곡선 $y=h(x)$의 변곡점은 없다.

① ㄱ ② ㄴ ③ ㄷ

④ ㄱ, ㄴ ⑤ ㄴ, ㄷ

→ 정답 및 풀이 64쪽

19

양수 a와 실수 b에 대하여 함수 $f(x)=ae^{3x}+be^x$이 다음 조건을 만족시킬 때, $f(0)$의 값은?

> (가) $x_1<\ln\dfrac{2}{3}<x_2$이면 $f''(x_1)f''(x_2)<0$이다.
>
> (나) 구간 $[k, \infty)$에서 $f(x)$의 역함수가 존재하는 실수 k의 최솟값을 m이라 할 때, $f(2m)=-\dfrac{80}{9}$이다.

① -15　　　　② -12　　　　③ -9

④ -6　　　　⑤ -3

20

정의역이 $\{x\,|\,0\le x\le\pi\}$인 함수 $f(x)=2x\cos x$에 대하여 **보기**에서 옳은 것만을 있는 대로 고른 것은?

> **• 보기 •**
>
> ㄱ. $f'(a)=0$이면 $\tan a=\dfrac{1}{a}$이다.
>
> ㄴ. 구간 $\left(\dfrac{\pi}{4}, \dfrac{\pi}{3}\right)$에서 $f(x)$는 극댓값을 갖는다.
>
> ㄷ. 구간 $\left[0, \dfrac{\pi}{2}\right]$에서 방정식 $f(x)=1$의 서로 다른 실근은 2개이다.

① ㄱ　　　　② ㄷ　　　　③ ㄱ, ㄴ

④ ㄴ, ㄷ　　　　⑤ ㄱ, ㄴ, ㄷ

21

3 이상의 자연수 n에 대하여 함수 $f(x)=x^n e^{-x}$일 때, **보기**에서 옳은 것만을 있는 대로 고른 것은?

> **• 보기 •**
>
> ㄱ. $f\left(\dfrac{n}{2}\right)=f'\left(\dfrac{n}{2}\right)$
>
> ㄴ. $f(x)$는 $x=n$에서 극댓값을 갖는다.
>
> ㄷ. 점 $(0, 0)$은 곡선 $y=f(x)$의 변곡점이다.

① ㄴ　　　　② ㄷ　　　　③ ㄱ, ㄴ

④ ㄱ, ㄷ　　　　⑤ ㄱ, ㄴ, ㄷ

22 신유형

구간 $(0, 2\pi)$에서 정의된 함수 $f(x)=\cos x+2x\sin x$가 $x=\alpha$와 $x=\beta$에서 극값을 갖는다. **보기**에서 옳은 것만을 있는 대로 고른 것은? (단, $\alpha<\beta$)

> **• 보기 •**
>
> ㄱ. $\tan(\alpha+\pi)=-2\alpha$
>
> ㄴ. $g(x)=\tan x$라 할 때, $g'(\alpha+\pi)<g'(\beta)$이다.
>
> ㄷ. $\dfrac{2(\beta-\alpha)}{\alpha+\pi-\beta}<\sec^2\alpha$

① ㄱ　　　　② ㄷ　　　　③ ㄱ, ㄴ

④ ㄴ, ㄷ　　　　⑤ ㄱ, ㄴ, ㄷ

01

t가 실수일 때, 원점을 지나고 기울기가 $\tan(\sin t)$인 직선과 원 $x^2+y^2=e^{2t}$이 만나는 점 중에서 x좌표가 양수인 점을 P라 하고, 점 P가 나타내는 곡선을 C라 하자. $t=\pi$일 때, 곡선 C 위의 점에서의 접선과 x축 및 y축으로 둘러싸인 부분의 넓이를 구하시오.

02

양수 t에 대하여 구간 $[1, \infty)$에서 정의된 함수 $f(x)$가

$$f(x)=\begin{cases} \ln x & (1\le x<e) \\ -t+\ln x & (x\ge e) \end{cases}$$

이고, 1 이상인 모든 실수 x에 대하여

$$(x-e)\{g(x)-f(x)\}\ge 0$$

을 만족시키는 일차함수 $g(x)$ 중에서 직선 $y=g(x)$의 기울기의 최솟값을 $h(t)$라 하자. 미분가능한 함수 $h(t)$에 대하여 $a>0$이고 $h(a)=\dfrac{1}{e+2}$일 때, $h'\left(\dfrac{1}{2e}\right)\times h'(a)$의 값을 구하시오.

03

$f(x)$는 최고차항의 계수가 1인 삼차함수이고, 함수 $g(x)=e^{-x}f(x)$이다. $f(x)$, $g(x)$가 다음 조건을 만족시킬 때, $f(2)$의 최댓값과 최솟값의 합은?

> (가) $f(0)=f'(0)$
> (나) $g(x)$는 구간 $(-\infty, 1)$에서 증가하고 구간 $(3, \infty)$에서 감소한다.

① 31   ② 36   ③ 41
④ 46   ⑤ 51

04

$f(x)$는 실수 전체의 집합에서 미분가능한 함수이고, 0이 아닌 실수 a, b에 대하여 다음 조건을 만족시킨다.

> (가) $0\le x<a$일 때, $f(x)=x^2e^{1-x}$이다.
> (나) 모든 실수 x에 대하여 $f(x+a)=f(x)+b$이다.

ab의 값은?

① $\dfrac{16}{e^2}$ ② $\dfrac{8}{e}$ ③ $\dfrac{24}{e^2}$
④ $\dfrac{16}{e}$ ⑤ $\dfrac{48}{e^2}$

05

$f(x)$는 이차함수이고, 함수 $g(x)=f(x)e^{-x}$이 다음 조건을 만족시킨다.

> (가) 점 $(1, g(1))$과 점 $(4, g(4))$는 곡선 $y=g(x)$의 변곡점이다.
> (나) 점 $(0, k)$에서 곡선 $y=g(x)$에 그은 접선의 개수가 3인 k값의 범위는 $-1<k<0$이다.

$g(-2)\times g(4)$의 값을 구하시오.

06

$0<k<6\pi$일 때, 함수 $f(x)=x+\cos x+\dfrac{\pi}{4}$에 대하여 함수 $g(x)=|f(x)-k|$라 하자. $g(x)$가 실수 전체의 집합에서 미분가능할 때, k의 값을 모두 구하시오.

07 번뜩 아이디어

함수 $f(x)=e^{x+1}-1$과 자연수 n에 대하여 함수 $g(x)$를

$$g(x)=100\,|f(x)|-\sum_{k=1}^{n}|f(x^k)|$$

이라 하자. $g(x)$가 실수 전체의 집합에서 미분가능할 때, 자연수 n값의 합을 구하시오.

08 신유형

$f(x)$는 $0<f(0)<\dfrac{\pi}{2}$이고, 최고차항의 계수가 6π인 삼차함수이다. 함수 $g(x)=\dfrac{1}{2+\sin(f(x))}$은 $x=\alpha$에서 극값을 갖고, $\alpha\geq0$인 모든 α를 작은 수부터 크기순으로 나열한 것을 $\alpha_1,\ \alpha_2,\ \alpha_3,\ \alpha_4,\ \alpha_5,\ \cdots$라 할 때, 다음 조건을 만족시킨다.

> (가) $\alpha_1=0$이고 $g(\alpha_1)=\dfrac{2}{5}$이다.
> (나) $\dfrac{1}{g(\alpha_5)}=\dfrac{1}{g(\alpha_2)}+\dfrac{1}{2}$

$g'\!\left(-\dfrac{1}{2}\right)$의 값을 구하시오.

06. 미분의 활용

1 함수의 최대, 최소

최대, 최소를 구하기 위해 그래프를 그릴 때에는 x축과 만나는 점이나 변곡점은 생각하지 않아도 된다.

함수 $f(x)$의 최댓값과 최솟값을 다음과 같은 순서로 구한다.

❶ $f(x)$가 미분가능할 때, $f'(x)=0$의 해를 찾고 증감표를 만들거나 그래프를 그린다.

❷ 극값과 구간의 양 끝 점에서 함숫값을 비교한다.

❸ 구간에서 극값이 하나일 때,
극댓값을 가지면 극댓값이 최댓값이고,
극솟값을 가지면 극솟값이 최솟값이다.

(Note) 극댓값과 극솟값이 반드시 최댓값과 최솟값이 되는 것은 아니다.

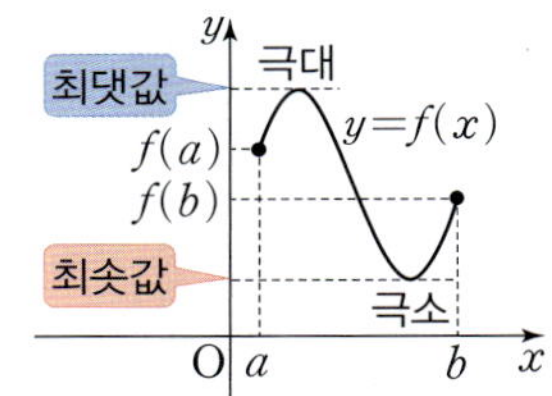

2 방정식에의 활용

실근의 개수를 구하는 경우만 그래프를 그려 푼다.

$f(x)=0$을 $g(x)=h(x)$ 꼴로 고치고 $y=g(x)$와 $y=h(x)$의 그래프의 교점의 개수를 찾을 수도 있다.

(1) 방정식 $f(x)=0$의 실근은 $y=f(x)$의 그래프와 x축이 만나는 점의 x좌표이다.

따라서 실근의 개수를 구할 때에는 $y=f(x)$의 그래프를 그리고 x축과 만나는 점의 개수를 조사한다.

이때는 극값보다 극값의 부호에 주의한다.

(2) 방정식 $f(x)=g(x)$의 실근의 개수를 구할 때에는
$y=f(x)$와 $y=g(x)$의 그래프를 그리고 교점의 개수를 찾거나,
$y=f(x)-g(x)$의 그래프를 그리고 x축과 만나는 점의 개수를 찾는다.

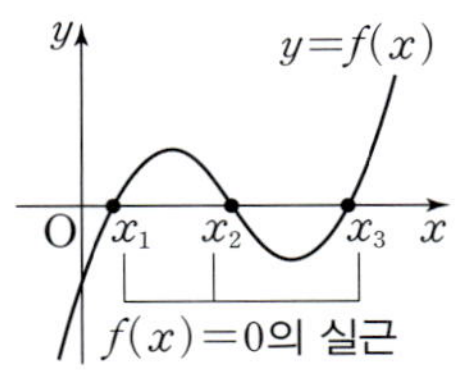

3 부등식에의 활용

$f(x)<0$일 조건을 찾을 때에는 $-f(x)>0$일 조건을 찾거나 $f(x)$의 최댓값이 0보다 작음을 이용한다.

(1) 어떤 구간에서 부등식 $f(x)>0$이 성립함을 보이거나 성립할 조건을 찾을 때에는 이 구간에서 $f(x)$의 최솟값이 0보다 크다는 것을 이용하거나, $y=f(x)$의 그래프가 x축의 위쪽에 있음을 이용한다.

(Note) $x>a$에서 $f(x)>0$임을 보일 때, $f(x)$의 최솟값이 없는 경우
$x>a$에서 $f(a)\geq0$이고, $f(x)$가 증가함을 보인다.

(2) 어떤 구간에서 부등식 $f(x)>g(x)$가 성립함을 보이거나 성립할 조건을 찾을 때에는 이 구간에서 $f(x)-g(x)$의 최솟값이 0보다 크다는 것을 이용하거나, $y=f(x)-g(x)$의 그래프가 x축의 위쪽에 있음을 이용한다.

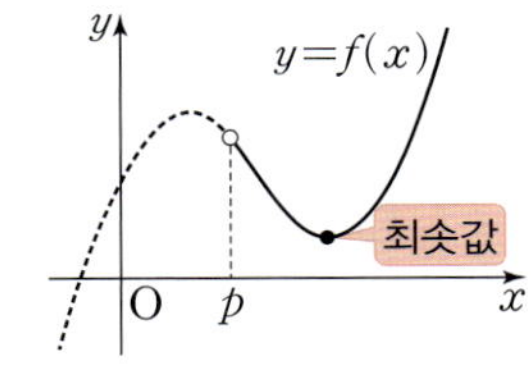

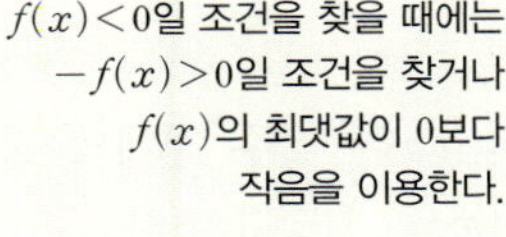

4 수직선 위를 움직이는 물체의 속도와 가속도

속도는 위치의 순간변화율, 가속도는 속도의 순간변화율이다.

점 P가 수직선 위를 움직이고 시각 t에서 위치 x가 $x=f(t)$일 때, P의 속도 $v(t)$와 가속도 $a(t)$는

$$v(t)=\frac{dx}{dt}=f'(t), \qquad a(t)=\frac{dv}{dt}=v'(t)$$

5 평면 위를 움직이는 물체의 속도와 가속도

점 P가 평면 위를 움직이고 시각 t에서 위치 (x, y)가
$$x=f(t), y=g(t)$$
일 때, P의 속도와 가속도는 다음과 같다.

(1) 속도: $(v_x, v_y)=(f'(t), g'(t))$

(2) 가속도: $(a_x, a_y)=(v_x'(t), v_y'(t))=(f''(t), g''(t))$

(3) $\sqrt{v_x{}^2+v_y{}^2}$을 속력, $\sqrt{a_x{}^2+a_y{}^2}$을 가속도의 크기라 한다.

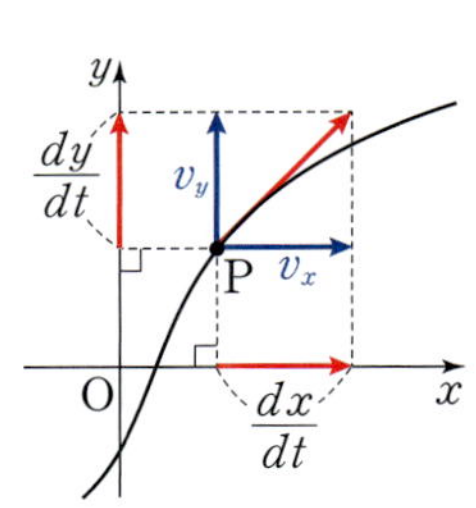

code 1 　최댓값, 최솟값

01

함수 $f(x)=\dfrac{2x}{x^2+1}$의 최댓값을 M, 최솟값을 m이라 할 때, $M-m$의 값은?

① -2 　　　　② -1 　　　　③ 0

④ 1 　　　　⑤ 2

02

함수 $f(x)=x\sqrt{x+3}$이 $x=a$에서 최솟값 b를 가질 때, ab의 값은?

① 2 　　　　② 4 　　　　③ 6

④ 8 　　　　⑤ 10

03

함수 $y=\dfrac{\ln x}{x}$가 $x=a$에서 최댓값을 가질 때, a의 값은?

① $\dfrac{1}{e}$ 　　　　② 1 　　　　③ e

④ $2e$ 　　　　⑤ e^2

code 2 　제한 범위가 있는 최대와 최소

04

$1\le x\le e^2$에서 함수 $f(x)=x\ln x-2x$의 최댓값을 M, 최솟값을 m이라 할 때, $M-m$의 값은?

① $-2e$ 　　　　② $-e$ 　　　　③ 0

④ e 　　　　⑤ $2e$

05

구간 $(0,\ \pi)$에서 함수 $f(x)=(1+\cos x)\sin x$의 최댓값은?

① $\dfrac{\sqrt{3}}{4}$ 　　　　② $\dfrac{\sqrt{3}}{2}$ 　　　　③ $\dfrac{3\sqrt{3}}{4}$

④ $\sqrt{3}$ 　　　　⑤ $\dfrac{5\sqrt{3}}{4}$

06

구간 $[-4,\ 2]$에서 함수 $f(x)=(x^2-3)e^x$의 최댓값을 M, 최솟값을 m이라 할 때, $\dfrac{m}{M}$의 값은?

① $-\dfrac{2}{e^4}$ 　　　　② $-\dfrac{3}{e^4}$ 　　　　③ $-\dfrac{e}{2}$

④ $-\dfrac{1}{e}$ 　　　　⑤ $-\dfrac{2}{e}$

07

$f(x)=x^3+3x^2+2$, $g(x)=\sin x$는 실수 전체의 집합에서 정의된 함수이다. 함수 $(f\circ g)(x)$의 최댓값과 최솟값의 합은?

① 6 　　　　② 8 　　　　③ 10

④ 12 　　　　⑤ 14

code 3 　최대, 최소의 활용

08

두 꼭짓점은 x축 위에 있고, 다른 두 꼭짓점은 곡선 $y=e^{-\frac{x^2}{2}}$ 위에 있는 직사각형의 넓이의 최댓값을 구하시오.

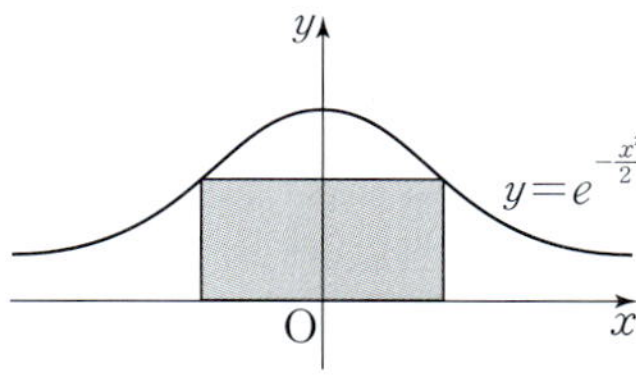

09

밑면 PQRS가 정사각형인 사각기둥의 전개도이다. 옆면의 대각선의 길이가 4일 때, 사각기둥의 부피가 최대가 되는 밑면의 한 변의 길이를 구하시오.

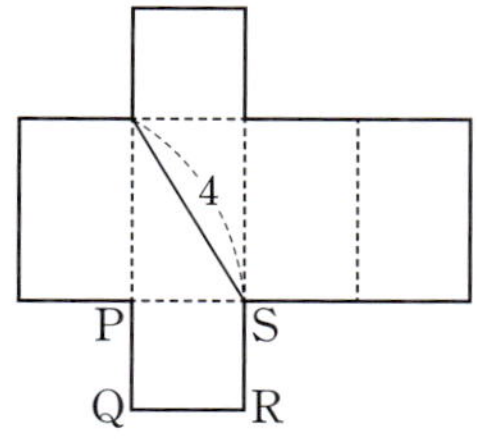

code 4 방정식과 그래프

10

방정식 $x^2+\dfrac{16}{x}=k$가 서로 다른 두 실근을 가질 때, 실수 k의 값은?

① 8   ② 9   ③ 10
④ 11   ⑤ 12

11

x에 대한 방정식 $\ln x-x+20-n=0$이 서로 다른 두 실근을 가질 때, 자연수 n의 개수를 구하시오.

12

$-\pi<x<\pi$에서 방정식 $\sin x=kx$가 서로 다른 세 실근을 가질 때, 실수 k값의 범위는?

① $k<0$ ② $0<k<1$ ③ $0<k<2$
④ $\dfrac{1}{2}<k<2$ ⑤ $1<k<2$

13

방정식 $e^x=x+k$의 실근이 없을 때, 실수 k값의 범위는?

① $k\geq1$ ② $k>1$ ③ $k\leq1$
④ $k<1$ ⑤ $k=1$

14

방정식 $kx^2e^{-x}=1$이 서로 다른 두 실근을 가질 때, 양수 k의 값은?

① $\dfrac{e^2}{8}$ ② $\dfrac{e^2}{7}$ ③ $\dfrac{e^2}{6}$
④ $\dfrac{e^2}{5}$ ⑤ $\dfrac{e^2}{4}$

code 5 부등식과 그래프

15

모든 실수 x에 대하여 부등식 $e^x\geq2x+k$를 만족시키는 실수 k의 최댓값은?

① $2-2\ln 2$ ② $2-\ln 2$ ③ $2\ln 2$
④ $2+\ln 2$ ⑤ $2+2\ln 2$

16

양수 x에 대하여 부등식 $\dfrac{e^x}{x}\geq k$를 만족시키는 실수 k의 최댓값은?

① 1   ② $\dfrac{e}{2}$ ③ 2
④ e ⑤ $2e$

17

$x>0$에서 부등식 $kx^2 \geq \ln 2x$를 만족시키는 양수 k의 최솟값은?

① $\dfrac{1}{2e}$ ② $\dfrac{1}{e}$ ③ $\dfrac{2}{e}$

④ $\dfrac{5}{2e}$ ⑤ $\dfrac{3}{e}$

18

$x>0$에서 부등식 $-2x+x\ln x+k \geq 0$을 만족시키는 실수 k의 최솟값은?

① e ② $\dfrac{7}{2}$ ③ $2e$

④ 7 ⑤ $3e$

19

모든 실수 x에 대하여 부등식 $\sin 2x + 2\sin x \leq a$를 만족시키는 실수 a의 최솟값은?

① $\dfrac{1}{2}$ ② $\dfrac{\sqrt{3}}{2}$ ③ $\sqrt{3}$

④ $\dfrac{3\sqrt{3}}{2}$ ⑤ 3

20

$1 \leq x \leq 2$에서 부등식 $\alpha x \leq e^x \leq \beta x$가 성립할 때, $\beta - \alpha$의 최솟값은?

① $e\left(\dfrac{e^2}{3}-1\right)$ ② $e\left(\dfrac{e^2}{4}-1\right)$ ③ e

④ $\dfrac{e}{2}$ ⑤ $e\left(\dfrac{e}{2}-1\right)$

---

code 6 속도와 가속도

21

점 P는 좌표평면 위를 움직이고, 시각 $t\,(t>0)$에서의 위치 $(x,\,y)$가

$$x=t-\frac{2}{t},\ y=2t+\frac{1}{t}$$

이다. 시각 $t=1$에서 P의 속력은?

① $2\sqrt{2}$ ② 3 ③ $\sqrt{10}$

④ $\sqrt{11}$ ⑤ $2\sqrt{3}$

22

점 P는 좌표평면 위를 움직이고, 시각 $t\,(t\geq 0)$에서의 위치 $(x,\,y)$가

$$x=3t-\sin t,\ y=4-\cos t$$

이다. P의 속력의 최댓값을 M, 최솟값을 m이라 할 때, $M+m$의 값은?

① 3 ② 4 ③ 5

④ 6 ⑤ 7

23

점 P는 좌표평면 위를 움직이고, 시각 $t\,(t\geq 0)$에서의 위치 $(x,\,y)$가

$$x=1-\cos 4t,\ y=\frac{1}{4}\sin 4t$$

이다. P의 속력이 최대일 때, P의 가속도의 크기를 구하시오.

01

함수 $f(x)=\dfrac{1}{3}x^2-2\ln kx\ (k>0)$의 최솟값이 3일 때, k의 값은?

① $-\dfrac{\sqrt{3}}{e}$ ② $-\dfrac{1}{\sqrt{3}e}$ ③ $\dfrac{1}{\sqrt{3}e}$

④ $\dfrac{1}{\sqrt{e}}$ ⑤ $\dfrac{\sqrt{3}}{e}$

02

n이 자연수일 때, 함수 $f(x)=x^n\ln x$의 최솟값을 $g(n)$이라 하자. $g(n)\leq -\dfrac{1}{6e}$을 만족시키는 n값의 합을 구하시오.

03

곡선 $y=2e^{-x}$ 위의 점 $\mathrm{P}(t,\ 2e^{-t})$에서 y축에 내린 수선의 발을 A라 하고, P에서의 접선이 y축과 만나는 점을 B라 하자. 삼각형 APB의 넓이가 최대일 때, t의 값은? (단, $t>0$)

① 1   ② $\dfrac{e}{2}$

③ $\sqrt{2}$ ④ 2

⑤ e

04

곡선 $y=\sqrt{x}$의 접선 l과 x축 및 두 직선 $x=0$, $x=8$로 둘러싸인 사다리꼴 넓이의 최솟값을 구하시오.

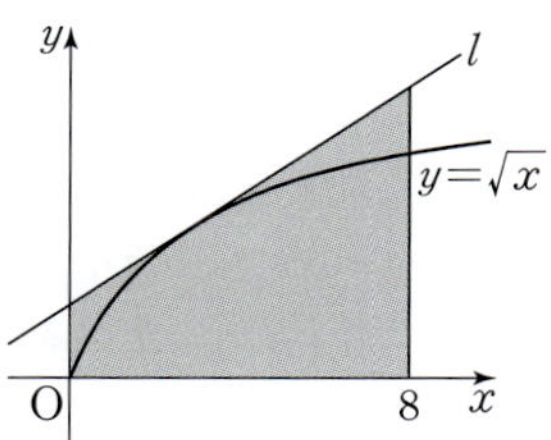

05 신유형

좌표평면에 중심이 점 $\mathrm{A}(1,\ 0)$이고 반지름의 길이가 1인 원이 있다. 원 위의 점 Q에 대하여 $\angle\mathrm{AOQ}=\theta\ \left(0<\theta<\dfrac{\pi}{3}\right)$일 때, 선분 OQ 위에 $\overline{\mathrm{PQ}}=1$인 점 P를 정한다. P의 y좌표가 최대일 때, $\cos\theta$의 값을 구하시오. (단, O는 원점이다.)

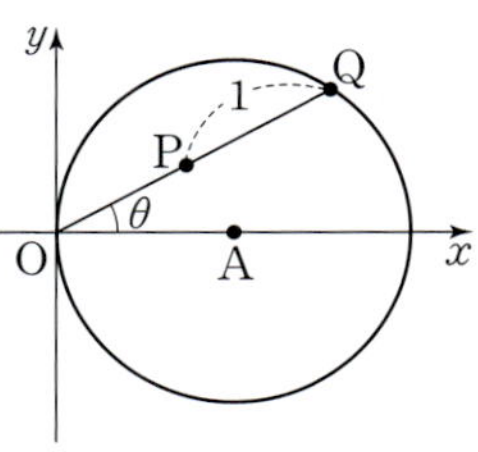

06

중심이 원점이고 반지름의 길이가 각각 r, 4인 두 원 C_1, C_2가 있다. 원 C_2 위의 점 P에서 원 C_1에 그은 두 접선의 접점을 각각 A, B라 할 때, 삼각형 PAB 넓이의 최댓값은? (단, $0<r<4$)

① $\sqrt{3}$ ② $2\sqrt{3}$ ③ $3\sqrt{3}$

④ $4\sqrt{3}$ ⑤ $5\sqrt{3}$

07

세로의 길이가 10인 직사각형 모양의 긴 종이를 그림과 같이 접어서 점 B가 선분 AD 위에 놓이도록 하고, B가 놓인 점을 P라 한다. 선분 QR의 길이가 최소일 때, 선분 BQ의 길이를 구하시오.

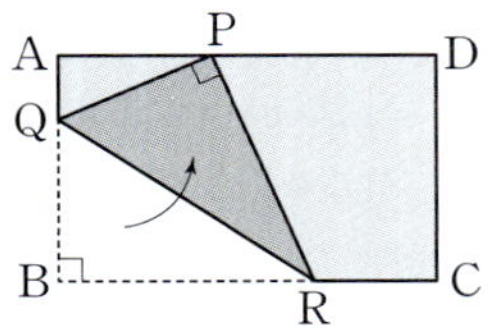

08

방정식 $\ln x - ax + 2 = 0$의 실근이 한 개일 때, 양수 a의 값은?

① $\dfrac{1}{e}$　　　　② $\dfrac{2}{e}$　　　　③ $\dfrac{3}{e}$

④ e　　　　⑤ $2e$

09

방정식 $x \ln x + 2x - k = 0$이 적어도 하나의 실근을 가질 때, 실수 k의 최솟값은?

① $-\dfrac{1}{e^2}$　　　　② $-\dfrac{1}{e^3}$　　　　③ $\dfrac{1}{e^3}$

④ $\dfrac{1}{e^2}$　　　　⑤ $\dfrac{1}{e}$

10

구간 $[0, 2\pi]$에서 x에 대한 방정식 $\sin x - x \cos x - k = 0$의 서로 다른 실근의 개수가 2일 때, 정수 k값의 합은?

① -6　　　　② -3　　　　③ 0

④ 3　　　　⑤ 6

11

x에 대한 방정식 $k(e^{2x} + 2) = 2e^x - 1$이 실근을 가질 때, 실수 k값의 범위를 구하시오.

12

x에 대한 방정식 $(k-2)\sqrt{x^2+2} = 2x$가 실근을 가질 때, 정수 k값의 합은?

① 2　　　　② 3　　　　③ 4

④ 5　　　　⑤ 6

13

x에 대한 방정식 $ke^x = a(x^3 - 2x^2)$이 서로 다른 세 실근을 가질 때, 실수 k값의 범위가 $-1 < k < 0$이다. a의 값은?

① $e-1$ 　　② e 　　③ $\dfrac{e^2}{2}$

④ $e+1$ 　　⑤ e^2

14

$0 \le t \le \pi$에서 x에 대한 방정식
$$x^2 - 2x \sin t + t \sin 2t + a = 0$$
이 실근을 가질 때, a의 최댓값을 구하시오.

15

x에 대한 방정식 $\dfrac{x^n}{e^x} = 1$의 서로 다른 실근의 개수를 $f(n)$이라 할 때, $f(1) + f(2) + f(3) + f(4)$의 값을 구하시오.
(단, 모든 자연수 n에 대하여 $\lim\limits_{x \to \infty} x^n e^{-x} = 0$이다.)

16 번뜩 아이디어

함수 $f(x) = \dfrac{\ln x^2}{x}$의 극댓값을 a라 하자. 방정식

$f(x) - \dfrac{a}{n}x = 0$의 서로 다른 실근의 개수를 a_n이라 할 때,

$\sum\limits_{n=1}^{10} a_n$의 값을 구하시오.

17

함수 $f(x) = x^2 e^{-x+a}$이다. $f(2) = 4$일 때, 곡선 $y = (f \circ f)(x)$와 직선 $y = \dfrac{15}{e^2}$가 만나는 점의 개수는?

① 2 　　② 3 　　③ 4
④ 5 　　⑤ 6

18

함수 $f(x) = \ln(1-x)$, $g(x) = -x^2 - x + k$이다.
구간 $\left[0, \dfrac{1}{2}\right]$에서 $f(x) \ge g(x)$일 때, 실수 k의 최댓값은?

① 4 　　② 3 　　③ 2
④ 1 　　⑤ 0

19

$x \geq 0$에서 부등식 $\cos 2x \geq k - 2x^2$이 성립할 때, 실수 k값의 범위는?

① $k < 2$　　　　② $k \leq 1$　　　　③ $-1 < k \leq 2$

④ $k \geq -1$　　　　⑤ $k > 1$

20

$x \geq 0$에서 부등식

$$(1+x) \ln (1+x) + x^2 + \cos x - a \geq 0$$

이 성립할 때, 실수 a의 최댓값은?

① 2　　　　② 1　　　　③ 0

④ -1　　　　⑤ -2

21

모든 양수 x에 대하여 부등식

$$\frac{2}{x} + 1 \geq k \ln \left(\frac{2}{x} + 1 \right)$$

이 성립할 때, 실수 k값의 범위를 구하시오.

22

n이 자연수이고, $x > 0$에서 부등식

$$k(1 - \ln x) \leq \frac{1}{x^n}$$

이 성립할 때, 양수 k의 최댓값을 $f(n)$이라 하자. $\displaystyle\sum_{n=2}^{\infty} \frac{f(n)}{n}$의 값은?

① $\dfrac{1}{e-1}$　　　　② $\dfrac{1}{e-2}$　　　　③ e

④ $2e$　　　　⑤ e^2

23

곡선 $y = x^2$ 위의 점 P는 시각 $t \left(0 \leq t < \dfrac{\pi}{2} \right)$에서 선분 OP가 x축 양의 방향과 이루는 각의 크기가 t라디안이 되도록 움직인다. 시각 $t = \dfrac{\pi}{4}$에서 P의 x축 방향의 가속도는?

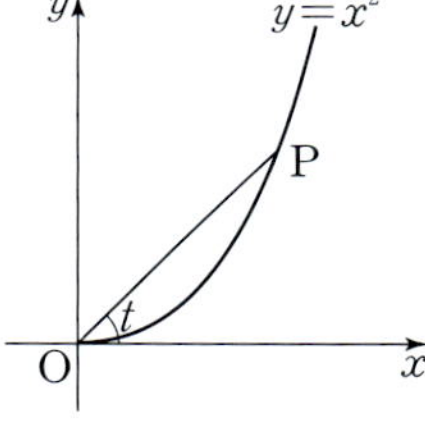

① 2　　　　② 3　　　　③ 4

④ $3\sqrt{2}$　　　　⑤ $4\sqrt{3}$

01

함수 $f(x)=x^2e^{-x}$, $g(x)=\dfrac{x^3-3x^2+4}{n+1}$ (n은 자연수)이다. $x\geq n$에서 함수 $(f\circ g)(x)$의 최댓값을 a_n이라 할 때, $a_1+a_2+a_3+a_4$의 값은?

① $\dfrac{4e+12}{e^3}$ ② $\dfrac{8e^2+16}{e^4}$ ③ $\dfrac{8e+16}{e^3}$

④ $\dfrac{12e^2-16}{e^x}$ ⑤ $\dfrac{12e+16}{e^3}$

02

길이가 2연 선분 AB가 지름인 반원 모양의 색종이가 있다. 호 AB 위의 점 P와 A를 연결하는 선을 접는 선으로 하여 색종이를 걸는다. $\angle PAB=\theta$일 때, 포개어지는 부분의 넓이를 $S(\theta)$라 하자. $\theta=\alpha$에서 $S(\theta)$가 최대일 때, $\cos 2\alpha$의 값은? $\left(\text{단, } 0<\theta<\dfrac{\pi}{4}\right)$

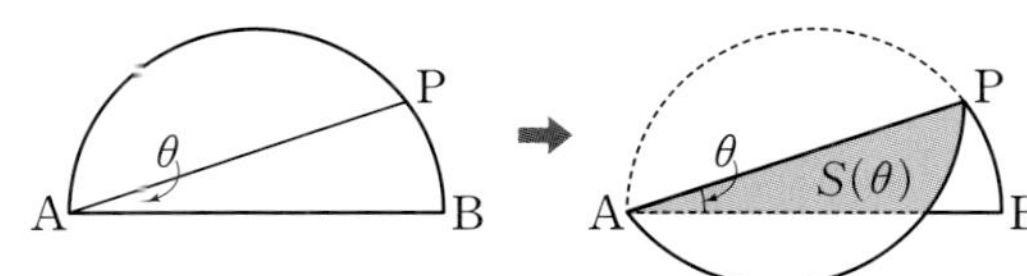

① $\dfrac{-2+\sqrt{7}}{8}$ ② $\dfrac{-1+\sqrt{17}}{8}$ ③ $\dfrac{\sqrt{17}}{8}$

④ $\dfrac{1+\sqrt{17}}{8}$ ⑤ $\dfrac{2+\sqrt{17}}{8}$

03 번뜩 아이디어

점 $(0,\ 2)$를 지나고 기울기가 m인 직선이 곡선 $y=x^3-3x^2+1$과 만나는 점의 개수를 $f(m)$이라 하자. $f(m)$이 구간 $(-\infty,\ a)$에서 연속일 때, 실수 a의 최댓값은?

① -3 ② $-\dfrac{3}{4}$ ③ $\dfrac{3}{2}$

④ $\dfrac{15}{4}$ ⑤ 6

04

함수 $f(x)=(x^3-a)e^x$이고 a는 10 이하의 자연수이다. t가 실수일 때, 방정식 $f(x)=t$의 실근의 개수를 $g(t)$라 하면 함수 $g(t)$가 불연속인 t의 값이 2개이다. a값의 합을 구하시오. $\left(\text{단, } \lim_{x\to-\infty} f(x)=0\right)$

05 신유형

k는 실수이고 함수 $f(x)=\begin{cases} x^2+k & (x\le 2) \\ \ln(x-2) & (x>2) \end{cases}$ 이다. t가 실수일 때, 직선 $y=x+t$와 $y=f(x)$의 그래프가 만나는 점의 개수를 $g(t)$라 하자. 함수 $g(t)$가 불연속인 t의 값이 한 개일 때, k의 값은?

① -2　　② $-\dfrac{9}{4}$　　③ $-\dfrac{5}{2}$

④ $-\dfrac{11}{4}$　　⑤ -3

06

n이 2 이상인 자연수일 때, 실수 전체의 집합에서 정의된 함수
$$f(x)=e^{x+1}\{x^2+(n-2)x-n+3\}+ax$$
가 역함수를 갖는 실수 a의 최솟값을 $g(n)$이라 하자. $1\le g(n)\le 8$을 만족시키는 n값의 합은?

① 43　　② 46　　③ 49
④ 52　　⑤ 55

07

함수 $f(x)=x^4+6x^3+ax^2+bx+c$에 대하여 함수 $g(x)=e^{-x}f(x)$가 다음 조건을 만족시킨다.

> (가) $g(0)=g'(0)$
> (나) $x\ge -1$인 모든 실수 x에 대하여 $g(x)\ge g'(x)$이다.

$f(2)$의 최솟값을 구하시오.

08

원 $x^2+y^2=1$ 위의 점 T가 점 A$(1,\ 0)$을 출발하여 원점을 중심으로 일정한 속력 1로 원 위를 시계 반대 방향으로 움직이고 있다. T에서의 접선 위에 호 TA의 길이와 선분 TP의 길이가 같게 되는 점 P를 생각하자. T가 점 $\left(\dfrac{1}{2},\ \dfrac{\sqrt{3}}{2}\right)$을 지나는 순간 P의 속력은?

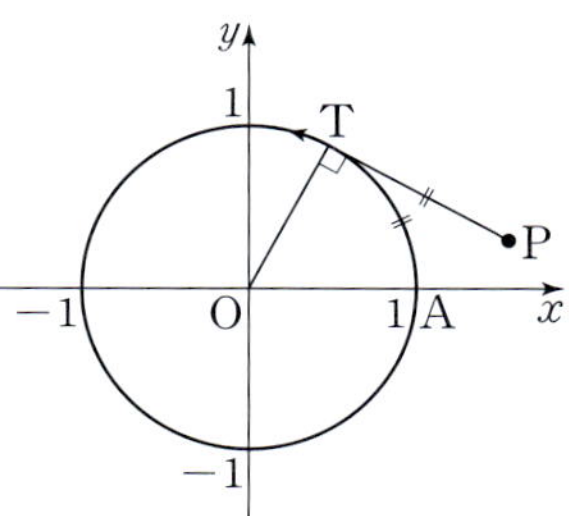

① 1　　② $\dfrac{\pi}{3}$　　③ 2

④ π　　⑤ $\dfrac{3}{2}\pi$

Ⅲ. 적분법

07. 부정적분과 정적분

1 부정적분과 정적분

$F(x)$가 $f(x)$의 부정적분이면
$F'(x)=f(x)$

(1) $f(x)$의 한 부정적분을 $F(x)$라 할 때,

$F(b)-F(a)$를 $f(x)$의 a에서 b까지의 정적분이라 하고 $\int_a^b f(x)dx$로 나타낸다.

$$\int_a^b f(x)dx=\Big[\,F(x)\,\Big]_a^b=F(b)-F(a)$$

$\dfrac{d}{dx}\int f(x)dx=f(x)$

$\int\Big\{\dfrac{d}{dx}f(x)\Big\}dx=f(x)+C$

(2) 정적분으로 정의된 함수의 미분 $\Rightarrow \dfrac{d}{dx}\int_a^x f(t)dt=f(x)$

2 기본 함수의 부정적분

도함수 공식에서
좌변과 우변을 바꾼 꼴이다.

(1) $\displaystyle\int x^n dx=\dfrac{1}{n+1}x^{n+1}+C \ (n\neq-1)$

$\displaystyle\int \dfrac{1}{x}dx=\ln|x|+C$

(2) $\displaystyle\int e^x dx=e^x+C, \ \int a^x dx=\dfrac{a^x}{\ln a}+C$

(3) $\displaystyle\int \sin x\, dx=-\cos x+C, \ \int \cos x\, dx=\sin x+C$

$\displaystyle\int \sec^2 x\, dx=\tan x+C, \ \int \csc^2 x\, dx=-\cot x+C$

3 치환적분법

$\int f(x)dx$에서 $x=g(t)$라 하면

$\int f(x)dx=\int f(g(t))g'(t)dt$

(1) $F'(x)=f(x)$일 때, $\displaystyle\int f(g(x))g'(x)dx=F(g(x))+C$

Note $\int f(g(x))g'(x)dx$ 꼴에서 $g'(x)$ 부분을 찾은 다음, $g(x)=t$로 치환하면

$g'(x)=\dfrac{dt}{dx}$, $g'(x)dx=dt$이므로 $\int f(t)dt$로 고쳐 계산한다.

무리함수에서는 $\sqrt{g(x)}=t$로
지수, 로그함수에서는
$e^x=t$, $\ln x=t$로
삼각함수에서는
$\cos x=t$ 또는 $\sin x=t$로
치환해 본다.

(2) 기본적인 치환적분

$$\int f(ax+b)dx=\dfrac{1}{a}F(ax+b)+C$$

$$\int \dfrac{f'(x)}{f(x)}dx=\ln|f(x)|+C$$

4 치환적분법과 정적분

$f(x)$가 연속이고 $g(a)=\alpha$, $g(b)=\beta$일 때,

$$\int_a^b f(g(x))g'(x)dx=\int_\alpha^\beta f(t)dt$$

5 부분적분법

$\{f(x)g(x)\}'$
$=f'(x)g(x)+f(x)g'(x)$
에서 $f'(x)g(x)$를 이항하여
적분을 생각한 꼴이다.

(1) $\displaystyle\int f(x)g'(x)dx=f(x)g(x)-\int f'(x)g(x)dx$

(2) 기본적인 부분적분

$$\int \ln x\, dx=x\ln x-x+C$$

$$\int xe^x dx=xe^x-e^x+C$$

(3) xe^x, $x\sin x$, $e^x\sin x$와 같은 꼴은 부분적분을 생각한다.
이때 e^x, $\sin x$ 등을 $g(x)$라 생각한다.

6 부분적분법과 정적분

$f'(x)$와 $g'(x)$가 연속일 때,

$$\int_a^b f(x)g'(x)dx=\Big[\,f(x)g(x)\,\Big]_a^b-\int_a^b f'(x)g(x)dx$$

code 1 부정적분

01

$f(x)=\displaystyle\int(3x^3+2e^{x-1}-4)\,dx$일 때, $\displaystyle\lim_{x\to1}\frac{f(x^3)-f(1)}{x-1}$의 값은?

① 1   ② 2   ③ 3
④ 13   ⑤ 39

02

실수 전체의 집합에서 미분가능한 함수 $f(x)$는 $f(1)=2$이고
$$\lim_{h\to0}\frac{f(x+h)-f(x)}{h}=\frac{x-1}{x^2}$$
일 때, $f(2)$의 값을 구하시오.

03

$f(x)=\displaystyle\int\frac{4\sin^2 x}{1+\cos x}\,dx$이고 $f\left(\dfrac{\pi}{2}\right)=2\pi-2$일 때, $f\left(\dfrac{3}{2}\pi\right)$의 값은?

① $2\pi+2$ ② $4\pi+2$ ③ $4\pi+4$
④ $6\pi+2$ ⑤ $6\pi+6$

code 2 적분 구간을 나누는 부정적분

04

$f(x)$는 실수 전체의 집합에서 연속인 함수이다.
$$f'(x)=\begin{cases}e^x+1 & (x<0)\\ \sin x & (x>0)\end{cases}$$이고 $f\left(\dfrac{\pi}{2}\right)=2$일 때,
$f(-\ln 2)+f\left(\dfrac{2}{3}\pi\right)$의 값은?

① $-\ln 2+3$ ② $-\ln 2+4$ ③ $-\ln 2+5$
④ $\ln 2+3$ ⑤ $\ln 2+5$

05

실수 전체의 집합에서 미분가능한 함수 $f(x)$에 대하여 $f'(x)=e^{|x-1|}$, $f(2)=2$일 때, $f(-1)+f(3)$의 값은?

① $6-2e$ ② $3-2e$ ③ 3
④ $3+2e$ ⑤ $6+2e$

code 3 치환적분법

06

$\displaystyle\int_0^2 2xe^{x^2}\,dx$의 값은?

① e^3-1 ② e^3 ③ e^3+1
④ e^4-1 ⑤ e^4+1

07

$\displaystyle\int_1^{\sqrt2} x^3\sqrt{x^2-1}\,dx$의 값은?

① $\dfrac{7}{15}$ ② $\dfrac{8}{15}$ ③ $\dfrac{3}{5}$
④ $\dfrac{2}{3}$ ⑤ $\dfrac{11}{15}$

08

$f(x)=\displaystyle\int\frac{\sin(\ln x)}{x}\,dx$이고 $f(1)=2$일 때, $f(e^{2\pi})$의 값을 구하시오.

09

함수 $f(x)$가 실수 전체의 집합에서 연속이고,

$$\int_1^{e^2} \frac{f(1+2\ln x)}{x}\,dx=5$$

일 때, $\int_1^5 f(x)\,dx$의 값은?

① 6　　　　　② 7　　　　　③ 8
④ 9　　　　　⑤ 10

10

$\int_{\frac{\pi}{6}}^{\frac{\pi}{3}} (\tan x + \cot x)\,dx$의 값은?

① $\ln 2$　　　　② $\ln 3$　　　　③ $2\ln 2$
④ $\ln 5$　　　　⑤ $\ln 6$

11

함수 $f(x)$는 실수 전체의 집합에서 미분가능하다.
$f'(x)=\dfrac{e^x}{2e^x+1}$ 이고 $f(0)=\ln 3$일 때, $f(\ln 13)$의 값은?

① $\ln 7$　　　　② $2\ln 3$　　　　③ $\ln 11$
④ $\ln 13$　　　　⑤ $\ln 15$

12

$f(x)=\int (1-\cos x)^2 \sin x\,dx$이고 $f\left(\dfrac{\pi}{2}\right)=0$일 때, $f(\pi)$의 값은?

① 2　　　　　② $\dfrac{7}{3}$　　　　③ $\dfrac{8}{3}$
④ 3　　　　　⑤ $\dfrac{10}{3}$

13

$\int_0^{\frac{\pi}{2}} (\cos x + 3\cos^3 x)\,dx$의 값을 구하시오.

code 4 부분적분법

14

$\int_1^e x(1-\ln x)\,dx$의 값은?

① $\dfrac{1}{4}(e^2-7)$　　　② $\dfrac{1}{4}(e^2-6)$　　　③ $\dfrac{1}{4}(e^2-5)$
④ $\dfrac{1}{4}(e^2-4)$　　　⑤ $\dfrac{1}{4}(e^2-3)$

15

점 $(1,\,0)$을 지나는 곡선 $y=f(x)\ (x>0)$ 위의 점 $(x,\,y)$에서 접선의 기울기가 $\dfrac{\ln x}{x^2}$일 때, $f(e)$의 값은?

① $\dfrac{e-2}{e}$　　　　② $\dfrac{e-1}{e}$　　　　③ 1
④ $\dfrac{e+1}{e}$　　　　⑤ $\dfrac{e+2}{e}$

16

$\int_0^1 (2x-1)e^{-x}\,dx$의 값은?

① $1-\dfrac{3}{e}$　　　　② $1-\dfrac{1}{e}$　　　　③ 1
④ $1+\dfrac{1}{e}$　　　　⑤ $1+\dfrac{3}{e}$

17

함수 $f(x)=xe^{|x|}$과 자연수 n에 대하여
$$a_n=\int_{n-1}^{n} f(x)dx$$
일 때, $\displaystyle\sum_{n=1}^{100} a_n$의 값은?

① $99e^{99}$ ② $99e^{100}-1$ ③ $99e^{100}$
④ $99e^{100}+1$ ⑤ $100e^{100}$

18

$f(x)$는 $0<x<4\pi$에서 정의된 함수이고, $f'(x)=x\cos\dfrac{x}{2}$이다. $f(x)$의 극댓값이 π일 때, $f(x)$의 극솟값은?

① -11π ② -10π ③ -9π
④ -8π ⑤ -7π

19

$\displaystyle\int_{0}^{\pi} e^x \cos x \, dx$의 값은?

① $-e^{\pi}-1$ ② $-\dfrac{1}{2}(e^{\pi}+1)$ ③ $\dfrac{1}{2}(e^{\pi}-1)$
④ $\dfrac{1}{2}(e^{\pi}+1)$ ⑤ $e^{\pi}+1$

code 5 정적분의 성질

20

함수 $f(x)$가 다음 조건을 만족시킬 때, $\displaystyle\int_{1999}^{2000} f(x)dx$의 값은?

> (가) $1\le x<4$일 때, $f(x)=\dfrac{1}{x(1+\ln x)^2}$이다.
> (나) 모든 실수 x에 대하여 $f(x)=f(x+3)$이다.

① $\dfrac{\ln 2}{1+\ln 2}$ ② $\dfrac{\ln 2}{1-\ln 2}$ ③ $\dfrac{2\ln 2}{2\ln 2-1}$
④ $\dfrac{\ln 3}{\ln 3-1}$ ⑤ $\dfrac{\ln 3}{1+\ln 3}$

21

구간 $[-a,\,a]$에서 연속인 함수 $f(x)$가
$$\int_{-a}^{a} f(x)dx=\int_{0}^{a} \{f(x)+f(-x)\}dx$$
를 만족시킬 때, $\displaystyle\int_{-1}^{1}\dfrac{5x^4}{4^x+1}dx$의 값은?

① 1 ② 2 ③ 3
④ 4 ⑤ 5

22

$f(x)$는 실수 전체의 집합에서 연속인 함수이고,
$$f(x)+f(-x)=x^2+\cos x$$
를 만족시킬 때,
$$\int_{-\frac{\pi}{2}}^{\frac{\pi}{2}} f(x)dx=a\pi^3+b$$
이다. 두 유리수 a, b에 대하여 $48a+b$의 값을 구하시오.

code 6 정적분과 미분

23

함수 $f(x)=a\cos(\pi x^2)$이고
$$\lim_{x\to 0}\left\{\dfrac{x^2+1}{x}\int_{1}^{x+1} f(t)dt\right\}=3$$
일 때, $f(a)$의 값은?

① 1 ② $\dfrac{3}{2}$ ③ 2
④ $\dfrac{5}{2}$ ⑤ 3

24

$f(x)$는 연속인 함수이고, 모든 실수 x에 대하여
$$\int_{0}^{x} f(t)dt=e^x+ax+a$$
일 때, $f(\ln 2)$의 값은?

① 1 ② 2 ③ e
④ 3 ⑤ $2e$

25

함수 $f(x)$는 실수 전체의 집합에서 연속이고, $f(x)>0$이다. 모든 실수 x에 대하여

$$f(x)=1+\int_0^x \frac{2e^{4t}}{f(t)}dt$$

일 때, $f'(1)$의 값은?

① e　　　　　② $2e$　　　　　③ e^2
④ $2e^2$　　　　⑤ e^3

26

함수 $f(x)$는 실수 전체의 집합에서 미분가능하고, 이계도함수가 존재한다.

$$f(x)=\int_\pi^x f(t)\cos t\,dt-5$$

일 때, $f''(\pi)$의 값은?

① -5　　　　② -3　　　　③ 0
④ 3　　　　　⑤ 5

27

함수 $f(x)$는 양의 실수 전체의 집합에서 연속이다.

$$\int_1^{x^2} f(t)dt=x^2(2\ln x-k)+1$$

일 때, $f(4)$의 값은?

① $\ln 2$　　　　② $2\ln 2$　　　　③ $4\ln 2$
④ $8\ln 2$　　　　⑤ $16\ln 2$

code 7　정적분을 상수로 놓는 문제

28

함수 $f(x)$가 모든 실수 x에 대하여

$$f(x)=x+\int_0^1 e^t f(t)dt$$

를 만족시킬 때, $f(2)$의 값은?

① $2-e$　　　　② $3-e$　　　　③ $\dfrac{e-3}{2-e}$
④ $2e-5$　　　　⑤ $\dfrac{2e-5}{e-2}$

29

함수 $f(x)$가 $x>0$에서

$$f(x)=e^3\ln x+xe^x+\int_1^3 f(t)dt$$

를 만족시킬 때, $f(3)$의 값은?

① $e^3\ln 3$　　　　② $e^3(3-\ln 3)$　　　　③ $\dfrac{e^3}{3}(3-\ln 3)$
④ $\dfrac{e^3}{3}$　　　　⑤ $e^3(3-2\ln 3)$

30

함수 $f(x)$는 구간 $(0,\ \infty)$에서 연속이고

$$f(x)=\ln x-\int_1^e \frac{2f(t)}{x}dt$$

일 때, $f(1)$의 값은?

① $-\dfrac{5}{6}$　　　　② $-\dfrac{2}{3}$　　　　③ $-\dfrac{1}{2}$
④ $-\dfrac{1}{3}$　　　　⑤ $-\dfrac{1}{6}$

31

함수 $f(x)$가 모든 실수 x에 대하여

$$\int_1^x (t+x)f(t)dt=e^x+2x-e-2$$

를 만족시킬 때, $f(1)$의 값은?

① $\dfrac{-e-1}{2}$　　　　② $-\dfrac{e}{2}+1$　　　　③ $\dfrac{e}{2}-1$
④ e　　　　⑤ $\dfrac{e}{2}+1$

32

함수 $f(x)$는 실수 전체의 집합에서 연속이고

$$\int_0^x (t-x)f(t)dt=\sin 2x-ax$$

일 때, $a\times f\left(\dfrac{\pi}{4}\right)$의 값을 구하시오.

01

$f(x)$는 $x>0$에서 정의된 미분가능한 함수이다.
$$2xf(x)+x^2f'(x)=(x+2)e^x,\ f(-1)=0$$
일 때, $f(3)$의 값은?

① $\dfrac{2e}{9}$ ② $\dfrac{2}{9e^3}$ ③ $\dfrac{e}{3}$

④ $\dfrac{e^3+1}{9}$ ⑤ $\dfrac{4e^3}{9}$

02

$f(x)$는 $x>0$에서 정의된 함수이고, $F(x)$는 $f(x)$의 한 부정적분이다.
$$f\left(\dfrac{\pi}{2}\right)=0,\ F(x)=xf(x)+x^2\cos x$$
일 때, $f(\pi)$의 값을 구하시오.

03

$f(x)=\displaystyle\int \cos\sqrt{x}\,dx$이고 $f(0)=1$일 때, $f(4\pi^2)$의 값은?

① -3 ② -2 ③ -1
④ 0 ⑤ 1

04

$f(x)=\displaystyle\int \dfrac{1}{1+\sin x}dx$이고 $f\left(\dfrac{\pi}{4}\right)=\sqrt{2}$일 때, $f\left(\dfrac{3}{4}\pi\right)$의 값은?

① $\sqrt{2}$ ② $2\sqrt{2}-1$ ③ $3\sqrt{2}-2$
④ $2\sqrt{2}+1$ ⑤ $3\sqrt{2}$

05

$f(x)=\displaystyle\int x\sin x\,dx,\ g(x)=\int e^{f(x)}x\sin x\,dx$이고
$f(0)=g(0)=0$일 때, $g\left(\dfrac{5}{2}\pi\right)$의 값은?

① $2e+1$ ② $e+1$ ③ e
④ $2e-1$ ⑤ $e-1$

06

$\displaystyle\int_{-1}^{1}\dfrac{1}{x^4+2x^2+1}dx$의 값은?

① $\dfrac{\pi}{2}$ ② $\dfrac{1}{2}+\dfrac{\pi}{4}$ ③ $\dfrac{1}{2}+\dfrac{\pi}{6}$

④ $\dfrac{1}{4}+\dfrac{\pi}{8}$ ⑤ $\dfrac{1}{3}-\dfrac{\pi}{12}$

07

함수 $f(x)=\displaystyle\int_0^x \dfrac{1}{1+e^{-t}}dt$일 때, $(f\circ f)(a)=\ln 7$을 만족시키는 실수 a의 값을 구하시오.

08

$\displaystyle\int_0^{\frac{\pi}{4}} x\sec^2 x\,dx$의 값은?

① $\dfrac{\pi}{4}-\ln\dfrac{\sqrt{2}}{2}$ ② $\dfrac{\pi}{2}-\ln\dfrac{\sqrt{2}}{2}$ ③ $\ln\dfrac{\sqrt{2}}{2}$

④ $\dfrac{\pi}{4}+\ln\dfrac{\sqrt{2}}{2}$ ⑤ $\dfrac{\pi}{2}+\ln\dfrac{\sqrt{2}}{2}$

09

$f(x)=\displaystyle\int x^3\sin x^2\,dx$이고 $f(0)=0$일 때, $f(\sqrt{\pi})$의 값은?

① $\dfrac{\pi}{4}$ ② $\dfrac{\pi}{2}$ ③ $\dfrac{\pi^2}{4}$

④ $\dfrac{\pi^2}{2}$ ⑤ π

10

$2\displaystyle\int_0^{\frac{\pi}{6}}\sec\theta\,d\theta$의 값은?

① $\ln\sqrt{2}$ ② $\ln\sqrt{3}$ ③ $\ln 2$

④ $\ln 3$ ⑤ $2\ln 2$

11

$\displaystyle\int_0^{\frac{\pi}{4}}\dfrac{1}{1+\tan x}dx$의 값은?

① 0 ② $\dfrac{1}{2}\left(\dfrac{\pi}{4}+\ln\dfrac{\sqrt{2}}{2}\right)$

③ $\dfrac{1}{2}\left(\dfrac{\pi}{4}+\ln\sqrt{2}\right)$ ④ $\dfrac{1}{2}\left(\dfrac{\pi}{2}+\ln\dfrac{\sqrt{2}}{4}\right)$

⑤ $\dfrac{1}{2}\left(\dfrac{\pi}{2}+\ln\dfrac{\sqrt{2}}{2}\right)$

12

$\displaystyle\int_0^{\frac{\pi}{2}}\dfrac{2\sin x}{\sin x+\cos x}dx$의 값은?

① $\dfrac{\pi}{6}$ ② $\dfrac{\pi}{4}$ ③ $\dfrac{\pi}{3}$

④ $\dfrac{\pi}{2}$ ⑤ π

13 신유형

$f(x)$는 $x>0$에서 정의된 연속함수이고,

$$2f(x)+\frac{1}{x^2}f\left(\frac{1}{x}\right)=\frac{1}{x}+\frac{1}{x^2}$$

일 때, $\int_{\frac{1}{2}}^{2} f(x)dx$의 값은?

① $\dfrac{\ln 2}{3}+\dfrac{1}{2}$　　② $\dfrac{2\ln 2}{3}+\dfrac{1}{2}$　　③ $\dfrac{\ln 2}{3}+1$

④ $\dfrac{2\ln 2}{3}+1$　　⑤ $\dfrac{2\ln 2}{3}+\dfrac{3}{2}$

14

$f(x)$는 정의역이 $\{x\,|\,x>-1\}$인 함수이고, $f'(x)=\dfrac{1}{(1+x^3)^2}$이다. 함수 $g(x)=x^2$일 때,

$$\int_{0}^{1} f(x)g'(x)dx=\frac{1}{6}$$

이다. $f(1)$의 값은?

① $\dfrac{1}{6}$　　② $\dfrac{2}{9}$　　③ $\dfrac{5}{18}$

④ $\dfrac{1}{3}$　　⑤ $\dfrac{7}{18}$

15

함수 $f(x)=\ln\left(\sin x+\sqrt{1+\sin^2 x}\right)+1$에 대하여 $f(x)+f(2\pi-x)=a$이고 $\int_{0}^{2\pi} f(x)dx=b$일 때, $a+b$의 값은?

① 0　　② $2\pi+1$　　③ $2\pi+2$

④ 3π　　⑤ 4π

16

연속함수 $f(x)$가 다음 조건을 만족시킨다.

> (가) 모든 실수 x에 대하여 $f(x+1)-f(x)=e-1$
> (나) $0\le x<1$에서 $f(x)=e^x$

$\int_{0}^{3} f(x)dx$의 값은?

① $3e+2$　　② $4e+3$　　③ $3e+6$

④ $6e-6$　　⑤ $6e-3$

17

함수 $f(x)$는 $-1\le x<1$일 때 $f(x)=\dfrac{(x^2-1)^2}{x^4+1}$이고, 모든 실수 x에 대하여 $f(x+2)=f(x)$이다. **보기**에서 옳은 것만을 있는 대로 고른 것은?

> ● 보기 ●
>
> ㄱ. $\displaystyle\int_{-2}^{2} f(x)dx=4\int_{0}^{1} f(x)dx$
> ㄴ. $1<x<2$일 때, $f'(x)>0$이다.
> ㄷ. $\displaystyle\int_{1}^{3} x\,|f'(x)|\,dx=4$

① ㄱ　　② ㄷ　　③ ㄱ, ㄴ

④ ㄴ, ㄷ　　⑤ ㄱ, ㄴ, ㄷ

18

함수 $f(x)=\displaystyle\int_{0}^{2x} |t-x|\,e^t\,dt$일 때, $f(1)$의 값은?

① $-2e$　　② $-e+2$　　③ $-2e+2$

④ $e-2$　　⑤ $2e-2$

19

함수 $f(x)$는 실수 전체의 집합에서 연속이고,

$$f'(x) = \begin{cases} x^2+1 & (x>0) \\ -\sqrt{-x} & (x\leq 0) \end{cases}$$

이다. 함수 $f(x)-tx$가 극소일 때 x의 값을 $g(t)$라 하자. $\displaystyle\int_0^5 g(t)\,dt$의 값을 구하시오.

20

함수 $f(x)=\sin x \left(-\dfrac{\pi}{2}\leq x\leq \dfrac{\pi}{2}\right)$의 역함수를 $g(x)$라 할 때, $\displaystyle\int_{\frac{1}{2}}^1 \dfrac{1}{g'(x)}\,dx$의 값은?

① $-\dfrac{\pi}{6}-\dfrac{\sqrt{3}}{4}$ ② $-\dfrac{\pi}{6}-\dfrac{\sqrt{3}}{8}$ ③ $\dfrac{\pi}{6}-\dfrac{\sqrt{3}}{2}$

④ $\dfrac{\pi}{6}-\dfrac{\sqrt{3}}{4}$ ⑤ $\dfrac{\pi}{6}-\dfrac{\sqrt{3}}{8}$

21

$\displaystyle\lim_{x\to 2}\dfrac{1}{x-2}\int_2^{3x-4}\sqrt{2t+5}\,\sin\dfrac{\pi}{12}t\,dt$의 값은?

① $\dfrac{5}{2}$ ② $\dfrac{7}{2}$ ③ $\dfrac{9}{2}$

④ $\dfrac{11}{2}$ ⑤ $\dfrac{13}{2}$

22

함수 $f(x)=\displaystyle\int_0^{x-1}(t-x)e^t\,dt$의 최댓값은?

① $1-4\ln 2$ ② $1-3\ln 2$ ③ $1-2\ln 2$

④ $1-\ln 2$ ⑤ 1

23

함수 $f(x)=\displaystyle\int_0^x \dfrac{1}{1+t^6}\,dt$이고 $f(a)=\dfrac{1}{2}$일 때, $\displaystyle\int_0^a \dfrac{e^{f(x)}}{1+x^6}\,dx$의 값은?

① $\dfrac{\sqrt{e}-1}{2}$ ② $\sqrt{e}-1$ ③ 1

④ $\dfrac{\sqrt{e}+1}{2}$ ⑤ $\sqrt{e}+1$

24

$f(x)$는 연속함수이고, $y=f(x)$의 그래프는 원점에 대칭이다. $f(1)=1$이고, 모든 실수 x에 대하여

$$f(x)=\dfrac{\pi}{2}\int_1^{x+1}f(t)\,dt$$

일 때, $\pi^2\displaystyle\int_0^1 xf(x+1)\,dx$의 값은?

① $2(\pi-2)$ ② $2\pi-3$ ③ $2(\pi-1)$

④ $2\pi-1$ ⑤ 2π

25

함수 $f(x)$가 구간 $\left[0, \dfrac{\pi}{2}\right]$에서 연속이고, 다음 조건을 만족시킬 때, $f\left(\dfrac{\pi}{4}\right)$의 값은?

> (가) $\displaystyle\int_0^{\frac{\pi}{2}} f(t)\,dt = 1$
>
> (나) $\cos x \displaystyle\int_0^x f(t)\,dt = \sin x \displaystyle\int_x^{\frac{\pi}{2}} f(t)\,dt$ $\left(\text{단, } 0 \le x \le \dfrac{\pi}{2}\right)$

① $\dfrac{1}{5}$ ② $\dfrac{1}{4}$ ③ $\dfrac{1}{3}$

④ $\dfrac{1}{2}$ ⑤ 1

26

$f(x)$는 연속함수이고,
$$f(x) = \sqrt{x^2+1} + \int_0^{\sqrt{3}} 2t f(t)\,dt$$
이다. $\displaystyle\int_0^{\sqrt{3}} x f(x)\,dx$의 값을 구하시오.

27

$f(x)$는 $x \ge 0$에서 연속인 함수이고, $\displaystyle\int_0^2 f(x)\,dx = 2$이다. 또 a는 양수이고 $x \ge 0$인 모든 실수 x에 대하여
$$\int_a^x f(t)\,dt = \frac{x^2 - 2x + b}{x+1}$$
일 때, $a^2 + b^2$의 값은?

① 2 ② 5 ③ 8

④ 13 ⑤ 18

28

$f(x)$, $g(x)$는 연속함수이고
$$f(x) = \sin \pi x + \int_0^1 g(t)\,dt,$$
$$g(x) = \cos \pi x + \int_1^4 f(t)\,dt$$
이다. $\displaystyle\lim_{x \to 1} \frac{1}{x-1} \int_1^x f(t) g(t)\,dt = \frac{p + q\pi}{\pi^2}$일 때, $p - q$의 값은? (단, p, q는 유리수이다.)

① -2 ② -1 ③ 1

④ 2 ⑤ 3

29

$f(x)$는 연속함수이고
$$\int_0^x t f(x-t)\,dt = -2\sin 4x + \frac{a}{2} x$$
일 때, a의 값은?

① 8 ② 12 ③ 16

④ 20 ⑤ 24

30 번뜩 아이디어

함수 $f(x) = \dfrac{5}{2} - \dfrac{10x}{x^2+4}$와 $g(x) = \dfrac{4 - |x-4|}{2}$의 그래프가 그림과 같다.

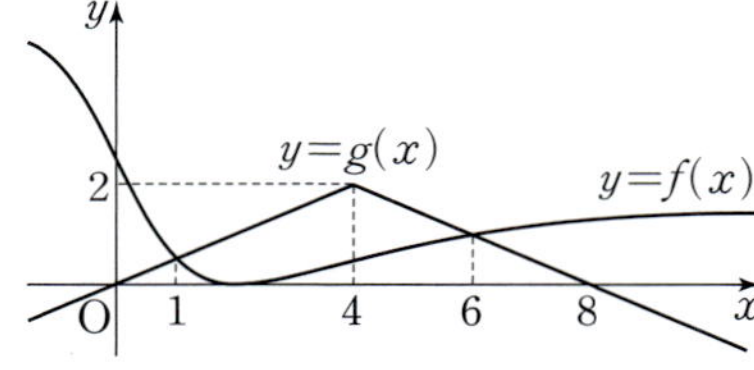

$0 \le a \le 8$일 때, $\displaystyle\int_0^a f(x)\,dx + \int_a^8 g(x)\,dx$의 최솟값은?

① $14 - 5\ln 5$ ② $15 - 5\ln 10$ ③ $15 - 5\ln 5$

④ $16 - 5\ln 10$ ⑤ $16 - 5\ln 5$

01 신유형

$f(x)$는 실수 전체의 집합에서 미분가능한 함수이고 다음 조건을 만족시킬 때, $f(-1)$의 값은?

> (가) 모든 실수 x에 대하여
> $$2\{f(x)\}^2 f'(x) = \{f(2x+1)\}^2 f'(2x+1)$$
> (나) $f\left(-\dfrac{1}{8}\right) = 1$, $f(6) = 2$

① $\dfrac{\sqrt[3]{3}}{6}$ ② $\dfrac{\sqrt[3]{3}}{3}$ ③ $\dfrac{\sqrt[3]{3}}{2}$

④ $\dfrac{2\sqrt[3]{3}}{3}$ ⑤ $\dfrac{5\sqrt[3]{3}}{6}$

02 신유형

l, m, n은 0이 아닌 정수이고, $|l|+|m|+|n| \leq 10$이다. 또 함수 $f(x)$는 $0 \leq x \leq \dfrac{3}{2}\pi$에서 연속이고, $f(0)=0$, $f\left(\dfrac{3}{2}\pi\right)=1$이다.

$$f'(x) = \begin{cases} l\cos x & \left(0 < x < \dfrac{\pi}{2}\right) \\ m\cos x & \left(\dfrac{\pi}{2} < x < \pi\right) \\ n\cos x & \left(\pi < x < \dfrac{3}{2}\pi\right) \end{cases}$$

일 때, $\displaystyle\int_0^{\frac{3}{2}\pi} f(x)dx$의 값이 최대가 되도록 하는 l, m, n에 대하여 $l+2m+3n$의 값은?

① 12   ② 13   ③ 14

④ 15   ⑤ 16

03

함수 $f(x) = e^{-x}\displaystyle\int_0^x \sin t^2\,dt$에 대하여 **보기**에서 옳은 것만을 있는 대로 고른 것은?

> **보기**
> ㄱ. $f(\sqrt{\pi}) > 0$
> ㄴ. $f'(a) > 0$을 만족시키는 a가 구간 $(0, \sqrt{\pi})$에 적어도 하나 존재한다.
> ㄷ. $f'(b) = 0$을 만족시키는 b가 구간 $(a, \sqrt{\pi})$에 적어도 하나 존재한다.

① ㄱ   ② ㄷ   ③ ㄱ, ㄴ

④ ㄴ, ㄷ   ⑤ ㄱ, ㄴ, ㄷ

04

$f(x)$는 구간 $(0, \infty)$에서 감소하고 연속인 함수이고, 다음 조건을 만족시킬 때, $\displaystyle\int_{\frac{7}{2}}^{\frac{11}{2}} \dfrac{f(x)}{x}dx$의 값을 구하시오.

> (가) 모든 양수 x에 대하여 $f(x) > 0$이다.
> (나) 모든 양수 t에 대하여 세 점
> $$(0, 0), \ (t, f(t)), \ (t+1, f(t+1))$$
> 을 꼭짓점으로 하는 삼각형의 넓이가 $\dfrac{t+1}{t}$이다.
> (다) $\displaystyle\int_1^2 \dfrac{f(x)}{x}dx = 2$

05

$f(x)$와 $g(x)$는 연속함수이고

$$g(e^x) = \begin{cases} f(x) & (0 \le x < 1) \\ g(e^{x-1}) + 5 & (1 \le x \le 2) \end{cases}$$

이다. $\displaystyle\int_1^{e^2} g(x)dx = 6e^2 + 4$일 때, $\displaystyle\int_1^e f(\ln x)dx$의 값을 구하시오.

06

$f(x)$와 $g(x)$는 $x > 0$에서 미분가능한 함수이고, 다음 조건을 만족시킨다.

> (가) $\left\{ \dfrac{f(x)}{x} \right\}' = x^2 e^{-x^2}$
>
> (나) $g(x) = \dfrac{4}{e^4} \displaystyle\int_1^x e^{t^2} f(t)dt$

$f(1) = \dfrac{1}{e}$일 때, $f(2) - g(2)$의 값은?

① $\dfrac{16}{3e^4}$ ② $\dfrac{6}{e^4}$ ③ $\dfrac{20}{3e^4}$

④ $\dfrac{22}{3e^4}$ ⑤ $\dfrac{8}{e^4}$

07

$f(x)$는 구간 $[0, 1]$에서 증가하는 연속함수이고,

$$\int_0^1 f(x)dx = 2, \quad \int_0^1 |f(x)|dx = 2\sqrt{2}$$

이다. 함수 $F(x)$에 대하여

$$F(x) = \int_0^x |f(t)|dt \ (0 \le x \le 1)$$

일 때, $\displaystyle\int_0^1 f(x)F(x)dx$의 값은?

① $4 - \sqrt{2}$ ② $2 + \sqrt{2}$ ③ $5 - \sqrt{2}$

④ $1 + 2\sqrt{2}$ ⑤ $2 + 2\sqrt{2}$

08

수열 $\{a_n\}$은

$$a_1 = -1, \quad a_n = 2 - \frac{1}{2^{n-2}} \ (n \ge 2)$$

이고, 함수 $f(x)$는 $a_n \le x \le a_{n+1}$에서

$$f(x) = \sin(2^n \pi x)$$

이다. $-1 < \alpha < 0$인 실수 α에 대하여 $\displaystyle\int_\alpha^t f(x)dx = 0$을 만족시키는 $t \ (0 < t < 2)$의 개수가 103일 때, $\log_2(1 - \cos(2\pi\alpha))$의 값은?

① -48 ② -50 ③ -52

④ -54 ⑤ -56

08. 정적분의 활용

1 급수와 정적분

정적분으로 고칠 때에는 $k=0$과 $k=n$을 대입하여 a, b부터 찾는다.

(1) 함수 $f(x)$가 구간 $[a, b]$에서 연속일 때, 그림에서

$$\Delta x=\frac{b-a}{n}, \ x_k=a+k\Delta x$$라 하고 직사각형 넓이 합의 극한을 생각하면

$$\lim_{n\to\infty}\sum_{k=1}^{n}f(x_k)\Delta x=\int_a^b f(x)dx$$

(2) $\displaystyle\lim_{n\to\infty}\sum_{k=0}^{n-1}f(x_k)\Delta x=\int_a^b f(x)dx$도 성립한다.

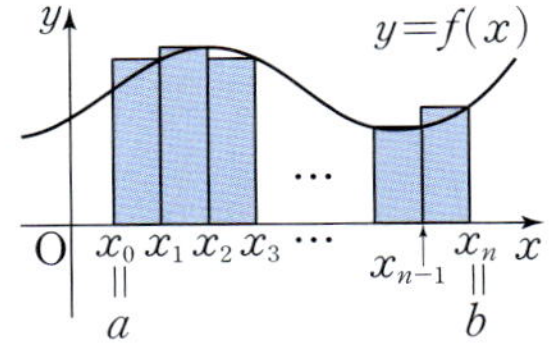

2 곡선과 x축으로 둘러싸인 부분의 넓이

(1) $f(x)$가 연속일 때, 곡선 $y=f(x)$와 x축 및 두 직선 $x=a$, $x=b$로 둘러싸인 부분의 넓이는 $\displaystyle\int_a^b |f(x)|dx$

(2) 곡선 $y=f(x)$와 x축으로 둘러싸인 부분의 넓이를 구할 때에는 $f(x)\geq0$, $f(x)\leq0$인 구간을 구한 다음 $f(x)\geq0$인 구간에서는 $f(x)$의 정적분을, $f(x)\leq0$인 구간에서는 $-f(x)$의 정적분을 계산한다.

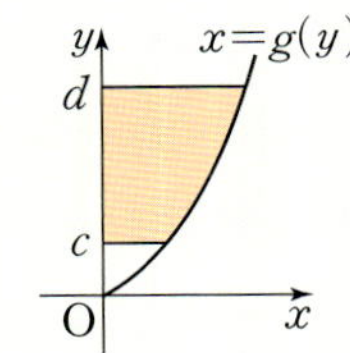

색칠한 부분의 넓이는 $x=g(y)$ 꼴로 나타내고 $\displaystyle\int_c^d |g(y)|dy$를 계산해도 된다.

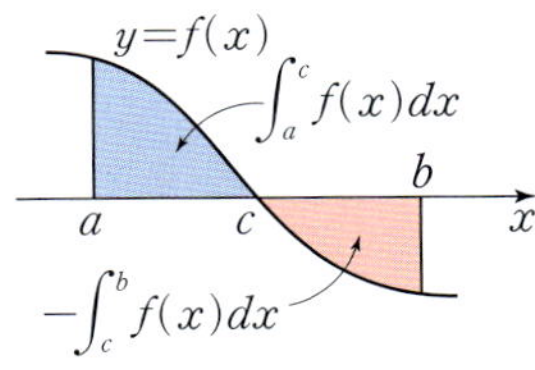

3 두 곡선으로 둘러싸인 부분의 넓이

두 곡선 $y=f(x)$, $y=g(x)$와 두 직선 $x=a$, $x=b$ $(a<b)$로 둘러싸인 부분의 넓이는

$$\int_a^b |f(x)-g(x)|dx$$

이때에도 $f(x)\geq g(x)$, $f(x)\leq g(x)$인 구간을 찾고 정적분을 계산한다.

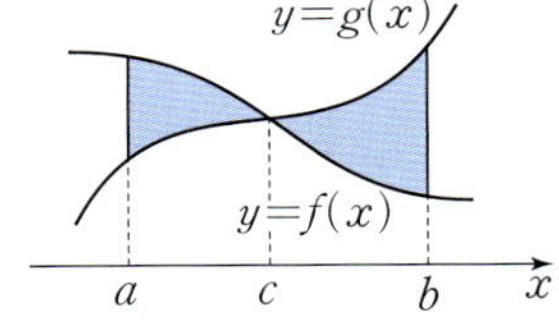

4 입체도형의 부피

부피를 구할 때에는 x축을 잡고 $x=t$인 점에서 x축에 수직인 평면과 입체가 만나는 단면의 넓이 $S(t)$부터 구한다.

구간 $[a, b]$의 점 x에서 x축에 수직인 평면으로 자른 단면의 넓이가 $S(x)$인 입체도형의 부피 V는

$$V=\int_a^b S(x)dx \ (단, S(x)가 연속함수이다.)$$

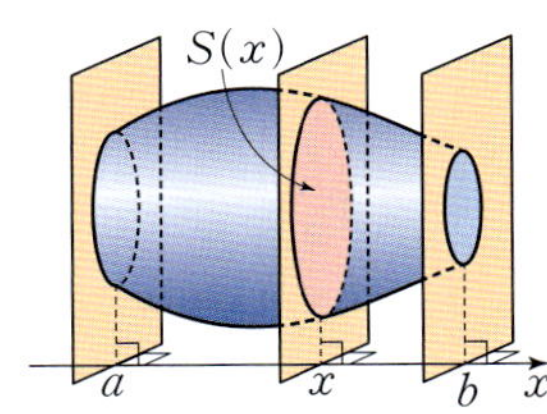

5 수직선 위에서 점의 위치와 움직인 거리

(1) 속도가 $v(t)$이고 $t=0$에서 위치가 x_0이면 시각 t에서 위치 $x(t)$는

$$x(t)=x_0+\int_0^t v(t)dt$$

위치의 변화량 ⇨ 정적분
움직인 거리 ⇨ 넓이

(2) $t=a$에서 $t=b$까지 P의 위치의 변화량은 $\displaystyle\int_a^b v(t)dt$

P가 움직인 거리는 $\displaystyle\int_a^b |v(t)|dt$

6 좌표평면 위에서 점이 움직인 거리, 곡선의 길이

(1) 시각 t에서 점 P의 위치 (x, y)가 $(f(t), g(t))$일 때 시각 $t=a$에서 $t=b$까지 P가 움직인 거리 s는

$$s=\int_a^b \sqrt{\{f'(t)\}^2+\{g'(t)\}^2}\,dt$$

곡선의 길이는 점 $P(t, f(t))$가 움직인 거리라 생각해도 된다.

(2) $x=a$에서 $x=b$까지 곡선 $y=f(x)$의 길이 l은

$$l=\int_a^b \sqrt{1+\{f'(x)\}^2}\,dx$$

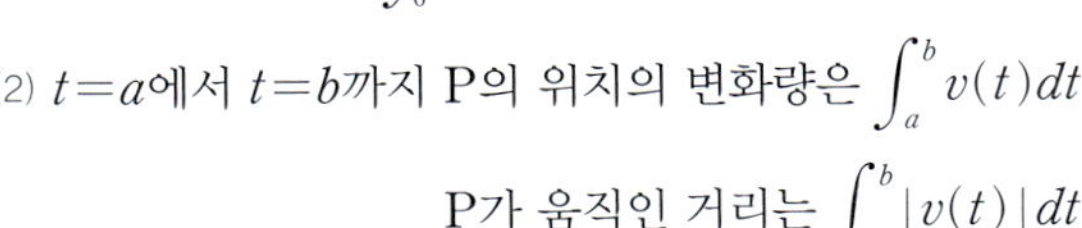

→ 정답 및 풀이 96쪽

code 1 x축으로 둘러싸인 부분의 넓이

01

곡선 $y=e^x+1$과 x축 및 두 직선 $x=-1$, $x=1$로 둘러싸인 부분의 넓이는?

① $e-\dfrac{1}{e}$　　　② $e-\dfrac{1}{e}+2$　　　③ $e+\dfrac{1}{e}$

④ $e+\dfrac{1}{e}-2$　　　⑤ $e+\dfrac{1}{e}+2$

02

곡선 $y=\dfrac{1-x}{x+a}$와 x축 및 y축으로 둘러싸인 부분의 넓이가 $2\ln 2-1$일 때, 양수 a의 값을 구하시오.

03

함수 $y=\dfrac{\ln x}{x}$의 그래프와 x축 및 두 직선 $x=\dfrac{1}{e}$, $x=e$로 둘러싸인 부분의 넓이는?

① $\dfrac{1}{e}$　　　② $\dfrac{1}{2}$　　　③ 1

④ 2　　　⑤ e

04

곡선 $y=\tan\dfrac{x}{2}$와 x축 및 직선 $x=\dfrac{\pi}{2}$로 둘러싸인 부분의 넓이는?

① $\dfrac{1}{4}\ln 2$　　　② $\dfrac{1}{2}\ln 2$　　　③ $\ln 2$

④ $2\ln 2$　　　⑤ $4\ln 2$

05

구간 $[0, \pi]$에서 함수 $y=\sin x\cos x$의 그래프와 x축으로 둘러싸인 부분의 넓이는?

① 1　　　② 2　　　③ 3

④ 4　　　⑤ 5

06

곡선 $y=|\sin 2x|+1$과 x축 및 두 직선 $x=\dfrac{\pi}{4}$, $x=\dfrac{5}{4}\pi$로 둘러싸인 부분의 넓이는?

① $\pi+1$　　　② $\pi+\dfrac{3}{2}$　　　③ $\pi+2$

④ $\pi+\dfrac{5}{2}$　　　⑤ $\pi+3$

code 2 두 곡선으로 둘러싸인 부분의 넓이

07

두 곡선 $y=\dfrac{1}{x}$, $y=-\dfrac{2}{x}$와 두 직선 $x=\dfrac{1}{e}$, $x=e$로 둘러싸인 부분의 넓이는?

① $\dfrac{9}{2}$　　　② 5　　　③ $\dfrac{11}{2}$

④ 6　　　⑤ $\dfrac{13}{2}$

08

두 곡선 $y=x^2$, $y=\sqrt{x}$로 둘러싸인 부분의 넓이는?

① $\dfrac{1}{4}$　　　② $\dfrac{1}{3}$　　　③ $\dfrac{1}{2}$

④ $\dfrac{2}{3}$　　　⑤ $\dfrac{3}{4}$

09

두 곡선 $y=(1+e)e^x-e$, $y=e^{2x}$으로 둘러싸인 부분의 넓이는?

① $-\dfrac{1}{2}e^2-e-\dfrac{1}{2}$ ② $-\dfrac{1}{2}e^2+e+\dfrac{1}{2}$

③ $\dfrac{1}{2}e^2-e-\dfrac{1}{2}$ ④ $\dfrac{1}{2}e^2-e+\dfrac{1}{2}$

⑤ $\dfrac{1}{2}e^2+e-\dfrac{1}{2}$

10

구간 $[0,\ \pi]$에서 두 곡선 $y=\sin x$, $y=\sin 2x$로 둘러싸인 부분의 넓이를 구하시오.

11

두 곡선 $y=\ln(x+1)$, $y=\ln 2x$와 x축으로 둘러싸인 부분의 넓이는?

① $\ln 2-\dfrac{1}{2}$ ② $2\ln 2-1$ ③ $2\ln 2-\dfrac{1}{2}$

④ $3\ln 2-1$ ⑤ $3\ln 2-\dfrac{1}{2}$

code 3 곡선과 직선으로 둘러싸인 부분의 넓이

12

곡선 $y=3\sqrt{x-9}$와 이 곡선 위의 점 $(18,\ 9)$에서의 접선 및 x축으로 둘러싸인 부분의 넓이를 구하시오.

13

곡선 $y=\ln x$와 원점에서 이 곡선에 그은 접선 및 x축으로 둘러싸인 부분의 넓이는?

① $\dfrac{e}{2}-1$ ② $\dfrac{e}{2}$ ③ $\dfrac{e}{2}+1$

④ $\dfrac{3}{2}e+1$ ⑤ $2e$

14

$x>0$에서 곡선 $y=\dfrac{1}{x}$과 두 직선 $y=5x$, $y=\dfrac{1}{5}x$로 둘러싸인 부분의 넓이를 구하시오.

code 4 넓이를 이등분하거나 넓이가 같은 문제

15

함수 $y=e^x$의 그래프와 x축, y축 및 직선 $x=1$로 둘러싸인 부분의 넓이를 직선 $y=ax\ (0<a<e)$가 이등분할 때, a의 값은?

① $e-\dfrac{1}{3}$ ② $e-\dfrac{1}{2}$ ③ $e-1$

④ $e-\dfrac{4}{3}$ ⑤ $e-\dfrac{3}{2}$

16

곡선 $y=\sqrt{x}$와 x축 및 직선 $x=9$로 둘러싸인 부분의 넓이를 곡선 $y=\sqrt{ax}$, $y=\sqrt{bx}$가 삼등분할 때, $a+b$의 값은? (단, $0<a<b<1$)

① $\dfrac{2}{9}$ ② $\dfrac{1}{3}$ ③ $\dfrac{4}{9}$

④ $\dfrac{5}{9}$ ⑤ $\dfrac{2}{3}$

17

구간 $\left[0, \dfrac{\pi}{2}\right]$에서 두 곡선

$y=\sin 2x$, $y=\cos x$로 둘러싸인 부분의 넓이를 A라 하고, 두 곡선 $y=\sin 2x$, $y=\cos x$와 x축으로 둘러싸인 부분의 넓이를 B라 할 때, $\dfrac{A}{B}$의 값을 구하시오.

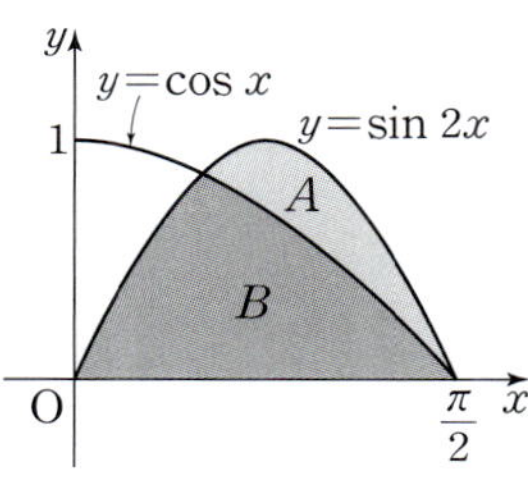

18

곡선 $y=e^{2x}$과 y축 및 직선 $y=-2x+a$로 둘러싸인 부분을 A, 곡선 $y=e^{2x}$과 두 직선 $y=-2x+a$ $(1<a<e^2)$, $x=1$로 둘러싸인 부분을 B라 하자. A와 B의 넓이가 같을 때, a의 값은?

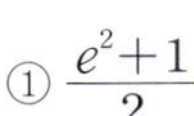

① $\dfrac{e^2+1}{2}$ ② $\dfrac{2e^2+1}{4}$

③ $\dfrac{e^2}{2}$ ④ $\dfrac{2e^2-1}{4}$

⑤ $\dfrac{e^2-1}{2}$

19

구간 $\left[0, \dfrac{\pi}{2}\right]$에서 곡선

$y=\sin 2x$와 두 직선

$y=ax$ $(0<a<1)$, $x=\dfrac{\pi}{2}$로 둘러싸인 두 부분 A, B의 넓이가 같을 때, a의 값은?

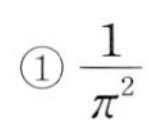
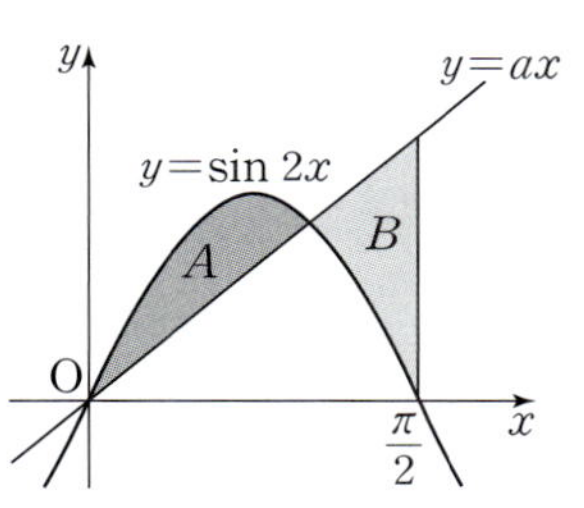

① $\dfrac{1}{\pi^2}$ ② $\dfrac{2}{\pi^2}$ ③ $\dfrac{3}{\pi^2}$

④ $\dfrac{4}{\pi^2}$ ⑤ $\dfrac{8}{\pi^2}$

20

구간 $[0, 2\pi]$에서 곡선

$y=\sin\dfrac{x}{2}$와 y축 및 두 직선

$x=2\pi$, $y=k$ $(0<k<1)$로 둘러싸인 세 부분의 넓이를 각각 S_1, S_2, S_3이라 하자. $S_1+S_3=S_2$일 때, k의 값은?

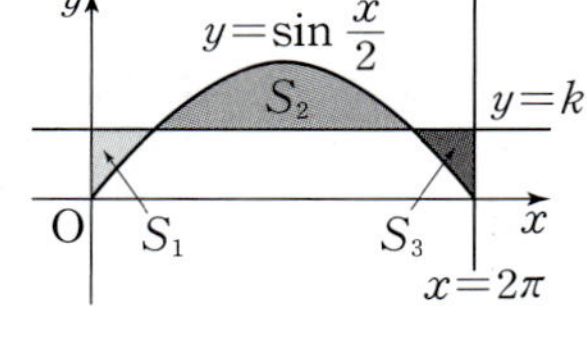

① $\dfrac{3}{2\pi}$ ② $\dfrac{7}{4\pi}$ ③ $\dfrac{2}{\pi}$

④ $\dfrac{9}{4\pi}$ ⑤ $\dfrac{5}{2\pi}$

 역함수의 그래프로 둘러싸인 부분의 넓이

21

함수 $f(x)=e^x-1$의 역함수를 $g(x)$라 할 때,

$\displaystyle\int_0^1 f(x)\,dx+\int_0^{e-1} g(x)\,dx$의 값은?

① $e-1$ ② e ③ $2e-1$

④ $3e-1$ ⑤ $3e$

22

좌표평면에 점 O$(0, 0)$, A$(8, 0)$, B$(8, 8)$, C$(0, 8)$이 있다. 정사각형 OABC의 내부를 두 곡선 $y=2^x$, $y=\log_2 x$를 이용하여 세 부분으로 나눌 때, 색칠한 부분의 넓이는?

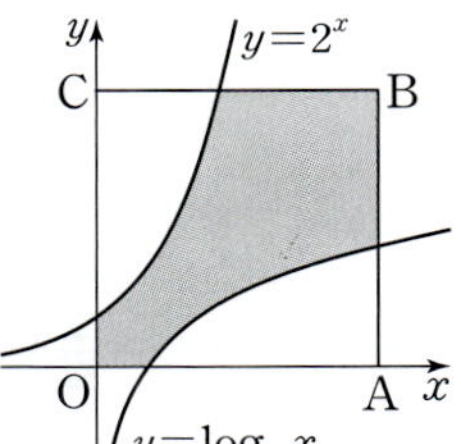

① $14+\dfrac{12}{\ln 2}$ ② $16+\dfrac{14}{\ln 2}$

③ $18+\dfrac{16}{\ln 2}$ ④ $20+\dfrac{18}{\ln 2}$

⑤ $22+\dfrac{20}{\ln 2}$

23

함수 $f(x)=\sqrt{4x-3}$의 역함수를 $g(x)$라 할 때, 두 곡선 $y=f(x)$, $y=g(x)$로 둘러싸인 부분의 넓이는?

① $\dfrac{1}{4}$　　　② $\dfrac{1}{3}$　　　③ $\dfrac{1}{2}$

④ $\dfrac{2}{3}$　　　⑤ $\dfrac{4}{3}$

24

구간 $[0,\ 1]$에서 정의된 함수 $f(x)=\tan\dfrac{\pi}{4}x$의 역함수를 $g(x)$라 하자. 두 곡선 $y=f(x)$, $y=g(x)$로 둘러싸인 부분의 넓이는?

① $1-\dfrac{1}{\pi}\ln 2$　　　② $1-\dfrac{2}{\pi}\ln 2$　　　③ $1-\dfrac{3}{\pi}\ln 2$

④ $1-\dfrac{4}{\pi}\ln 2$　　　⑤ $1-\dfrac{5}{\pi}\ln 2$

25

구간 $\left[-\dfrac{\pi}{2},\ \dfrac{\pi}{2}\right]$에서 정의된 함수 $f(x)=\sin x$의 역함수를 $g(x)$라 하자. 곡선 $y=g(x)$와 x축 및 두 직선 $x=-1$, $x=1$로 둘러싸인 부분의 넓이가 $a\pi+b$일 때, $a-b$의 값은? (단, a, b는 유리수이다.)

① 1　　　② 2　　　③ 3

④ 4　　　⑤ 5

---

code 6　정적분과 급수의 합

26

$\displaystyle\lim_{n\to\infty}\dfrac{1}{n}\left(\cos\dfrac{2\pi}{n}+\cos\dfrac{4\pi}{n}+\cos\dfrac{6\pi}{n}+\cdots+\cos\dfrac{2n\pi}{n}\right)$의 값은?

① 0　　　② 1　　　③ 2

④ 3　　　⑤ 4

27

$\displaystyle\lim_{n\to\infty}\dfrac{\pi}{n^2}\left(\sin\dfrac{\pi}{n}+2\sin\dfrac{2\pi}{n}+3\sin\dfrac{3\pi}{n}+\cdots+n\sin\dfrac{n\pi}{n}\right)$의 값은?

① 1　　　② 2　　　③ 3

④ π　　　⑤ 2π

28

$\displaystyle\lim_{n\to\infty}\sum_{k=1}^{n}\dfrac{\ln(n+2k)-\ln n}{n}$의 값은?

① $6\ln 3$　　　② $3\ln 3$　　　③ $3\ln 3-2$

④ $\dfrac{3}{2}\ln 3-1$　　　⑤ $\dfrac{3}{2}\ln 3-2$

29

중심이 O, 반지름의 길이가 1, 중심각의 크기가 $\dfrac{\pi}{2}$인 부채꼴 OAB가 있다. 자연수 n에 대하여 호 AB를 $2n$등분한 각 점(양 끝 점도 포함)을 차례로 $P_0(=A)$, P_1, P_2, $\cdots$, P_{2n-1}, $P_{2n}(=B)$라 하자. $S_k\ (1\le k\le n)$를 삼각형 $OP_{n-k}P_{n+k}$의 넓이라 할 때, $\displaystyle\lim_{n\to\infty}\dfrac{1}{n}\sum_{k=1}^{n}S_k$의 값은?

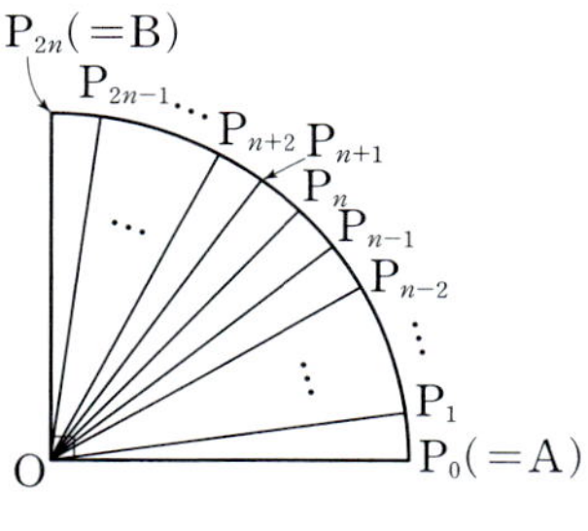

① $\dfrac{1}{\pi}$　　　② $\dfrac{13}{12\pi}$　　　③ $\dfrac{7}{6\pi}$

④ $\dfrac{5}{4\pi}$　　　⑤ $\dfrac{4}{3\pi}$

code 7 **입체도형의 부피**

30

곡선 $y=\sqrt{x}+1$과 x축, y축 및 직선 $x=1$로 둘러싸인 도형을 밑면으로 하는 입체도형이 있다. 이 입체도형을 x축에 수직인 평면으로 자른 단면이 모두 정사각형일 때, 이 입체도형의 부피는?

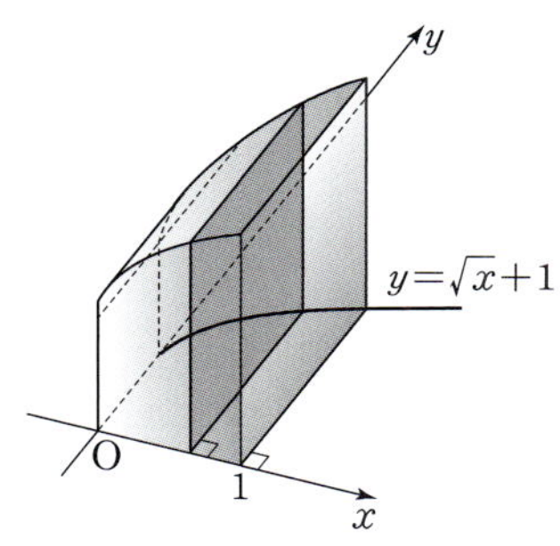

① $\dfrac{7}{3}$ ② $\dfrac{5}{2}$ ③ $\dfrac{8}{3}$

④ $\dfrac{17}{6}$ ⑤ 3

31

곡선 $y=\sqrt{x+\dfrac{\pi}{4}\sin\dfrac{\pi}{2}x}$ 와 x축 및 두 직선 $x=1$, $x=4$로 둘러싸인 도형을 밑면으로 하는 입체도형이 있다. 이 입체도형을 x축에 수직인 평면으로 자른 단면이 모두 정사각형일 때, 이 입체도형의 부피는?

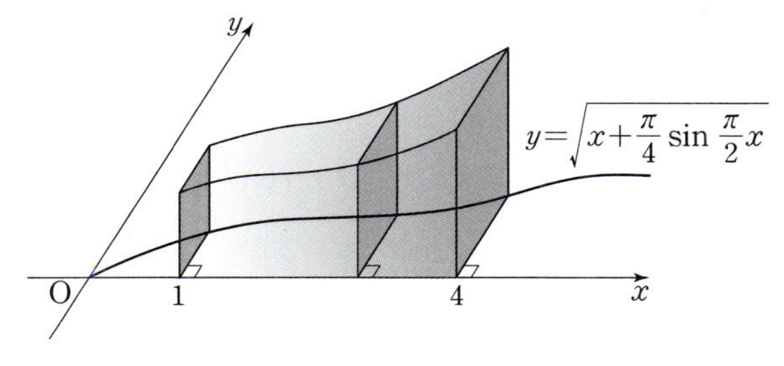

① 4 ② 5 ③ 6

④ 7 ⑤ 8

code 8 **곡선의 길이, 움직인 거리**

32

$0\le t\le 2$에서 곡선 $x=\dfrac{4}{3}t\sqrt{t}$, $y=\dfrac{1}{2}(t-1)^2$의 길이는?

① 1 ② 2 ③ 3

④ 4 ⑤ 5

33

점 P는 좌표평면 위를 움직이고, 시각 t에서 위치 (x, y)가
$$x=4\sqrt{2}e^t\cos t, \quad y=4\sqrt{2}e^t\sin t$$
이다. $t=0$에서 $t=\ln 5$까지 P가 움직인 거리를 구하시오.

34

$0\le x\le 1$에서 곡선 $y=\dfrac{2}{3}(x^2+1)^{\frac{3}{2}}$의 길이를 $\dfrac{q}{p}$라 할 때, $p+q$의 값은? (단, p와 q는 서로소인 자연수이다.)

① 2 ② 4 ③ 6

④ 8 ⑤ 10

35

$0\le x\le \ln 2$에서 곡선 $y=\dfrac{1}{8}e^{2x}+\dfrac{1}{2}e^{-2x}$의 길이는?

① $\dfrac{1}{2}$ ② $\dfrac{9}{16}$ ③ $\dfrac{5}{8}$

④ $\dfrac{11}{16}$ ⑤ $\dfrac{3}{4}$

01

$0 \le x \le 2\pi$에서 곡선
$y = 1 - 2 \sin\left(x + \dfrac{\pi}{6}\right)$와
x축으로 둘러싸인 부분의 넓이는?

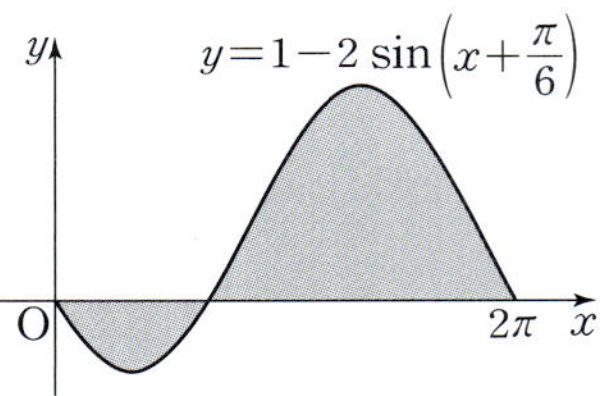

① $\dfrac{\pi}{3} + 3\sqrt{2}$ ② $\dfrac{\pi}{3} + 4\sqrt{3}$ ③ $\dfrac{2}{3}\pi + 3\sqrt{2}$

④ $\dfrac{2}{3}\pi + 4\sqrt{3}$ ⑤ $\pi + 3\sqrt{2}$

02

곡선 $y = e^{-x} \sin x \ (x \ge 0)$와 x축으로 둘러싸인 부분 중 x축 위쪽에 있는 부분의 넓이의 합을 구하시오.

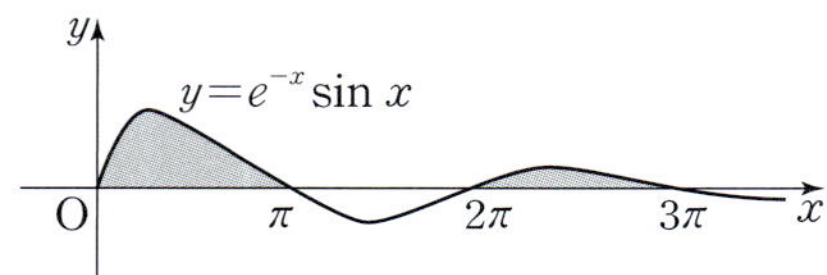

03

곡선 $y = \dfrac{xe^{x^2}}{e^{x^2}+1}$과 직선 $y = \dfrac{2}{3}x$로 둘러싸인 두 부분의 넓이의 합은?

① $\dfrac{5}{3}\ln 2 - \ln 3$ ② $2\ln 3 - \dfrac{5}{3}\ln 2$

③ $\dfrac{5}{3}\ln 2 + \ln 3$ ④ $2\ln 3 + \dfrac{5}{3}\ln 2$

⑤ $\dfrac{7}{3}\ln 2 - \ln 3$

04

함수 $f(x) = \sin 2x + 2\cos 2x$일 때, $0 \le x \le \pi$에서 $y = f(x)$의 그래프와 $y = f'(x)$의 그래프로 둘러싸인 부분의 넓이는?

① $2(3 - \pi)$ ② 6 ③ $2(3 + \pi)$

④ $2(5 - \pi)$ ⑤ 10

05

곡선 $y = \ln x$ 위에 두 점 A, B가 있다. $A(1, 0)$이고, $\overline{AB}$가 지름인 원이 x축과 만나는 점 중 A가 아닌 점을 C라 하자. $\overline{AC} = 2$일 때, 곡선 $y = \ln x$와 직선 AB로 둘러싸인 부분의 넓이를 구하시오. (단, B의 x좌표는 1보다 크다.)

06

$x > 0$에서 곡선 $y = x \cos x$와 직선 $y = x$가 만나는 점을 차례로 $P_1, P_2, \cdots, P_n, \cdots$이라 하자. 곡선 $y = x\cos x$와 선분 $P_n P_{n+1}$으로 둘러싸인 부분의 넓이를 A_n이라 할 때, $A_1 + A_3 + A_5 + \cdots + A_{19}$의 값을 구하시오.

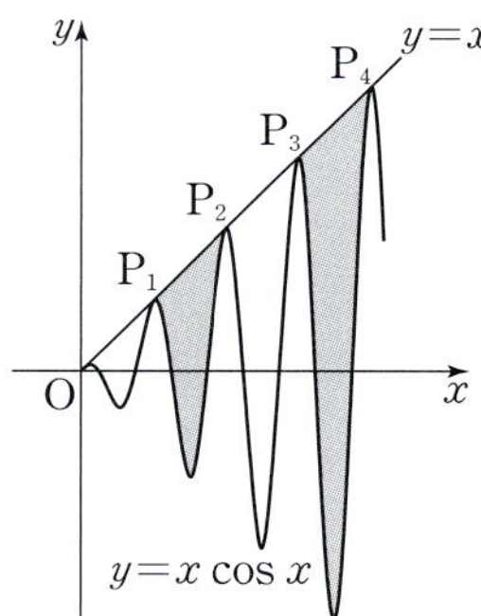

07

n이 자연수일 때, 곡선 $y=e^{nx}+n$ 위의 점 $P(1,\ e^n+n)$에서의 접선을 l_n이라 하자. 이 곡선과 직선 l_n 및 y축으로 둘러싸인 부분의 넓이를 S_n, l_n이 y축과 만나는 점의 y좌표를 a_n이라 할 때, $\displaystyle\lim_{n\to\infty}\dfrac{S_n}{a_n}$의 값은?

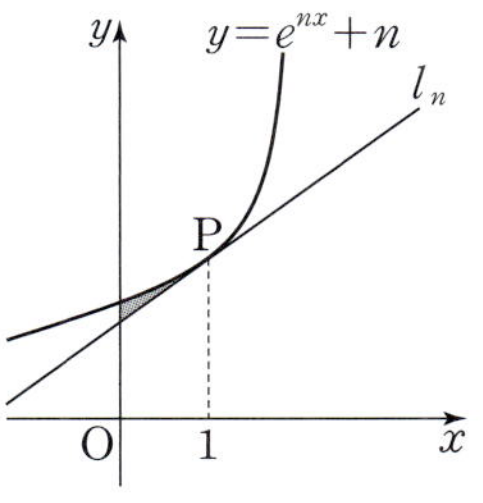

① $-\dfrac{1}{4}$ ② $-\dfrac{1}{3}$ ③ $-\dfrac{1}{2}$

④ -1 ⑤ -2

08

곡선 $y=ax^2$과 곡선 $y=\ln x$가 접할 때, 두 곡선과 x축으로 둘러싸인 부분의 넓이는? (단, $a>0$)

① $\dfrac{\sqrt{e}}{6}$ ② $\dfrac{\sqrt{e}}{3}-1$ ③ $\dfrac{\sqrt{e}}{3}+1$

④ $\dfrac{2\sqrt{e}}{3}-1$ ⑤ $\dfrac{2\sqrt{e}}{3}+1$

09 번뜩 아이디어

$0\le x\le\dfrac{\pi}{2}$에서 곡선 $y=x\sin x$와 x축 및 직선 $x=k$ $\left(0\le k\le\dfrac{\pi}{2}\right)$로 둘러싸인 부분을 A, 곡선 $y=x\sin x$와 두 직선 $x=k$, $y=\dfrac{\pi}{2}$로 둘러싸인 부분을 B라 하자. A, B의 넓이가 같을 때, k의 값은?

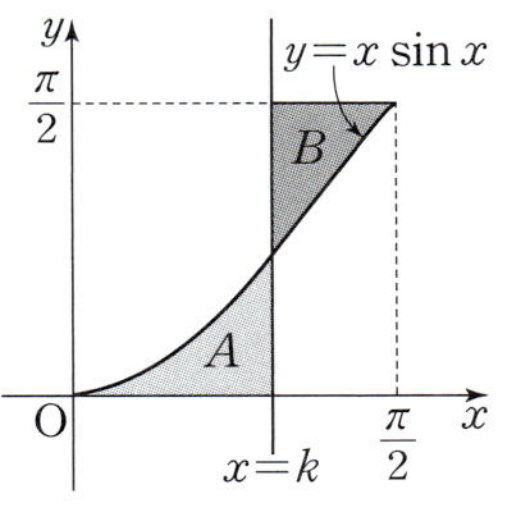

① $\dfrac{\pi}{4}-\dfrac{1}{\pi}$ ② $\dfrac{\pi}{4}$ ③ $\dfrac{\pi}{2}-\dfrac{2}{\pi}$

④ $\dfrac{\pi}{4}+\dfrac{1}{\pi}$ ⑤ $\dfrac{\pi}{2}-\dfrac{1}{\pi}$

10

곡선 $y=\sqrt{-x+1}$과 x축 및 y축으로 둘러싸인 부분의 넓이를 곡선 $y=\sqrt{kx}$가 이등분할 때, 양수 k의 값은?

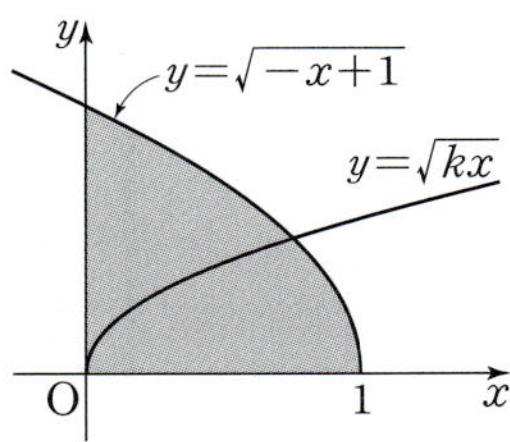

① $\dfrac{1}{4}$ ② $\dfrac{1}{3}$

③ $\dfrac{1}{2}$ ④ $\dfrac{2}{3}$

⑤ $\dfrac{3}{4}$

11 신유형

$g(x)$는 함수 $f(x)=e^{x-a}$의 역함수이고, 두 곡선 $y=f(x)$, $y=g(x)$가 한 점에서 만난다. 두 곡선 $y=f(x)$, $y=g(x)$와 x축 및 y축으로 둘러싸인 부분의 넓이는?

① e ② 2 ③ 1

④ $1-\dfrac{1}{e}$ ⑤ $1-\dfrac{2}{e}$

12

n이 2 이상의 자연수일 때, 곡선 $y=(\ln x)^n$ $(x\ge1)$과 x축, y축 및 직선 $y=1$로 둘러싸인 부분의 넓이를 S_n이라 하자. **보기**에서 옳은 것만을 있는 대로 고른 것은?

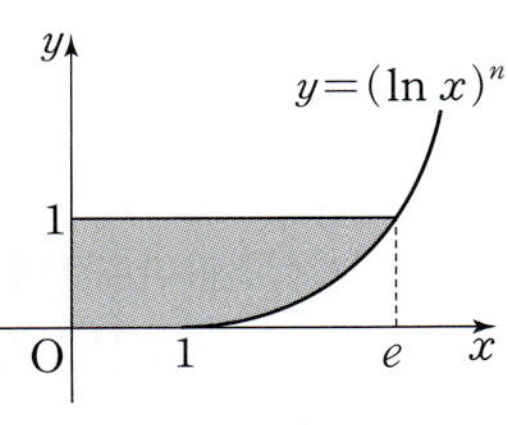

┌ **보기** ┐
ㄱ. $1\le x\le e$일 때, $(\ln x)^n\ge(\ln x)^{n+1}$이다.
ㄴ. $S_n<S_{n+1}$
ㄷ. $f(x)=(\ln x)^n$ $(x\ge1)$의 역함수를 $g(x)$라 하면 $S_n=\displaystyle\int_0^1 g(x)dx$이다.

① ㄱ   ② ㄱ, ㄴ   ③ ㄱ, ㄷ

④ ㄴ, ㄷ   ⑤ ㄱ, ㄴ, ㄷ

13

양수 a에 대하여 함수

$$f(x)=\int_0^x (a-t)e^t\,dt$$

의 최댓값이 32이다. 곡선 $y=3e^x$과 두 직선 $x=a$, $y=3$으로 둘러싸인 부분의 넓이를 구하시오.

14

함수 $f(x)=\dfrac{x}{e^x}$일 때, 함수 $g(x)=\int_0^x |f'(t)|\,dt$라 하자. 두 곡선 $y=f(x)$, $y=g(x)$와 직선 $x=3$으로 둘러싸인 부분의 넓이가 $\dfrac{b}{e^a}$일 때, $a+b$의 값은? (단, a, b는 정수이다.)

① 7　　　　② 9　　　　③ 11
④ 13　　　　⑤ 15

15 신유형

함수 $f(x)$는 $f(0)=0$이고, 실수 전체의 집합에서 미분가능하며 $f'(x)>0$이다. 곡선 $y=f(x)$ 위의 점 $A(t,\ f(t))$에서 x축에 내린 수선의 발을 B라 하고, 점 A를 지나고 A에서의 접선과 수직인 직선이 x축과 만나는 점을 C라 하자. 양수 t에 대하여 삼각형 ABC의 넓이가 $\dfrac{1}{2}(e^{3t}-2e^{2t}+e^t)$일 때, 곡선 $y=f(x)$와 x축 및 직선 $x=1$로 둘러싸인 부분의 넓이는?

① $e-2$　　　　② e　　　　③ $e+2$
④ $e+4$　　　　⑤ $e+6$

16

$t>0$일 때 곡선 $y=e^{2t^2x}$과 x축, y축 및 직선 $x=\dfrac{1}{t}$로 둘러싸인 부분의 넓이를 $S(t)$라 하자. $t=\alpha$에서 $S(t)$가 최소일 때, 다음 중 α가 속하는 구간은?

① $\left(\dfrac{1}{4},\ \dfrac{1}{3}\right)$　　　② $\left(\dfrac{1}{3},\ \dfrac{1}{2}\right)$　　　③ $\left(\dfrac{1}{2},\ 1\right)$
④ $(1,\ 2)$　　　⑤ $(2,\ 3)$

17

원점을 지나고 x축의 양의 방향과 이루는 각의 크기가 $\theta\left(0\le\theta<\dfrac{\pi}{4}\right)$인 직선을 l이라 하자. $x\ge 0$에서 곡선 $y=-x^3+x$와 직선 l로 둘러싸인 부분의 넓이를 $S(\theta)$라 할 때, $\displaystyle\lim_{\theta\to\frac{\pi}{4}-}\dfrac{S(\theta)}{\left(\theta-\dfrac{\pi}{4}\right)^2}$의 값을 구하시오.

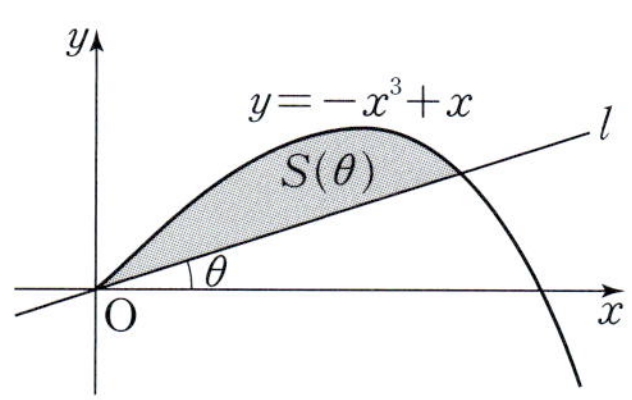

18

$\displaystyle\lim_{n\to\infty}\sum_{k=1}^{n}\dfrac{1}{\sqrt{4n^2-(n+k)^2}}$의 값은?

① $\dfrac{\pi}{12}$　　　　② $\dfrac{\pi}{6}$　　　　③ $\dfrac{\pi}{4}$
④ $\dfrac{\pi}{3}$　　　　⑤ $\dfrac{\pi}{2}$

19

함수 $f(x)=\dfrac{2^x}{2^x+1}$일 때, $\displaystyle\lim_{n\to\infty}\sum_{k=1}^{n}\left\{f\left(2+\dfrac{k}{n}\right)+f\left(2-\dfrac{k}{n}\right)\right\}\dfrac{1}{n}$의 값을 구하시오.

20

함수 $f(x)=\sqrt{x}$ 일 때,

$\displaystyle\lim_{n\to\infty}\sum_{k=1}^{n}\frac{k}{n}\left\{f\left(\frac{k}{n}\right)-f\left(\frac{k-1}{n}\right)\right\}$ 의 값은?

① $\dfrac{1}{5}$　　　② $\dfrac{1}{4}$　　　③ $\dfrac{1}{3}$

④ $\dfrac{1}{2}$　　　⑤ 1

21

$f(x)=\sqrt{x(x^2+1)\sin x^2}$ 은 $0\le x\le\sqrt{\pi}$ 에서 정의된 함수이다. 곡선 $y=f(x)$ 와 x축으로 둘러싸인 부분을 밑면으로 하는 입체도형을 두 점 $\mathrm{P}(x,\,0)$, $\mathrm{Q}(x,\,f(x))$ 를 지나고 x축에 수직인 평면으로 자른 단면이 선분 PQ 를 한 변으로 하는 정삼각형일 때, 이 입체도형의 부피를 구하시오.

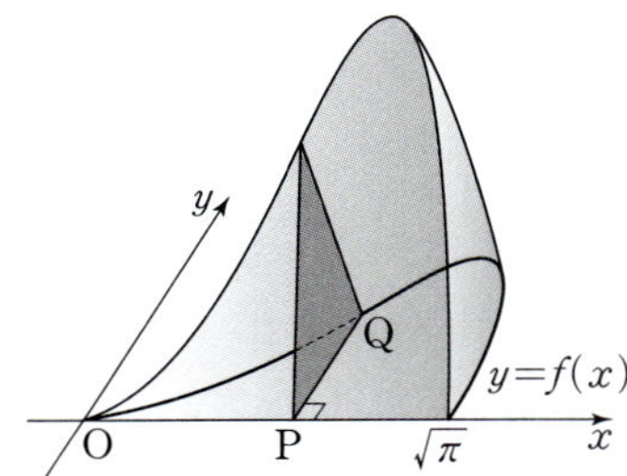

22

함수 $f(x)=\begin{cases} e^{-x} & (x<0) \\ \sqrt{\ln(x+1)+1} & (x\ge0) \end{cases}$ 일 때, 곡선 $y=f(x)$ 위의 점 $\mathrm{P}(x,\,f(x))$ 에서 x축에 내린 수선의 발을 H 라 하고, 선분 PH 가 한 변인 정사각형을 x축에 수직인 평면에 그린다. 점 P 의 x좌표가 $x=-\ln 2$ 에서 $x=e-1$ 까지 변할 때, 이 정사각형이 만드는 입체도형의 부피는?

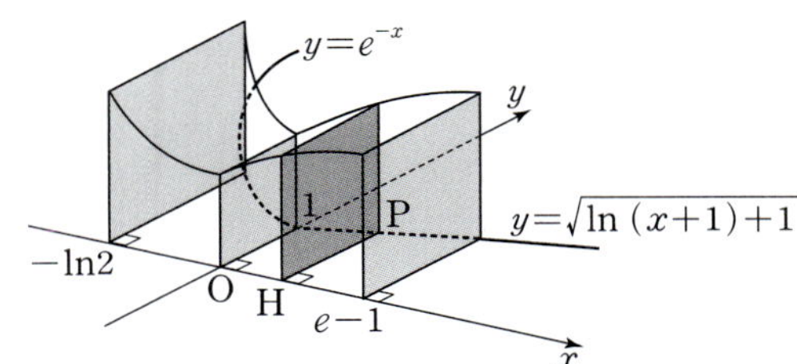

① $e-\dfrac{3}{2}$　　　② $e+\dfrac{2}{3}$　　　③ $2e-\dfrac{3}{2}$

④ $e+\dfrac{3}{2}$　　　⑤ $2e-\dfrac{2}{3}$

23

점 P 는 좌표평면 위를 움직이고, 시각 t에서의 위치 $(x,\,y)$ 가 $\begin{cases} x=2\sin t+\sin 2t \\ y=2\cos t-\cos 2t \end{cases}$ $(0\le t\le\pi)$ 이다. **보기**에서 옳은 것만을 있는 대로 고른 것은?

• 보기 •

ㄱ. $t=\dfrac{\pi}{2}$ 일 때, P 의 위치는 $x=2$, $y=1$ 이다.

ㄴ. P 가 출발한 후 처음으로 직선 $y=1$ 과 다시 만나는 시각은 $\dfrac{\pi}{2}$ 이다.

ㄷ. $t=0$ 에서 $t=\dfrac{\pi}{3}$ 까지 P 가 움직인 거리는 $\dfrac{8}{3}$ 이다.

① ㄱ　　　② ㄷ　　　③ ㄱ, ㄴ

④ ㄴ, ㄷ　　　⑤ ㄱ, ㄴ, ㄷ

24

$f(x)=\ln(ax^2+b)$ 는 $-1<x<1$ 에서 정의된 함수이다. $f(0)=0$, $f'\left(\dfrac{1}{2}\right)=-\dfrac{4}{3}$ 일 때, $-\dfrac{1}{3}\le x\le\dfrac{1}{3}$ 에서 곡선 $y=f(x)$ 의 길이는?

① $2\ln 2-\dfrac{2}{3}$　　　② $\ln 2$　　　③ $\ln 3$

④ $2\ln 2$　　　⑤ $2\ln 2+\dfrac{2}{3}$

25

함수 $f(x)$ 는 $f(0)=1$ 이고, $x\ge0$ 에서 다음 조건을 만족시킨다. $f(\ln 2)$ 의 값은?

(가) $f'(x)$ 는 연속이고, $f'(x)\ge0$ 이다.

(나) $0\le x\le t$ 일 때, 곡선 $y=f(x)$ 의 길이는 $\dfrac{e^t-e^{-t}}{2}$ 이다.

① $\dfrac{1}{2}$　　　② $\dfrac{3}{4}$　　　③ 1

④ $\dfrac{5}{4}$　　　⑤ $\dfrac{3}{2}$

01

함수 $f(x)=e^{-x}$과 자연수 n에 대하여 $P_n(n, f(n))$, $Q_n(n+1, f(n))$이라 하자. 삼각형 $P_nP_{n+1}Q_n$의 넓이를 A_n, 선분 P_nP_{n+1}과 곡선 $y=f(x)$로 둘러싸인 도형의 넓이를 B_n이라 할 때, **보기**에서 옳은 것만을 있는 대로 고른 것은?

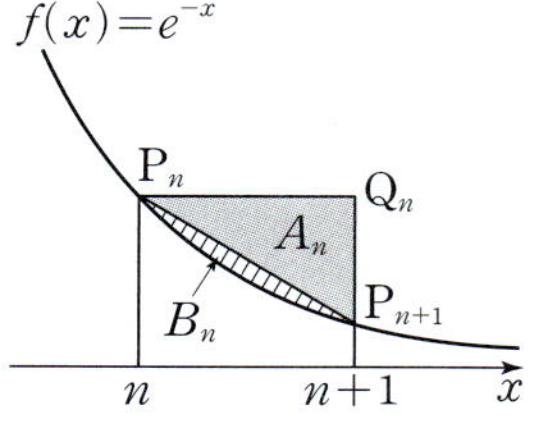

· 보기 ·

ㄱ. $\displaystyle\int_n^{n+1} f(x)dx=f(n)-(A_n+B_n)$

ㄴ. $\displaystyle\sum_{n=1}^{\infty} A_n=\frac{1}{2e}$

ㄷ. $\displaystyle\sum_{n=1}^{\infty} B_n=\frac{3-e}{2e(e-1)}$

① ㄱ 　② ㄱ, ㄴ 　③ ㄱ, ㄷ
④ ㄴ, ㄷ 　⑤ ㄱ, ㄴ, ㄷ

02

밑면의 반지름의 길이가 1이고 높이가 2인 원기둥이 있다. 이 원기둥을 밑면의 중심을 지나고 밑면과 $60°$의 각을 이루는 평면으로 자를 때 생기는 두 입체도형 중에서 작은 것의 부피는?

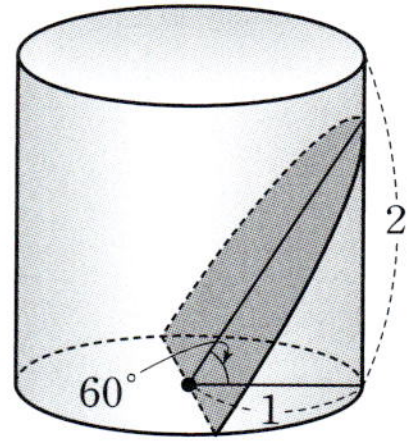

① $2\sqrt{3}$ 　② $\dfrac{3\sqrt{2}}{2}$

③ $\dfrac{2\sqrt{3}}{3}$ 　④ $\dfrac{\sqrt{3}}{2}$

⑤ $\dfrac{\sqrt{3}}{3}$

03

$f(x)$는 $x>0$에서 두 번 미분가능한 함수이다. 또 점 P는 좌표평면 위를 움직이고, 시각 t $(t \geq 1)$에서의 위치가
$$x=2\ln t, \quad y=f(t)$$
이다. P가 점 $(0, f(1))$에서부터 움직인 거리가 s일 때 시각 t는 $t=\dfrac{s+\sqrt{s^2+4}}{2}$이고, $t=2$일 때 P의 속도는 $\left(1, \dfrac{3}{4}\right)$이다.

시각 $t=2$일 때 P의 가속도를 $\left(-\dfrac{1}{2}, a\right)$라 할 때, a의 값을 구하시오.

04

[그림 1]과 같이 좌표평면 위에 중심이 원점이고 반지름의 길이가 4인 원 C_1과 반지름의 길이가 1인 원 C_2가 점 $(4, 0)$에서 외접하고 있다. 원 C_2 위의 한 점을 P라 하자. [그림 2]와 같이 원 C_2가 원 C_1에 접한 상태로 굴러갈 때, 두 원의 중심을 연결한 선분이 x축의 양의 방향과 이루는 각의 크기를 θ라 하자. $\theta=0$에서 $\theta=\dfrac{\pi}{2}$까지 변할 때, 점 $(4, 0)$에서 출발한 P가 움직인 거리는?

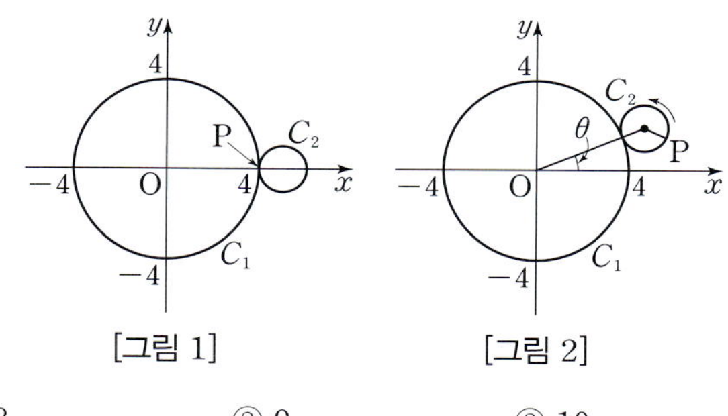

① 8 　② 9 　③ 10
④ 11 　⑤ 12

절대등급으로
수학 내신 1등급에
도전하세요.

절대등급 미적분

I. 수열의 극한

01. 수열의 극한

step A 기본 문제   7~10쪽

01 ④	**02** ⑤	**03** ②	**04** ⑤	**05** ②
06 ②	**07** 14	**08** ④	**09** ①	**10** 2
11 $a=0,\ b=12$		**12** $a=100,\ b=10$		**13** ⑤
14 3	**15** ④	**16** ⑤	**17** ④	**18** ⑤
19 ②	**20** 4	**21** ③	**22** ③	**23** ⑤
24 ④	**25** 12	**26** ③	**27** ②	**28** 35
29 10	**30** 15	**31** ③	**32** ⑤	

step B 실력 문제   11~14쪽

01 ③	**02** ③	**03** ②	**04** 6	**05** 25
06 5	**07** ①	**08** 1, 2	**09** 33	**10** ③
11 $\dfrac{16}{7}$	**12** ①	**13** ③	**14** 4	**15** ③
16 $\dfrac{1}{2}$	**17** ②	**18** ①	**19** ①	**20** ⑤
21 4	**22** ③	**23** ①		

step C 최상위 문제   15~16쪽

01 ①	**02** ②	**03** ②	**04** $\dfrac{2}{3}$	**05** 24
06 $\dfrac{4}{3}$	**07** 32	**08** $\dfrac{1}{2}$		

02. 급수

step A 기본 문제   18~21쪽

01 14	**02** ③	**03** ②	**04** ①	**05** 54
06 ②	**07** 2	**08** ②	**09** ③	**10** ④
11 27	**12** 93	**13** 16	**14** ①	**15** $\dfrac{12}{25}$
16 ③	**17** ②	**18** ①	**19** $8\pi-16$	
20 $(2+\sqrt{2}\,)\pi$		**21** 6	**22** $\dfrac{9}{2}\pi$	
23 $\dfrac{2(3-\sqrt{3}\,)}{5}$		**24** ②		

step B 실력 문제   22~26쪽

01 23	**02** ②	**03** ③	**04** ①	**05** ①
06 ③	**07** 4	**08** ②	**09** ③	**10** ②
11 ③	**12** $\dfrac{4}{5}$	**13** $2\sqrt{3}$	**14** $\dfrac{1}{6}$	**15** ②
16 ①	**17** ②	**18** ④	**19** ②	

step C 최상위 문제   27~28쪽

01 ②	**02** $\dfrac{7}{4}$	**03** ①	**04** $\dfrac{41}{62}$	**05** ②
06 $\dfrac{45}{14}\pi$				

II. 미분법

03. 여러 가지 함수의 극한

step A 기본 문제   31~35쪽

01 ①	**02** ⑤	**03** 25	**04** ③	**05** ①
06 $e^{-\frac{1}{3}}$	**07** ②	**08** ①	**09** ①	**10** ②
11 6	**12** ④	**13** ②	**14** ①	**15** ⑤
16 ③	**17** ②	**18** ②	**19** ②	**20** 2
21 ①	**22** ①	**23** ②	**24** ③	**25** ⑤
26 ④	**27** ④	**28** ①	**29** ⑤	**30** ②
31 ③	**32** 8	**33** ①	**34** ①	**35** ④
36 ③	**37** ④	**38** ①		

step B 실력 문제   36~40쪽

01 ①	**02** ③	**03** ①	**04** ⑤	**05** ②
06 55	**07** ④	**08** ⑤	**09** ⑤	**10** ⑤
11 ①	**12** ③	**13** ②	**14** ④	**15** ⑤
16 ③	**17** ①	**18** ②	**19** ②	**20** $\dfrac{1}{2}$
21 $\dfrac{1}{16}$	**22** ④	**23** ①	**24** $\dfrac{1}{2}$	**25** 16
26 $\dfrac{4}{5}$	**27** ④	**28** $2\sqrt{2}-2$	**29** ①	**30** $2\sqrt{2}$

step C 최상위 문제   41~42쪽

01 ④	**02** 3	**03** ②	**04** ①	**05** $\dfrac{9}{8}$
06 $\dfrac{1}{4}$	**07** $\dfrac{4\sqrt{3}}{9}$	**08** $\dfrac{1}{4}$		

04. 여러 가지 미분법

step A 기본 문제 44~48쪽

01 ③ **02** ③ **03** ④ **04** 3 **05** ④
06 ① **07** $\dfrac{7}{24}$ **08** 3 **09** 12 **10** ①
11 ② **12** 7 **13** ② **14** 14 **15** ⑤
16 $a=0$, $b=-2$ **17** ⑤ **18** ④ **19** ①
20 2 **21** ③ **22** 4 **23** ④ **24** ④
25 ④ **26** ⑤ **27** ④ **28** ⑤ **29** 2
30 ④ **31** ⑤ **32** ① **33** ① **34** 17
35 0 **36** ③ **37** ④ **38** ⑤

step B 실력 문제 49~52쪽

01 ② **02** $\dfrac{\sqrt{2}+\sqrt{6}}{4}$ **03** ⑤ **04** ④
05 $\dfrac{14}{3}$ **06** ③ **07** ② **08** 3 **09** ①
10 ④ **11** ⑤ **12** 4 **13** ②
14 $a=\dfrac{1}{e}$, $b=1$ **15** ④ **16** ① **17** $\dfrac{1}{e}$
18 ① **19** ③ **20** -5 **21** ⑤ **22** ⑤
23 $a=-6$, $b=25$ **24** 28

step C 최상위 문제 53~54쪽

01 ④ **02** ② **03** 8 **04** ③ **05** ④
06 ④ **07** ④ **08** 64

05. 접선과 그래프

step A 기본 문제 56~60쪽

01 ① **02** ③ **03** $\dfrac{3}{4}$ **04** ① **05** ③
06 ④ **07** ① **08** 4, 12 **09** $4e$ **10** ⑤
11 ① **12** ② **13** $\sqrt{5}-1$ **14** ① **15** ④
16 ③ **17** ② **18** ⑤ **19** ③ **20** ①
21 ② **22** ④ **23** ② **24** ⑤ **25** ①
26 $a\geq1$ **27** ③ **28** ② **29** $a=\dfrac{1}{8}$, $b=12$
30 ① **31** ⑤ **32** ② **33** ④ **34** ④
35 ③

step B 실력 문제 61~64쪽

01 ① **02** 75 **03** ④ **04** ② **05** ⑤
06 ④ **07** ③ **08** ② **09** ③ **10** ①
11 ④ **12** ⑤ **13** 2 **14** ④ **15** ②
16 ④ **17** ⑤ **18** ⑤ **19** ③ **20** ⑤
21 ③ **22** ③

step C 최상위 문제 65~66쪽

01 $\dfrac{1}{2}e^{2\pi}$ **02** $\dfrac{1}{(e-1)(e+1)}$ **03** ② **04** ②
05 72 **06** $\dfrac{3}{4}\pi$, $\dfrac{11}{4}\pi$, $\dfrac{19}{4}\pi$ **07** 39 **08** $-3\sqrt{3}\pi$

06. 미분의 활용

step A 기본 문제 68~70쪽

01 ⑤ **02** ② **03** ③ **04** ④ **05** ③
06 ⑤ **07** ② **08** $\dfrac{2}{\sqrt{e}}$ **09** $\dfrac{4\sqrt{6}}{3}$ **10** ⑤
11 18 **12** ② **13** ④ **14** ⑤ **15** ①
16 ④ **17** ③ **18** ① **19** ④ **20** ⑤
21 ③ **22** ④ **23** 4

step B 실력 문제 71~74쪽

01 ③ **02** 21 **03** ④ **04** 16 **05** $\dfrac{1+\sqrt{33}}{8}$
06 ③ **07** $\dfrac{15}{2}$ **08** ④ **09** ② **10** ⑤
11 $-\dfrac{1}{2}<k\leq\dfrac{1}{2}$ **12** ⑤ **13** ② **14** $\dfrac{1}{2}-\dfrac{\pi}{4}$
15 6 **16** 34 **17** ③ **18** ⑤ **19** ②
20 ② **21** $k\leq e$ **22** ① **23** ③

step C 최상위 문제 75~76쪽

01 ④ **02** ④ **03** ④ **04** 49 **05** ④
06 ④ **07** 142 **08** ②

III. 적분법

07. 부정적분과 정적분

step A 기본 문제 79~82쪽

01 ③ **02** $\ln 2+\dfrac{3}{2}$ **03** ⑤ **04** ① **05** ①
06 ④ **07** ② **08** 2 **09** ⑤ **10** ②
11 ② **12** ② **13** 3 **14** ⑤ **15** ①
16 ① **17** ④ **18** ⑤ **19** ② **20** ①
21 ① **22** 3 **23** ⑤ **24** ① **25** ④
26 ① **27** ② **28** ⑤ **29** ⑤ **30** ②
31 ⑤ **32** 8

step B 실력 문제 83~87쪽

01 ⑤ **02** $\pi+1$ **03** ⑤ **04** ③ **05** ⑤
06 ② **07** $2\ln 5$ **08** ④ **09** ② **10** ④
11 ③ **12** ④ **13** ② **14** ④ **15** ⑤
16 ④ **17** ⑤ **18** ⑤ **19** $\dfrac{16}{3}$ **20** ⑤
21 ③ **22** ④ **23** ② **24** ① **25** ④
26 $-\dfrac{7}{6}$ **27** ⑤ **28** ④ **29** ③ **30** ④

step C 최상위 문제 88~89쪽

01 ④ **02** ⑤ **03** ⑤ **04** $\dfrac{64}{63}$ **05** $e+4$
06 ③ **07** ④ **08** ②

08. 정적분의 활용

step A 기본 문제 91~95쪽

01 ② **02** 1 **03** ③ **04** ③ **05** ①
06 ③ **07** ④ **08** ② **09** ③ **10** $\dfrac{5}{2}$
11 ① **12** 27 **13** ① **14** $\ln 5$ **15** ③
16 ④ **17** $\dfrac{1}{3}$ **18** ① **19** ⑤ **20** ③
21 ① **22** ② **23** ④ **24** ④ **25** ③
26 ① **27** ① **28** ④ **29** ① **30** ④
31 ④ **32** ④ **33** 32 **34** ④ **35** ⑤

step B 실력 문제 96~99쪽

01 ④ **02** $\dfrac{e^{\pi}}{2(e^{\pi}-1)}$ **03** ① **04** ⑤
05 $2\ln 3-2$ **06** $420\pi^2$ **07** ③ **08** ④
09 ③ **10** ② **11** ⑤ **12** ⑤ **13** 96
14 ③ **15** ① **16** ③ **17** 1 **18** ④
19 $\log_2 3$ **20** ③ **21** $\dfrac{\sqrt{3}}{8}(\pi+2)$ **22** ④
23 ⑤ **24** ① **25** ④

step C 최상위 문제 100쪽

01 ⑤ **02** ③ **03** $\dfrac{1}{4}$ **04** ③

$\mathrm{I}.$ 수열의 극한

01. 수열의 극한

01 ④	**02** ⑤	**03** ②	**04** ⑤	**05** ②
06 ②	**07** 14	**08** ④	**09** ①	**10** 2
11 $a=0$, $b=12$		**12** $a=100$, $b=10$		**13** ⑤
14 3	**15** ④	**16** ⑤	**17** ④	**18** ⑤
19 ②	**20** 4	**21** ③	**22** ③	**23** ⑤
24 ④	**25** 12	**26** ③	**27** ②	**28** 35
29 10	**30** 15	**31** ③	**32** ⑤	

01

$$\lim_{n \to \infty} \frac{4n^2+6}{n^2+3n} = \lim_{n \to \infty} \frac{4+\dfrac{6}{n^2}}{1+\dfrac{3}{n}} = 4$$

답 ④

02

$$\lim_{n \to \infty} \frac{n}{\sqrt{2n^2+1}-\sqrt{n^2-1}}$$
$$= \lim_{n \to \infty} \frac{1}{\sqrt{2+\dfrac{1}{n^2}}-\sqrt{1-\dfrac{1}{n^2}}}$$
$$= \frac{1}{\sqrt{2}-1} = \sqrt{2}+1$$

답 ⑤

03

$f(n)=\dfrac{1^2+2^2+3^2+\cdots+n^2}{n\{3+5+7+\cdots+(2n+1)\}}$ 이라 하면

$$\sum_{k=1}^{n} k^2 = \frac{1}{6}n(n+1)(2n+1),$$
$$\sum_{k=1}^{n}(2k+1) = 2 \times \frac{n(n+1)}{2} + n$$
$$= n^2+2n = n(n+2)$$

이므로

$$f(n) = \frac{n(n+1)(2n+1)}{n \times 6n(n+2)} = \frac{2n^2+3n+1}{6n^2+12n}$$
$$\therefore \lim_{n \to \infty} f(n) = \lim_{n \to \infty} \frac{2n^2+3n+1}{6n^2+12n}$$
$$= \lim_{n \to \infty} \frac{2+\dfrac{3}{n}+\dfrac{1}{n^2}}{6+\dfrac{12}{n}} = \frac{1}{3}$$

답 ②

04

$$(\text{분모}) = \left\{ \left(1+\frac{1}{2}\right)\left(1+\frac{1}{3}\right)\left(1+\frac{1}{4}\right)\cdots\left(1+\frac{1}{n}\right) \right\}^2$$
$$= \left(\frac{3}{2} \times \frac{4}{3} \times \frac{5}{4} \times \cdots \times \frac{n+1}{n} \right)^2 = \left(\frac{n+1}{2} \right)^2$$

이므로

$$(\text{주어진 식}) = \lim_{n \to \infty} \frac{n^2+3n}{\left(\dfrac{n+1}{2}\right)^2} = \lim_{n \to \infty} \frac{1+\dfrac{3}{n}}{\dfrac{1}{4}\left(1+\dfrac{1}{n}\right)^2} = 4$$

답 ⑤

05

이차방정식 $2x^2+4nx+1=0$에서 근과 계수의 관계에 의하여

$$\alpha_n + \beta_n = -2n, \ \alpha_n\beta_n = \frac{1}{2}$$

이므로

$$\alpha_n^2 + \beta_n^2 = (\alpha_n+\beta_n)^2 - 2\alpha_n\beta_n = 4n^2-1$$
$$\therefore \lim_{n \to \infty} \frac{\alpha_n^2+\beta_n^2}{f(n)} = \lim_{n \to \infty} \frac{4n^2-1}{2n^2+4n^2+1}$$
$$= \lim_{n \to \infty} \frac{4n^2-1}{6n^2+1}$$
$$= \lim_{n \to \infty} \frac{4-\dfrac{1}{n^2}}{6+\dfrac{1}{n^2}} = \frac{2}{3}$$

답 ②

06

$$\lim_{n \to \infty} \left(\sqrt{n^2+\frac{n}{2}} - n \right)$$
$$= \lim_{n \to \infty} \frac{\left(\sqrt{n^2+\dfrac{n}{2}}-n\right)\left(\sqrt{n^2+\dfrac{n}{2}}+n\right)}{\sqrt{n^2+\dfrac{n}{2}}+n}$$
$$= \lim_{n \to \infty} \frac{\dfrac{n}{2}}{\sqrt{n^2+\dfrac{n}{2}}+n}$$
$$= \lim_{n \to \infty} \frac{\dfrac{1}{2}}{\sqrt{1+\dfrac{1}{2n}}+1} = \frac{1}{4}$$

답 ②

07

$$\lim_{n \to \infty} \left(\sqrt{n^2+15n+13} - \sqrt{n^2-13n} \right)$$
$$= \lim_{n \to \infty} \frac{\left(\sqrt{n^2+15n+13}-\sqrt{n^2-13n}\right)\left(\sqrt{n^2+15n+13}+\sqrt{n^2-13n}\right)}{\sqrt{n^2+15n+13}+\sqrt{n^2-13n}}$$
$$= \lim_{n \to \infty} \frac{28n+13}{\sqrt{n^2+15n+13}+\sqrt{n^2-13n}}$$
$$= \lim_{n \to \infty} \frac{28+\dfrac{13}{n}}{\sqrt{1+\dfrac{15}{n}+\dfrac{13}{n^2}}+\sqrt{1-\dfrac{13}{n}}} = 14$$

답 14

08

$$\lim_{n\to\infty}\sqrt{n}(\sqrt{n+4}-\sqrt{n})$$
$$=\lim_{n\to\infty}\frac{\sqrt{n}(\sqrt{n+4}-\sqrt{n})(\sqrt{n+4}+\sqrt{n})}{\sqrt{n+4}+\sqrt{n}}$$
$$=\lim_{n\to\infty}\frac{\sqrt{n}\times 4}{\sqrt{n+4}+\sqrt{n}}$$
$$=\lim_{n\to\infty}\frac{4}{\sqrt{1+\dfrac{4}{n}}+1}=2$$

답 ④

09

분모, 분자에 각각 $(\sqrt{n^2-1005}+n)(n+\sqrt{n^2-1004})$를 곱하여 정리하면

$$\lim_{n\to\infty}\frac{\sqrt{n^2-1005}-n}{n-\sqrt{n^2-1004}}$$
$$=\lim_{n\to\infty}\frac{-1005(n+\sqrt{n^2-1004})}{1004(\sqrt{n^2-1005}+n)}$$
$$=\lim_{n\to\infty}\frac{-1005\left(1+\sqrt{1-\dfrac{1004}{n^2}}\right)}{1004\left(\sqrt{1-\dfrac{1005}{n^2}}+1\right)}$$
$$=-\frac{1005}{1004}$$

답 ①

10

이차방정식 $x^2+2nx-4n=0$의 해는
$$x=-n\pm\sqrt{n^2+4n}$$
a_n은 양의 실근이므로 $a_n=-n+\sqrt{n^2+4n}$
$$\therefore \lim_{n\to\infty}a_n=\lim_{n\to\infty}(\sqrt{n^2+4n}-n)$$
$$=\lim_{n\to\infty}\frac{4n}{\sqrt{n^2+4n}+n}$$
$$=\lim_{n\to\infty}\frac{4}{\sqrt{1+\dfrac{4}{n}}+1}$$
$$=2$$

답 2

11

분모가 일차식이고, 극한이 존재하므로 $a=0$
이때
$$\lim_{n\to\infty}\frac{an^2+bn+7}{3n+1}=\lim_{n\to\infty}\frac{bn+7}{3n+1}$$
$$=\lim_{n\to\infty}\frac{b+\dfrac{7}{n}}{3+\dfrac{1}{n}}=\frac{b}{3}$$
이므로
$$\frac{b}{3}=4 \qquad \therefore b=12$$

답 $a=0,\ b=12$

12

분모, 분자에 각각 $\sqrt{an^2+4n}+bn$을 곱하여 정리하면
$$\lim_{n\to\infty}(\sqrt{an^2+4n}-bn)=\lim_{n\to\infty}\frac{an^2+4n-b^2n^2}{\sqrt{an^2+4n}+bn}$$
$$=\lim_{n\to\infty}\frac{(a-b^2)n^2+4n}{\sqrt{an^2+4n}+bn}=\frac{1}{5}$$
분모가 일차식이고, 극한이 존재하므로
$$a-b^2=0 \qquad \cdots ❶$$
이때
$$\lim_{n\to\infty}\frac{4n}{\sqrt{an^2+4n}+bn}=\lim_{n\to\infty}\frac{4}{\sqrt{a+\dfrac{4}{n}}+b}=\frac{4}{\sqrt{a}+b}$$
이므로
$$\frac{4}{\sqrt{a}+b}=\frac{1}{5},\ 20=\sqrt{a}+b,\ \sqrt{a}=20-b$$
$$a=b^2-40b+400,\ a-b^2=-40b+400$$
❶을 대입하면 $0=-40b+400$
$$\therefore b=10,\ a=100$$

답 $a=100,\ b=10$

13

$$\lim_{n\to\infty}\left(2+\frac{1}{3^n}\right)\left(a+\frac{1}{2^n}\right)=2a\text{이므로}$$
$$2a=10 \qquad \therefore a=5$$

답 ⑤

14

$$\lim_{n\to\infty}\frac{3\times 9^n-13}{9^n}=\lim_{n\to\infty}\frac{3-\dfrac{13}{9^n}}{1}=3$$

답 3

15

$$\lim_{n\to\infty}\frac{2\times 5^n-3^n}{5^{n+1}+2^n}=\lim_{n\to\infty}\frac{2-\left(\dfrac{3}{5}\right)^n}{5+\left(\dfrac{2}{5}\right)^n}=\frac{2}{5}$$

답 ④

16

$a_n=a_1\times 3^{n-1}$이므로
$$\lim_{n\to\infty}\frac{a_n-2}{3^{n+1}+2a_n}=\lim_{n\to\infty}\frac{a_1\times 3^{n-1}-2}{3^{n+1}+2a_1\times 3^{n-1}}$$
$$=\lim_{n\to\infty}\frac{a_1-\dfrac{2}{3^{n-1}}}{9+2a_1}$$
$$=\frac{a_1}{9+2a_1}=\frac{2}{5}$$
곧, $5a_1=18+4a_1$이므로
$$a_1=18$$

답 ⑤

17

$n \geq 2$일 때

$$\begin{aligned}
a_n &= S_n - S_{n-1} \\
&= 3^n + 2^n - (3^{n-1} + 2^{n-1}) \\
&= 3^{n-1}(3-1) + 2^{n-1}(2-1) \\
&= 2 \times 3^{n-1} + 2^{n-1}
\end{aligned}$$

이므로

$$\begin{aligned}
\lim_{n \to \infty} \frac{a_n}{S_n} &= \lim_{n \to \infty} \frac{2 \times 3^{n-1} + 2^{n-1}}{3^n + 2^n} \\
&= \lim_{n \to \infty} \frac{\dfrac{2}{3} + \dfrac{1}{3} \times \left(\dfrac{2}{3}\right)^{n-1}}{1 + \left(\dfrac{2}{3}\right)^n} = \frac{2}{3}
\end{aligned}$$

답 ④

18

이차방정식의 근과 계수의 관계에 의하여
$$\alpha + \beta = 4, \ \alpha\beta = 1$$
곧, $\alpha + \beta > 0$, $\alpha\beta > 0$이므로 두 근은 양수이다.
$0 < \beta < \alpha$라 하면 $0 < \dfrac{\beta}{\alpha} < 1$이므로

$$\lim_{n \to \infty} \frac{\alpha^{n+1} + \beta^{n+1}}{\alpha^n + \beta^n} = \lim_{n \to \infty} \frac{\alpha + \beta\left(\dfrac{\beta}{\alpha}\right)^n}{1 + \left(\dfrac{\beta}{\alpha}\right)^n} = \alpha$$

이때 $x^2 - 4x + 1 = 0$의 해는 $x = 2 \pm \sqrt{3}$이므로
$$\alpha = 2 + \sqrt{3}$$

답 ⑤

19

수열 $\{a_n\}$은 첫째항이 a_1, 공비가 3인 등비수열이므로

$$S_n = \frac{a_1(3^n - 1)}{3 - 1} = \frac{a_1}{2}(3^n - 1)$$

$$\begin{aligned}
\therefore \lim_{n \to \infty} \frac{S_n}{3^n} &= \lim_{n \to \infty} \frac{\dfrac{a_1}{2}(3^n - 1)}{3^n} \\
&= \lim_{n \to \infty} \frac{\dfrac{a_1}{2}\left\{1 - \left(\dfrac{1}{3}\right)^n\right\}}{1} = \frac{a_1}{2}
\end{aligned}$$

$\dfrac{a_1}{2} = 5$이므로 $a_1 = 10$

답 ②

20

$a_n = r^{n-1}$, $S_n = \dfrac{r^n - 1}{r - 1}$이므로

$$\begin{aligned}
\lim_{n \to \infty} \frac{a_n}{S_n} &= \lim_{n \to \infty} \frac{r^{n-1}}{\dfrac{r^n - 1}{r - 1}} = \lim_{n \to \infty} \frac{r^n - r^{n-1}}{r^n - 1} \\
&= \lim_{n \to \infty} \frac{1 - \dfrac{1}{r}}{1 - \dfrac{1}{r^n}} = 1 - \frac{1}{r}
\end{aligned}$$

$1 - \dfrac{1}{r} = \dfrac{3}{4}$이므로 $\dfrac{1}{r} = \dfrac{1}{4}$ $\qquad \therefore r = 4$

답 4

21

수열 $\left\{\left(\dfrac{k^2 - k}{6}\right)^n\right\}$은 첫째항과 공비가 $\dfrac{k^2 - k}{6}$인 등비수열이다.

(ⅰ) 첫째항이 0일 때, $\dfrac{k^2 - k}{6} = 0$에서 $k(k-1) = 0$

$\qquad \therefore k = 0$ 또는 $k = 1$

(ⅱ) 공비는 $\dfrac{k^2 - k}{6}$이므로 $-1 < \dfrac{k^2 - k}{6} \leq 1$

$\quad k^2 - k > -6$이고 $k^2 - k \leq 6$

$\quad$ 이때 $k^2 - k + 6 > 0$의 해는 모든 실수이고,

$\quad k^2 - k \leq 6$의 해는 $(k+2)(k-3) \leq 0$

$\qquad \therefore -2 \leq k \leq 3$

(ⅰ), (ⅱ)에서 정수 k는 $-2, -1, 0, 1, 2, 3$이므로 6개이다.

답 ③

Note

첫째항과 공비가 같으면 첫째항이 0인 경우를 따로 조사하지 않아도 된다.

22

수열 $\{(2\cos x)^{n-1}\}$은 첫째항이 1, 공비가 $2\cos x$인 등비수열이고 수렴하므로

$$-1 < 2\cos x \leq 1 \qquad \therefore -\frac{1}{2} < \cos x \leq \frac{1}{2}$$

$0 \leq x < \pi$이므로 $\dfrac{\pi}{3} \leq x < \dfrac{2}{3}\pi$

답 ③

23

(ⅰ) $0 < r < 1$일 때, $\displaystyle\lim_{n \to \infty} r^n = 0$이므로

$$\lim_{n \to \infty} \frac{r^{n+1} + r + 2}{r^n + 1} = r + 2$$

$r + 2 = \dfrac{7}{3}$이므로 $r = \dfrac{1}{3}$

(ⅱ) $r = 1$일 때

$$\lim_{n \to \infty} \frac{r^{n+1} + r + 2}{r^n + 1} = \frac{1 + 1 + 2}{1 + 1} = 2$$

따라서 조건을 만족시키지 않는다.

(ⅲ) $r > 1$일 때, $\displaystyle\lim_{n \to \infty} r^n = \infty$이므로

$$\lim_{n \to \infty} \frac{r^{n+1} + r + 2}{r^n + 1} = \lim_{n \to \infty} \frac{r + \dfrac{1}{r^{n-1}} + \dfrac{2}{r^n}}{1 + \dfrac{1}{r^n}} = r$$

$$\therefore r = \frac{7}{3}$$

(ⅰ)~(ⅲ)에서 r값의 합은 $\dfrac{1}{3} + \dfrac{7}{3} = \dfrac{8}{3}$

답 ⑤

24

(ⅰ) $|x| < 1$일 때, $\displaystyle\lim_{n \to \infty} x^{2n} = \lim_{n \to \infty} x^{2n-1} = 0$이므로

$$f(x) = \lim_{n \to \infty} \frac{x^{2n-1} + x^{2n}}{x^{2n} + 2} = 0$$

(ⅱ) $|x| > 1$일 때, $\displaystyle\lim_{n \to \infty} x^{2n} = \lim_{n \to \infty} x^{2n-1} = \infty$이므로

$$f(x)=\lim_{n\to\infty}\frac{x^{2n-1}+x^{2n}}{x^{2n}+2}=\lim_{n\to\infty}\frac{\dfrac{1}{x}+1}{1+\dfrac{2}{x^{2n}}}=\frac{1}{x}+1$$

(i), (ii)에서 $f(-2)+f\left(\dfrac{1}{2}\right)=\dfrac{1}{2}+0=\dfrac{1}{2}$ 답 ④

Note

$f(1)=\dfrac{2}{3}$, $f(-1)=0$

25

$a_n-1=c_n$이라 하면 $a_n=c_n+1$

$\lim_{n\to\infty}(a_n-1)=2$에서 $\lim_{n\to\infty}c_n=2$

$\quad\therefore \lim_{n\to\infty}a_n=\lim_{n\to\infty}(c_n+1)=2+1=3$

$a_n+2b_n=d_n$이라 하면 $b_n=\dfrac{1}{2}(d_n-a_n)$

$\lim_{n\to\infty}(a_n+2b_n)=9$에서 $\lim_{n\to\infty}d_n=9$

$\quad\therefore \lim_{n\to\infty}b_n=\lim_{n\to\infty}\dfrac{1}{2}(d_n-a_n)=\dfrac{1}{2}\times(9-3)=3$

$\quad\therefore \lim_{n\to\infty}a_n(1+b_n)=3\times(1+3)=12$ 답 12

26

$\dfrac{2a_n-3}{a_n+1}=b_n$이라 하면

$\quad 2a_n-3=b_n(a_n+1)$, $a_n=\dfrac{b_n+3}{2-b_n}$

또 $\lim_{n\to\infty}b_n=\dfrac{3}{4}$이므로

$$\lim_{n\to\infty}a_n=\lim_{n\to\infty}\frac{b_n+3}{2-b_n}=\frac{\dfrac{3}{4}+3}{2-\dfrac{3}{4}}=3$$
  답 ③

27

$$\lim_{n\to\infty}\frac{(2n+1)a_n}{3n^2}=\lim_{n\to\infty}\left\{\frac{a_n}{n+1}\times\frac{(2n+1)(n+1)}{3n^2}\right\}$$
$$=3\times\frac{2}{3}=2$$
  답 ②

$\dfrac{a_n}{n+1}=b_n$이라 하면 $a_n=(n+1)b_n$

또 $\lim_{n\to\infty}b_n=3$이므로

$$\lim_{n\to\infty}\frac{(2n+1)a_n}{3n^2}=\lim_{n\to\infty}\frac{(2n+1)(n+1)b_n}{3n^2}$$
$$=\frac{2}{3}\times3=2$$

28

$$\lim_{n\to\infty}\frac{(10n+1)b_n}{a_n}$$
$$=\lim_{n\to\infty}\left\{\frac{(n^2+1)b_n}{(n+1)a_n}\times\frac{(10n+1)(n+1)}{n^2+1}\right\}$$
$$=\frac{7}{2}\times10=35$$
  답 35

$(n+1)a_n=c_n$, $(n^2+1)b_n=d_n$이라 하면

$\quad a_n=\dfrac{c_n}{n+1}$, $b_n=\dfrac{d_n}{n^2+1}$

또 $\lim_{n\to\infty}c_n=2$, $\lim_{n\to\infty}d_n=7$이므로

$$\lim_{n\to\infty}\frac{(10n+1)b_n}{a_n}=\lim_{n\to\infty}\frac{\dfrac{(10n+1)d_n}{n^2+1}}{\dfrac{c_n}{n+1}}$$
$$=\lim_{n\to\infty}\left\{\frac{(10n+1)(n+1)}{n^2+1}\times\frac{d_n}{c_n}\right\}$$
$$=10\times\frac{7}{2}=35$$

29

$\sqrt{a_n+n}-\sqrt{n}=b_n$이라 하면

$\quad a_n+n=(b_n+\sqrt{n})^2$, $a_n=b_n^{\,2}+2\sqrt{n}\,b_n$

또 $\lim_{n\to\infty}b_n=5$이므로

$$\lim_{n\to\infty}\frac{a_n}{\sqrt{n}}=\lim_{n\to\infty}\frac{b_n^{\,2}+2\sqrt{n}\,b_n}{\sqrt{n}}$$
$$=\lim_{n\to\infty}\frac{\dfrac{b_n^{\,2}}{\sqrt{n}}+2b_n}{1}=0+2\times5=10$$
  답 10

30

$\dfrac{5(3n^2+2n)}{n^2+2n}<\dfrac{5a_n}{n^2+2n}<\dfrac{5(3n^2+3n)}{n^2+2n}$이고,

$\lim_{n\to\infty}\dfrac{5(3n^2+2n)}{n^2+2n}=\lim_{n\to\infty}\dfrac{5(3n^2+3n)}{n^2+2n}=15$이므로

$$\lim_{n\to\infty}\frac{5a_n}{n^2+2n}=15$$
  답 15

31

$\lim_{n\to\infty}a_n=\alpha$라 하면 $\lim_{n\to\infty}a_{n+1}=\alpha$

$\quad \lim_{n\to\infty}(a_n+2)\leq\lim_{n\to\infty}3a_{n+1}\leq\lim_{n\to\infty}(2a_n+1)$

이므로 $\alpha+2\leq3\alpha\leq2\alpha+1$

$\alpha+2\leq3\alpha$에서 $\alpha\geq1$

$3\alpha\leq2\alpha+1$에서 $\alpha\leq1$

$\quad\therefore \alpha=1$ 답 ③

32

곡선 $y=x^2-(n+1)x+a_n$이 x축과 만나므로 이차방정식

$x^2-(n+1)x+a_n=0$의 판별식을 D_1이라 하면

$\quad D_1=(n+1)^2-4a_n\geq0$

$\quad\therefore a_n\leq\dfrac{(n+1)^2}{4}$ … ❶

또 곡선 $y=x^2-nx+a_n$이 x축과 만나지 않으므로

이차방정식 $x^2-nx+a_n=0$의 판별식을 D_2라 하면

$\quad D_2=n^2-4a_n<0$

$\quad\therefore a_n>\dfrac{n^2}{4}$ … ❷

❶, ❷에서 $\dfrac{n^2}{4}<a_n\leq\dfrac{(n+1)^2}{4}$

$$\therefore \frac{1}{4} < \frac{a_n}{n^2} \le \frac{(n+1)^2}{4n^2}$$

$\displaystyle\lim_{n\to\infty}\frac{(n+1)^2}{4n^2}=\frac{1}{4}$ 이므로 $\displaystyle\lim_{n\to\infty}\frac{a_n}{n^2}=\frac{1}{4}$ **답** ⑤

---

step B 실력 문제 11~14쪽

01 ③	**02** ③	**03** ②	**04** 6	**05** 25
06 5	**07** ①	**08** 1, 2	**09** 33	**10** ③
11 $\frac{16}{7}$	**12** ①	**13** ③	**14** 4	**15** ③
16 $\frac{1}{2}$	**17** ②	**18** ①	**19** ①	**20** ⑤
21 4	**22** ③	**23** ①		

01

[전략] (분자)$=\displaystyle\sum_{k=1}^{n}(2k-1)^2-\sum_{k=1}^{n}(2k)^2$임을 이용하여 간단히 한다.

$$(분자)=\sum_{k=1}^{n}(2k-1)^2-\sum_{k=1}^{n}(2k)^2$$
$$=\sum_{k=1}^{n}(-4k+1)=-4\times\frac{n(n+1)}{2}+n$$
$$=-2n(n+1)+n=-2n^2-n$$

이므로

$$\lim_{n\to\infty}\frac{1^2-2^2+3^2-4^2+\cdots+(2n-1)^2-(2n)^2}{1-n^2}$$
$$=\lim_{n\to\infty}\frac{-2n^2-n}{1-n^2}=2$$ **답** ③

02

[전략] 다항식 $f(x)$를 $x-\alpha$로 나눈 나머지는 $f(\alpha)$이다.

$f(x)=(x-1)^{2n}+(x+1)^n$이라 하면
$$a_n=f(3)=2^{2n}+4^n=2^{2n+1}$$
$$b_n=f(1)=2^n$$
$$\therefore \lim_{n\to\infty}\frac{\log_2 a_n+\log_2 b_n}{n}=\lim_{n\to\infty}\frac{(2n+1)+n}{n}$$
$$=\lim_{n\to\infty}\left(3+\frac{1}{n}\right)=3$$ **답** ③

03

[전략] 두 원소 중 작은 원소가 각각 1, 2, …일 때, 가능한 부분집합의 개수를 차례로 구한다.

두 원소를 a, b $(a<b)$라 하자.
$a=1$일 때, $b=2n+2,\ 2n+3,\ \cdots,\ 3n$이므로
부분집합은 $n-1$개,
$a=2$일 때, $b=2n+3,\ 2n+4,\ \cdots,\ 3n$이므로
부분집합은 $n-2$개,
$\quad\vdots$
$a=n-1$일 때, $b=3n$이므로 부분집합은 1개,
$a\ge n$인 경우는 없다.

$$\therefore a_n=(n-1)+(n-2)+\cdots+1=\frac{n(n-1)}{2}$$
$$\therefore \sum_{k=1}^{n}a_k=\sum_{k=1}^{n}\frac{k(k-1)}{2}=\frac{1}{2}\left(\sum_{k=1}^{n}k^2-\sum_{k=1}^{n}k\right)$$
$$=\frac{1}{2}\left\{\frac{n(n+1)(2n+1)}{6}-\frac{n(n+1)}{2}\right\}$$
$$=\frac{n^3-n}{6}$$
$$\therefore \lim_{n\to\infty}\frac{1}{n^3}\sum_{k=1}^{n}a_k=\lim_{n\to\infty}\left(\frac{1}{n^3}\times\frac{n^3-n}{6}\right)=\frac{1}{6}$$ **답** ②

04

[전략] $S_{2n}=\displaystyle\sum_{k=1}^{2n}a_k$, $T_{2n}=\displaystyle\sum_{k=1}^{2n}(-1)^k a_k$를 이용한다.

$a_n=1+(n-1)\times 6=6n-5$이므로 $a_{2n}=12n-5$
$$S_{2n}=\sum_{k=1}^{2n}a_k=\sum_{k=1}^{2n}(6k-5)$$
$$=6\times\frac{2n(2n+1)}{2}-10n$$
$$=12n^2-4n$$
또 $a_{n+1}-a_n=6\ (n\ge 1)$이므로
$$T_{2n}=(-a_1+a_2)+(-a_3+a_4)+\cdots+(-a_{2n-1}+a_{2n})$$
$$=6+6+\cdots+6=6n$$
$$\therefore \lim_{n\to\infty}\frac{a_{2n}T_{2n}}{S_{2n}}=\lim_{n\to\infty}\frac{(12n-5)\times 6n}{12n^2-4n}$$
$$=\lim_{n\to\infty}\frac{72n^2-30n}{12n^2-4n}=6$$ **답** 6

05

[전략] 분모, 분자에 $\sqrt{n+1}+\sqrt{n-1}$을 곱하여 정리한다.

좌변의 분모, 분자에 각각 $\sqrt{n+1}+\sqrt{n-1}$을 곱하여 정리하면
$$(좌변)=\lim_{n\to\infty}\frac{\sqrt{kn+1}(\sqrt{n+1}+\sqrt{n-1})}{n(n+1-n+1)}$$
$$=\lim_{n\to\infty}\frac{\sqrt{k+\dfrac{1}{n}}\left(\sqrt{1+\dfrac{1}{n}}+\sqrt{1-\dfrac{1}{n}}\right)}{2}=\sqrt{k}$$

$\sqrt{k}=5$이므로 $k=25$ **답** 25

06

[전략] $\sqrt{n^2+n+1}$의 정수 부분을 구한 다음, $\sqrt{n^2+n+1}$에서 정수 부분을 빼어 a_n을 구한다.

$n^2<n^2+n+1<(n+1)^2$이므로 $\sqrt{n^2+n+1}$의 정수 부분은 n이다.
$$\therefore a_n=\sqrt{n^2+n+1}-n$$
$$\therefore \lim_{n\to\infty}10a_n=\lim_{n\to\infty}10(\sqrt{n^2+n+1}-n)$$
$$=\lim_{n\to\infty}10\left(\frac{n+1}{\sqrt{n^2+n+1}+n}\right)$$
$$=10\times\frac{1}{2}=5$$ **답** 5

07

[전략] $\sqrt{n^2-n}+\sqrt{n^2+2n}-2n=(\sqrt{n^2-n}-n)+(\sqrt{n^2+2n}-n)$을 이용한다.

$$\lim_{n\to\infty}(\sqrt{n^2-n}+\sqrt{n^2+2n}-2n)$$
$$=\lim_{n\to\infty}\{(\sqrt{n^2-n}-n)+(\sqrt{n^2+2n}-n)\}$$
$$=\lim_{n\to\infty}\left(\frac{-n}{\sqrt{n^2-n}+n}+\frac{2n}{\sqrt{n^2+2n}+n}\right)$$
$$=\lim_{n\to\infty}\left(\frac{-1}{\sqrt{1-\dfrac{1}{n}}+1}+\frac{2}{\sqrt{1+\dfrac{2}{n}}+1}\right)$$
$$=\left(-\frac{1}{2}\right)+1=\frac{1}{2}$$

달 ①

08

[전략] 분모, 분자에 각각 $\sqrt{4^n+a^n}+2^n$을 곱하여 정리하고, a값의 범위를 나누어 극한을 구한다.

$$\lim_{n\to\infty}(\sqrt{4^n+a^n}-2^n)=\lim_{n\to\infty}\frac{a^n}{\sqrt{4^n+a^n}+2^n}$$

(i) $0<a<2$일 때

$$\lim_{n\to\infty}\frac{a^n}{\sqrt{4^n+a^n}+2^n}=\lim_{n\to\infty}\frac{\left(\dfrac{a}{2}\right)^n}{\sqrt{1+\left(\dfrac{a}{4}\right)^n}+1}=0$$

(ii) $a=2$일 때

$$\lim_{n\to\infty}\frac{a^n}{\sqrt{4^n+a^n}+2^n}=\lim_{n\to\infty}\frac{\left(\dfrac{a}{2}\right)^n}{\sqrt{1+\left(\dfrac{a}{4}\right)^n}+1}=\frac{1}{2}$$

(iii) $a>2$일 때

$$\lim_{n\to\infty}\frac{a^n}{\sqrt{4^n+a^n}+2^n}=\lim_{n\to\infty}\frac{1}{\sqrt{\left(\dfrac{4}{a^2}\right)^n+\dfrac{1}{a^n}}+\left(\dfrac{2}{a}\right)^n}=\infty$$

(i)~(iii)에서 $a=1$ 또는 $a=2$일 때 극한값이 존재한다.　달 1, 2

09

[전략] $1\le k<6$, $k=6$, $k>6$일 때로 나누어 생각한다.

(i) $1\le k<6$일 때, $\dfrac{6}{k}>1$이므로

$$a_k=\lim_{n\to\infty}\frac{\left(\dfrac{6}{k}\right)^{n+1}}{\left(\dfrac{6}{k}\right)^n+1}=\lim_{n\to\infty}\frac{\dfrac{6}{k}}{1+\left(\dfrac{k}{6}\right)^n}=\frac{6}{k}$$

(ii) $k=6$일 때, $\dfrac{6}{k}=1$이므로

$$a_k=\lim_{n\to\infty}\frac{1^{n+1}}{1^n+1}=\frac{1}{2}$$

(iii) $k>6$일 때, $0<\dfrac{6}{k}<1$이므로

$$a_k=\lim_{n\to\infty}\frac{\left(\dfrac{6}{k}\right)^{n+1}}{\left(\dfrac{6}{k}\right)^n+1}=0$$

(i)~(iii)에서

$$\sum_{k=1}^{10}ka_k=\sum_{k=1}^{6}ka_k$$
$$=1\times\frac{6}{1}+2\times\frac{6}{2}+\cdots+5\times\frac{6}{5}+6\times\frac{1}{2}=33$$

달 33

10

[전략] $\lim\limits_{n\to\infty}\dfrac{5^n a_n}{3^n+1}$과 $\lim\limits_{n\to\infty}\dfrac{5^{n+1}a_{n+1}}{3^{n+1}+1}$이 같은 값으로 수렴함을 이용한다.

$\lim\limits_{n\to\infty}\dfrac{5^n a_n}{3^n+1}=\alpha$라 하면 $\lim\limits_{n\to\infty}\dfrac{5^{n+1}a_{n+1}}{3^{n+1}+1}=\alpha$이므로

$$\lim_{n\to\infty}\frac{a_n}{a_{n+1}}=\lim_{n\to\infty}\left\{\frac{5^n a_n}{3^n+1}\times\frac{3^{n+1}+1}{5^{n+1}a_{n+1}}\times\frac{5^{n+1}(3^n+1)}{5^n(3^{n+1}+1)}\right\}$$
$$=\lim_{n\to\infty}\left[\frac{5^n a_n}{3^n+1}\times\frac{3^{n+1}+1}{5^{n+1}a_{n+1}}\times\left\{\frac{5\left(1+\dfrac{1}{3^n}\right)}{3+\dfrac{1}{3^n}}\right\}\right]$$
$$=\alpha\times\frac{1}{\alpha}\times\frac{5}{3}=\frac{5}{3}$$

달 ③

[다른 풀이]

$\dfrac{5^n a_n}{3^n+1}=b_n$이라 하면 $a_n=\dfrac{(3^n+1)b_n}{5^n}$

$\lim\limits_{n\to\infty}\dfrac{5^n a_n}{3^n+1}=\alpha$라 하면

$$\lim_{n\to\infty}\frac{a_n}{a_{n+1}}=\lim_{n\to\infty}\frac{\dfrac{(3^n+1)b_n}{5^n}}{\dfrac{(3^{n+1}+1)b_{n+1}}{5^{n+1}}}$$
$$=\lim_{n\to\infty}\left\{\frac{5^{n+1}(3^n+1)}{5^n(3^{n+1}+1)}\times\frac{b_n}{b_{n+1}}\right\}$$
$$=\frac{5}{3}\times\frac{\alpha}{\alpha}=\frac{5}{3}$$

11

[전략] $2a_n-5b_n=c_n$으로 놓고, $\lim\limits_{n\to\infty}c_n=3$, $\lim\limits_{n\to\infty}\dfrac{c_n}{a_n}=0$임을 이용한다.

$2a_n-5b_n=c_n$이라 하면 $b_n=\dfrac{1}{5}(2a_n-c_n)$

$\lim\limits_{n\to\infty}c_n=3$이므로 $\lim\limits_{n\to\infty}\dfrac{c_n}{a_n}=0$

$$\therefore \lim_{n\to\infty}\frac{2a_n+3b_n}{a_n+b_n}=\lim_{n\to\infty}\frac{2a_n+3\times\dfrac{1}{5}(2a_n-c_n)}{a_n+\dfrac{1}{5}(2a_n-c_n)}$$
$$=\lim_{n\to\infty}\frac{16a_n-3c_n}{7a_n-c_n}$$
$$=\lim_{n\to\infty}\frac{16-3\times\dfrac{c_n}{a_n}}{7-\dfrac{c_n}{a_n}}$$
$$=\frac{16}{7}$$

달 $\dfrac{16}{7}$

12

[전략] 조건에서 a_n+b_n부터 구한다.

$n\geq2$일 때

$$a_n+b_n=\sum_{k=1}^{n}(a_k+b_k)-\sum_{k=1}^{n-1}(a_k+b_k)$$
$$=\frac{1}{n+1}-\frac{1}{n}=-\frac{1}{n(n+1)}$$

이므로

$$\lim_{n\to\infty}n^2(a_n+b_n)=\lim_{n\to\infty}\frac{-n^2}{n(n+1)}=-1$$

이때 $\lim_{n\to\infty}n^2b_n=2$이므로

$$\lim_{n\to\infty}n^2a_n=\lim_{n\to\infty}\{(n^2a_n+n^2b_n)-n^2b_n\}$$
$$=-1-2=-3$$

답 ①

13

[전략] 로그의 성질을 이용하여 주어진 부등식을 변형하고 수열의 극한의 대소 관계를 이용한다.

$1+2\log_3 n<\log_3 a_n<1+2\log_3(n+1)$에서
$$1+\log_3 n^2<\log_3 a_n<1+\log_3(n+1)^2$$
$$\log_3 3n^2<\log_3 a_n<\log_3 3(n+1)^2$$

이때 (밑)>1이므로
$$3n^2<a_n<3(n+1)^2$$
$$\therefore \frac{3n^2}{n^2}<\frac{a_n}{n^2}<\frac{3(n+1)^2}{n^2}$$

그런데 $\lim_{n\to\infty}\frac{3n^2}{n^2}=\lim_{n\to\infty}\frac{3(n+1)^2}{n^2}=3$이므로

$$\lim_{n\to\infty}\frac{a_n}{n^2}=3$$

답 ③

14

[전략] 주어진 부등식에서 a_n의 범위를 구한다.

$a_1+2a_2+3a_3+\cdots+na_n=\sum_{k=1}^{n}ka_k=S_n$이라 하면

$n\geq2$일 때
$$2n^2-1<S_n<2n^2+1 \qquad \cdots ❶$$
$$2(n-1)^2-1<S_{n-1}<2(n-1)^2+1 \qquad \cdots ❷$$
$S_n-S_{n-1}=na_n$이므로 ❶$-$❷에서
$$(2n^2-1)-\{2(n-1)^2+1\}<na_n$$
$$<(2n^2+1)-\{2(n-1)^2-1\}$$
$$4n-4<na_n<4n$$
$$\therefore \frac{4n-4}{n}<a_n<4$$

그런데 $\lim_{n\to\infty}\frac{4n-4}{n}=4$이므로
$$\lim_{n\to\infty}a_n=4$$

답 4

15

[전략] $a_{n+1}=pa_n+q$ 꼴의 식은 $a_{n+1}-r=p(a_n-r)$ 꼴로 정리하고 수열 $\{a_n-r\}$부터 구한다.

$5a_{n+1}=2a_n+1$에서 $a_{n+1}-\frac{1}{3}=\frac{2}{5}\left(a_n-\frac{1}{3}\right)$

따라서 수열 $\left\{a_n-\frac{1}{3}\right\}$은 첫째항이 $\frac{2}{3}$이고 공비가 $\frac{2}{5}$인 등비수열이므로

$$a_n-\frac{1}{3}=\frac{2}{3}\left(\frac{2}{5}\right)^{n-1}, \quad a_n=\frac{2}{3}\left(\frac{2}{5}\right)^{n-1}+\frac{1}{3}$$

$$\therefore \lim_{n\to\infty}a_n=\frac{1}{3}$$

답 ③

Note

수열 $\{a_n\}$이 수렴하는지 알고 있는 경우 다음과 같이 풀 수 있다.

$\lim_{n\to\infty}a_n=\alpha$라 하면 $\lim_{n\to\infty}a_{n+1}=\alpha$이므로

$\lim_{n\to\infty}5a_{n+1}=\lim_{n\to\infty}(2a_n+1)$에서

$$5\alpha=2\alpha+1 \qquad \therefore \alpha=\frac{1}{3}$$

16

[전략] 주어진 두 직선의 방정식을 연립하여 a_n, b_n을 구한다.

$2x+y=4^n$, $x-2y=2^n$을 연립하여 풀면

$$x=\frac{2}{5}\times4^n+\frac{1}{5}\times2^n, \quad y=\frac{1}{5}\times4^n-\frac{2}{5}\times2^n$$

따라서 $a_n=\frac{2}{5}\times4^n+\frac{1}{5}\times2^n$, $b_n=\frac{1}{5}\times4^n-\frac{2}{5}\times2^n$이므로

$$\frac{b_n}{a_n}=\frac{\frac{1}{5}\times4^n-\frac{2}{5}\times2^n}{\frac{2}{5}\times4^n+\frac{1}{5}\times2^n}=\frac{4^n-2\times2^n}{2\times4^n+2^n}$$

$$\therefore \lim_{n\to\infty}\frac{b_n}{a_n}=\lim_{n\to\infty}\frac{4^n-2\times2^n}{2\times4^n+2^n}=\lim_{n\to\infty}\frac{1-2\times\left(\frac{1}{2}\right)^n}{2+\left(\frac{1}{2}\right)^n}=\frac{1}{2}$$

답 $\frac{1}{2}$

17

[전략] 이차방정식의 근과 계수의 관계를 이용하여 $h(n)$부터 구한다.

$f(x)=n$에서
$$(x-3)^2=n, \quad x^2-6x-n+9=0$$

이차방정식의 근과 계수의 관계에서
$$\alpha+\beta=6, \quad \alpha\beta=-n+9$$

이므로
$$h(n)=|\alpha-\beta|=\sqrt{(\alpha+\beta)^2-4\alpha\beta}$$
$$=\sqrt{36-4(-n+9)}=2\sqrt{n}$$

$$\therefore \lim_{n\to\infty}\sqrt{n}\{h(n+1)-h(n)\}$$
$$=\lim_{n\to\infty}2\sqrt{n}(\sqrt{n+1}-\sqrt{n})$$
$$=\lim_{n\to\infty}\frac{2\sqrt{n}}{\sqrt{n+1}+\sqrt{n}}$$
$$=\lim_{n\to\infty}\frac{2}{\sqrt{1+\frac{1}{n}}+1}=1$$

답 ②

18

[전략] y좌표가 1인 점 Q의 좌표를 구한 다음,
S_n과 l_n을 n에 대한 식으로 나타낸다.

$nx^2=1$에서 $x=\pm\dfrac{1}{\sqrt{n}}$이므로 $Q\left(\dfrac{1}{\sqrt{n}},\,1\right)$

$\overline{QR}=\dfrac{1}{\sqrt{n}}$, $\overline{PR}=2n$이므로

$$S_n=\dfrac{1}{2}\times\dfrac{1}{\sqrt{n}}\times2n=\sqrt{n}$$

$$l_n=\sqrt{\left(\dfrac{1}{\sqrt{n}}\right)^2+(2n)^2}=\sqrt{\dfrac{1+4n^3}{n}}$$

$$\therefore \lim_{n\to\infty}\dfrac{S_n^2}{l_n}=\lim_{n\to\infty}\dfrac{n}{\sqrt{\dfrac{1+4n^3}{n}}}=\lim_{n\to\infty}\dfrac{1}{\sqrt{\dfrac{1}{n^3}+4}}=\dfrac{1}{2}$$

답 ①

19

[전략] 반지름의 길이를 r라 하면 중심이 직선 $y=x$ 위에 있고 좌표축에 접하는 원의 중심의 좌표는 $(r,\,r)$ 또는 $(-r,\,-r)$이다.

원의 반지름의 길이를 r라 하자.

중심이 직선 $y=x$ 위에 있고, 좌표축에 접하므로 원의 중심의 좌표는 $(r,\,r)$ 또는 $(-r,\,-r)$이다.

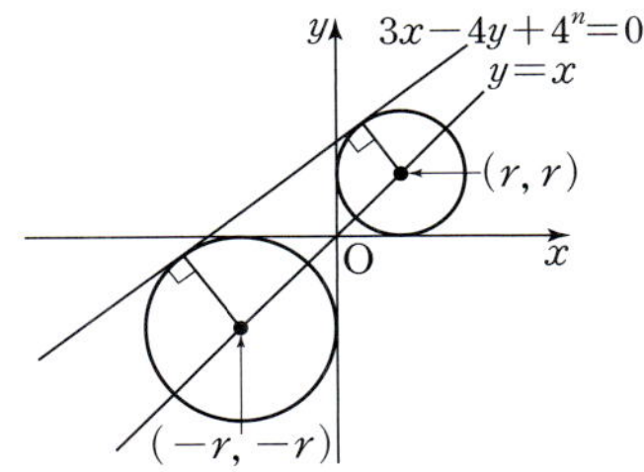

(i) 중심의 좌표가 $(r,\,r)$일 때

중심과 직선 $3x-4y+4^n=0$ 사이의 거리가 r이므로

$$r=\dfrac{|3r-4r+4^n|}{\sqrt{3^2+4^2}}=\dfrac{|-r+4^n|}{5}$$

$$\pm5r=-r+4^n$$

$$\therefore r=\dfrac{4^n}{6}\ (\because r>0)$$

(ii) 중심의 좌표가 $(-r,\,-r)$일 때

중심과 직선 $3x-4y+4^n=0$ 사이의 거리가 r이므로

$$r=\dfrac{|-3r+4r+4^n|}{\sqrt{3^2+4^2}}=\dfrac{|r+4^n|}{5}$$

$$\pm5r=r+4^n$$

$$\therefore r=\dfrac{4^n}{4}\ (\because r>0)$$

(i), (ii)에서 $a_n=\dfrac{4^n}{6}+\dfrac{4^n}{4}=\dfrac{5\times4^n}{12}$이므로

$$\lim_{n\to\infty}\dfrac{a_n}{4^n+1}=\lim_{n\to\infty}\dfrac{\dfrac{5\times4^n}{12}}{4^n+1}=\dfrac{5}{12}$$

답 ①

20

[전략] 직선 P_nQ_n이 x축에 수직임을 이용한다.

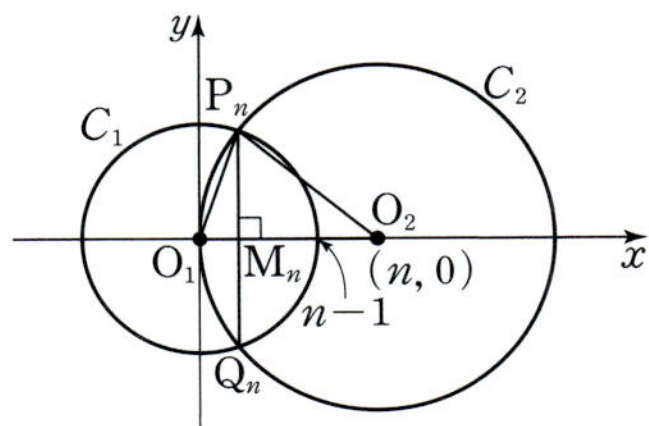

원 C_1은 중심이 $O_1(0,\,0)$, 반지름의 길이가 $n-1$이고, 원 C_2는 중심이 $O_2(n,\,0)$, 반지름의 길이가 n이다.

두 원의 교점의 x좌표는

$$2nx-n^2=-2n+1에서 x=\dfrac{(n-1)^2}{2n}$$

C_1에 대입하면 $y^2=\dfrac{(n-1)^2(3n^2+2n-1)}{4n^2}$이므로

$$y=\pm\dfrac{(n-1)\sqrt{3n^2+2n-1}}{2n}$$

따라서 $\overline{P_nQ_n}=\dfrac{(n-1)\sqrt{3n^2+2n-1}}{n}$이므로

$$\lim_{n\to\infty}\dfrac{\overline{P_nQ_n}}{n}=\lim_{n\to\infty}\dfrac{(n-1)\sqrt{3n^2+2n-1}}{n^2}$$
$$=\sqrt{3}$$

답 ⑤

Note

직선 P_nQ_n과 x축이 만나는 점을 M_n이라 할 때,

$\overline{O_1M_n}=\dfrac{(n-1)^2}{2n}$, $\overline{O_1P_n}=n-1$이므로 피타고라스 정리를 생각해도 된다.

다른 풀이

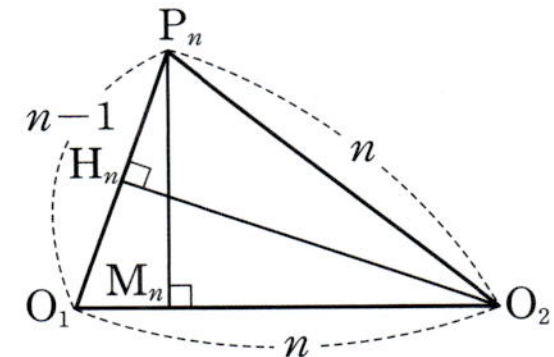

원 C_1, C_2의 중심을 각각 O_1, O_2라 하자.

점 O_2에서 선분 O_1P_n에 내린 수선의 발을 H_n, 점 P_n에서 선분 O_1O_2에 내린 수선의 발을 M_n이라 하자.

삼각형 $O_2P_nO_1$이 이등변삼각형이므로

$$\overline{P_nH_n}=\dfrac{n-1}{2}$$

직각삼각형 $P_nH_nO_2$에서

$$\overline{O_2H_n}=\sqrt{n^2-\left(\dfrac{n-1}{2}\right)^2}=\dfrac{\sqrt{3n^2+2n-1}}{2}$$

삼각형 $O_2P_nO_1$의 넓이는

$$\dfrac{1}{2}\times\overline{P_nO_1}\times\overline{O_2H_n}=\dfrac{1}{2}\times\overline{O_1O_2}\times\overline{P_nM_n}$$이므로

$$\dfrac{1}{2}\times(n-1)\times\dfrac{\sqrt{3n^2+2n-1}}{2}=\dfrac{1}{2}\times n\times\overline{P_nM_n}$$

$$\therefore \overline{P_nM_n}=\dfrac{(n-1)\sqrt{3n^2+2n-1}}{2n}$$

$\overline{P_nQ_n}=2\overline{P_nM_n}$이므로

$$\lim_{n\to\infty}\dfrac{\overline{P_nQ_n}}{n}=\lim_{n\to\infty}\dfrac{(n-1)\sqrt{3n^2+2n-1}}{n^2}=\sqrt{3}$$

21

[전략] 점 $(0, -1)$과 원 O_n의 중심을 지나는 직선을 그려 원 O_n 위를 움직이는 점과 점 $(0, -1)$ 사이의 거리의 최댓값, 최솟값을 구한다.

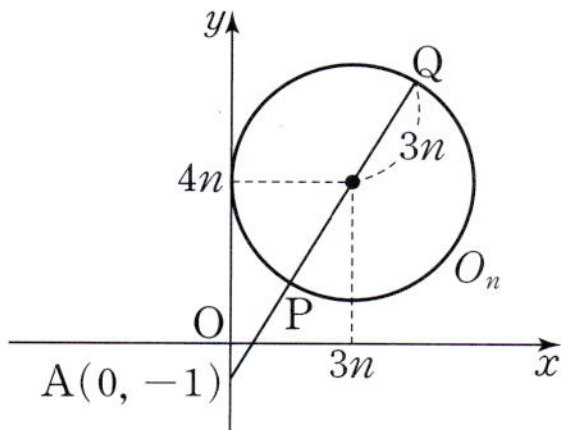

그림과 같이 점 $A(0, -1)$과 원 O_n의 중심을 지나는 직선이 원 O_n과 만나는 두 점을 각각 P, Q라 하면

$$a_n = \overline{AQ} = \sqrt{(3n)^2 + (4n+1)^2} + 3n$$
$$= \sqrt{25n^2 + 8n + 1} + 3n$$
$$b_n = \overline{AP} = \sqrt{(3n)^2 + (4n+1)^2} - 3n$$
$$= \sqrt{25n^2 + 8n + 1} - 3n$$

$$\therefore \lim_{n \to \infty} \frac{a_n}{b_n} = \lim_{n \to \infty} \frac{\sqrt{25n^2 + 8n + 1} + 3n}{\sqrt{25n^2 + 8n + 1} - 3n}$$

$$= \lim_{n \to \infty} \frac{\sqrt{25 + \dfrac{8}{n} + \dfrac{1}{n^2}} + 3}{\sqrt{25 + \dfrac{8}{n} + \dfrac{1}{n^2}} - 3}$$

$$= \frac{5+3}{5-3} = 4$$

답 4

22

[전략] $x = k$일 때 영역의 내부 또는 경계의 점의 개수부터 구한다.

$x = k$ (k는 $0 \le k \le n$인 정수)일 때 영역의 내부 또는 경계에 속하는 점의 좌표는

$$(k, k^2), (k, k^2+1), (k, k^2+2), \cdots, (k, n^2)$$

이므로 $(n^2 - k^2 + 1)$개이다.

$$\therefore a_n = \sum_{k=0}^{n} (n^2 - k^2 + 1)$$

$$= (n^2 + 1) + \sum_{k=1}^{n} (n^2 - k^2 + 1)$$

$$= (n^2 + 1) + n^3 - \frac{1}{6}n(n+1)(2n+1) + n$$

$$= \frac{2}{3}n^3 + \frac{1}{2}n^2 + \frac{5}{6}n + 1$$

$$\therefore \lim_{n \to \infty} \frac{a_n}{n^3} = \lim_{n \to \infty} \frac{\dfrac{2}{3}n^3 + \dfrac{1}{2}n^2 + \dfrac{5}{6}n + 1}{n^3} = \frac{2}{3}$$

답 ③

23

[전략] 직각삼각형의 닮음을 이용하여 A_{n+1}의 x좌표를 a_n으로 나타낸다.

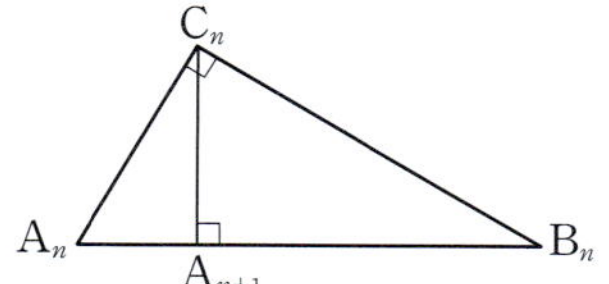

직선 $A_n C_n$의 기울기가 2이므로 위의 직각삼각형 $A_n A_{n+1} C_n$에서
$$\overline{A_n A_{n+1}} : \overline{A_{n+1} C_n} : \overline{C_n A_n} = 1 : 2 : \sqrt{5}$$

$\triangle A_n A_{n+1} C_n \backsim \triangle A_n C_n B_n$ (AA 닮음)이므로
$$\overline{A_n C_n} : \overline{C_n B_n} : \overline{B_n A_n} = 1 : 2 : \sqrt{5}$$

그런데 $\overline{A_n B_n} = n$이므로 $\overline{A_n C_n} = \dfrac{n}{\sqrt{5}}$, $\overline{A_n A_{n+1}} = \dfrac{n}{5}$

$$\therefore a_{n+1} = a_n + \frac{n}{5} \qquad \cdots ❶$$

n 대신에 $1, 2, 3, \cdots, n-1$을 차례로 대입하면

$$a_2 = a_1 + \frac{1}{5}$$
$$a_3 = a_2 + \frac{2}{5}$$
$$a_4 = a_3 + \frac{3}{5}$$
$$\vdots$$
$$a_{n-1} = a_{n-2} + \frac{n-2}{5}$$
$$a_n = a_{n-1} + \frac{n-1}{5}$$

변끼리 모두 더하여 정리하면

$$a_n = a_1 + \frac{1}{5} + \frac{2}{5} + \frac{3}{5} + \cdots + \frac{n-2}{5} + \frac{n-1}{5}$$

$$= a_1 + \sum_{k=1}^{n-1} \frac{k}{5} = 1 + \frac{1}{5} \times \frac{n(n-1)}{2}$$

$$= 1 + \frac{n(n-1)}{10} = \frac{n^2 - n + 10}{10}$$

$$\therefore \lim_{n \to \infty} \frac{a_n}{n^2} = \lim_{n \to \infty} \frac{n^2 - n + 10}{10n^2} = \frac{1}{10}$$

답 ①

다른 풀이

$A_n(a_n, 0)$, $B(a_n + n, 0)$이므로
기울기가 2이고 점 A_n을 지나는 직선을 l_1이라 하고,
점 B_n을 지나면서 직선 l_1에 수직인 직선을 l_2라 하면
직선 l_1의 방정식은
$$y = 2(x - a_n) = 2x - 2a_n \qquad \cdots ❷$$
직선 l_2의 방정식은
$$y = -\frac{1}{2}(x - a_n - n) = -\frac{1}{2}x + \frac{1}{2}a_n + \frac{1}{2}n \qquad \cdots ❸$$

점 C_n은 두 직선 l_1, l_2의 교점이므로
점 C_n의 x좌표는 ❷, ❸에서

$$2x - 2a_n = -\frac{1}{2}x + \frac{1}{2}a_n + \frac{1}{2}n$$

$$\frac{5}{2}x = \frac{5}{2}a_n + \frac{1}{2}n, \quad x = a_n + \frac{n}{5}$$

곧, 점 A_{n+1}의 좌표는 $A_{n+1}\left(a_n + \dfrac{n}{5}, 0\right)$이므로

$$a_{n+1} = a_n + \frac{n}{5}$$

01 ①	**02** ②	**03** ②	**04** $\dfrac{2}{3}$	**05** 24
06 $\dfrac{4}{3}$	**07** 32	**08** $\dfrac{1}{2}$		

01

[전략] $\left(x-\dfrac{k}{n}\right)^2$을 전개한 다음, $\sum$를 이용하여 $f(x)$를 이차식으로 정리한다.

$$f(x)=\sum_{k=1}^{n}\left(x-\frac{k}{n}\right)^2$$

$$=\sum_{k=1}^{n}\left(x^2-\frac{2x}{n}k+\frac{1}{n^2}k^2\right)$$

$$=nx^2-\frac{2x}{n}\times\frac{n(n+1)}{2}+\frac{1}{n^2}\times\frac{n(n+1)(2n+1)}{6}$$

$$=nx^2-(n+1)x+\frac{(n+1)(2n+1)}{6n}$$

$$=n\left(x-\frac{n+1}{2n}\right)^2-\frac{(n+1)^2}{4n}+\frac{(n+1)(2n+1)}{6n}$$

따라서 이차함수 $f(x)$는 $x=\dfrac{n+1}{2n}$일 때 최소이고 최솟값은

$$a_n=-\frac{(n+1)^2}{4n}+\frac{(n+1)(2n+1)}{6n}$$

$$\therefore\ \lim_{n\to\infty}\frac{a_n}{n}=\lim_{n\to\infty}\left\{-\frac{(n+1)^2}{4n^2}+\frac{(n+1)(2n+1)}{6n^2}\right\}$$

$$=-\frac{1}{4}+\frac{1}{3}=\frac{1}{12}$$

답 ①

02

[전략] n이 충분히 클 때 $f(a)>0$이면 $nf(a)-1\geq0$이고, $f(a)<0$이면 $nf(a)-1<0$이다.

(i) $f(a)>0$일 때

n이 충분히 크면 $nf(a)-1\geq0$이므로

$$\lim_{n\to\infty}\frac{|nf(a)-1|-nf(a)}{2n+3}$$

$$=\lim_{n\to\infty}\frac{nf(a)-1-nf(a)}{2n+3}=\lim_{n\to\infty}\frac{-1}{2n+3}=0$$

따라서 조건을 만족시키는 실수 a는 없다.

(ii) $f(a)=0$일 때

$$\lim_{n\to\infty}\frac{|nf(a)-1|-nf(a)}{2n+3}=\lim_{n\to\infty}\frac{1}{2n+3}=0$$

따라서 조건을 만족시키는 실수 a는 없다.

(iii) $f(a)<0$일 때

$nf(a)-1<0$이므로

$$\lim_{n\to\infty}\frac{|nf(a)-1|-nf(a)}{2n+3}$$

$$=\lim_{n\to\infty}\frac{-nf(a)+1-nf(a)}{2n+3}$$

$$=\lim_{n\to\infty}\frac{-2nf(a)+1}{2n+3}=-f(a)$$

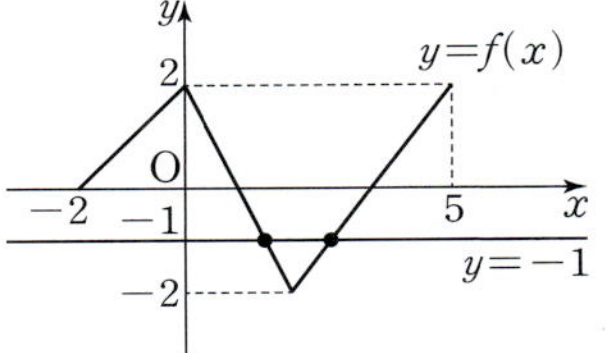

그래프에서 $-f(a)=1$, 곧 $f(a)=-1$을 만족시키는 실수 a는 2개이다.

(i)~(iii)에서 실수 a는 2개이다.

답 ②

03

[전략] 1. $f(3-a)$와 $1-f(3+a)$의 관계를 구한다.

2. $|f(3-a)|$, $|1-f(3+a)|$가 2보다 클 때, 작을 때, 2일 때로 나누어 생각한다.

$$|f(3-a)|=\left|\frac{(3-a)-1}{2(3-a)-6}\right|=\left|\frac{a-2}{2a}\right|$$

$$|1-f(3+a)|=\left|1-\frac{(3+a)-1}{2(3+a)-6}\right|=\left|\frac{a-2}{2a}\right|$$

이므로 $h(a)=\dfrac{a-2}{2a}$라 하면

$$\lim_{n\to\infty}\frac{|f(3-a)|^{n+1}}{2^n+|1-f(3+a)|^n}=\lim_{n\to\infty}\frac{|h(a)|^{n+1}}{2^n+|h(a)|^n}$$

(i) $|h(a)|<2$일 때, $\lim\limits_{n\to\infty}\left|\dfrac{h(a)}{2}\right|^n=0$이므로

$$\lim_{n\to\infty}\frac{|h(a)|^{n+1}}{2^n+|h(a)|^n}=\lim_{n\to\infty}\frac{|h(a)|\left|\dfrac{h(a)}{2}\right|^n}{1+\left|\dfrac{h(a)}{2}\right|^n}=0$$

곧, $k=0$이므로 $k\geq3$을 만족시키지 않는다.

(ii) $|h(a)|=2$일 때

$$\lim_{n\to\infty}\frac{|h(a)|^{n+1}}{2^n+|h(a)|^n}=\lim_{n\to\infty}\frac{2^{n+1}}{2^n+2^n}=1$$

곧, $k=1$이므로 $k\geq3$을 만족시키지 않는다.

(iii) $|h(a)|>2$일 때, $\lim\limits_{n\to\infty}\left|\dfrac{2}{h(a)}\right|^n=0$이므로

$$\lim_{n\to\infty}\frac{|h(a)|^{n+1}}{2^n+|h(a)|^n}=\lim_{n\to\infty}\frac{|h(a)|}{\left|\dfrac{2}{h(a)}\right|^n+1}=|h(a)|$$

$|h(a)|=k$라 하면 $\left|\dfrac{a-2}{2a}\right|=\left|\dfrac{1}{2}-\dfrac{1}{a}\right|=k$

$$\frac{1}{a}=\frac{1}{2}\pm k,\ a=\frac{2}{1\pm2k}$$

$$\therefore\ g(k)=-2\left(\frac{1}{2k-1}-\frac{1}{2k+1}\right)\ (단,\ k\geq3)$$

$$\therefore\ \sum_{k=3}^{17}g(k)=-2\sum_{k=3}^{17}\left(\frac{1}{2k-1}-\frac{1}{2k+1}\right)$$

$$=-2\left(\frac{1}{5}-\frac{1}{7}+\frac{1}{7}-\frac{1}{9}+\cdots+\frac{1}{33}-\frac{1}{35}\right)$$

$$=-2\left(\frac{1}{5}-\frac{1}{35}\right)=-\frac{12}{35}$$

답 ②

Note

$f(x)=\dfrac{1}{2}+\dfrac{1}{x-3}$이므로 $y=f(x)$의 그래프는 점 $\left(3,\dfrac{1}{2}\right)$에 대칭이다.

따라서 $f(3-a)+f(3+a)=1$이다.

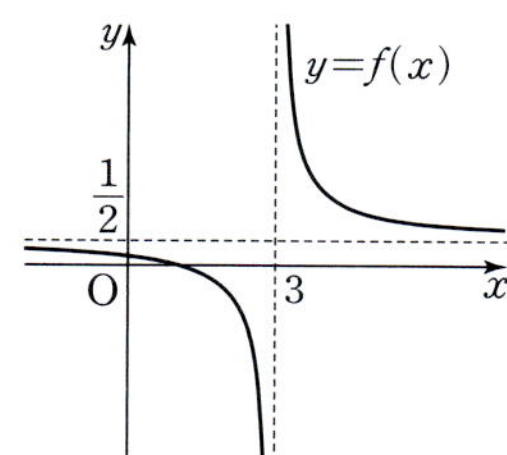

04

[전략] $P_n(a_n,\,0)$으로 놓고 A_n, B_n, C_n, P_{n+1}의 좌표를 차례로 구한다.

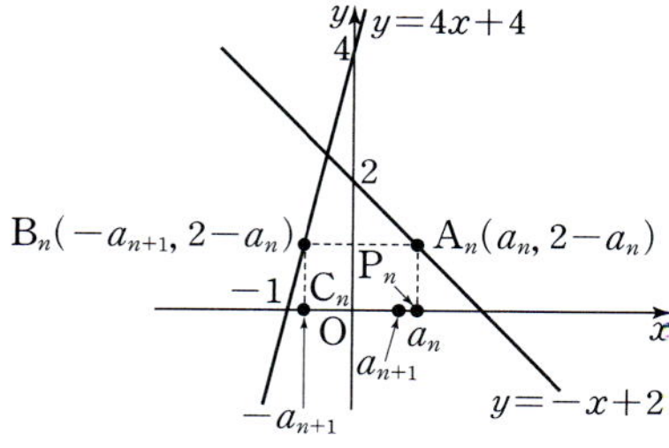

$P_n(a_n,\,0)$이므로 $A_n(a_n,\,2-a_n)$

B_n과 A_n의 y좌표가 같으므로 $B_n(x,\,2-a_n)$이라 하면

$$2-a_n=4x+4,\ x=-\frac{1}{4}a_n-\frac{1}{2}$$

C_n과 B_n의 x좌표가 같으므로

$$C_n\left(-\frac{1}{4}a_n-\frac{1}{2},\,0\right),\ P_{n+1}\left(\frac{1}{4}a_n+\frac{1}{2},\,0\right)$$

$$\therefore\ a_{n+1}=\frac{1}{4}a_n+\frac{1}{2}$$

$a_{n+1}-p=\dfrac{1}{4}(a_n-p)$ 꼴로 정리하면

$$a_{n+1}-\frac{2}{3}=\frac{1}{4}\left(a_n-\frac{2}{3}\right)$$

수열 $\left\{a_n-\dfrac{2}{3}\right\}$는 첫째항이 $a_1-\dfrac{2}{3}=\dfrac{3}{2}-\dfrac{2}{3}=\dfrac{5}{6}$이고 공비가 $\dfrac{1}{4}$

인 등비수열이므로

$$a_n-\frac{2}{3}=\frac{5}{6}\left(\frac{1}{4}\right)^{n-1}\quad\therefore\ a_n=\frac{5}{6}\left(\frac{1}{4}\right)^{n-1}+\frac{2}{3}$$

$$\therefore\ \lim_{n\to\infty}a_n=\lim_{n\to\infty}\left\{\frac{2}{3}+\frac{5}{6}\left(\frac{1}{4}\right)^{n-1}\right\}=\frac{2}{3}\qquad\boxed{\text{달}}\ \frac{2}{3}$$

Note

1. $\displaystyle\lim_{n\to\infty}a_n$은 a_1의 값에 관계없이 일정하다.

2. $\displaystyle\lim_{n\to\infty}a_n$이 수렴하는 것을 알고 있는 경우 다음과 같이 구해도 된다.

$\displaystyle\lim_{n\to\infty}a_{n+1}=\lim_{n\to\infty}a_n=\alpha$라 하면

$\displaystyle\lim_{n\to\infty}a_{n+1}=\lim_{n\to\infty}\left(\frac{1}{4}a_n+\frac{1}{2}\right)$에서

$$\alpha=\frac{1}{4}\alpha+\frac{1}{2}\quad\therefore\ \alpha=\frac{2}{3}$$

05

[전략] 직각삼각형 AOC_n에서 $\overline{AC_n}$, $\overline{OC_n}$의 길이를 n에 대한 식으로 나타내고, 삼각형의 닮음을 이용하여 $\overline{B_1D_n}$의 길이를 나타낸다.

$\overline{AC_n}=\sqrt{n^2+48^2}$이므로

$$\overline{AC_n}-\overline{OC_n}=\sqrt{n^2+48^2}-n$$

또 $\triangle AC_nB_n\backsim\triangle AD_nB_1$ (AA 닮음)이므로 $\overline{B_1D_n}=\dfrac{48}{n}$

$$\begin{aligned}
\therefore\ \lim_{n\to\infty}\frac{\overline{AC_n}-\overline{OC_n}}{\overline{B_1D_n}}
&=\lim_{n\to\infty}\frac{\sqrt{n^2+48^2}-n}{\dfrac{48}{n}}\\[2mm]
&=\lim_{n\to\infty}\frac{(\sqrt{n^2+48^2}-n)(\sqrt{n^2+48^2}+n)}{\dfrac{48}{n}(\sqrt{n^2+48^2}+n)}\\[2mm]
&=\lim_{n\to\infty}\frac{48^2}{48\left(\sqrt{1+\dfrac{48^2}{n^2}}+1\right)}=\frac{48}{2}=24
\end{aligned}$$

$\boxed{\text{달}}\ 24$

06

[전략] 좌표평면 위에 $y=(x-2n)^2$의 그래프를 그리고 $x=k$일 때 주어진 조건을 만족시키는 점의 개수를 구한다.

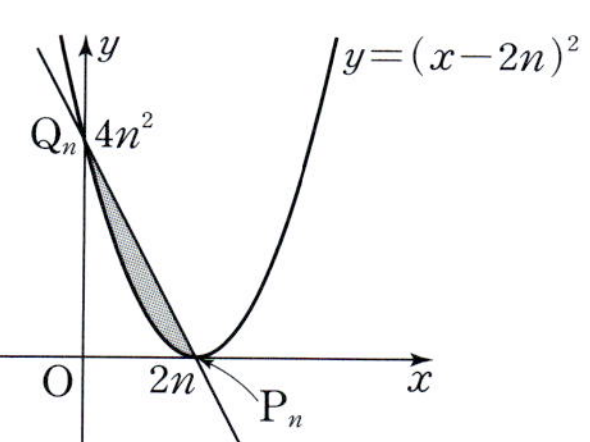

$P_n(2n,\,0)$, $Q_n(0,\,4n^2)$이므로 직선 P_nQ_n의 방정식은

$$y=\frac{0-4n^2}{2n-0}(x-2n)$$

$$\therefore\ y=-2nx+4n^2$$

따라서 색칠한 부분(경계 포함)에 속하고

$x=k$ (k는 $1\le k\le 2n-1$인 자연수)인 점의 y좌표는

$$(k-2n)^2,\ (k-2n)^2+1,\ \cdots,\ -2nk+4n^2$$

이고, 개수는

$$-2nk+4n^2-(k-2n)^2+1=2nk-k^2+1$$

$$\begin{aligned}
\therefore\ a_n&=\sum_{k=1}^{2n-1}(2nk-k^2+1)\\[1mm]
&=2n\times\frac{(2n-1)\times 2n}{2}-\frac{(2n-1)\times 2n\times(4n-1)}{6}\\
&\qquad\qquad\qquad\qquad\qquad\qquad +(2n-1)\\[1mm]
&=(2n-1)\left(\frac{2}{3}n^2+\frac{n}{3}+1\right)
\end{aligned}$$

$$\begin{aligned}
\therefore\ \lim_{n\to\infty}\frac{a_n}{n^3}
&=\lim_{n\to\infty}\frac{(2n-1)\left(\dfrac{2}{3}n^2+\dfrac{n}{3}+1\right)}{n^3}\\[2mm]
&=\frac{4}{3}
\end{aligned}$$

$\boxed{\text{달}}\ \dfrac{4}{3}$

07

[전략] 선분 BC가 y축 위에 있으므로 $\angle B = 90°$이면 선분 AB는 x축에 평행하다.

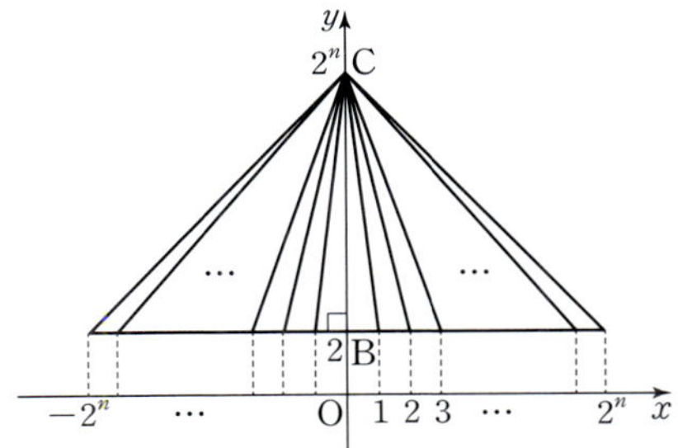

선분 BC가 y축 위에 있으므로 $\angle B = 90°$이면 $b=2$이다.
그런데 $|ab| \leq 2^{n+1}$이므로 $|a| \leq 2^n$

$$\therefore -2^n \leq a \leq 2^n$$

$a \neq 0$이므로 a의 값은

$$a = -2^n, \cdots, -3, -2, -1, 1, 2, 3, \cdots, 2^n-1, 2^n$$

$a=k$ 또는 $a=-k \ (k>0)$일 때 삼각형의 넓이는

$\dfrac{1}{2} \times k \times (2^n-2) = (2^{n-1}-1)k$이므로

$$S_n = 2 \times \sum_{k=1}^{2^n} (2^{n-1}-1)k$$
$$= (2^{n-1}-1) \times 2^n \times (2^n+1)$$
$$= \frac{1}{2}(8^n - 4^n - 2^{n+1})$$

$$\therefore \lim_{n \to \infty} \frac{S_n}{8^{n-2}} = \frac{1}{2} \lim_{n \to \infty} \frac{8^n - 4^n - 2^{n+1}}{8^{n-2}}$$
$$= \frac{1}{2} \times 8^2 = 32$$

답 32

08

[전략] 두 정사각형 A, B의 한 변의 길이를 각각 $2n$, n, 작은 정사각형 한 변의 길이를 1이라 생각하면 A, B의 변 사이의 거리가 $\dfrac{n}{2}$이므로 a_{2n}과 a_{2n-1}을 따로 구한다.

두 정사각형 A, B의 한 변의 길이가 각각 $2n$, n일 때, 한 변의 길이가 1인 정사각형 개수의 최댓값이 a_n이라 생각해도 된다.

(i) A, B의 한 변의 길이가 각각 $4n$, $2n$일 때

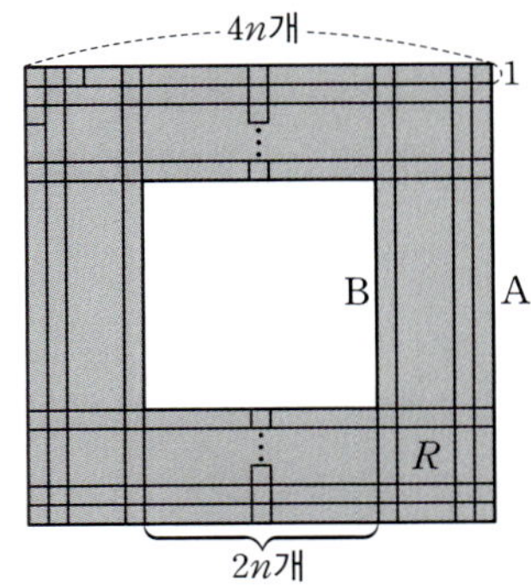

그림과 같이 한 변의 길이가 1인 정사각형을 A에 그리고, B에 속하는 정사각형을 빼면 R에 가장 많은 정사각형을 그릴 수 있다.

$$\therefore a_{2n} = (4n)^2 - (2n)^2 = 12n^2$$

(ii) A, B의 한 변의 길이가 각각 $4n-2$, $2n-1$일 때

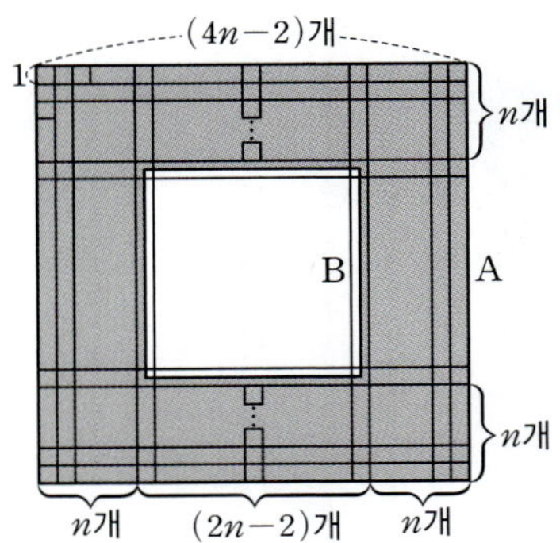

그림과 같이 한 변의 길이가 1인 정사각형을 A에 그리면 가로, 세로로 $2n$개의 정사각형이 B에 겹친다. 따라서 이 정사각형을 빼면 R에 속하는 정사각형의 개수가 최대이다.

$$\therefore a_{2n-1} = (4n-2)^2 - (2n)^2 = 12n^2 - 16n + 4$$

(i), (ii)에서

$$a_{2n+1} - a_{2n} = 12(n+1)^2 - 16(n+1) + 4 - 12n^2 = 8n$$
$$a_{2n} - a_{2n-1} = 12n^2 - 12n^2 + 16n - 4 = 16n - 4$$

이므로

$$\lim_{n \to \infty} \frac{a_{2n+1} - a_{2n}}{a_{2n} - a_{2n-1}} = \lim_{n \to \infty} \frac{8n}{16n-4} = \frac{1}{2}$$

답 $\dfrac{1}{2}$

02. 급수

<table>
<tr><td>step A 기본 문제</td><td>18~21쪽</td></tr>
</table>

01 14	**02** ③	**03** ②	**04** ①	**05** 54
06 ②	**07** 2	**08** ③	**09** ③	**10** ④
11 27	**12** 93	**13** 16	**14** ①	**15** $\dfrac{12}{25}$
16 ③	**17** ②	**18** ③	**19** $8\pi-16$	
20 $(2+\sqrt{2})\pi$	**21** 6	**22** $\dfrac{9}{2}\pi$		
23 $\dfrac{2(3-\sqrt{3})}{5}$		**24** ②		

01

$$\sum_{k=1}^{n}\frac{1}{(2k+1)(2k+3)}$$
$$=\sum_{k=1}^{n}\frac{1}{2}\left(\frac{1}{2k+1}-\frac{1}{2k+3}\right)$$
$$=\frac{1}{2}\left\{\left(\frac{1}{3}-\frac{1}{5}\right)+\left(\frac{1}{5}-\frac{1}{7}\right)+\cdots+\left(\frac{1}{2n+1}-\frac{1}{2n+3}\right)\right\}$$
$$=\frac{1}{2}\left(\frac{1}{3}-\frac{1}{2n+3}\right)$$

이므로

$$\sum_{n=1}^{\infty}\frac{84}{(2n+1)(2n+3)}=\lim_{n\to\infty}42\left(\frac{1}{3}-\frac{1}{2n+3}\right)=14$$

달 14

02

이차방정식의 근과 계수의 관계에서
$a_n=n^2-1=(n-1)(n+1)$이므로

$$\sum_{k=2}^{n}\frac{2}{a_k}=\sum_{k=2}^{n}\frac{2}{(k-1)(k+1)}$$
$$=\sum_{k=2}^{n}\left(\frac{1}{k-1}-\frac{1}{k+1}\right)$$
$$=\left(\frac{1}{1}-\frac{1}{3}\right)+\left(\frac{1}{2}-\frac{1}{4}\right)+\left(\frac{1}{3}-\frac{1}{5}\right)+\left(\frac{1}{4}-\frac{1}{6}\right)$$
$$+\cdots+\left(\frac{1}{n-2}-\frac{1}{n}\right)+\left(\frac{1}{n-1}-\frac{1}{n+1}\right)$$
$$=\frac{3}{2}-\frac{1}{n}-\frac{1}{n+1}$$
$$\therefore \sum_{n=2}^{\infty}\frac{2}{a_n}=\lim_{n\to\infty}\sum_{k=2}^{n}\frac{2}{a_k}$$
$$=\lim_{n\to\infty}\left(\frac{3}{2}-\frac{1}{n}-\frac{1}{n+1}\right)=\frac{3}{2}$$

달 ③

03

$a_n=\log_2\left\{1-\dfrac{1}{(n+1)^2}\right\}$이라 하면

$$a_n=\log_2\left(\frac{n}{n+1}\times\frac{n+2}{n+1}\right)$$

이므로

$$\sum_{k=1}^{n}a_k=\log_2\left(\frac{1}{2}\times\frac{3}{2}\right)+\log_2\left(\frac{2}{3}\times\frac{4}{3}\right)+\log_2\left(\frac{3}{4}\times\frac{5}{4}\right)$$
$$+\cdots+\log_2\left(\frac{n}{n+1}\times\frac{n+2}{n+1}\right)$$

$$=\log_2\left(\frac{1}{2}\times\frac{3}{2}\times\frac{2}{3}\times\frac{4}{3}\times\cdots\times\frac{n}{n+1}\times\frac{n+2}{n+1}\right)$$
$$=\log_2\frac{n+2}{2(n+1)}$$
$$\therefore \sum_{n=1}^{\infty}\log_2\left\{1-\frac{1}{(n+1)^2}\right\}=\lim_{n\to\infty}\sum_{k=1}^{n}a_k$$
$$=\lim_{n\to\infty}\log_2\frac{n+2}{2(n+1)}$$
$$=\log_2\frac{1}{2}=-1$$

달 ②

04

접선이 x축의 양의 방향과 이루는 각의 크기를 θ라 하면

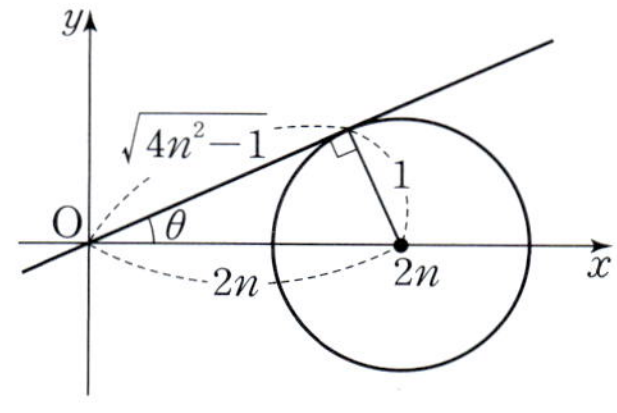

$$a_n=\tan\theta=\frac{1}{\sqrt{4n^2-1}}$$
$$\therefore \sum_{k=1}^{n}a_k^2=\sum_{k=1}^{n}\frac{1}{4k^2-1}$$
$$=\sum_{k=1}^{n}\frac{1}{2}\left(\frac{1}{2k-1}-\frac{1}{2k+1}\right)$$
$$=\frac{1}{2}\left\{\left(1-\frac{1}{3}\right)+\left(\frac{1}{3}-\frac{1}{5}\right)\right.$$
$$\left.+\cdots+\left(\frac{1}{2n-1}-\frac{1}{2n+1}\right)\right\}$$
$$=\frac{1}{2}\left(1-\frac{1}{2n+1}\right)$$
$$\therefore \sum_{n=1}^{\infty}a_n^2=\lim_{n\to\infty}\sum_{k=1}^{n}a_k^2$$
$$=\lim_{n\to\infty}\frac{1}{2}\left(1-\frac{1}{2n+1}\right)=\frac{1}{2}$$

달 ①

05

$$\sum_{n=1}^{\infty}(a_n+5b_n)=\sum_{n=1}^{\infty}a_n+5\sum_{n=1}^{\infty}b_n$$
$$=4+5\times10=54$$

달 54

06

$$\sum_{n=1}^{\infty}\left(\frac{a_n}{n}-\frac{2n}{n+3}\right)=5\text{이므로}$$
$$\lim_{n\to\infty}\left(\frac{a_n}{n}-\frac{2n}{n+3}\right)=0$$

이때 $\displaystyle\lim_{n\to\infty}\frac{2n}{n+3}=2$이므로 $\displaystyle\lim_{n\to\infty}\frac{a_n}{n}=2$

$$\therefore \lim_{n\to\infty}\frac{5a_n-2n}{a_n+2n+1}=\lim_{n\to\infty}\frac{5\times\dfrac{a_n}{n}-2}{\dfrac{a_n}{n}+2+\dfrac{1}{n}}$$
$$=\frac{5\times2-2}{2+2+0}=2$$

달 ②

07

$\sum\limits_{n=1}^{\infty}\left(a_n-\dfrac{3n}{n+1}\right)$이 수렴하므로

$$\lim_{n\to\infty}\left(a_n-\dfrac{3n}{n+1}\right)=0 \qquad \therefore \lim_{n\to\infty}a_n=3$$

또 $\sum\limits_{n=1}^{\infty}(a_n+b_n)$이 수렴하므로 $\lim\limits_{n\to\infty}(a_n+b_n)=0$

$\lim\limits_{n\to\infty}a_n=3$이므로 $\lim\limits_{n\to\infty}b_n=-3$

$$\therefore \lim_{n\to\infty}\dfrac{3-b_n}{a_n}=\dfrac{3-(-3)}{3}=2 \qquad \text{답 } 2$$

08

급수 $\sum\limits_{n=1}^{\infty}\left(\dfrac{2x-3}{7}\right)^n$은 첫째항과 공비가 모두 $\dfrac{2x-3}{7}$인 등비급수이므로 수렴하면

$\dfrac{2x-3}{7}=0$ 또는 $-1<\dfrac{2x-3}{7}<1$

이때 x는 정수이므로 $\dfrac{2x-3}{7}\neq 0$이다.

$-1<\dfrac{2x-3}{7}<1$에서 $-7<2x-3<7$

$$\therefore -2<x<5$$

따라서 정수 x는 -1, 0, 1, 2, 3, 4이므로 그 개수는 6이다.

답 ③

09

$$\sum_{n=1}^{\infty}\dfrac{(3^a+1)^n}{6^{3n}}=\sum_{n=1}^{\infty}\left(\dfrac{3^a+1}{216}\right)^n$$

에서 $3^a+1\neq 0$이므로 수렴하면

$$-1<\dfrac{3^a+1}{216}<1 \qquad \therefore -217<3^a<215$$

따라서 자연수 a는 1, 2, 3, 4이므로 그 개수는 4이다.

답 ③

10

$a_{n+1}=\dfrac{7}{2}a_n$에서 수열 $\{a_n\}$의 공비가 $\dfrac{7}{2}$이므로

$$a_n=\left(\dfrac{7}{2}\right)^{n-1}$$

이때 $\dfrac{10}{a_n}=10\times\left(\dfrac{2}{7}\right)^{n-1}$이므로 등비급수 $\sum\limits_{n=1}^{\infty}\dfrac{10}{a_n}$은 첫째항이 10, 공비가 $\dfrac{2}{7}$이다.

$$\therefore \sum_{n=1}^{\infty}\dfrac{10}{a_n}=\dfrac{10}{1-\dfrac{2}{7}}=14 \qquad \text{답 ④}$$

11

$a_1+3a_2=0$에서 $a_2=-\dfrac{1}{3}a_1$이므로 공비는 $-\dfrac{1}{3}$이다.

$a_1+a_2+a_3=28$에서

$$a_1-\dfrac{1}{3}a_1+\dfrac{1}{9}a_1=28, \quad 7a_1=252 \qquad \therefore a_1=36$$

$$\therefore \sum_{n=1}^{\infty}a_n=\dfrac{36}{1-\left(-\dfrac{1}{3}\right)}=\dfrac{36}{\dfrac{4}{3}}=27 \qquad \text{답 } 27$$

12

$$\sum_{n=1}^{\infty}\dfrac{5^{n+2}-4^{n+2}}{6^n}=\sum_{n=1}^{\infty}\left\{5^2\times\left(\dfrac{5}{6}\right)^n-4^2\times\left(\dfrac{4}{6}\right)^n\right\}$$

$$=\sum_{n=1}^{\infty}\left\{25\left(\dfrac{5}{6}\right)^n-16\left(\dfrac{2}{3}\right)^n\right\}$$

$$=25\times\dfrac{\dfrac{5}{6}}{1-\dfrac{5}{6}}-16\times\dfrac{\dfrac{2}{3}}{1-\dfrac{2}{3}}=93 \qquad \text{답 } 93$$

13

공비를 r라 하면

$\sum\limits_{n=1}^{\infty}a_n=8$에서 $\dfrac{a_1}{1-r}=8$ ⋯ ❶

$\sum\limits_{n=1}^{\infty}b_n=6$에서 $\dfrac{b_1}{1-r}=6$ ⋯ ❷

❶$-$❷에서 $\dfrac{a_1-b_1}{1-r}=2$

$a_1-b_1=1$이므로 $\dfrac{1}{1-r}=2 \qquad \therefore r=\dfrac{1}{2}$

❶에 대입하면 $a_1=4$

❷에 대입하면 $b_1=3$

$$\therefore a_nb_n=a_1r^{n-1}\times b_1r^{n-1}=a_1b_1r^{2(n-1)}=12\times\left(\dfrac{1}{4}\right)^{n-1}$$

$$\therefore \sum_{n=1}^{\infty}a_nb_n=\dfrac{12}{1-\dfrac{1}{4}}=16 \qquad \text{답 } 16$$

Note

❶$\div$❷에서 $\dfrac{a_1}{b_1}=\dfrac{4}{3}$

이 식과 $a_1-b_1=1$을 연립하여 풀어도 된다.

14

(i) $n=2k$ (k는 자연수)일 때

$(-3)^{n-1}<0$이므로 $a_n=0$이다.

(ii) $n=2k+1$ (k는 자연수)일 때

$(-3)^{n-1}>0$이므로 $a_n=1$이다.

$$\therefore \sum_{n=3}^{\infty}\dfrac{a_n}{2^n}=\dfrac{1}{2^3}+\dfrac{1}{2^5}+\dfrac{1}{2^7}+\cdots=\dfrac{\dfrac{1}{2^3}}{1-\dfrac{1}{4}}=\dfrac{1}{6} \qquad \text{답 ①}$$

15

$$\sum_{n=1}^{\infty}\left(\dfrac{3}{4}\right)^n\cos\dfrac{(n-1)\pi}{2}$$

$$=\dfrac{3}{4}-\left(\dfrac{3}{4}\right)^3+\left(\dfrac{3}{4}\right)^5-\left(\dfrac{3}{4}\right)^7+\cdots$$

$$=\dfrac{\dfrac{3}{4}}{1-\left(-\dfrac{9}{16}\right)}=\dfrac{12}{25} \qquad \text{답 } \dfrac{12}{25}$$

16

$9^1=9$, $9^2=81$, $9^3=729$, $9^4=6561$, $\cdots$이므로

$a_1=9$, $a_2=1$, $a_3=9$, $a_4=1$, $\cdots$

$$\therefore \sum_{n=1}^{\infty} \frac{a_n}{10^{n-2}} = \frac{9}{10^{-1}} + \frac{1}{10^0} + \frac{9}{10^1} + \frac{1}{10^2} + \cdots$$

$$= (90+1) + (90+1) \times \frac{1}{10^2}$$

$$+ (90+1) \times \frac{1}{10^4} + \cdots$$

$$= \frac{91}{1 - \frac{1}{10^2}} = \frac{9100}{99}$$

答 ③

17

$$\triangle ABC = \frac{1}{2} \times 1 \times 1 \times \sin 60° = \frac{\sqrt{3}}{4}$$

삼각형 A_1BB_1에서 코사인법칙을 이용하면

$$\overline{A_1B_1}^2 = \left(\frac{1}{3}\right)^2 + \left(\frac{2}{3}\right)^2 - 2 \times \frac{1}{3} \times \frac{2}{3} \times \cos 60° = \frac{1}{3}$$

$$\therefore \overline{A_1B_1} = \frac{1}{\sqrt{3}}$$

삼각형 ABC와 삼각형 $A_1B_1C_1$의 넓이의 비는 $1 : \frac{1}{3}$이다. 삼각

형의 넓이는 첫째항이 $\frac{\sqrt{3}}{4}$이고 공비가 $\frac{1}{3}$인 등비수열을 이루므

로 넓이의 합은

$$\frac{\frac{\sqrt{3}}{4}}{1 - \frac{1}{3}} = \frac{3\sqrt{3}}{8}$$

答 ②

18

$\overline{A_1D_1} = l_1$이라 하면

$\overline{BD_1} = l_1$, $\overline{AD_1} = 2 - l_1$

두 삼각형 ABC, AD_1A_1이 닮음이
므로

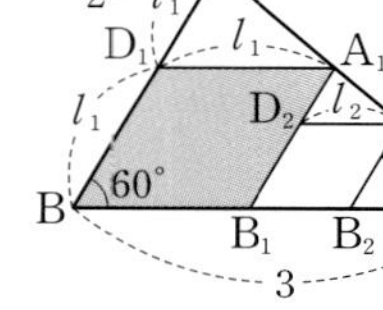

$$2 : (2 - l_1) = 3 : l_1$$

$$\therefore l_1 = \frac{6}{5}$$

마름모 $BB_1A_1D_1$의 넓이는

$$2 \times \left(\frac{1}{2} \times \frac{6}{5} \times \frac{6}{5} \times \sin 60°\right) = \frac{18\sqrt{3}}{25}$$

또 $\overline{A_2D_2} = l_2$라 하면 $l_1 : l_2 = 2 : l_1$

삼각형 ABC와 삼각형 A_1B_1C의 닮음비가 $2 : \frac{6}{5} = 5 : 3$이므로

마름모 $BB_1A_1D_1$과 마름모 $B_1B_2A_2D_2$의 닮음비도 $5 : 3$이고,

넓이의 비는 $5^2 : 3^2$이다.

따라서 마름모의 넓이는 첫째항이 $\frac{18\sqrt{3}}{25}$이고 공비가 $\frac{9}{25}$인 등비

수열을 이루므로 넓이의 합은

$$\frac{\frac{18\sqrt{3}}{25}}{1 - \frac{9}{25}} = \frac{9\sqrt{3}}{8}$$

答 ③

19

C_n의 지름의 길이를 r_n, M_n의 한 변의 길이를 a_n이라 하자.

M_1의 대각선의 길이가 $2r_1 = 4$이므로

$$4 = \sqrt{2}a_1, \ a_1 = 2\sqrt{2}$$

또 M_1의 한 변의 길이는 C_2의 지름의 길이이므로

$$2r_2 = a_1, \ 2r_2 = 2\sqrt{2} \qquad \therefore r_2 = \sqrt{2}$$

따라서 수열 $\{a_n\}$은 공비가 $\frac{1}{\sqrt{2}}$인 등비수열이고,

수열 $\{S_n\}$은 공비가 $\frac{1}{2}$인 등비수열이다.

$S_1 = \pi r_1^2 - a_1^2 = 4\pi - 8$이므로

$$\sum_{n=1}^{\infty} S_n = \frac{4\pi - 8}{1 - \frac{1}{2}} = 8\pi - 16$$

答 $8\pi - 16$

20

$$l_1 = 4 \times \frac{\pi}{4} = \pi$$

또 부채꼴 $A_1A_2B_2$의 중심각의 크기는 $\angle A_0A_1B_2 = \frac{\pi}{4}$이고 반지

름의 길이는 $\overline{A_1B_2} = \frac{\sqrt{2}}{2} \overline{A_0A_1}$이므로 수열 $\{l_n\}$은 첫째항이 π이

고 공비가 $\frac{\sqrt{2}}{2}$인 등비수열이다.

$$\therefore \sum_{n=1}^{\infty} l_n = \frac{\pi}{1 - \frac{\sqrt{2}}{2}} = (2 + \sqrt{2})\pi$$

答 $(2 + \sqrt{2})\pi$

21

$$l_0 = 1 \times 2$$

$$l_1 = 1 \times 2 + \frac{1}{3} \times 2^2 = 2 + 2 \times \frac{2}{3}$$

$$l_2 = 1 \times 2 + \frac{1}{3} \times 2^2 + \left(\frac{1}{3}\right)^2 \times 2^3$$

$$= 2 + 2 \times \frac{2}{3} + 2 \times \left(\frac{2}{3}\right)^2$$

$$l_3 = 1 \times 2 + \frac{1}{3} \times 2^2 + \left(\frac{1}{3}\right)^2 \times 2^3 + \left(\frac{1}{3}\right)^3 \times 2^4$$

$$= 2 + 2 \times \frac{2}{3} + 2 \times \left(\frac{2}{3}\right)^2 + 2 \times \left(\frac{2}{3}\right)^3$$

$$\vdots$$

따라서 l_n은 첫째항이 2이고 공비가 $\frac{2}{3}$인 등비수열의 첫째항부

터 제 n항까지의 합이므로

$$\lim_{n \to \infty} l_n = \frac{2}{1 - \frac{2}{3}} = 6$$

答 6

22

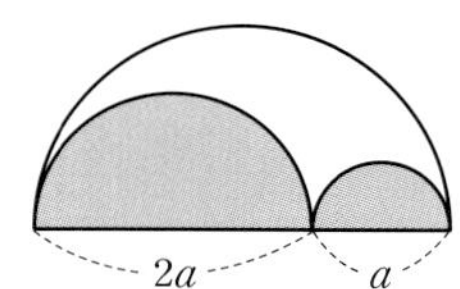

그림에서 지름의 길이가 $3a$인 큰 반원의 넓이는

$$\frac{1}{2} \times \pi \times \left(\frac{3}{2}a\right)^2 = \frac{9}{8}\pi a^2$$

작은 두 반원 넓이의 합은

$$\frac{1}{2}\times\pi\times a^2+\frac{1}{2}\times\pi\times\left(\frac{a}{2}\right)^2=\frac{5}{8}\pi a^2$$

작은 두 반원 넓이의 합은 큰 반원 넓이의 $\frac{5}{9}$이므로 수열 $\{S_n\}$은 공비가 $\frac{5}{9}$인 등비수열이다.

$S_1=2\pi$이므로 $\displaystyle\sum_{n=1}^{\infty}S_n=\frac{2\pi}{1-\frac{5}{9}}=\frac{9}{2}\pi$ ▤ $\frac{9}{2}\pi$

23

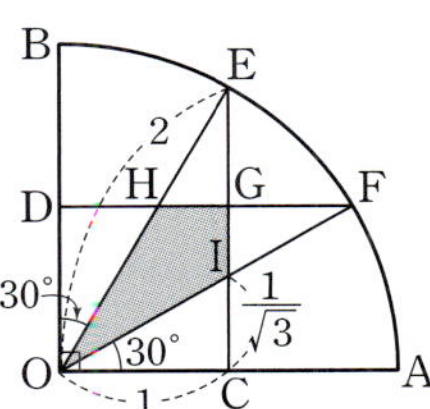

삼각형 OCE에서 $\overline{OC}=1$, $\overline{OE}=2$이므로 $\angle EOC=60°$
마찬가지로 하면 삼각형 OFD에서 $\angle BOF=60°$이므로
$$\angle BOE=30°,\ \angle AOF=30°$$
또 $\overline{CI}=\overline{DH}=\dfrac{1}{\sqrt3}$이므로 사각형 OIGH의 넓이는
$$1^2-2\times\left(\frac{1}{2}\times1\times\frac{1}{\sqrt3}\right)=1-\frac{1}{\sqrt3}$$

R_2에서 작은 부채꼴의 반지름의 길이는 $\dfrac{1}{\sqrt3}$이므로 R_1에서의 사각형과 R_2에서 새로 만든 한 개의 사각형의 닮음비는 $1:\dfrac{1}{2\sqrt3}$이다.

그런데 도형의 개수가 2배씩 늘어나므로 도형 R_n에서 새로 색칠하는 도형의 넓이는 공비가 $2\times\left(\dfrac{1}{2\sqrt3}\right)^2=\dfrac{1}{6}$인 등비수열을 이룬다.

따라서 S_n은 첫째항이 $1-\dfrac{1}{\sqrt3}$이고 공비가 $\dfrac{1}{6}$인 등비수열의 첫째항부터 제n항까지의 합이므로
$$\lim_{n\to\infty}S_n=\frac{1-\frac{1}{\sqrt3}}{1-\frac{1}{6}}=\frac{2(3-\sqrt3)}{5}$$ ▤ $\dfrac{2(3-\sqrt3)}{5}$

24

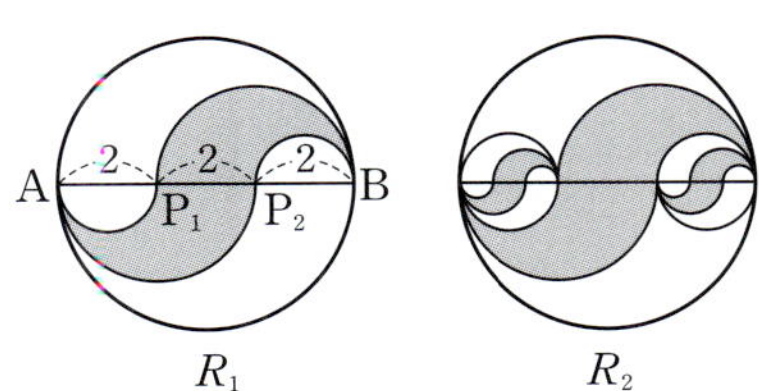

$\overline{AP_1}=2$, $\overline{AP_2}=4$이므로 R_1에서 지름 AB의 아래쪽에 있는 색칠한 도형의 넓이는
$$\frac{1}{2}(\pi\times2^2-\pi\times1^2)=\frac{3}{2}\pi$$

R_1에서 지름 AB의 위쪽에 있는 색칠한 도형의 넓이도 $\dfrac{3}{2}\pi$이므로 R_1에서 색칠한 도형의 넓이는 3π

R_2에서 새로 그리는 원의 지름의 길이가 지름 AB 길이의 $\dfrac{1}{3}$이므로 새로 그리는 도형의 넓이는 $\dfrac{1}{9}$배이다. 그리고 원의 개수는 2배씩 늘어나므로 새로 그리는 도형의 넓이는 공비가 $\dfrac{2}{9}$인 등비수열을 이룬다.

따라서 S_n은 첫째항이 3π이고 공비가 $\dfrac{2}{9}$인 등비수열의 첫째항부터 제n항까지의 합이므로
$$\lim_{n\to\infty}S_n=\frac{3\pi}{1-\frac{2}{9}}=\frac{27}{7}\pi$$ ▤ ②

step B 실력 문제 22~26쪽

01 23	**02** ②	**03** ③	**04** ①	**05** ①
06 ③	**07** 4	**08** ②	**09** ③	**10** ②
11 ③	**12** $\frac{4}{5}$	**13** $2\sqrt3$	**14** $\frac{1}{6}$	**15** ②
16 ③	**17** ②	**18** ④	**19** ②	

01

[전략] 다항식 $f(x)$를 일차식 $x-n$으로 나눈 나머지는 $f(n)$임을 이용한다.

$f(x)=a_nx^2+a_nx+2$라 하면
$f(x)$를 $x-n$으로 나눈 나머지가 25이므로
$$a_nn^2+a_nn+2=25,\ a_n(n^2+n)=23$$
$$a_n=\frac{23}{n^2+n}=\frac{23}{n(n+1)}$$
$$\sum_{k=1}^{n}\frac{1}{k(k+1)}=\sum_{k=1}^{n}\left(\frac{1}{k}-\frac{1}{k+1}\right)=1-\frac{1}{n+1}$$
$$\therefore \sum_{n=1}^{\infty}\frac{23}{n(n+1)}=\lim_{n\to\infty}23\left(1-\frac{1}{n+1}\right)=23$$ ▤ 23

02

[전략] $\displaystyle\sum_{k=1}^{n}\frac{a_k}{k}=S_n$이라 하면 $\dfrac{a_n}{n}=S_n-S_{n-1}$이다.

$n\geq2$일 때
$$\frac{a_n}{n}=\sum_{k=1}^{n}\frac{a_k}{k}-\sum_{k=1}^{n-1}\frac{a_k}{k}$$
$$=n^2+3n-\{(n-1)^2+3(n-1)\}$$
$$=2(n+1)$$

$\displaystyle\sum_{k=1}^{n}\frac{a_k}{k}=n^2+3n$에 $n=1$을 대입하면 $a_1=4$
$$\therefore a_n=2n(n+1)$$
$$\sum_{k=1}^{n}\frac{1}{a_k}=\sum_{k=1}^{n}\frac{1}{2k(k+1)}$$
$$=\frac{1}{2}\sum_{k=1}^{n}\left(\frac{1}{k}-\frac{1}{k+1}\right)=\frac{1}{2}\left(1-\frac{1}{n+1}\right)$$
$$\therefore \sum_{n=1}^{\infty}\frac{1}{a_n}=\lim_{n\to\infty}\frac{1}{2}\left(1-\frac{1}{n+1}\right)=\frac{1}{2}$$ ▤ ②

03

[전략] $y=\dfrac{1}{3}x+1$에서 $x,\ y$가 자연수일 조건을 찾는다.

$y=\dfrac{1}{3}x+1$이므로 $x,\ y$가 모두 자연수이면 x는 3의 배수이다.

따라서 $a_n=3n$, $b_n=n+1$이므로

$$\sum_{k=1}^{n}\frac{1}{a_kb_k}=\sum_{k=1}^{n}\frac{1}{3k(k+1)}=\frac{1}{3}\sum_{k=1}^{n}\left(\frac{1}{k}-\frac{1}{k+1}\right)$$
$$=\frac{1}{3}\left(1-\frac{1}{n+1}\right)$$
$$\therefore \sum_{n=1}^{\infty}\frac{1}{a_nb_n}=\lim_{n\to\infty}\frac{1}{3}\left(1-\frac{1}{n+1}\right)=\frac{1}{3}$$

답 ③

04

[전략] $\dfrac{a_n}{a_{n+1}a_{n+2}}=\dfrac{a_{n+2}-a_{n+1}}{a_{n+1}a_{n+2}}$에서 우변을 두 분수식의 차로 나타낸다.

$\dfrac{a_n}{a_{n+1}a_{n+2}}=\dfrac{a_{n+2}-a_{n+1}}{a_{n+1}a_{n+2}}=\dfrac{1}{a_{n+1}}-\dfrac{1}{a_{n+2}}$이므로

$$\sum_{k=1}^{n}\frac{a_k}{a_{k+1}a_{k+2}}=\sum_{k=1}^{n}\left(\frac{1}{a_{k+1}}-\frac{1}{a_{k+2}}\right)$$
$$=\left(\frac{1}{a_2}-\frac{1}{a_3}\right)+\left(\frac{1}{a_3}-\frac{1}{a_4}\right)+\cdots$$
$$+\left(\frac{1}{a_{n+1}}-\frac{1}{a_{n+2}}\right)$$
$$=\frac{1}{a_2}-\frac{1}{a_{n+2}}$$
$$\therefore \sum_{n=1}^{\infty}\frac{a_n}{a_{n+1}a_{n+2}}=\lim_{n\to\infty}\left(\frac{1}{a_2}-\frac{1}{a_{n+2}}\right)$$
$$=\frac{1}{a_2}=\frac{1}{2}$$

답 ①

05

[전략] $\dfrac{1}{AB}=\dfrac{1}{B-A}\left(\dfrac{1}{A}-\dfrac{1}{B}\right)$을 이용하여 $\dfrac{n}{n^4+n^2+1}$을 두 분수식의 차로 나타낸다.

$$\frac{n}{n^4+n^2+1}=\frac{n}{(n^2+n+1)(n^2-n+1)}$$
$$=\frac{1}{2}\left(\frac{1}{n^2-n+1}-\frac{1}{n^2+n+1}\right)$$

이므로

$$\sum_{k=1}^{n}\frac{k}{k^4+k^2+1}$$
$$=\sum_{k=1}^{n}\frac{1}{2}\left(\frac{1}{k^2-k+1}-\frac{1}{k^2+k+1}\right)$$
$$=\frac{1}{2}\left\{\left(1-\frac{1}{3}\right)+\left(\frac{1}{3}-\frac{1}{7}\right)+\left(\frac{1}{7}-\frac{1}{13}\right)\right.$$
$$\left.+\cdots+\left(\frac{1}{n^2-n+1}-\frac{1}{n^2+n+1}\right)\right\}$$
$$=\frac{1}{2}\left(1-\frac{1}{n^2+n+1}\right)$$
$$\therefore \sum_{n=1}^{\infty}\frac{n}{n^4+n^2+1}=\lim_{n\to\infty}\frac{1}{2}\left(1-\frac{1}{n^2+n+1}\right)=\frac{1}{2}$$

답 ①

Note

$\dfrac{1}{n^2-n+1}$의 n에 $n+1$을 대입하면 $\dfrac{1}{n^2+n+1}$이다.
이를 알면 소거되는 규칙을 쉽게 찾을 수 있다.

06

[전략] $\displaystyle\sum_{n=1}^{\infty}(2a_n-3)=2$이므로 $\displaystyle\lim_{n\to\infty}(2a_n-3)=0$임을 이용하여 $\displaystyle\lim_{n\to\infty}a_n$의 값을 구한다.

$\displaystyle\sum_{n=1}^{\infty}(2a_n-3)$이 수렴하므로

$$\lim_{n\to\infty}(2a_n-3)=0 \qquad \therefore \lim_{n\to\infty}a_n=\frac{3}{2}$$

$r=\dfrac{3}{2}$이므로 $\displaystyle\lim_{n\to\infty}\frac{1}{r^n}=0$

$$\therefore \lim_{n\to\infty}\frac{r^{n+2}-1}{r^n+1}=\lim_{n\to\infty}\frac{r^2-\dfrac{1}{r^n}}{1+\dfrac{1}{r^n}}=r^2=\frac{9}{4}$$

답 ③

07

[전략] $\displaystyle\sum_{n=1}^{\infty}(3^na_n-2)$가 수렴하므로 $\displaystyle\lim_{n\to\infty}(3^na_n-2)=0$임을 이용한다.

$\displaystyle\sum_{n=1}^{\infty}(3^na_n-2)$가 수렴하므로

$$\lim_{n\to\infty}(3^na_n-2)=0,\ \lim_{n\to\infty}3^na_n=2$$

$$\therefore \lim_{n\to\infty}\frac{6a_n+5\times4^{-n}}{a_n+3^{-n}}=\lim_{n\to\infty}\frac{6\times3^na_n+5\left(\dfrac{3}{4}\right)^n}{3^na_n+1}$$
$$=\frac{6\times2+0}{2+1}=4$$

답 4

08

[전략] $\displaystyle\sum_{n=1}^{\infty}\left(-\frac{1}{3}\right)^n\sin\left(\frac{\pi}{6}+n\pi\right)$를 나열하여 어떤 수열인지 조사한다.

$\sin\left(\dfrac{\pi}{6}+\pi\right)=-\dfrac{1}{2}$, $\sin\left(\dfrac{\pi}{6}+2\pi\right)=\sin\dfrac{\pi}{6}=\dfrac{1}{2}$이므로

$$\sum_{n=1}^{\infty}\left(-\frac{1}{3}\right)^n\sin\left(\frac{\pi}{6}+n\pi\right)$$
$$=-\frac{1}{3}\times\left(-\frac{1}{2}\right)+\frac{1}{3^2}\times\frac{1}{2}-\frac{1}{3^3}\times\left(-\frac{1}{2}\right)+\frac{1}{3^4}\times\frac{1}{2}+\cdots$$
$$=\frac{1}{6}+\frac{1}{6}\times\frac{1}{3}+\frac{1}{6}\times\frac{1}{3^2}+\cdots$$
$$=\frac{\dfrac{1}{6}}{1-\dfrac{1}{3}}=\frac{1}{4}$$

답 ②

Note

$$\sin\left(\frac{\pi}{6}+\pi\right)=\sin\left(\frac{\pi}{6}+3\pi\right)=\cdots=-\frac{1}{2}$$
$$\sin\left(\frac{\pi}{6}+2\pi\right)=\sin\left(\frac{\pi}{6}+4\pi\right)=\cdots=\frac{1}{2}$$
$$\therefore \left(-\frac{1}{3}\right)^n\sin\left(\frac{\pi}{6}+n\pi\right)=\left(-\frac{1}{3}\right)^n\times(-1)^n\times\frac{1}{2}$$
$$=\frac{1}{6}\left(\frac{1}{3}\right)^{n-1}$$

09

[전략] 공비 r와 일반항 a_n을 구한 다음 a_{3n-2}와 a_{3n-1}을 구한다.

공비를 r라 하면

$$\sum_{n=1}^{\infty}a_n=\frac{1}{1-r}=3 \qquad \therefore r=\frac{2}{3}$$

$$\therefore a_n=\left(\frac{2}{3}\right)^{n-1}$$

$a_{3n-2}=\left(\frac{2}{3}\right)^{3n-3}=\left(\frac{2}{3}\right)^{3(n-1)}=\left(\frac{8}{27}\right)^{n-1}$ 이므로

수열 $\{a_{3n-2}\}$는 첫째항이 1, 공비가 $\frac{8}{27}$ 인 등비수열이고,

$a_{3n-1}=\left(\frac{2}{3}\right)^{3n-2}=\frac{2}{3}\left(\frac{2}{3}\right)^{3(n-1)}=\frac{2}{3}\left(\frac{8}{27}\right)^{n-1}$ 이므로

수열 $\{a_{3n-1}\}$은 첫째항이 $\frac{2}{3}$, 공비가 $\frac{8}{27}$ 인 등비수열이다.

$$\therefore \sum_{n=1}^{\infty}(a_{3n-2}-a_{3n-1})=\frac{1}{1-\frac{8}{27}}-\frac{\frac{2}{3}}{1-\frac{8}{27}}$$
$$=\frac{9}{19}$$

답 ③

$a_{3n-2}-a_{3n-1}=\frac{1}{3}\left(\frac{2}{3}\right)^{3(n-1)}=\frac{1}{3}\left(\frac{8}{27}\right)^{n-1}$ 이므로

수열 $\{a_{3n-2}-a_{3n-1}\}$은 첫째항이 $\frac{1}{3}$, 공비가 $\frac{8}{27}$ 인 등비수열이다.

$$\therefore \sum_{n=1}^{\infty}(a_{3n-2}-a_{3n-1})=\frac{\frac{1}{3}}{1-\frac{8}{27}}=\frac{9}{19}$$

10

[전략] $[f(x)]$는 정수이므로 $[f(x)]=f(x)$이면 $f(x)$도 정수이다. 따라서 방정식의 해는 $f(x)$가 정수인 x이다.

$[f(x)]$는 정수이므로 $[f(x)]=f(x)$이면 $f(x)$도 정수이다.

따라서 방정식의 해는 $f(x)$가 정수인 x이다.

밑이 $\frac{1}{3}$이고 $0<x<1$이므로 $f(x)>0$

따라서 $f(x)$의 값은 $1,\ 2,\ 3,\ \cdots,\ n,\ \cdots\ (n$은 정수)이므로

$$x=\frac{1}{3},\ \left(\frac{1}{3}\right)^2,\ \left(\frac{1}{3}\right)^3,\ \cdots,\ \left(\frac{1}{3}\right)^n,\ \cdots$$

해의 합은 첫째항이 $\frac{1}{3}$이고 공비가 $\frac{1}{3}$인 등비급수의 합이므로

$$\frac{\frac{1}{3}}{1-\frac{1}{3}}=\frac{1}{2}$$

답 ②

11

[전략] $\frac{13}{99}$이 순환소수이므로 a_n의 값은 일정한 값이 반복된다.

$\frac{13}{99}=0.\dot{1}\dot{3}=0.13131313\cdots$이므로

$$\sum_{n=1}^{\infty}\frac{a_n}{2^n}=\frac{1}{2}+\frac{3}{2^2}+\frac{1}{2^3}+\frac{3}{2^4}+\cdots$$
$$=(2+3)\times\frac{1}{2^2}+(2+3)\times\frac{1}{2^4}+(2+3)\times\frac{1}{2^6}+\cdots$$
$$=\frac{\frac{5}{2^2}}{1-\frac{1}{2^2}}=\frac{5}{3}$$

답 ③

$$\sum_{n=1}^{\infty}\frac{a_n}{2^n}=\frac{1}{2}+\frac{3}{2^2}+\frac{1}{2^3}+\frac{3}{2^4}+\cdots$$
$$=\left(\frac{1}{2}+\frac{1}{2^3}+\frac{1}{2^5}+\cdots\right)+\left(\frac{3}{2^2}+\frac{3}{2^4}+\frac{3}{2^6}+\cdots\right)$$
$$=\frac{\frac{1}{2}}{1-\frac{1}{4}}+\frac{\frac{3}{2^2}}{1-\frac{1}{4}}$$
$$=\frac{2}{3}+1=\frac{5}{3}$$

12

[전략] 점 P_n의 x좌표와 y좌표의 극한을 각각 구한다.

$P_n(x_n,\ y_n)$이라 하고, P_n이 한없이 가까워지는 점을 $P(x,\ y)$라 하자.

$$x=\lim_{n\to\infty}x_n=1-\left(\frac{3}{4}\right)^2+\left(\frac{3}{4}\right)^4-\left(\frac{3}{4}\right)^6+\cdots$$
$$=\frac{1}{1+\frac{9}{16}}=\frac{16}{25}$$

$$y=\lim_{n\to\infty}y_n=\frac{3}{4}-\left(\frac{3}{4}\right)^3+\left(\frac{3}{4}\right)^5-\left(\frac{3}{4}\right)^7+\cdots$$
$$=\frac{\frac{3}{4}}{1+\frac{9}{16}}=\frac{12}{25}$$

$$\therefore \lim_{n\to\infty}\overline{OP_n}=\overline{OP}=\sqrt{x^2+y^2}$$
$$=\sqrt{\left(\frac{16}{25}\right)^2+\left(\frac{12}{25}\right)^2}=\frac{4}{5}$$

답 $\frac{4}{5}$

13

[전략] 접점은 현의 중점이고, 접점을 지나는 반지름은 현에 수직이다.

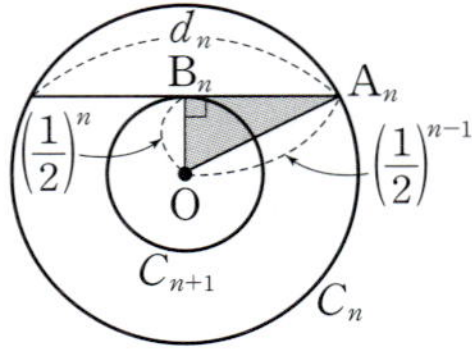

원 C_n의 중심을 O라 하면 C_n의 반지름의 길이는 $\left(\frac{1}{2}\right)^{n-1}$이다.

$\overline{OA_n}=\left(\frac{1}{2}\right)^{n-1},\ \overline{OB_n}=\left(\frac{1}{2}\right)^n$이므로 $\overline{OA_n}=2\overline{OB_n}$

직각삼각형 OA_nB_n에서

$$\overline{A_nB_n}=\sqrt{3}\times\overline{OB_n}=\sqrt{3}\times\left(\frac{1}{2}\right)^n$$
$$\therefore d_n=2\overline{A_nB_n}=2\sqrt{3}\times\left(\frac{1}{2}\right)^n$$
$$=\sqrt{3}\times\left(\frac{1}{2}\right)^{n-1}$$

따라서 수열 $\{d_n\}$은 첫째항이 $\sqrt{3}$이고 공비가 $\frac{1}{2}$인 등비수열이므로

$$\sum_{n=1}^{\infty}d_n=\frac{\sqrt{3}}{1-\frac{1}{2}}=2\sqrt{3}$$

답 $2\sqrt{3}$

14

[전략] 점 P_{n+1}과 점 Q_{n+1}의 x좌표가 같음을 이용하여 넓이를 구한다.

$P_n(n, 3^n)$,
$P_{n+1}(n+1, 3^{n+1})$,
$Q_{n+1}(n+1, 0)$,
$Q_{n+2}(n+2, 0)$

이므로

$$\triangle P_n Q_{n+1} P_{n+1}$$
$$=\frac{1}{2}\times 1\times 3^{n+1}$$
$$=\frac{1}{2}\times 3^{n+1}$$

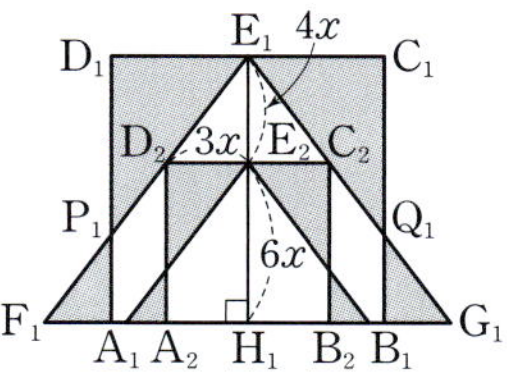

$$\triangle P_{n+1}Q_{n+1}Q_{n+2}=\frac{1}{2}\times 1\times 3^{n+1}=\frac{1}{2}\times 3^{n+1}$$

$$\therefore a_n=\triangle P_n Q_{n+1}P_{n+1}+\triangle P_{n+1}Q_{n+1}Q_{n+2}=3^{n+1}$$

$$\frac{1}{a_n}=\left(\frac{1}{3}\right)^{n+1}$$

따라서 수열 $\left\{\dfrac{1}{a_n}\right\}$은 첫째항이 $\left(\dfrac{1}{3}\right)^2$이고 공비가 $\dfrac{1}{3}$인 등비수열이므로

$$\sum_{n=1}^{\infty}\frac{1}{a_n}=\frac{\left(\frac{1}{3}\right)^2}{1-\frac{1}{3}}=\frac{1}{6}$$

답 $\dfrac{1}{6}$

15

[전략] 점 E_1에서 변 A_1B_1에 수선을 긋고, 직각삼각형과 닮음인 삼각형을 이용하여 필요한 선분의 길이를 구한다.

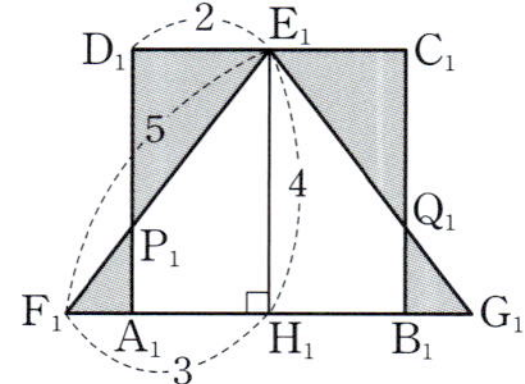

점 E_1에서 $\overline{A_1B_1}$에 내린 수선의 발을 H_1이라 하자.

직각삼각형 $E_1F_1H_1$에서 $\overline{E_1F_1} : \overline{F_1G_1}=5 : 6$이므로

$\overline{E_1F_1} : \overline{F_1H_1}=5 : 3$이고, $\overline{E_1H_1}=4$이므로

$\overline{E_1F_1}=5$, $\overline{F_1H_1}=3$, $\overline{A_1F_1}=1$

또 $\triangle P_1F_1A_1 \backsim \triangle E_1F_1H_1 \backsim \triangle P_1E_1D_1$ (AA 닮음)

직각삼각형 $E_1D_1P_1$은 세 변의 길이의 비가 $3 : 4 : 5$이고

$\overline{D_1E_1}=2$이므로

$$\overline{D_1P_1}=2\times\frac{4}{3}=\frac{8}{3},\ \overline{P_1A_1}=\frac{4}{3}$$

$$\therefore \triangle P_1F_1A_1=\frac{1}{2}\times 1\times\frac{4}{3}=\frac{2}{3}$$

$$\triangle P_1E_1D_1=\frac{1}{2}\times 2\times\frac{8}{3}=\frac{8}{3}$$

$$\therefore S_1=2\times\left(\frac{2}{3}+\frac{8}{3}\right)=\frac{20}{3}$$

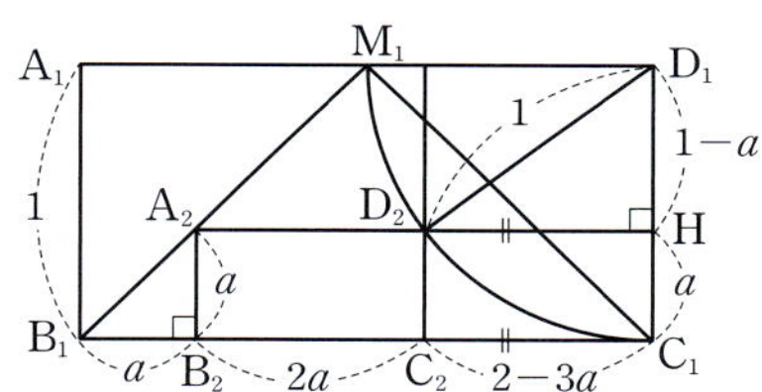

$\overline{D_2E_2}=3x$라 하면 $\overline{E_2H_1}=2\overline{D_2E_2}=6x$

또 직각삼각형 $E_1D_2E_2$는 세 변의 길이의 비가 $3 : 4 : 5$이므로

$$\overline{E_1E_2}=4x$$

따라서 $\overline{E_1H_1}=4x+6x=4$ $\qquad\therefore x=\dfrac{2}{5}$

$\overline{E_2H_1}=\dfrac{12}{5}$이므로

$$\overline{E_1H_1} : \overline{E_2H_1}=4 : \frac{12}{5}=5 : 3$$

곧, 정사각형 $A_1B_1C_1D_1$과 정사각형 $A_2B_2C_2D_2$의 닮음비가

$5 : 3$이므로 넓이의 비가 $1 : \dfrac{3^2}{5^2}$이다.

따라서 S_n은 첫째항이 $\dfrac{20}{3}$이고 공비가 $\dfrac{9}{25}$인 등비수열의 첫째항부터 제n항까지의 합이므로

$$\lim_{n\to\infty}S_n=\frac{\frac{20}{3}}{1-\frac{9}{25}}=\frac{125}{12}$$

답 ②

16

[전략] 반지름 D_1D_2와 점 D_2에서 변 C_1D_1에 내린 수선의 발을 생각한다.

R_1에서 색칠한 두 부분의 넓이가 같으므로

$$S_1=2\times\left(\frac{1}{2}\times 1^2\times\frac{\pi}{2}-\frac{1}{2}\times 1\times 1\right)=\frac{\pi}{2}-1$$

R_2에서 $\overline{A_2B_2}=a$라 하면 $\overline{B_2C_2}=2a$

또 직각이등변삼각형 $B_1B_2A_2$에서 $\overline{B_1B_2}=a$

점 D_2에서 $\overline{D_1C_1}$에 내린 수선의 발을 H라 하면

$$\overline{D_2H}=\overline{C_1C_2}=2-3a$$

또 $\overline{HD_1}=1-a$, $\overline{D_1D_2}=1$이므로 직각삼각형 D_1D_2H에서

$$(2-3a)^2+(1-a)^2=1,\ (5a-2)(a-1)=0$$

$a\neq 1$이므로 $a=\dfrac{2}{5}$

직사각형 $A_1B_1C_1D_1$과 직사각형 $A_2B_2C_2D_2$의 닮음비는 $1 : \dfrac{2}{5}$

이므로 넓이의 비는 $1 : \dfrac{2^2}{5^2}$이다.

따라서 S_n은 첫째항이 $\dfrac{\pi}{2}-1$이고 공비가 $\dfrac{4}{25}$인 등비수열의 첫째항부터 제n항까지의 합이므로

$$\lim_{n\to\infty}S_n=\frac{\frac{\pi}{2}-1}{1-\frac{4}{25}}=\frac{25}{21}\left(\frac{\pi}{2}-1\right)$$

답 ③

17

[전략] 삼각형 $A_2B_2C_2$가 정삼각형임을 이용한다.

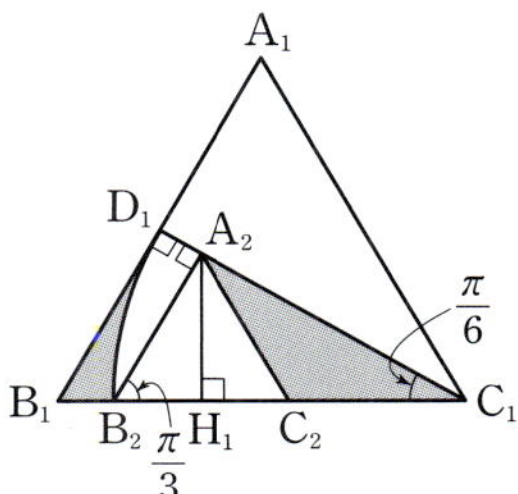

$\overline{D_1B_1}=\dfrac{1}{2}$, $\overline{C_1D_1}=\dfrac{\sqrt{3}}{2}$, $\angle D_1C_1B_1=\dfrac{\pi}{6}$이므로 R_1에서 호를 포함한 색칠한 부분의 넓이는

$$\frac{1}{2}\times\frac{1}{2}\times\frac{\sqrt{3}}{2}-\frac{1}{2}\times\left(\frac{\sqrt{3}}{2}\right)^2\times\frac{\pi}{6}=\frac{2\sqrt{3}-\pi}{16}$$

$\angle A_2B_2C_1=\dfrac{\pi}{3}$이므로 $\overline{B_2C_1}=2\overline{A_2B_2}$이고 점 C_2가 선분 B_2C_1의 중점이므로 삼각형 $A_2B_2C_2$는 정삼각형이다.

또 삼각형 $C_1A_2B_2$에서 $\overline{B_2C_1}=\overline{C_1D_1}=\dfrac{\sqrt{3}}{2}$이므로

$$\overline{A_2B_2}=\overline{C_1C_2}=\frac{\sqrt{3}}{4}$$

점 A_2에서 $\overline{B_2C_2}$에 내린 수선의 발을 H_1이라 하면

$$\overline{A_2H_1}=\frac{\sqrt{3}}{4}\times\frac{\sqrt{3}}{2}=\frac{3}{8}$$

삼각형 $A_2C_2C_1$의 넓이는

$$\frac{1}{2}\times\frac{\sqrt{3}}{4}\times\frac{3}{8}=\frac{3\sqrt{3}}{64}$$

이므로 R_1에서 색칠한 부분의 넓이는

$$\frac{2\sqrt{3}-\pi}{16}+\frac{3\sqrt{3}}{64}=\frac{11\sqrt{3}-4\pi}{64}$$

또 삼각형 $A_1B_1C_1$과 삼각형 $A_2B_2C_2$의 닮음비는 $1:\dfrac{\sqrt{3}}{4}$이므로 넓이의 비는 $1:\dfrac{3}{16}$이다.

따라서 S_n은 첫째항이 $\dfrac{11\sqrt{3}-4\pi}{64}$이고 공비가 $\dfrac{3}{16}$인 등비수열의 첫째항부터 제n항까지의 합이므로

$$\lim_{n\to\infty}S_n=\frac{\dfrac{11\sqrt{3}-4\pi}{64}}{1-\dfrac{3}{16}}=\frac{11\sqrt{3}-4\pi}{52}$$

답 ②

18

[전략] 삼각형 $B_1C_1D_1$이 직각이등변삼각형임을 이용한다.

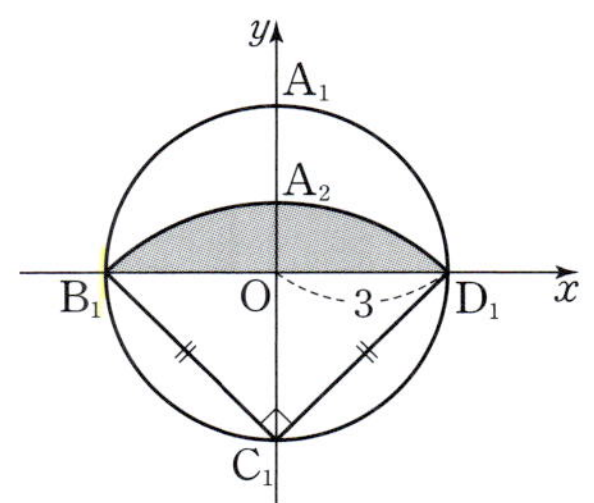

삼각형 B_1C_1O와 삼각형 C_1D_1O는 직각이등변삼각형이므로

$$\overline{B_1C_1}=\overline{C_1D_1}=3\sqrt{2}$$

그리고 $\overline{B_1D_1}=6$이므로 삼각형 $B_1C_1D_1$도 직각이등변삼각형이다. 따라서 색칠한 부분의 넓이는

$$\frac{1}{2}\times(3\sqrt{2})^2\times\frac{\pi}{2}-\frac{1}{2}\times(3\sqrt{2})^2=\frac{9}{2}\pi-9$$

$$\therefore S_1=\frac{1}{2}\pi\times3^2-\left(\frac{9}{2}\pi-9\right)=9$$

$\overline{OA_2}=3\sqrt{2}-3$이므로 원 O_1과 원 O_2의 반지름의 길이의 비는 $3:3(\sqrt{2}-1)=1:(\sqrt{2}-1)$이다.

따라서 $\{S_n\}$은 첫째항이 9이고 공비가 $(\sqrt{2}-1)^2=3-2\sqrt{2}$인 등비수열이다.

이때 $S_n=T_n$이므로

$$\sum_{n=1}^{\infty}(S_n+T_n)=2\sum_{n=1}^{\infty}S_n=2\times\frac{9}{1-(3-2\sqrt{2})}$$

$$=\frac{9}{\sqrt{2}-1}=9(\sqrt{2}+1)$$

답 ④

19

[전략] R_2에서 큰 원의 반지름의 길이와 내접원의 반지름의 길이의 비를 구한다.

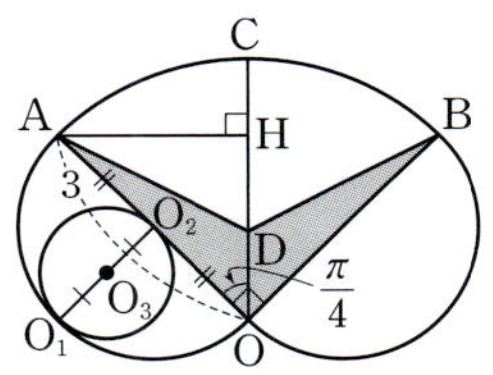

$\overline{OC}$가 $\angle AOB$의 이등분선이므로 $\angle AOC=\dfrac{\pi}{4}$

점 A에서 $\overline{OC}$에 내린 수선의 발을 H라 하면 삼각형 AOH는 직각이등변삼각형이다.

$\overline{AH}=\dfrac{3\sqrt{2}}{2}$, $\overline{OD}=1$이므로 삼각형 OAD와 삼각형 OBD의 넓이의 합은

$$2\times\left(\frac{1}{2}\times1\times\frac{3\sqrt{2}}{2}\right)=\frac{3\sqrt{2}}{2}$$

또 내접원의 지름 $\overline{O_1O_2}$는 반원 AO의 반지름이므로

$$\overline{O_1O_2}=\frac{3}{2}\qquad\therefore \overline{O_3O_2}=\frac{3}{4}$$

따라서 R_1에서 ∨ 모양의 도형과 R_2에서 ∨ 모양의 도형의 닮음비는 $3:\dfrac{3}{4}=4:1$이다.

그런데 ∨ 모양 도형의 개수는 2배씩 늘어나므로

S_n은 첫째항이 $\dfrac{3\sqrt{2}}{2}$이고 공비가 $\dfrac{1}{4^2}\times2=\dfrac{1}{8}$인 등비수열의 첫째항부터 제$n$항까지의 합이다.

$$\therefore \lim_{n\to\infty}S_n=\frac{\dfrac{3\sqrt{2}}{2}}{1-\dfrac{1}{8}}=\frac{12\sqrt{2}}{7}$$

답 ②

step C 최상위 문제

01 ②   **02** $\dfrac{7}{4}$ **03** ①   **04** $\dfrac{41}{62}$ **05** ②

06 $\dfrac{45}{14}\pi$

01

[전략] 1. a_n을 구한 다음 $\dfrac{1}{a_n a_{n+1} a_{n+2}}$을 두 분수식의 차로 나타낸다.

2. $\dfrac{1}{ABC}=\dfrac{1}{C-A}\left(\dfrac{1}{AB}-\dfrac{1}{BC}\right)$

공차를 d라 하면 $a_{10}-a_2=4$에서

$$8d=4 \qquad \therefore d=\dfrac{1}{2}$$

$a_1=3$이므로 $a_n=3+(n-1)\times\dfrac{1}{2}=\dfrac{n+5}{2}$

$$\dfrac{1}{a_n a_{n+1} a_{n+2}}=\dfrac{8}{(n+5)(n+6)(n+7)}$$
$$=4\left\{\dfrac{1}{(n+5)(n+6)}-\dfrac{1}{(n+6)(n+7)}\right\}$$

이므로

$$\sum_{k=1}^{n}\dfrac{1}{a_k a_{k+1} a_{k+2}}$$
$$=\sum_{k=1}^{n}4\left\{\dfrac{1}{(k+5)(k+6)}-\dfrac{1}{(k+6)(k+7)}\right\}$$
$$=4\left\{\dfrac{1}{6\times7}+\dfrac{1}{7\times8}+\cdots+\dfrac{1}{(n+5)(n+6)}-\dfrac{1}{7\times8}\right.$$
$$\left.-\dfrac{1}{8\times9}-\cdots-\dfrac{1}{(n+5)(n+6)}-\dfrac{1}{(n+6)(n+7)}\right\}$$
$$=4\left\{\dfrac{1}{42}-\dfrac{1}{(n+6)(n+7)}\right\}$$
$$\therefore \sum_{n=1}^{\infty}\dfrac{1}{a_n a_{n+1} a_{n+2}}=\lim_{n\to\infty}4\left\{\dfrac{1}{42}-\dfrac{1}{(n+6)(n+7)}\right\}$$
$$=\dfrac{2}{21} \hspace{2cm} \text{답 ②}$$

Note

$$\dfrac{1}{ABC}=\dfrac{1}{B\times AC}=\dfrac{1}{B}\times\dfrac{1}{A\times C}$$
$$=\dfrac{1}{B}\times\dfrac{1}{C-A}\left(\dfrac{1}{A}-\dfrac{1}{C}\right)$$
$$=\dfrac{1}{C-A}\left(\dfrac{1}{AB}-\dfrac{1}{BC}\right)$$

02

[전략] $\dfrac{2n+3}{n(n+1)(n+2)}=\dfrac{2}{(n+1)(n+2)}+\dfrac{3}{n(n+1)(n+2)}$을 이용하여 각 항의 합을 구한다.

$$\dfrac{2n+3}{n(n+1)(n+2)}$$
$$=\dfrac{2}{(n+1)(n+2)}+\dfrac{3}{n(n+1)(n+2)}$$

이고

$$\sum_{k=1}^{n}\dfrac{2}{(k+1)(k+2)}=2\sum_{k=1}^{n}\left(\dfrac{1}{k+1}-\dfrac{1}{k+2}\right)$$
$$=2\left(\dfrac{1}{2}-\dfrac{1}{n+2}\right)$$

$$\sum_{k=1}^{n}\dfrac{3}{k(k+1)(k+2)}$$
$$=\dfrac{3}{2}\sum_{k=1}^{n}\left\{\dfrac{1}{k(k+1)}-\dfrac{1}{(k+1)(k+2)}\right\}$$
$$=\dfrac{3}{2}\left\{\dfrac{1}{2}-\dfrac{1}{(n+1)(n+2)}\right\}$$

이므로

$$\sum_{k=1}^{n}\dfrac{2k+3}{k(k+1)(k+2)}$$
$$=2\left(\dfrac{1}{2}-\dfrac{1}{n+2}\right)+\dfrac{3}{2}\left\{\dfrac{1}{2}-\dfrac{1}{(n+1)(n+2)}\right\}$$
$$\therefore \sum_{n=1}^{\infty}\dfrac{2n+3}{n(n+1)(n+2)}$$
$$=\lim_{n\to\infty}\left[2\left(\dfrac{1}{2}-\dfrac{1}{n+2}\right)+\dfrac{3}{2}\left\{\dfrac{1}{2}-\dfrac{1}{(n+1)(n+2)}\right\}\right]$$
$$=\dfrac{7}{4} \hspace{2cm} \text{답 }\dfrac{7}{4}$$

Note 변폭

다음과 같이 정리할 수도 있다.

$$\dfrac{2n+3}{n(n+1)(n+2)}=\dfrac{n+1}{n(n+1)(n+2)}+\dfrac{n+2}{n(n+1)(n+2)}$$
$$=\dfrac{1}{n(n+2)}+\dfrac{1}{n(n+1)}$$
$$=\dfrac{1}{2}\left(\dfrac{1}{n}-\dfrac{1}{n+2}\right)+\left(\dfrac{1}{n}-\dfrac{1}{n+1}\right)$$

03

[전략] 부분합 $\sum\limits_{k=1}^{n}(k+1)^2(a_{k+1}-a_k)$부터 구한다.

$$\sum_{k=1}^{n}(k+1)^2(a_{k+1}-a_k)$$
$$=\sum_{k=1}^{n}(k+1)^2 a_{k+1}-\sum_{k=1}^{n}(k+1)^2 a_k$$
$$=\{2^2 a_2+3^2 a_3+\cdots+n^2 a_n+(n+1)^2 a_{n+1}\}$$
$$\qquad -\{2^2 a_1+3^2 a_2+\cdots+n^2 a_{n-1}+(n+1)^2 a_n\}$$
$$=-2^2 a_1+(2^2-3^2)a_2+(3^2-4^2)a_3+\cdots$$
$$\qquad +\{n^2-(n+1)^2\}a_n+(n+1)^2 a_{n+1}$$
$$=-4a_1-\{5a_2+7a_3+\cdots+(2n+1)a_n\}+(n+1)^2 a_{n+1}$$
$$=-a_1-\sum_{k=1}^{n}(2k+1)a_k+(n+1)^2 a_{n+1}$$

그런데 $a_1=1$이고

$$\lim_{n\to\infty}\sum_{k=1}^{n}(2k+1)a_k=\lim_{n\to\infty}\left(2\sum_{k=1}^{n}ka_k+\sum_{k=1}^{n}a_k\right)=2B+A$$
$$\lim_{n\to\infty}(n+1)^2 a_{n+1}=0$$

이므로

$$\sum_{n=1}^{\infty}(n+1)^2(a_{n+1}-a_n)$$
$$=\lim_{n\to\infty}\left\{-a_1-\sum_{k=1}^{n}(2k+1)a_k+(n+1)^2 a_{n+1}\right\}$$
$$=-A-2B-1 \hspace{2cm} \text{답 ①}$$

04

[전략] $\dfrac{104}{333}$를 순환소수나 등비수열의 합으로 나타내면 $a_1, a_2, a_3, \cdots$을 구할 수 있다.

$$\frac{104}{333} = \frac{312}{999} = 0.\dot{3}1\dot{2}$$

$$= \frac{3}{10} + \frac{1}{10^2} + \frac{2}{10^3} + \frac{3}{10^4} + \frac{1}{10^5} + \frac{2}{10^6} + \cdots$$

이므로

$$\{a_n\} : 3,\ 1,\ 2,\ 3,\ 1,\ 2,\ \cdots$$

$$\therefore \sum_{n=1}^{\infty} \frac{a_n}{5^n} = \frac{3}{5} + \frac{1}{5^2} + \frac{2}{5^3} + \frac{3}{5^4} + \frac{1}{5^5} + \frac{2}{5^6} + \frac{3}{5^7} + \cdots$$

$$= (3 \times 5^2 + 5 + 2) \times \frac{1}{5^3} + (3 \times 5^2 + 5 + 2) \times \frac{1}{5^6}$$
$$+ \cdots$$

$$= \frac{(3 \times 5^2 + 5 + 2) \times \dfrac{1}{5^3}}{1 - \dfrac{1}{5^3}} = \frac{41}{62} \qquad \boxed{\text{답}}\ \frac{41}{62}$$

$$\sum_{n=1}^{\infty} \frac{a_n}{5^n} = \left(\frac{3}{5} + \frac{3}{5^4} + \frac{3}{5^7} + \cdots \right) + \left(\frac{1}{5^2} + \frac{1}{5^5} + \frac{1}{5^8} + \cdots \right)$$
$$+ \left(\frac{2}{5^3} + \frac{2}{5^6} + \frac{2}{5^9} + \cdots \right)$$

$$= \frac{\dfrac{3}{5} + \dfrac{1}{5^2} + \dfrac{2}{5^3}}{1 - \dfrac{1}{5^3}} = \frac{41}{62}$$

05

[전략] ╬ 부분을 빼고 남은 직사각형을 모은 도형을 생각한다.

R_1에서 ╬ 부분을 빼고 직사각형 4개를 평행이동하여 모으면 가로의 길이가 $5 \times \dfrac{3}{4}$, 세로의 길이가 $4 \times \dfrac{4}{5}$인 직사각형이다.

$$\therefore S_1 = \left(5 \times \frac{3}{4} \right) \left(4 \times \frac{4}{5} \right) = 12$$

또 R_2에서 ╬ 부분을 빼고 직사각형 16개를 평행이동하여 모으면 가로의 길이가 $\left(5 \times \dfrac{3}{4} \right) \times \dfrac{3}{4}$, 세로의 길이가 $\left(4 \times \dfrac{4}{5} \right) \times \dfrac{4}{5}$인 직사각형이다.

$$\therefore S_2 = \left(5 \times \frac{3}{4} \times \frac{3}{4} \right) \left(4 \times \frac{4}{5} \times \frac{4}{5} \right)$$
$$= S_1 \times \frac{3}{4} \times \frac{4}{5} = S_1 \times \frac{3}{5}$$

따라서 수열 $\{S_n\}$은 첫째항이 12, 공비가 $\dfrac{3}{5}$인 등비수열이므로

$$\sum_{n=1}^{\infty} S_n = \frac{12}{1 - \dfrac{3}{5}} = 30 \qquad \boxed{\text{답}}\ ②$$

$R_1,\ R_2,\ R_3,\ \cdots$에서 남은 도형이 닮음인 도형은 아니지만 남은 도형의 넓이는 등비수열이다.

06

[전략] $C_1,\ C_3,\ C_5,\ \cdots$에서는 새로 그리는 원의 넓이를 더하고,
$C_2,\ C_4,\ C_6,\ \cdots$에서는 새로 그리는 원의 넓이를 뺀다.

지름의 길이가 6인 원의 넓이를 A_0, C_1에서 그린 원 2개 넓이의 합을 A_1, C_2에서 그린 원 4개 넓이의 합을 A_2, $\cdots$, C_n에서 그린 원 2^n개 넓이의 합을 A_n이라 하자.

C_1에서 바깥 원과 새로 그린 두 원의 지름의 길이의 비가 $3 : 2 : 1$이므로 넓이의 비는 $9 : 4 : 1$이다.

$$\therefore A_1 = \frac{5}{9} A_0$$

C_2에서 각 원과 새로 그린 두 원의 지름의 길이의 비가 $3 : 2 : 1$이므로 넓이의 비는 $9 : 4 : 1$이다.

$$\therefore A_2 = \frac{5}{9} A_1$$

이와 같이 생각하면 $A_n = \dfrac{5}{9} A_{n-1}$

그런데 $A_0 = 9\pi$이고,
$C_1,\ C_3,\ C_5,\ \cdots$에서는 새로 그리는 원의 넓이를 더하고,
$C_2,\ C_4,\ C_6,\ \cdots$에서는 새로 그리는 원의 넓이를 빼므로

$$\lim_{n \to \infty} S_n = A_0 \left\{ \frac{5}{9} - \left(\frac{5}{9} \right)^2 + \left(\frac{5}{9} \right)^3 - \left(\frac{5}{9} \right)^4 + \cdots \right\}$$

$$= \frac{\dfrac{5}{9} A_0}{1 - \left(-\dfrac{5}{9} \right)} = \frac{45}{14} \pi \qquad \boxed{\text{답}}\ \frac{45}{14} \pi$$

Ⅱ. 미분법

03. 여러 가지 함수의 극한

<table>
<tr><td>step</td><td>A</td><td>기본 문제</td><td>31~35쪽</td></tr>
</table>

01 ①	**02** ⑤	**03** 25	**04** ③	**05** ①
06 $e^{-\frac{1}{3}}$	**07** ②	**08** ①	**09** ②	**10** ②
11 6	**12** ④	**13** ②	**14** ②	**15** ⑤
16 ③	**17** ②	**18** ②	**19** ②	**20** 2
21 ①	**22** ①	**23** ②	**24** ③	**25** ⑤
26 ④	**27** ④	**28** ①	**29** ⑤	**30** ②
31 ①	**32** 8	**33** ②	**34** ②	**35** ④
36 ③	**37** ④	**38** ①		

01

$$\lim_{x \to \infty} \frac{7^{x+1}+4^x}{7^x+4^{x+3}} = \lim_{x \to \infty} \frac{7+\left(\frac{4}{7}\right)^x}{1+4^3 \times \left(\frac{4}{7}\right)^x} = 7$$

답 ①

02

$$\lim_{x \to -2} \left(\log_2 |x^3+8| - \log_2 |x^2-4|\right)$$
$$= \lim_{x \to -2} \log_2 \left|\frac{x^3+8}{x^2-4}\right| = \lim_{x \to -2} \log_2 \left|\frac{x^2-2x+4}{x-2}\right|$$
$$= \log_2 \left|\frac{12}{-4}\right| = \log_2 3$$

답 ⑤

03

$$\lim_{x \to \infty} (5^x-3^x)^{\frac{2}{x}} = \lim_{x \to \infty} \left[5^x\left\{1-\left(\frac{3}{5}\right)^x\right\}\right]^{\frac{2}{x}}$$
$$= \lim_{x \to \infty} 5^2\left\{1-\left(\frac{3}{5}\right)^x\right\}^{\frac{2}{x}} = 25$$

답 25

04

$$\lim_{x \to 0} (1+3x)^{\frac{1}{6x}} = \lim_{x \to 0} \{(1+3x)^{\frac{1}{3x}}\}^{\frac{1}{2}} = e^{\frac{1}{2}} = \sqrt{e}$$

답 ③

05

$$\lim_{x \to \infty} \left(\frac{x-1}{x+1}\right)^{2x} = \lim_{x \to \infty} \left(1-\frac{2}{x+1}\right)^{2x}$$
$$= \lim_{x \to \infty} \left\{\left(1-\frac{2}{x+1}\right)^{-\frac{x+1}{2}}\right\}^{-\frac{4x}{x+1}}$$
$$= e^{-4}$$

답 ①

06

$x-3=t$라 하면
$x=t+3$이고 $x \to 3$일 때 $t \to 0$이므로
$$\lim_{x \to 3} \left(\frac{x}{3}\right)^{\frac{1}{3-x}} = \lim_{t \to 0} \left(\frac{3+t}{3}\right)^{-\frac{1}{t}} = \lim_{t \to 0} \left(1+\frac{t}{3}\right)^{-\frac{1}{t}}$$
$$= \lim_{t \to 0} \left\{\left(1+\frac{t}{3}\right)^{\frac{3}{t}}\right\}^{-\frac{1}{3}} = e^{-\frac{1}{3}}$$

답 $e^{-\frac{1}{3}}$

07

$\cos x = t$라 하면
$\sec x = \dfrac{1}{\cos x} = \dfrac{1}{t}$이고 $x \to \dfrac{\pi}{2}$일 때 $t \to 0$이므로
$$\lim_{x \to \frac{\pi}{2}} (1-\cos x)^{\sec x} = \lim_{t \to 0} (1-t)^{\frac{1}{t}}$$
$$= \lim_{t \to 0} \left\{(1-t)^{-\frac{1}{t}}\right\}^{-1}$$
$$= e^{-1} = \frac{1}{e}$$

답 ②

08

$$\lim_{x \to \infty} \left(1+\frac{1}{5x}\right)^{15x} = \lim_{x \to \infty} \left\{\left(1+\frac{1}{5x}\right)^{5x}\right\}^3 = e^3,$$
$$\lim_{x \to \infty} \left(1-\frac{1}{3x}\right)^{15x} = \lim_{x \to \infty} \left\{\left(1-\frac{1}{3x}\right)^{-3x}\right\}^{-5} = e^{-5}$$

이므로
$$\lim_{x \to \infty} \left\{\left(1+\frac{1}{5x}\right)\left(1-\frac{1}{3x}\right)\right\}^{15x} = e^3 \times e^{-5}$$
$$= e^{-2} = \frac{1}{e^2}$$

답 ①

09

$$\lim_{x \to \infty} x\{\ln(2x+4) - \ln 2x\}$$
$$= \lim_{x \to \infty} x \ln \frac{2x+4}{2x} = \lim_{x \to \infty} \ln \left(1+\frac{2}{x}\right)^x$$
$$= \lim_{x \to \infty} \ln \left\{\left(1+\frac{2}{x}\right)^{\frac{x}{2}}\right\}^2$$
$$= \ln e^2 = 2$$

답 ②

10

$$\left(1+\frac{1}{n}\right)\left(1+\frac{1}{n+1}\right)\left(1+\frac{1}{n+2}\right) \times \cdots \times \left(1+\frac{1}{2n}\right)$$
$$= \frac{n+1}{n} \times \frac{n+2}{n+1} \times \frac{n+3}{n+2} \times \cdots \times \frac{2n+1}{2n}$$
$$= \frac{2n+1}{n} = 2 + \frac{1}{n}$$

이므로
$$\lim_{n \to \infty} \frac{1}{2^n} \left\{\left(1+\frac{1}{n}\right)\left(1+\frac{1}{n+1}\right)\left(1+\frac{1}{n+2}\right) \times \cdots \times \left(1+\frac{1}{2n}\right)\right\}^n$$
$$= \lim_{n \to \infty} \frac{1}{2^n} \left(2+\frac{1}{n}\right)^n = \lim_{n \to \infty} \left(1+\frac{1}{2n}\right)^n$$
$$= \lim_{n \to \infty} \left\{\left(1+\frac{1}{2n}\right)^{2n}\right\}^{\frac{1}{2}} = e^{\frac{1}{2}} = \sqrt{e}$$

답 ②

11

$$\lim_{x \to 0} \frac{\ln(1+3x)+9x}{2x} = \lim_{x \to 0} \left\{ \frac{\ln(1+3x)}{2x} + \frac{9}{2} \right\}$$

$$= \lim_{x \to 0} \left\{ \frac{\ln(1+3x)}{3x} \times \frac{3}{2} + \frac{9}{2} \right\}$$

$$= 1 \times \frac{3}{2} + \frac{9}{2} = 6 \qquad \text{답 } 6$$

12

$x-1=t$라 하면

$x=1+t$이고 $x \to 1$일 때 $t \to 0$이므로

$$\lim_{x \to 1} \left(\frac{x-1}{\log_4 x} - \frac{x-1}{\log_2 x} \right)$$

$$= \lim_{t \to 0} \left\{ \frac{t}{\log_4(1+t)} - \frac{t}{\log_2(1+t)} \right\}$$

$$= \lim_{t \to 0} \frac{1}{\dfrac{\log_4(1+t)}{t}} - \lim_{t \to 0} \frac{1}{\dfrac{\log_2(1+t)}{t}}$$

$$= \ln 4 - \ln 2 = \ln 2 \qquad \text{답 } ④$$

13

$$\lim_{x \to 0} \frac{e^{5x}-1}{3x} = \lim_{x \to 0} \left(\frac{e^{5x}-1}{5x} \times \frac{5}{3} \right)$$

$$= 1 \times \frac{5}{3} = \frac{5}{3} \qquad \text{답 } ②$$

14

$$\lim_{x \to 0} \frac{f(x)}{x} = \lim_{x \to 0} \frac{e^x - e^{-x}}{x}$$

$$= \lim_{x \to 0} \left(\frac{e^x-1}{x} + \frac{e^{-x}-1}{-x} \right)$$

$$= 1 + 1 = 2 \qquad \text{답 } ②$$

Note

미분계수를 이용하여 다음과 같이 풀 수도 있다.

$f(0)=0$, $f'(x)=e^x+e^{-x}$이므로

$$\lim_{x \to 0} \frac{f(x)}{x} = \lim_{x \to 0} \frac{f(x)-f(0)}{x-0} = f'(0) = 1+1 = 2$$

15

$$\lim_{x \to 0} \frac{(a+12)^x - a^x}{x} = \lim_{x \to 0} \frac{(a+12)^x - 1 - a^x + 1}{x}$$

$$= \lim_{x \to 0} \left\{ \frac{(a+12)^x-1}{x} - \frac{a^x-1}{x} \right\}$$

$$= \ln(a+12) - \ln a$$

$$= \ln \frac{a+12}{a}$$

$\dfrac{a+12}{a}=3$이므로 $a=6$ $\qquad \text{답 } ⑤$

16

$$\ln(1+x) \le f(x) \le \frac{1}{2}(e^{2x}-1) \qquad \cdots \text{❶}$$

(ⅰ) $-1<x<0$일 때, ❶의 각 변을 x로 나누면

$$\frac{\ln(1+x)}{x} \ge \frac{f(x)}{x} \ge \frac{e^{2x}-1}{2x}$$

$$\lim_{x \to 0-} \frac{\ln(1+x)}{x} = \lim_{x \to 0-} \frac{e^{2x}-1}{2x} = 1 \text{이므로}$$

$$\lim_{x \to 0-} \frac{f(x)}{x} = 1$$

(ⅱ) $x>0$일 때, ❶의 각 변을 x로 나누면

$$\frac{\ln(1+x)}{x} \le \frac{f(x)}{x} \le \frac{e^{2x}-1}{2x}$$

$$\lim_{x \to 0+} \frac{\ln(1+x)}{x} = \lim_{x \to 0+} \frac{e^{2x}-1}{2x} = 1 \text{이므로}$$

$$\lim_{x \to 0+} \frac{f(x)}{x} = 1$$

(ⅰ), (ⅱ)에서 $\lim\limits_{x \to 0} \dfrac{f(x)}{x} = 1$이므로

$$\lim_{x \to 0} \frac{f(3x)}{x} = \lim_{x \to 0} \left\{ \frac{f(3x)}{3x} \times 3 \right\} = 1 \times 3 = 3 \qquad \text{답 } ③$$

17

$x \to 0$일 때, (분자) $\to 0$이고 0이 아닌 극한값이 존재하므로 (분모) $\to 0$이다.

곧, $\lim\limits_{x \to 0} \{2\ln(1+ax)+b\} = 0$이므로

$$b=0$$

$$\lim_{x \to 0} \frac{e^{2x}-1}{2\ln(1+ax)+b}$$

$$= \lim_{x \to 0} \frac{e^{2x}-1}{2\ln(1+ax)}$$

$$= \lim_{x \to 0} \left\{ \frac{e^{2x}-1}{2x} \times \frac{ax}{\ln(1+ax)} \times \frac{1}{a} \right\}$$

$$= 1 \times 1 \times \frac{1}{a} = \frac{1}{a}$$

$\dfrac{1}{a} = \dfrac{1}{2}$이므로 $a=2$

$$\therefore a+b=2 \qquad \text{답 } ②$$

18

$f(x)$가 $x=0$에서 연속이므로 $\lim\limits_{x \to 0} f(x) = f(0)$

$$\therefore \lim_{x \to 0} \frac{e^{2x}+a}{x} = b$$

$x \to 0$일 때, (분모) $\to 0$이고 극한값이 존재하므로 (분자) $\to 0$이다.

곧, $\lim\limits_{x \to 0} (e^{2x}+a) = 0$이므로

$$a=-1$$

따라서 $\lim\limits_{x \to 0} \dfrac{e^{2x}+a}{x} = \lim\limits_{x \to 0} \dfrac{e^{2x}-1}{x} = \lim\limits_{x \to 0} \left(\dfrac{e^{2x}-1}{2x} \times 2 \right) = 2$

이므로 $b=2$

$$\therefore a+b=1 \qquad \text{답 } ②$$

19

구간 $(-1, \infty)$에서 $f(x)$는 연속이고, $g(x)$는 $x \ne 0$일 때 연속이므로 $f(x)g(x)$가 이 구간에서 연속이려면 $x=0$에서 연속이어야 한다.

$$\therefore f(0)g(0) = \lim_{x \to 0} f(x)g(x)$$

$f(x) = x^2 + ax + b$ $(a, b$는 상수$)$라 하면 $f(0)g(0)=8b$이므로

$$\lim_{x \to 0} \frac{x^2+ax+b}{\ln(x+1)} = 8b$$

$x \longrightarrow 0$일 때, (분모)$\longrightarrow 0$이고 극한값이 존재하므로 (분자)$\longrightarrow 0$이다.

곧, $\displaystyle\lim_{x \to 0}(x^2+ax+b)=0$이므로

$$b=0$$

$$\therefore \lim_{x \to 0}\frac{x^2+ax}{\ln(x+1)}=0$$

$$\lim_{x \to 0}\frac{x^2+ax}{\ln(x+1)}=\lim_{x \to 0}\left\{\frac{x}{\ln(x+1)}\times(x+a)\right\}=a$$

이므로

$$a=0,\ f(x)=x^2$$

$$\therefore f(3)=9 \hspace{3em} \text{답 } ②$$

20

$$\lim_{x \to 0}\frac{\sin 2x}{x\cos x}=\lim_{x \to 0}\left(\frac{\sin 2x}{2x}\times\frac{2}{\cos x}\right)$$

$$=1\times\frac{2}{1}=2 \hspace{3em} \text{답 } 2$$

21

$$\lim_{x \to 0}\frac{\tan x}{xe^x}=\lim_{x \to 0}\left(\frac{\tan x}{x}\times\frac{1}{e^x}\right)=1\times1=1 \hspace{2em} \text{답 } ①$$

22

$$\lim_{x \to 0}\frac{e^{3x}-1}{\sin(\sin 2x)}$$

$$=\lim_{x \to 0}\left\{\frac{e^{3x}-1}{3x}\times\frac{\sin 2x}{\sin(\sin 2x)}\times\frac{2x}{\sin 2x}\times\frac{3}{2}\right\}$$

$$=1\times1\times1\times\frac{3}{2}=\frac{3}{2} \hspace{3em} \text{답 } ①$$

23

$$\lim_{x \to 0}\frac{\sin(x^2+x)}{2x^2+2x}=\lim_{x \to 0}\left\{\frac{\sin(x^2+x)}{x^2+x}\times\frac{1}{2}\right\}$$

$$=1\times\frac{1}{2}=\frac{1}{2} \hspace{3em} \text{답 } ②$$

24

$$\lim_{x \to 0}\frac{\sin 5x+\sin 3x}{\sin x}$$

$$=\lim_{x \to 0}\left(\frac{\sin 5x}{\sin x}+\frac{\sin 3x}{\sin x}\right)$$

$$=\lim_{x \to 0}\left(\frac{\sin 5x}{5x}\times\frac{x}{\sin x}\times5+\frac{\sin 3x}{3x}\times\frac{x}{\sin x}\times3\right)$$

$$=1\times1\times5+1\times1\times3=8$$

$$\therefore \lim_{x \to 0}\frac{\sin x}{\sin 5x+\sin 3x}=\frac{1}{8} \hspace{2em} \text{답 } ③$$

25

$x-\pi=t$라 하면

$x=t+\pi$이고 $x \longrightarrow \pi$일 때 $t \longrightarrow 0$이므로

$$\lim_{x \to \pi}\frac{\sin 4x}{x-\pi}=\lim_{t \to 0}\frac{\sin 4(t+\pi)}{t}=\lim_{t \to 0}\frac{\sin 4t}{t}$$

$$=\lim_{t \to 0}\left(\frac{\sin 4t}{4t}\times4\right)=1\times4=4 \hspace{1em} \text{답 } ⑤$$

26

$$\lim_{x \to 0}\frac{\sec 2x-1}{x^2}$$

$$=\lim_{x \to 0}\frac{1-\cos 2x}{x^2\cos 2x}$$

$$=\lim_{x \to 0}\frac{(1-\cos 2x)(1+\cos 2x)}{x^2\cos 2x(1+\cos 2x)}$$

$$=\lim_{x \to 0}\frac{\sin^2 2x}{x^2\cos 2x(1+\cos 2x)}$$

$$=\lim_{x \to 0}\left\{\frac{\sin^2 2x}{(2x)^2}\times\frac{4}{\cos 2x(1+\cos 2x)}\right\}$$

$$=1\times\frac{4}{1\times2}=2 \hspace{3em} \text{답 } ④$$

27

$$\lim_{\theta \to 0}\frac{\sec 2\theta-1}{\sec \theta-1}$$

$$=\lim_{\theta \to 0}\left\{\frac{(1-\cos 2\theta)\cos \theta}{(1-\cos \theta)\cos 2\theta}\right\}$$

$$=\lim_{\theta \to 0}\left\{\frac{(1-\cos 2\theta)(1+\cos 2\theta)(1+\cos \theta)}{(1-\cos \theta)(1+\cos \theta)(1+\cos 2\theta)}\times\frac{\cos \theta}{\cos 2\theta}\right\}$$

$$=\lim_{\theta \to 0}\left(\frac{\sin^2 2\theta}{\sin^2 \theta}\times\frac{1+\cos \theta}{1+\cos 2\theta}\times\frac{\cos \theta}{\cos 2\theta}\right)$$

$$=\lim_{\theta \to 0}\left\{\frac{\sin^2 2\theta}{(2\theta)^2}\times\frac{\theta^2}{\sin^2 \theta}\times4\times\frac{1+\cos \theta}{1+\cos 2\theta}\times\frac{\cos \theta}{\cos 2\theta}\right\}$$

$$=1\times1\times4\times\frac{2}{2}\times1=4 \hspace{2em} \text{답 } ④$$

28

$$\lim_{x \to 0}\frac{\csc x-\cot x}{e^{3x}-1}$$

$$=\lim_{x \to 0}\frac{1-\cos x}{(e^{3x}-1)\sin x}$$

$$=\lim_{x \to 0}\frac{(1-\cos x)(1+\cos x)}{(e^{3x}-1)\sin x(1+\cos x)}$$

$$=\lim_{x \to 0}\frac{\sin x}{(e^{3x}-1)(1+\cos x)}$$

$$=\lim_{x \to 0}\left(\frac{\sin x}{x}\times\frac{3x}{e^{3x}-1}\times\frac{1}{1+\cos x}\times\frac{1}{3}\right)$$

$$=1\times1\times\frac{1}{2}\times\frac{1}{3}=\frac{1}{6} \hspace{3em} \text{답 } ①$$

29

$x \longrightarrow 0$일 때, (분자)$\longrightarrow 0$이고 0이 아닌 극한값이 존재하므로

(분모)$\longrightarrow 0$이다.

곧, $\displaystyle\lim_{x \to 0}(a\cos^2 x+b)=0$이므로

$$a+b=0,\ b=-a$$

$$\lim_{x \to 0}\frac{x^2}{a\cos^2 x+b}=\lim_{x \to 0}\frac{x^2}{a(\cos^2 x-1)}$$

$$=\lim_{x \to 0}\frac{x^2}{-a\sin^2 x}$$

$$= \lim_{x \to 0}\left\{\frac{x^2}{\sin^2 x} \times \left(-\frac{1}{a}\right)\right\}$$

$$= 1 \times \left(-\frac{1}{a}\right) = -\frac{1}{a}$$

$-\dfrac{1}{a}=\dfrac{1}{2}$이므로 $a=-2$, $b=2$

$$\therefore ab = -4 \qquad \qquad \text{답 ⑤}$$

30

$f(x)$가 $x=0$에서 연속이므로 $\lim\limits_{x \to 0} f(x)=f(0)$

$$\therefore \lim_{x \to 0}\frac{e^x - \sin 2x - a}{3x}=b$$

$x \to 0$일 때, (분모)$\to 0$이고 극한값이 존재하므로 (분자)$\to 0$이다.

곧, $\lim\limits_{x \to 0}(e^x - \sin 2x - a)=0$이므로

$$1-a=0, \; a=1$$

$$\therefore \lim_{x \to 0}\frac{e^x - \sin 2x - 1}{3x}=b$$

$$\lim_{x \to 0}\frac{e^x - \sin 2x - 1}{3x}$$

$$= \lim_{x \to 0}\left(\frac{e^x-1}{x} \times \frac{1}{3} - \frac{\sin 2x}{2x} \times \frac{2}{3}\right)$$

$$= 1 \times \frac{1}{3} - 1 \times \frac{2}{3} = -\frac{1}{3}$$

이므로 $b=-\dfrac{1}{3}$

$$\therefore a+b=\frac{2}{3} \qquad \qquad \text{답 ②}$$

31

$$\lim_{x \to 0}\frac{\ln (x^a + 1)}{x^a}=1$$

$$\lim_{x \to 0}\frac{(2x)^2}{1-\cos 2x}=\lim_{x \to 0}\frac{(2x)^2(1+\cos 2x)}{(1-\cos 2x)(1+\cos 2x)}$$

$$=\lim_{x \to 0}\left\{\frac{(2x)^2}{\sin^2 2x} \times (1+\cos 2x)\right\}=2$$

$$\lim_{x \to 0}\frac{bx}{\tan bx}=1$$

$\lim\limits_{x \to 0}\dfrac{\ln (x^a+1)}{(1-\cos 2x)\tan bx}=\dfrac{1}{8}$에서

$$\lim_{x \to 0}\left\{\frac{\ln (x^a+1)}{x^a} \times \frac{(2x)^2}{1-\cos 2x} \times \frac{bx}{\tan bx} \times x^{a-3} \times \frac{1}{4b}\right\}=\frac{1}{8}$$

$$1 \times 2 \times 1 \times \frac{1}{4b} \times \lim_{x \to 0}x^{a-3}=\frac{1}{8}$$

$$\lim_{x \to 0}x^{a-3}=\frac{b}{4}$$

그런데 a가 자연수이므로 $a=3$이고,

$\dfrac{b}{4}=1$이므로 $b=4$

$$\therefore b-a=1 \qquad \qquad \text{답 ①}$$

32

$f(x)\left(1-\cos \dfrac{x}{2}\right)=h(x)$라 하면 $\lim\limits_{x \to 0}h(x)=1$이므로

$$\lim_{x \to 0}x^2 f(x)=\lim_{x \to 0}\left\{x^2 \times \frac{h(x)}{1-\cos \dfrac{x}{2}}\right\}$$

$$=\lim_{x \to 0}\left\{\frac{x^2\left(1+\cos \dfrac{x}{2}\right)}{\left(1-\cos \dfrac{x}{2}\right)\left(1+\cos \dfrac{x}{2}\right)} \times h(x)\right\}$$

$$=\lim_{x \to 0}\left\{\frac{x^2\left(1+\cos \dfrac{x}{2}\right)}{\sin^2 \dfrac{x}{2}} \times h(x)\right\}$$

$$=\lim_{x \to 0}\left\{\frac{\left(\dfrac{x}{2}\right)^2}{\sin^2 \dfrac{x}{2}} \times 4 \times \left(1+\cos \dfrac{x}{2}\right) \times h(x)\right\}$$

$$=1 \times 4 \times 2 \times 1 = 8 \qquad \qquad \text{답 8}$$

33

$P(t, 3^t - 1)$이라 하면

$$S=\frac{1}{2} \times (2+2-t) \times (3^t - 1)=\frac{1}{2}(4-t)(3^t - 1)$$

$$T=\frac{1}{2} \times 3 \times t=\frac{3}{2}t$$

P가 O에 한없이 가까워지면 $t \to 0$이므로

$$\lim_{t \to 0}\frac{S}{T}=\lim_{t \to 0}\frac{(4-t)(3^t - 1)}{3t}$$

$$=\lim_{t \to 0}\left(\frac{3^t - 1}{t} \times \frac{4-t}{3}\right)=\frac{4}{3}\ln 3 \qquad \qquad \text{답 ①}$$

34

$S(t)=\dfrac{1}{2}(e-1)\ln t$이므로

$$\lim_{t \to 1+}\frac{S(t)}{t-1}=\frac{e-1}{2}\lim_{t \to 1+}\frac{\ln t}{t-1}$$

$t-1=x$라 하면

$t=x+1$이고 $t \to 1+$일 때 $x \to 0+$이므로

$$\lim_{t \to 1+}\frac{S(t)}{t-1}=\frac{e-1}{2}\lim_{x \to 0+}\frac{\ln (x+1)}{x}=\frac{e-1}{2} \qquad \qquad \text{답 ②}$$

35

$\angle OBD=\theta$, $\angle ODB=\theta$,

$\angle BOD=\pi - 2\theta$,

$\angle COD = \angle ODB=\theta$

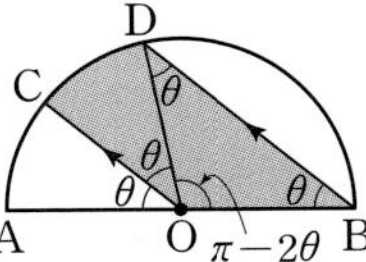

이므로

$$\triangle OBD=\frac{1}{2} \times 4^2 \times \sin (\pi - 2\theta)=8\sin 2\theta$$

$$(\text{부채꼴 OCD의 넓이})=\frac{1}{2} \times 4^2 \times \theta=8\theta$$

$$\therefore S(\theta)=8\sin 2\theta + 8\theta$$

$$\therefore \lim_{\theta \to 0+}\frac{S(\theta)}{\theta}=\lim_{\theta \to 0+}\frac{8\sin 2\theta + 8\theta}{\theta}$$

$$=\lim_{\theta \to 0+}\left(16 \times \frac{\sin 2\theta}{2\theta}+8\right)$$

$$=16 \times 1 + 8 = 24 \qquad \qquad \text{답 ④}$$

36

삼각형 OBA에 내접하는 원의 중심을 C, 반지름의 길이를 x라 하고 두 점 C, O에서 $\overline{AO}$, $\overline{AB}$에 내린 수선의 발을 각각 D, H라 하면 $\overline{OA}=\overline{OB}$이므로

$$\angle AOH=\frac{\theta}{2}$$

$$\therefore\ \overline{OH}=r\cos\frac{\theta}{2},\ \overline{AH}=r\sin\frac{\theta}{2}$$

삼각형 OCD에서

$$\sin\frac{\theta}{2}=\frac{x}{r\cos\frac{\theta}{2}-x}$$

$$r\cos\frac{\theta}{2}\sin\frac{\theta}{2}-x\sin\frac{\theta}{2}=x$$

$$\therefore\ x=\frac{r\sin\frac{\theta}{2}\cos\frac{\theta}{2}}{1+\sin\frac{\theta}{2}}$$

따라서 $\dfrac{l_2}{l_1}=\dfrac{2\pi x}{r\theta}=\dfrac{2\pi\sin\frac{\theta}{2}\cos\frac{\theta}{2}}{\theta\left(1+\sin\frac{\theta}{2}\right)}$ 이므로

$$\lim_{\theta\to 0}\frac{l_2}{l_1}=\lim_{\theta\to 0}\frac{2\pi\sin\frac{\theta}{2}\cos\frac{\theta}{2}}{\theta\left(1+\sin\frac{\theta}{2}\right)}$$

$$=\lim_{\theta\to 0}\left(\frac{\sin\frac{\theta}{2}}{\frac{\theta}{2}}\times\frac{\pi\cos\frac{\theta}{2}}{1+\sin\frac{\theta}{2}}\right)=1\times\pi=\pi \qquad \text{답 ③}$$

Note

삼각형 AOB의 넓이에서

$$\frac{1}{2}\times 2r\sin\frac{\theta}{2}\times r\cos\frac{\theta}{2}=\frac{1}{2}x\left(r+r+2r\sin\frac{\theta}{2}\right)$$

$$\therefore\ x=\frac{r\sin\frac{\theta}{2}\cos\frac{\theta}{2}}{1+\sin\frac{\theta}{2}}$$

37

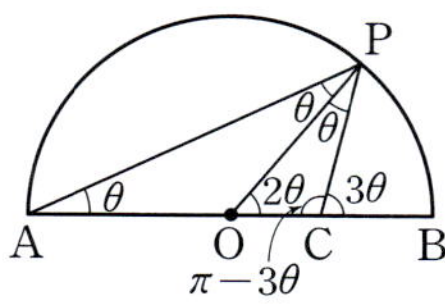

$\overline{OA}=\overline{OP}$이므로 $\angle APO=\angle PAO=\theta$

삼각형 AOP에서 $\angle POC=2\theta$

삼각형 OCP에서 $\angle PCB=3\theta,\ \angle OCP=\pi-3\theta$

삼각형 POC에서 사인법칙에 의하여

$$\frac{1}{\sin(\pi-3\theta)}=\frac{\overline{OC}}{\sin\theta},\ \overline{OC}=\frac{\sin\theta}{\sin(\pi-3\theta)}=\frac{\sin\theta}{\sin 3\theta}$$

$$\therefore\ \lim_{\theta\to 0+}\overline{OC}=\lim_{\theta\to 0+}\frac{\sin\theta}{\sin 3\theta}$$

$$=\lim_{\theta\to 0+}\left(\frac{\sin\theta}{\theta}\times\frac{3\theta}{\sin 3\theta}\times\frac{1}{3}\right)$$

$$=1\times 1\times\frac{1}{3}=\frac{1}{3} \qquad \text{답 ④}$$

다른 풀이

$\overline{AB}$가 반원 O의 지름이므로

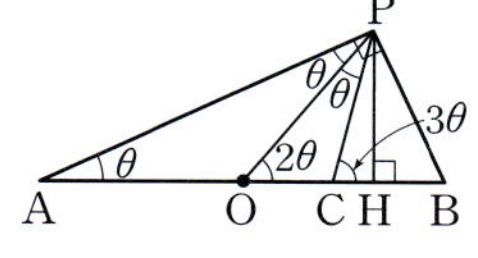

$$\angle APB=\frac{\pi}{2}$$

점 P에서 $\overline{AB}$에 내린 수선의 발을 H라 하자.

직각삼각형 ABP에서 $\overline{AP}=2\cos\theta$

직각삼각형 PAH에서 $\overline{PH}=2\cos\theta\sin\theta$

$\angle POH=2\theta$이므로 직각삼각형 POH에서 $\overline{OH}=\cos 2\theta$

$\angle PCH=3\theta$이므로 직각삼각형 PCH에서

$$\overline{CH}=\frac{2\cos\theta\sin\theta}{\tan 3\theta}$$

$$\therefore\ \overline{OC}=\overline{OH}-\overline{CH}=\cos 2\theta-\frac{2\sin\theta\cos\theta}{\tan 3\theta}$$

$$\therefore\ \lim_{\theta\to 0+}\overline{OC}$$

$$=\lim_{\theta\to 0+}\left(\cos 2\theta-\frac{2\sin\theta\cos\theta}{\tan 3\theta}\right)$$

$$=\lim_{\theta\to 0+}\left(\cos 2\theta-\frac{2}{3}\times\frac{3\theta}{\tan 3\theta}\times\frac{\sin\theta}{\theta}\times\cos\theta\right)$$

$$=1-\frac{2}{3}\times 1\times 1\times 1$$

$$=\frac{1}{3}$$

38

삼각형 POH에서 $\overline{OH}=\cos\theta$이므로

$$\overline{AH}=1-\cos\theta$$

$\angle QAH=\dfrac{\pi}{4}$이므로 삼각형 QHA는 직각이등변삼각형이다.

$$\therefore\ S(\theta)=\frac{1}{2}(1-\cos\theta)^2$$

$$\therefore\ \lim_{\theta\to 0+}\frac{S(\theta)}{\theta^4}=\lim_{\theta\to 0+}\frac{(1-\cos\theta)^2}{2\theta^4}$$

$$=\lim_{\theta\to 0+}\frac{(1-\cos\theta)^2(1+\cos\theta)^2}{2\theta^4(1+\cos\theta)^2}$$

$$=\lim_{\theta\to 0+}\left\{\frac{\sin^4\theta}{\theta^4}\times\frac{1}{2(1+\cos\theta)^2}\right\}$$

$$=1\times\frac{1}{2\times 2^2}=\frac{1}{8} \qquad \text{답 ①}$$

<table>
<tr><td colspan="6">step B 실력 문제   36~40쪽</td></tr>
</table>

01 ①	**02** ③	**03** ①	**04** ⑤	**05** ②
06 55	**07** ④	**08** ⑤	**09** ⑤	**10** ⑤
11 ①	**12** ③	**13** ①	**14** ④	**15** ⑤
16 ③	**17** ①	**18** ②	**19** ④	**20** $\frac{1}{2}$
21 $\frac{1}{16}$	**22** ④	**23** ①	**24** $\frac{1}{2}$	**25** 16
26 $\frac{4}{5}$	**27** ④	**28** $2\sqrt{2}-2$	**29** ①	**30** $2\sqrt{2}$

01

[전략] $\lim\limits_{x\to\infty}(5^x-3^x)^{\frac{2}{x}}$을 구하는 방법을 생각한다.

$$\lim_{x\to\infty}\frac{2}{x}\log_5(5^x-3^x)=\lim_{x\to\infty}\log_5(5^x-3^x)^{\frac{2}{x}}$$

$$=\lim_{x\to\infty}\log_5\left[5^x\left\{1-\left(\frac{3}{5}\right)^x\right\}\right]^{\frac{2}{x}}$$

$$=\lim_{x\to\infty}\log_5\left[5^2\left\{1-\left(\frac{3}{5}\right)^x\right\}^{\frac{2}{x}}\right]$$

$$=\log_5 5^2=2 \qquad \text{답 ①}$$

02

[전략] $x\to 0+$일 때, $a^x,\ b^x,\ \log_a x,\ \log_b x$의 극한부터 생각한다.

$\lim\limits_{x\to 0+}a^x=1,\ \lim\limits_{x\to 0+}b^x=1$이고 $\lim\limits_{x\to 0+}|\log_b x|=\infty$이므로

$$\lim_{x\to 0+}\frac{a^x}{\log_b x}=0,\quad \lim_{x\to 0+}\frac{b^x}{\log_b x}=0$$

또, $\dfrac{\log_a x}{\log_b x}=\dfrac{\log_x b}{\log_x a}=\log_a b$이므로

$$\lim_{x\to 0+}\frac{b^x+\log_a x}{a^x+\log_b x}=\lim_{x\to 0+}\frac{\dfrac{b^x}{\log_b x}+\dfrac{\log_a x}{\log_b x}}{\dfrac{a^x}{\log_b x}+1}$$

$$=\lim_{x\to 0+}\frac{\dfrac{b^x}{\log_b x}+\log_a b}{\dfrac{a^x}{\log_b x}+1}$$

$$=\log_a b \qquad \text{답 ③}$$

03

[전략] 1^∞ 꼴이므로 $\lim\limits_{t\to\infty}\left(1+\dfrac{1}{t}\right)^t=e$를 이용한다.

$$\lim_{x\to\infty}\left(\frac{x+a}{x-a}\right)^x=\lim_{x\to\infty}\left(1+\frac{2a}{x-a}\right)^x$$

$$=\lim_{x\to\infty}\left\{\left(1+\frac{2a}{x-a}\right)^{\frac{x-a}{2a}}\right\}^{\frac{2ax}{x-a}}=e^{2a}$$

$e^{2a}=e^{\frac{1}{2}}$이므로 $2a=\dfrac{1}{2}$ $\qquad \therefore a=\dfrac{1}{4}$ $\qquad$ 답 ①

04

[전략] $g(x)$를 구한 다음, 지수함수, 로그함수의 극한을 생각한다.

$y=\log_2(x+3)$이라 하면 $x+3=2^y,\ x=2^y-3$

$$\therefore g(x)=2^x-3$$

$$\therefore \lim_{x\to 0}\frac{f(x-2)}{g(x)+2}=\lim_{x\to 0}\frac{\log_2(x+1)}{2^x-1}$$

$$=\lim_{x\to 0}\frac{\dfrac{\log_2(x+1)}{x}}{\dfrac{2^x-1}{x}}$$

$$=\lim_{x\to 0}\left\{\frac{\log_2(x+1)}{x}\times\frac{x}{2^x-1}\right\}$$

$$=\frac{1}{\ln 2}\times\frac{1}{\ln 2}=\frac{1}{(\ln 2)^2} \qquad \text{답 ⑤}$$

05

[전략] 1. $f(a)$는 방정식 $e^{x-1}=a^x$의 해이다.

2. 지수함수 또는 로그함수의 극한이므로 $a-e=t$로 치환한다.

$f(a)$는 방정식 $e^{x-1}=a^x$의 해이므로

$\ln e^{x-1}=\ln a^x$에서

$$x-1=x\ln a,\ (1-\ln a)x=1,\ x=\frac{1}{1-\ln a}$$

곧, $f(a)=\dfrac{1}{1-\ln a}$이므로

$$\lim_{a\to e+}\frac{1}{(e-a)f(a)}=\lim_{a\to e+}\frac{1-\ln a}{e-a}=\lim_{a\to e+}\frac{\ln a-1}{a-e}$$

$a-e=t$라 하면

$a=t+e$이고 $a\to e+$일 때 $t\to 0+$이므로

$$\lim_{a\to e+}\frac{1}{(e-a)f(a)}=\lim_{t\to 0+}\frac{\ln(t+e)-1}{t}$$

$$=\lim_{t\to 0+}\ln\left(\frac{t+e}{e}\right)^{\frac{1}{t}}$$

그런데

$$\lim_{t\to 0+}\left(\frac{t+e}{e}\right)^{\frac{1}{t}}=\lim_{t\to 0+}\left(1+\frac{t}{e}\right)^{\frac{1}{t}}=\lim_{t\to 0+}\left\{\left(1+\frac{t}{e}\right)^{\frac{e}{t}}\right\}^{\frac{1}{e}}=e^{\frac{1}{e}}$$

이므로

$$\lim_{t\to 0+}\ln\left(\frac{t+e}{e}\right)^{\frac{1}{t}}=\ln e^{\frac{1}{e}}=\frac{1}{e} \qquad \text{답 ②}$$

06

[전략] $\dfrac{\ln\{(1+x)(1+2x)\times\cdots\times(1+nx)\}}{x}$

$$=\frac{\ln(1+x)}{x}+\frac{\ln(1+2x)}{x}+\cdots+\frac{\ln(1+nx)}{x}$$

로 변형하여 극한을 구한다.

$$\lim_{x\to 0}\frac{\ln(1+kx)}{x}=\lim_{x\to 0}\left\{\frac{\ln(1+kx)}{kx}\times k\right\}=k$$

이므로

$$f(n)$$

$$=\lim_{x\to 0}\frac{\ln\{(1+x)(1+2x)\times\cdots\times(1+nx)\}}{x}$$

$$=\lim_{x\to 0}\left\{\frac{\ln(1+x)}{x}+\frac{\ln(1+2x)}{x}+\cdots+\frac{\ln(1+nx)}{x}\right\}$$

$$=1+2+\cdots+n=\frac{n(n+1)}{2}$$

$$\therefore f(10)=\frac{10\times 11}{2}=55 \qquad \text{답 55}$$

07

[전략] $\lim\limits_{x\to 0}\dfrac{e^x-1}{x}=1$임을 이용하여 $\lim\limits_{x\to 0}\dfrac{e^x+e^{2x}+e^{3x}+\cdots+e^{nx}-n}{30x}$의 값을 먼저 구한다.

$$\lim_{x\to 0}\frac{e^x+e^{2x}+e^{3x}+\cdots+e^{nx}-n}{30x}$$

$$=\frac{1}{30}\lim_{x\to 0}\left(\frac{e^x-1}{x}+\frac{e^{2x}-1}{x}+\frac{e^{3x}-1}{x}+\cdots+\frac{e^{nx}-1}{x}\right)$$

$$\lim_{x\to 0}\frac{e^{kx}-1}{x}=\lim_{x\to 0}\left(\frac{e^{kx}-1}{kx}\times k\right)=k$$이므로

$$\lim_{x \to 0} \frac{e^x + e^{2x} + e^{3x} + \cdots + e^{nx} - n}{30x}$$

$$= \frac{1}{30}(1 + 2 + \cdots + n)$$

$$= \frac{n(n+1)}{60}$$

$$\therefore f(n) = \frac{60}{n(n+1)} = 60\left(\frac{1}{n} - \frac{1}{n+1}\right)$$

$$\sum_{k=1}^{n} f(k)$$

$$= \sum_{k=1}^{n} 60\left(\frac{1}{k} - \frac{1}{k+1}\right)$$

$$= 60\left\{\left(1 - \frac{1}{2}\right) + \left(\frac{1}{2} - \frac{1}{3}\right) + \cdots + \left(\frac{1}{n} - \frac{1}{n+1}\right)\right\}$$

$$= 60\left(1 - \frac{1}{n+1}\right)$$

$$\therefore \sum_{n=1}^{\infty} f(n) = \lim_{n \to \infty} \sum_{k=1}^{n} f(k)$$

$$= \lim_{n \to \infty} 60\left(1 - \frac{1}{n+1}\right) = 60 \qquad \text{답 } ④$$

08

[전략] 지수함수이고 $\frac{0}{0}$ 꼴의 극한이므로 $\lim_{x \to 0} \frac{a^x - 1}{x} = \ln a$를 이용하는 꼴로 고쳐 본다.

$P(t, 4 \times 3^t)$, $Q(t, 3 \times 4^t)$이므로 $\overline{PQ} = |4 \times 3^t - 3 \times 4^t|$

$$\therefore \lim_{t \to 1} \frac{\overline{PQ}}{|t-1|} = \lim_{t \to 1} \frac{|4 \times 3^t - 3 \times 4^t|}{|t-1|}$$

$$= \lim_{t \to 1} \left|\frac{4 \times 3^t - 3 \times 4^t}{t-1}\right|$$

$t - 1 = k$라 하면

$t = k + 1$이고 $t \to 1$일 때 $k \to 0$이므로

$$\lim_{t \to 1} \frac{\overline{PQ}}{|t-1|} = \lim_{k \to 0} \left|\frac{12 \times 3^k - 12 \times 4^k}{k}\right|$$

$$= \lim_{k \to 0} \left|\frac{12(3^k - 1)}{k} - \frac{12(4^k - 1)}{k}\right|$$

$$= |12 \ln 3 - 12 \ln 4| = 12 \ln \frac{4}{3} \qquad \text{답 } ⑤$$

09

[전략] $\lim_{x \to 0} \dfrac{f(x)}{\ln(1-3x)} = -1$에서 $\lim_{x \to 0} \dfrac{\ln(1+x)}{x} = 1$을 이용하여 $\lim_{x \to 0} \dfrac{f(x)}{x}$의 값을 구한다.

$\lim_{x \to 0} \dfrac{f(x)}{\ln(1-3x)} = -1$에서

$$\lim_{x \to 0} \left\{\frac{-3x}{\ln(1-3x)} \times \frac{f(x)}{-3x}\right\} = -1$$

$\lim_{x \to 0} \dfrac{-3x}{\ln(1-3x)} = 1$이므로

$$\lim_{x \to 0} \frac{f(x)}{-3x} = -1, \quad \lim_{x \to 0} \frac{f(x)}{x} = 3$$

$$\therefore \lim_{x \to 0} \frac{f(x)}{\ln(1+2x)} = \lim_{x \to 0} \left\{\frac{2x}{\ln(1+2x)} \times \frac{f(x)}{x} \times \frac{1}{2}\right\}$$

$$= 1 \times 3 \times \frac{1}{2} = \frac{3}{2} \qquad \text{답 } ⑤$$

10

[전략] $\dfrac{f(x)}{2^x - 1} = g(x)$로 놓고, $\dfrac{\{f(x)\}^2}{x \ln(3x+1)}$을 $g(x)$에 대한 식으로 나타낸 다음, 극한을 구한다.

$\dfrac{f(x)}{2^x - 1} = g(x)$라 하면 $f(x) = g(x)(2^x - 1)$이므로

$$\lim_{x \to 0} \frac{\{f(x)\}^2}{x \ln(3x+1)}$$

$$= \lim_{x \to 0} \left[\frac{(2^x - 1)^2}{x \ln(3x+1)} \times \{g(x)\}^2\right]$$

$$= \lim_{x \to 0} \left[\frac{(2^x - 1)^2}{x^2} \times \frac{x}{\ln(3x+1)} \times \{g(x)\}^2\right]$$

그런데

$$\lim_{x \to 0} \frac{(2^x - 1)^2}{x^2} = \lim_{x \to 0} \left(\frac{2^x - 1}{x}\right)^2 = (\ln 2)^2$$

$$\lim_{x \to 0} \frac{x}{\ln(3x+1)} = \lim_{x \to 0} \left\{\frac{3x}{\ln(3x+1)} \times \frac{1}{3}\right\} = \frac{1}{3}$$

$$\lim_{x \to 0} g(x) = 3$$

이므로

$$\lim_{x \to 0} \frac{\{f(x)\}^2}{x \ln(3x+1)} = (\ln 2)^2 \times \frac{1}{3} \times 3^2 = 3(\ln 2)^2 \qquad \text{답 } ⑤$$

11

[전략] $\dfrac{1}{x} = t$로 치환하고 $\lim_{x \to 0} \dfrac{\ln(x+1)}{x} = 1$을 이용한다.

$\dfrac{1}{x} = t$라 하면

$x = \dfrac{1}{t}$이고 $x \to \infty$일 때 $t \to 0$이므로

$\lim_{x \to \infty} x^a \ln\left(b + \dfrac{c}{x^2}\right) = 2$에서

$$\lim_{t \to 0} \frac{\ln(b + ct^2)}{t^a} = 2 \qquad \cdots ❶$$

$t \to 0$일 때, (분모)$\to 0$이고 극한값이 존재하므로 (분자)$\to 0$이다.

곧, $\lim_{t \to 0} \ln(b + ct^2) = 0$이므로 $\ln b = 0 \qquad \therefore b = 1$

이때 ❶에서

$$\lim_{t \to 0} \frac{\ln(b + ct^2)}{t^a} = \lim_{t \to 0} \frac{\ln(1 + ct^2)}{t^a}$$

$$= \lim_{t \to 0} \left\{\frac{\ln(1 + ct^2)}{ct^2} \times \frac{ct^2}{t^a}\right\}$$

$$= \lim_{t \to 0} ct^{2-a}$$

극한값이 2이므로

$$a = 2, \ c = 2$$

$$\therefore a + b + c = 5 \qquad \text{답 } ①$$

12

[전략] $\dfrac{0}{0}$ 꼴 지수함수의 극한이므로 $x - 1 = t$로 치환하고 $\lim_{t \to 0} \dfrac{e^t - 1}{t} = 1$을 이용한다.

$x - 1 = t$라 하면

$x = t + 1$이고 $x \to 1$일 때 $t \to 0$이므로

$$\lim_{x \to 1}\frac{x^a - e^{x-1}}{x^2 - 1} = b$$ 에서

$$\lim_{t \to 0}\frac{(t+1)^a - e^t}{t(t+2)} = b$$

$$\lim_{t \to 0}\frac{(t+1)^a - e^t}{t(t+2)} = \lim_{t \to 0}\left\{-\frac{e^t - 1}{t(t+2)} + \frac{(t+1)^a - 1}{t(t+2)}\right\}$$

이때

$$\lim_{t \to 0}\left\{-\frac{e^t - 1}{t(t+2)}\right\} = \lim_{t \to 0}\left(-\frac{e^t - 1}{t} \times \frac{1}{t+2}\right) = -\frac{1}{2}$$

또 $\displaystyle\lim_{t \to 0}\frac{(t+1)^a - 1}{t(t+2)}$ 에서

$f(t) = (t+1)^a$ 이라 하면 $f'(t) = a(t+1)^{a-1}$ 이므로

$$\lim_{t \to 0}\frac{(t+1)^a - 1}{t(t+2)} = \lim_{t \to 0}\left\{\frac{f(t) - f(0)}{t - 0} \times \frac{1}{t+2}\right\}$$
$$= \frac{1}{2}f'(0) = \frac{1}{2}a$$

$$\therefore -\frac{1}{2} + \frac{1}{2}a = b, \quad 3a - 6b = 3 \qquad \text{답 ③}$$

13

[전략] 분자를 $(3\cos^2 x - 3) + (2\cos x - 2)$ 로 변형하면 $\dfrac{0}{0}$ 꼴의 극한을 생각할 수 있다.

$$\lim_{x \to 0}\frac{3\cos^2 x + 2\cos x - 5}{x^2}$$
$$= \lim_{x \to 0}\left\{\frac{3(\cos^2 x - 1)}{x^2} + \frac{2(\cos x - 1)}{x^2}\right\}$$
$$= \lim_{x \to 0}\left\{\frac{-3\sin^2 x}{x^2} + \frac{2(\cos^2 x - 1)}{x^2(\cos x + 1)}\right\}$$
$$= \lim_{x \to 0}\left(\frac{-3\sin^2 x}{x^2} + \frac{-2\sin^2 x}{x^2} \times \frac{1}{\cos x + 1}\right)$$
$$= -3 - 2 \times \frac{1}{2} = -4 \qquad \text{답 ①}$$

14

[전략] $f(x) = t$ 라 하고 $x \to 0$ 일 때 $\dfrac{t^2}{f(t)}$ 의 극한을 생각한다.

$f(x) = t$ 라 하면

$x \to 0$ 일 때 $t \to 0$ 이므로

$$\lim_{x \to 0}\frac{\{f(x)\}^2}{f(f(x))} = \lim_{t \to 0}\frac{t^2}{f(t)} = \lim_{t \to 0}\frac{t^2}{1 - \cos t}$$
$$= \lim_{t \to 0}\frac{t^2(1 + \cos t)}{1 - \cos^2 t}$$
$$= \lim_{t \to 0}\left\{\frac{t^2}{\sin^2 t} \times (1 + \cos t)\right\}$$
$$= 1 \times 2 = 2 \qquad \text{답 ④}$$

15

[전략] $x - \dfrac{\pi}{6} = t$ 로 치환하고 삼각함수의 덧셈정리를 이용하여 분자를 정리한다.

$x - \dfrac{\pi}{6} = t$ 라 하면 $x = t + \dfrac{\pi}{6}$ 이므로

$$\sqrt{3}\sin x - \cos x$$
$$= \sqrt{3}\sin\left(t + \frac{\pi}{6}\right) - \cos\left(t + \frac{\pi}{6}\right)$$

$$= \sqrt{3}\left(\sin t \cos\frac{\pi}{6} + \cos t \sin\frac{\pi}{6}\right)$$
$$\qquad - \left(\cos t \cos\frac{\pi}{6} - \sin t \sin\frac{\pi}{6}\right)$$
$$= \sqrt{3}\left(\frac{\sqrt{3}}{2}\sin t + \frac{1}{2}\cos t\right) - \frac{\sqrt{3}}{2}\cos t + \frac{1}{2}\sin t$$
$$= 2\sin t$$

$x \to \dfrac{\pi}{6}$ 일 때 $t \to 0$ 이므로

$$\lim_{x \to \frac{\pi}{6}}\frac{\sqrt{3}\sin x - \cos x}{x - \frac{\pi}{6}} = \lim_{t \to 0}\frac{2\sin t}{t}$$
$$= 2 \times 1 = 2 \qquad \text{답 ⑤}$$

Note

삼각함수의 덧셈정리를 이용하였다.

① $\sin(\alpha + \beta) = \sin\alpha\cos\beta + \cos\alpha\sin\beta$

② $\cos(\alpha + \beta) = \cos\alpha\cos\beta - \sin\alpha\sin\beta$

16

[전략] $\dfrac{e^{x\sin x} + e^{x\sin 2x} - 2}{x\ln(1+x)} = \dfrac{e^{x\sin x} - 1}{x\ln(1+x)} + \dfrac{e^{x\sin 2x} - 1}{x\ln(1+x)}$ 이므로 $\dfrac{0}{0}$ 꼴 지수함수의 극한을 이용할 수 있다.

$$\lim_{x \to 0}\frac{e^{x\sin x} + e^{x\sin 2x} - 2}{x\ln(1+x)}$$
$$= \lim_{x \to 0}\left\{\frac{e^{x\sin x} - 1}{x\ln(1+x)} + \frac{e^{x\sin 2x} - 1}{x\ln(1+x)}\right\}$$

에서

$$\lim_{x \to 0}\frac{e^{x\sin x} - 1}{x\ln(1+x)}$$
$$= \lim_{x \to 0}\left\{\frac{e^{x\sin x} - 1}{x\sin x} \times \frac{\sin x}{x} \times \frac{x}{\ln(1+x)}\right\}$$
$$= 1 \times 1 \times 1 = 1$$
$$\lim_{x \to 0}\frac{e^{x\sin 2x} - 1}{x\ln(1+x)}$$
$$= \lim_{x \to 0}\left\{\frac{e^{x\sin 2x} - 1}{x\sin 2x} \times \frac{\sin 2x}{2x} \times \frac{x}{\ln(1+x)} \times 2\right\}$$
$$= 1 \times 1 \times 1 \times 2 = 2$$

이므로

$$\lim_{x \to 0}\left\{\frac{e^{x\sin x} - 1}{x\ln(1+x)} + \frac{e^{x\sin 2x} - 1}{x\ln(1+x)}\right\} = 1 + 2 = 3 \qquad \text{답 ③}$$

17

[전략] $\displaystyle\lim_{t \to 0}\frac{1 - \cos xt}{t^4 + t^2}$ 는 t 에 대한 극한이므로 x 는 상수이다. 따라서 극한을 구하면 x 에 대한 식이 된다.

$$f(x) = \lim_{t \to 0}\frac{1 - \cos xt}{t^4 + t^2}$$
$$= \lim_{t \to 0}\frac{(1 - \cos xt)(1 + \cos xt)}{t^2(t^2 + 1)(1 + \cos xt)}$$
$$= \lim_{t \to 0}\left\{\frac{\sin^2 xt}{(xt)^2} \times \frac{1}{(t^2 + 1)(1 + \cos xt)} \times x^2\right\}$$
$$= 1 \times \frac{1}{2} \times x^2 = \frac{x^2}{2}$$

이므로

$$\lim_{x \to \infty} \left\{ 1 + \frac{1}{f(2x)} \right\}^{f(x)} = \lim_{x \to \infty} \left(1 + \frac{1}{2x^2} \right)^{\frac{x^2}{2}}$$
$$= \lim_{x \to \infty} \left\{ \left(1 + \frac{1}{2x^2} \right)^{2x^2} \right\}^{\frac{1}{4}}$$
$$= e^{\frac{1}{4}} \tag{답 ①}$$

18

[전략] $\dfrac{f(x)}{1-\cos x^2} = g(x)$로 놓고 $\dfrac{f(x)}{x^p}$를 $g(x)$에 대한 식으로 나타낸 다음, 극한을 구한다.

$\dfrac{f(x)}{1-\cos x^2} = g(x)$라 하면

$f(x) = g(x)(1-\cos x^2)$이므로

$$\lim_{x \to 0} \frac{f(x)}{x^p} = \lim_{x \to 0} \frac{g(x)(1-\cos x^2)}{x^p}$$
$$= \lim_{x \to 0} \frac{g(x)(1-\cos x^2)(1+\cos x^2)}{x^p(1+\cos x^2)}$$
$$= \lim_{x \to 0} \left\{ g(x) \times \frac{\sin^2 x^2}{x^4} \times \frac{x^4}{x^p(1+\cos x^2)} \right\}$$

$\lim\limits_{x \to 0} g(x) = 2$, $\lim\limits_{x \to 0} \dfrac{\sin^2 x^2}{x^4} = \lim\limits_{x \to 0} \left(\dfrac{\sin x^2}{x^2} \right)^2 = 1$이므로

$p=4$일 때 극한값이 존재하고 극한값은

$$q = 2 \times 1 \times \frac{1}{2} = 1$$
$$\therefore p + q = 5 \tag{답 ②}$$

다른 풀이

$$\lim_{x \to 0} \frac{f(x)}{x^p}$$
$$= \lim_{x \to 0} \left\{ \frac{f(x)}{1-\cos x^2} \times \frac{1-\cos x^2}{x^p} \right\}$$
$$= \lim_{x \to 0} \left\{ \frac{f(x)}{1-\cos x^2} \times \frac{1-\cos^2 x^2}{x^p} \times \frac{1}{1+\cos x^2} \right\}$$
$$= \lim_{x \to 0} \left\{ \frac{f(x)}{1-\cos x^2} \times \frac{\sin^2 x^2}{x^4} \times \frac{1}{1+\cos x^2} \times \frac{x^4}{x^p} \right\}$$

$\lim\limits_{x \to 0} \dfrac{f(x)}{1-\cos x^2} = 2$, $\lim\limits_{x \to 0} \dfrac{\sin^2 x^2}{x^4} = \lim\limits_{x \to 0} \left(\dfrac{\sin x^2}{x^2} \right)^2 = 1$,

$\lim\limits_{x \to 0} \dfrac{1}{1+\cos x^2} = \dfrac{1}{2}$이므로

$p=4$일 때 극한값이 존재하고 극한값은

$$q = 2 \times 1 \times \frac{1}{2} = 1$$
$$\therefore p + q = 5$$

19

[전략] 점 A의 x좌표를 t라 하고 $a \to \infty$일 때 t의 극한부터 구한다.

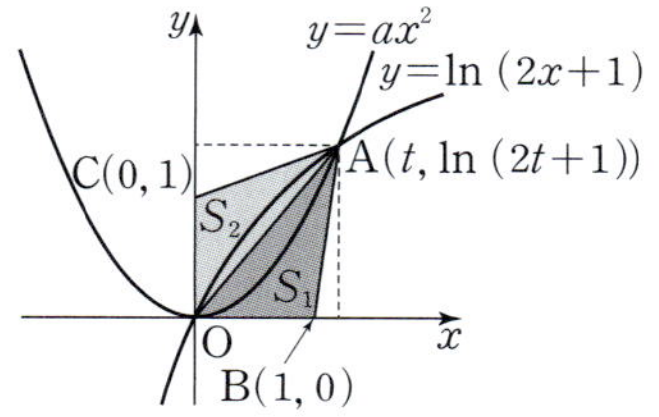

점 A의 x좌표를 t라 하면 곡선 $y = \ln(2x+1)$ 위의 점이므로

$A(t, \ln(2t+1))$

$$\therefore S_1 = \frac{1}{2} \times 1 \times \ln(2t+1) = \frac{1}{2} \ln(2t+1)$$
$$S_2 = \frac{1}{2} \times 1 \times t = \frac{1}{2} t$$

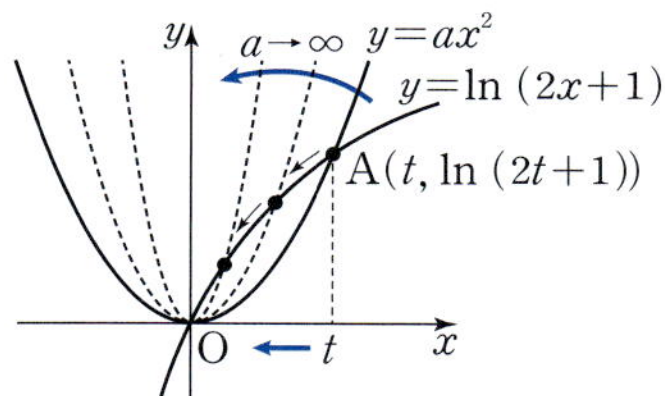

그런데 a의 값이 한없이 커지면 $y = ax^2$의 그래프의 폭이 한없이 좁아지므로 $t \to 0$이다.

$$\therefore \lim_{a \to \infty} \frac{S_1}{S_2} = \lim_{t \to 0} \frac{\ln(2t+1)}{t}$$
$$= \lim_{t \to 0} \left\{ \frac{\ln(2t+1)}{2t} \times 2 \right\}$$
$$= 1 \times 2 = 2 \tag{답 ④}$$

Note

A는 두 곡선의 교점이므로
점 A의 x좌표를 t라 하면
$at^2 = \ln(2t+1)$
$A(t, at^2)$이므로

$$S_1 = \frac{1}{2} at^2, \quad S_2 = \frac{1}{2} t$$
$$\therefore \frac{S_1}{S_2} = at = \frac{\ln(2t+1)}{t}$$

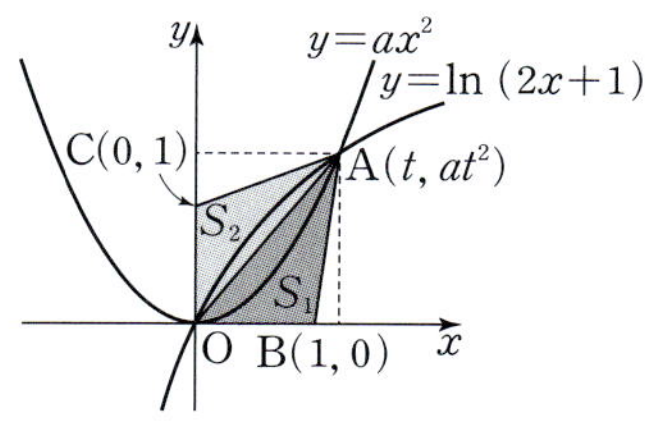

20

[전략] $P(\cos\theta, \sin\theta)$임을 이용하여 Q의 좌표를 구한다.

$P(\cos\theta, \sin\theta)$이므로 Q의 y좌표는 $\sin\theta$이다.
점 Q의 x좌표는

$$\sin\theta = \ln(x+1), \quad x+1 = e^{\sin\theta}$$
$$\therefore x = e^{\sin\theta} - 1$$

곧, $Q(e^{\sin\theta} - 1, \sin\theta)$이므로

$$L(\theta) = e^{\sin\theta} - 1$$
$$S(\theta) = \frac{1}{2} \{ \cos\theta - (e^{\sin\theta} - 1) \} \sin\theta$$

$$\therefore \lim_{\theta \to 0+} \frac{S(\theta)}{L(\theta)} = \lim_{\theta \to 0+} \frac{\frac{1}{2} \{ \cos\theta - (e^{\sin\theta} - 1) \} \sin\theta}{e^{\sin\theta} - 1}$$

그런데

$$\lim_{\theta \to 0+} \frac{1}{2} \{ \cos\theta - (e^{\sin\theta} - 1) \} = \frac{1}{2}, \quad \lim_{\theta \to 0+} \frac{\sin\theta}{e^{\sin\theta} - 1} = 1$$

이므로

$$\lim_{\theta \to 0+} \frac{S(\theta)}{L(\theta)} = \frac{1}{2} \times 1 = \frac{1}{2} \tag{답 $\frac{1}{2}$}$$

[전략] 직각삼각형 CBE, CFE, CFG에서 각각 $\overline{CE}$, $\overline{CF}$, $\overline{FG}$의 길이를 θ를 이용하여 나타낸다.

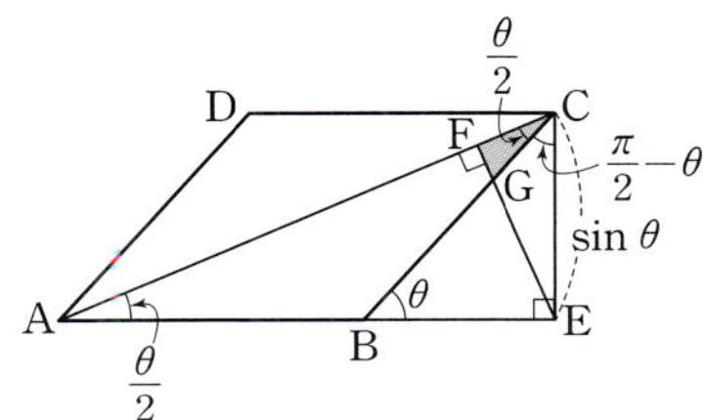

$\angle CBE=\angle DAB=\theta$, $\overline{BC}=1$이므로 $\overline{CE}=\sin\theta$

$\angle BCE=\dfrac{\pi}{2}-\theta$, $\angle BCA=\dfrac{\theta}{2}$이므로 $\angle FCE=\dfrac{\pi}{2}-\dfrac{\theta}{2}$

따라서 직각삼각형 CFE에서

$$\overline{CF}=\sin\theta\cos\left(\dfrac{\pi}{2}-\dfrac{\theta}{2}\right)=\sin\theta\sin\dfrac{\theta}{2}$$

직각삼각형 CFG에서

$$\overline{FG}=\overline{CF}\tan\dfrac{\theta}{2}=\sin\theta\sin\dfrac{\theta}{2}\tan\dfrac{\theta}{2}$$

$$\therefore S(\theta)=\dfrac{1}{2}\sin^2\theta\sin^2\dfrac{\theta}{2}\tan\dfrac{\theta}{2}$$

$$\therefore \lim_{\theta\to0+}\dfrac{S(\theta)}{\theta^5}$$

$$=\lim_{\theta\to0+}\dfrac{\dfrac{1}{2}\sin^2\theta\sin^2\dfrac{\theta}{2}\tan\dfrac{\theta}{2}}{\theta^5}$$

$$=\dfrac{1}{2}\lim_{\theta\to0+}\left(\dfrac{\sin^2\theta}{\theta^2}\times\dfrac{\sin^2\dfrac{\theta}{2}}{\dfrac{\theta^2}{2^2}}\times\dfrac{\tan\dfrac{\theta}{2}}{\dfrac{\theta}{2}}\times\dfrac{1}{2^3}\right)$$

$$=\dfrac{1}{2}\times1\times1\times1\times\dfrac{1}{2^3}=\dfrac{1}{16}$$

답 $\dfrac{1}{16}$

22

[전략] 반지름 OP가 접선에 수직임을 이용하여 $\overline{PQ}$와 $\overline{OQ}$를 θ로 나타낸다.

$\angle APO=\angle PAO=\theta$이므로

$\qquad\angle POQ=2\theta$

또 $\overline{OP}=1$이므로 직각삼각형 OQP

에서

$$\tan2\theta=\overline{PQ}$$

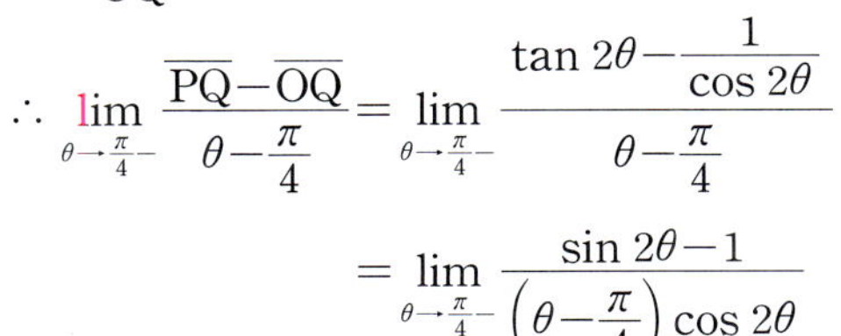

$\cos2\theta=\dfrac{1}{\overline{OQ}}$에서 $\overline{OQ}=\dfrac{1}{\cos2\theta}$

$$\therefore \lim_{\theta\to\frac{\pi}{4}-}\dfrac{\overline{PQ}-\overline{OQ}}{\theta-\dfrac{\pi}{4}}=\lim_{\theta\to\frac{\pi}{4}-}\dfrac{\tan2\theta-\dfrac{1}{\cos2\theta}}{\theta-\dfrac{\pi}{4}}$$

$$=\lim_{\theta\to\frac{\pi}{4}-}\dfrac{\sin2\theta-1}{\left(\theta-\dfrac{\pi}{4}\right)\cos2\theta}$$

$\theta-\dfrac{\pi}{4}=t$라 하면 $\theta=t+\dfrac{\pi}{4}$이고 $\theta\to\dfrac{\pi}{4}-$일 때 $t\to0-$이므로

$$\sin2\theta=\sin2\left(\dfrac{\pi}{4}+t\right)=\sin\left(\dfrac{\pi}{2}+2t\right)=\cos2t$$

$$\cos2\theta=\cos2\left(\dfrac{\pi}{4}+t\right)=\cos\left(\dfrac{\pi}{2}+2t\right)=-\sin2t$$

이므로

$$\lim_{\theta\to\frac{\pi}{4}-}\dfrac{\overline{PQ}-\overline{OQ}}{\theta-\dfrac{\pi}{4}}$$

$$=\lim_{t\to0-}\dfrac{\cos2t-1}{-t\sin2t}$$

$$=\lim_{t\to0-}\dfrac{\cos^2 2t-1}{-t\sin2t(\cos2t+1)}$$

$$=\lim_{t\to0-}\dfrac{-\sin^2 2t}{-t\sin2t(\cos2t+1)}$$

$$=\lim_{t\to0-}\dfrac{\sin2t}{t(\cos2t+1)}$$

$$=\lim_{t\to0-}\left(2\times\dfrac{\sin2t}{2t}\times\dfrac{1}{\cos2t+1}\right)$$

$$=2\times1\times\dfrac{1}{2}=1$$

답 ④

23

[전략] 호 PQ의 길이를 이용하여 $\angle POQ$의 크기와 $\overline{HP}$의 길이를 구한다.

$\angle POQ=\theta$라 하면 반지름의 길이가 2^n이므로

$\qquad$(호 PQ의 길이)$=\overline{OP}\times\theta=2^n\theta$

$2^n\theta=\pi$에서 $\theta=\dfrac{\pi}{2^n}$

이때 $Q\left(2^n\cos\dfrac{\pi}{2^n},\ 2^n\sin\dfrac{\pi}{2^n}\right)$이므로

$$\overline{HP}=2^n-2^n\cos\dfrac{\pi}{2^n}=2^n\left(1-\cos\dfrac{\pi}{2^n}\right)$$

$$\therefore \lim_{n\to\infty}(\overline{OQ}\times\overline{HP})$$

$$=\lim_{n\to\infty}\left\{2^n\times2^n\left(1-\cos\dfrac{\pi}{2^n}\right)\right\}$$

$$=\lim_{n\to\infty}\dfrac{2^{2n}\left(1-\cos\dfrac{\pi}{2^n}\right)\left(1+\cos\dfrac{\pi}{2^n}\right)}{1+\cos\dfrac{\pi}{2^n}}$$

$$=\lim_{n\to\infty}\dfrac{2^{2n}\sin^2\dfrac{\pi}{2^n}}{1+\cos\dfrac{\pi}{2^n}}$$

$$=\lim_{n\to\infty}\left\{\dfrac{\sin^2\dfrac{\pi}{2^n}}{\left(\dfrac{\pi}{2^n}\right)^2}\times\dfrac{\pi^2}{1+\cos\dfrac{\pi}{2^n}}\right\}$$

$$=1\times\dfrac{\pi^2}{2}=\dfrac{\pi^2}{2}$$

답 ①

24

[전략] $\overline{AC}$, $\overline{BC}$, $\overline{BD}$의 길이를 θ로 나타낸 다음, $\overline{AD}$, $\overline{CE}$의 길이를 θ로 나타낸다.

직각삼각형 ABC에서

$$\overline{AC}=\dfrac{1}{\cos\theta},\ \overline{BC}=\tan\theta$$

또 $\angle C=\dfrac{\pi}{2}-\theta$이므로

$$\angle BCD=\dfrac{1}{2}\left(\dfrac{\pi}{2}-\theta\right)=\dfrac{\pi}{4}-\dfrac{\theta}{2}$$

직각삼각형 BCD에서
$$\overline{BD}=\overline{BC}\tan\left(\frac{\pi}{4}-\frac{\theta}{2}\right)=\tan\theta\tan\left(\frac{\pi}{4}-\frac{\theta}{2}\right)$$
이므로
$$\overline{AD}=1-\tan\theta\tan\left(\frac{\pi}{4}-\frac{\theta}{2}\right)$$
또 $\overline{AE}=\overline{AD}$이므로
$$\overline{CE}=\frac{1}{\cos\theta}-\left\{1-\tan\theta\tan\left(\frac{\pi}{4}-\frac{\theta}{2}\right)\right\}$$
$$=\frac{1}{\cos\theta}+\tan\theta\tan\left(\frac{\pi}{4}-\frac{\theta}{2}\right)-1$$
$$\therefore S(\theta)=\frac{\theta}{2}\left\{1-\tan\theta\tan\left(\frac{\pi}{4}-\frac{\theta}{2}\right)\right\}^2$$

$$T(\theta)$$
$$=\frac{1}{2}\times\overline{BC}\times\overline{CE}\times\sin\left(\frac{\pi}{2}-\theta\right)$$
$$=\frac{1}{2}\times\tan\theta\times\left\{\frac{1}{\cos\theta}+\tan\theta\tan\left(\frac{\pi}{4}-\frac{\theta}{2}\right)-1\right\}$$
$$\times\cos\theta$$
$$=\frac{1}{2}\sin\theta\left\{\frac{1-\cos\theta}{\cos\theta}+\tan\theta\tan\left(\frac{\pi}{4}-\frac{\theta}{2}\right)\right\}$$
$$=\frac{1}{2}\sin\theta\left\{\frac{\sin^2\theta}{\cos\theta(1+\cos\theta)}+\tan\theta\tan\left(\frac{\pi}{4}-\frac{\theta}{2}\right)\right\}$$
$$=\frac{1}{2}\sin\theta\tan\theta\left\{\frac{\sin\theta}{1+\cos\theta}+\tan\left(\frac{\pi}{4}-\frac{\theta}{2}\right)\right\}$$
$$\therefore \lim_{\theta\to0+}\frac{\{S(\theta)\}^2}{T(\theta)}$$
$$=\lim_{\theta\to0+}\frac{\dfrac{\theta^2}{4}\left\{1-\tan\theta\tan\left(\frac{\pi}{4}-\frac{\theta}{2}\right)\right\}^4}{\dfrac{1}{2}\sin\theta\tan\theta\left\{\dfrac{\sin\theta}{1+\cos\theta}+\tan\left(\frac{\pi}{4}-\frac{\theta}{2}\right)\right\}}$$
$$=\lim_{\theta\to0+}\left[\frac{1}{2}\times\frac{\theta}{\sin\theta}\times\frac{\theta}{\tan\theta}\times\frac{\left\{1-\tan\theta\tan\left(\frac{\pi}{4}-\frac{\theta}{2}\right)\right\}^4}{\dfrac{\sin\theta}{1+\cos\theta}+\tan\left(\frac{\pi}{4}-\frac{\theta}{2}\right)}\right]$$
$$=\frac{1}{2}\times1\times1\times\frac{1^4}{1}=\frac{1}{2}$$
$$\text{답}\ \frac{1}{2}$$

25

[전략] 이등변삼각형 ABC에서 AC의 길이를 θ로 나타낸다.

두 점 C, P에서 선분 AD에 내린 수선의
발을 각각 E, H라 하자.

$\angle ACE=\dfrac{\theta}{2}$, $\overline{AE}=2$이므로 직각삼각형

AEC에서
$$\overline{AC}=\frac{2}{\sin\dfrac{\theta}{2}}$$

$\overline{AP}=\overline{AC}$이므로 직각삼각형 AHP에서
$$\overline{PH}=\overline{AP}\sin2\theta=\overline{AC}\sin2\theta=\frac{2\sin2\theta}{\sin\dfrac{\theta}{2}}$$

또 $\overline{AD}=\overline{AC}$이므로 $\overline{BD}=\dfrac{2}{\sin\dfrac{\theta}{2}}-4$

$$\therefore S(\theta)=\frac{1}{2}\times\overline{BD}\times\overline{PH}$$
$$=\frac{1}{2}\times\left(\frac{2}{\sin\dfrac{\theta}{2}}-4\right)\times\frac{2\sin2\theta}{\sin\dfrac{\theta}{2}}$$
$$=\frac{2\sin2\theta}{\sin^2\dfrac{\theta}{2}}\times\left(1-2\sin\frac{\theta}{2}\right)$$
$$\therefore \lim_{\theta\to0+}\{\theta\times S(\theta)\}$$
$$=\lim_{\theta\to0+}\left\{\frac{2\theta\sin2\theta}{\sin^2\dfrac{\theta}{2}}\times\left(1-2\sin\frac{\theta}{2}\right)\right\}$$
$$=\lim_{\theta\to0+}\left\{\frac{\left(\dfrac{\theta}{2}\right)^2}{\sin^2\dfrac{\theta}{2}}\times\frac{\sin2\theta}{2\theta}\times\left(1-2\sin\frac{\theta}{2}\right)\times16\right\}$$
$$=1\times1\times1\times16=16$$
$$\text{답}\ 16$$

26

[전략] $\overline{OT}$, $\overline{OQ}$와 호 TQ로 둘러싸인 부분의 넓이를 생각한다.

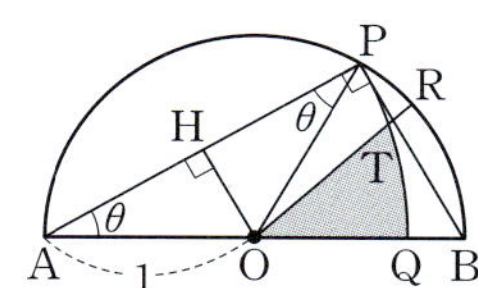

그림에서 어두운 부분의 넓이를 S라 하면
$$S_1-S_2=(S_1+S)-(S_2+S) \quad\cdots\ \text{❶}$$
$\overline{AO}=1$이므로 직각삼각형 AOH에서
$$\overline{AH}=\cos\theta,\ \overline{OH}=\sin\theta$$
또 직각삼각형 PAB에서 $\overline{AP}=2\cos\theta$
$\overline{AQ}=\overline{AP}$이므로
$$S_1+S=\frac{1}{2}\times(2\cos\theta)^2\times\theta-\frac{1}{2}\times\cos\theta\sin\theta$$
$$=2\theta\cos^2\theta-\frac{1}{2}\cos\theta\sin\theta$$

$\angle APO=\angle PAB=\theta$이므로 $\angle POB=2\theta$
$\overparen{PR}:\overparen{RB}=3:7$이므로
$$\angle ROB=2\theta\times\frac{7}{10}=\frac{7}{5}\theta$$
$$\therefore S_2+S=\frac{1}{2}\times1^2\times\frac{7}{5}\theta=\frac{7}{10}\theta$$

따라서 ❶에서
$$S_1-S_2=2\theta\cos^2\theta-\frac{1}{2}\cos\theta\sin\theta-\frac{7}{10}\theta$$
이므로
$$\lim_{\theta\to0+}\frac{S_1-S_2}{\overline{OH}}$$
$$=\lim_{\theta\to0+}\frac{2\theta\cos^2\theta-\dfrac{1}{2}\cos\theta\sin\theta-\dfrac{7}{10}\theta}{\sin\theta}$$
$$=\lim_{\theta\to0+}\left(\frac{\theta}{\sin\theta}\times2\cos^2\theta-\frac{1}{2}\cos\theta-\frac{7}{10}\times\frac{\theta}{\sin\theta}\right)$$
$$=1\times2-\frac{1}{2}-\frac{7}{10}\times1=\frac{4}{5}$$
$$\text{답}\ \frac{4}{5}$$

[전략] 이등변삼각형의 내심은 꼭짓점에서 그 대변에 그은 수선 위에 있음을 이용한다.

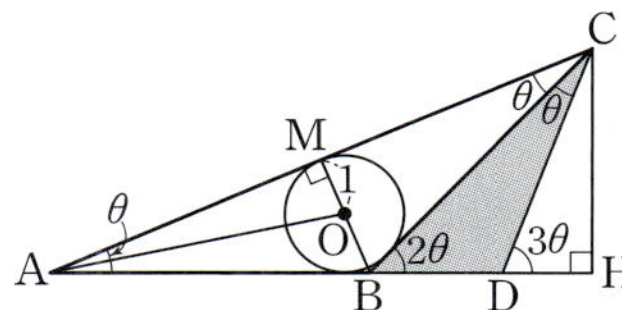

내접원과 $\overline{AC}$의 접점을 M, 점 C에서 $\overline{AD}$의 연장선에 내린 수선의 발을 H라 하면 내접원의 중심 O는 점 B에서 $\overline{AC}$에 그은 수선 BM 위에 있다.

$\angle OAM = \dfrac{\theta}{2}$, $\overline{OM} = 1$이므로 직각삼각형 AOM에서

$$\overline{AM} = \frac{1}{\tan\dfrac{\theta}{2}}$$

직각삼각형 ABM에서
$$\overline{AB} = \frac{\overline{AM}}{\cos\theta} = \frac{1}{\cos\theta\tan\dfrac{\theta}{2}}$$

$\overline{AB} = \overline{BC}$이므로
$$\overline{BC} = \frac{1}{\cos\theta\tan\dfrac{\theta}{2}}$$

삼각형 BDC에서 $\angle CBD = 2\theta$, $\angle CDH = 3\theta$
따라서 삼각형 BDC에서 사인법칙에 의하여
$$\frac{\overline{BC}}{\sin(\pi - 3\theta)} = \frac{\overline{CD}}{\sin 2\theta}$$
이므로
$$\overline{CD} = \overline{BC} \times \frac{\sin 2\theta}{\sin 3\theta} = \frac{\sin 2\theta}{\sin 3\theta\cos\theta\tan\dfrac{\theta}{2}}$$

$$\therefore S(\theta)$$
$$= \frac{1}{2} \times \overline{BC} \times \overline{CD} \times \sin\theta$$
$$= \frac{1}{2} \times \frac{1}{\cos\theta\tan\dfrac{\theta}{2}} \times \frac{\sin 2\theta}{\sin 3\theta\cos\theta\tan\dfrac{\theta}{2}} \times \sin\theta$$
$$= \frac{1}{2} \times \frac{\sin 2\theta}{\tan^2\dfrac{\theta}{2}\sin 3\theta\cos^2\theta} \times \sin\theta$$

$$\therefore \lim_{\theta \to 0+}\{\theta \times S(\theta)\}$$
$$= \lim_{\theta \to 0+}\left\{ \frac{1}{2} \times \frac{\sin 2\theta}{\sin 3\theta} \times \frac{\left(\dfrac{\theta}{2}\right)^2}{\tan^2\dfrac{\theta}{2}} \times \frac{\sin\theta}{\theta} \times \frac{4}{\cos^2\theta} \right\}$$
$$= \lim_{\theta \to 0+}\left\{ \frac{1}{2} \times \frac{\sin 2\theta}{2\theta} \times \frac{3\theta}{\sin 3\theta} \times \frac{2}{3} \right.$$
$$\left. \times \frac{\left(\dfrac{\theta}{2}\right)^2}{\tan^2\dfrac{\theta}{2}} \times \frac{\sin\theta}{\theta} \times \frac{4}{\cos^2\theta} \right\}$$
$$= \frac{1}{2} \times 1 \times 1 \times \frac{2}{3} \times 1 \times 1 \times 4 = \frac{4}{3}$$

답 ④

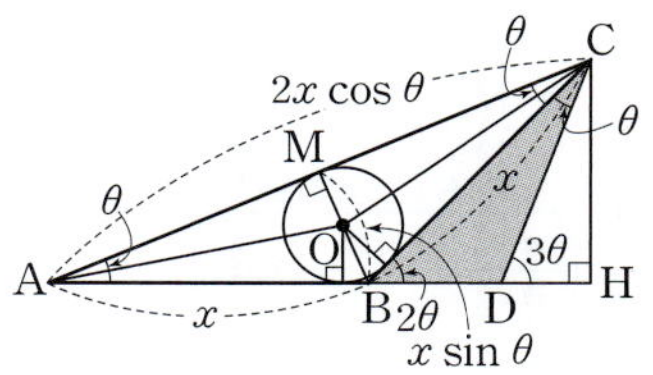

$\overline{AB} = x$라 하면
$\overline{BC} = x$, $\overline{AC} = 2\overline{AM} = 2x\cos\theta$, $\overline{BM} = x\sin\theta$이고
삼각형 ABC에 내접하는 원의 반지름의 길이가 1이므로 삼각형 ABC의 넓이는

$$\frac{1}{2} \times 2x\cos\theta \times x\sin\theta = \frac{1}{2} \times 1 \times (x + x + 2x\cos\theta)$$
$$x^2\sin\theta\cos\theta = x(1 + \cos\theta)$$
$$\therefore x = \frac{1 + \cos\theta}{\sin\theta\cos\theta} = \frac{2(1 + \cos\theta)}{\sin 2\theta}$$

$\angle CBH = \theta + \theta = 2\theta$이므로
$$\overline{CH} = x\sin 2\theta = \frac{2(1 + \cos\theta)}{\sin 2\theta} \times \sin 2\theta$$
$$= 2(1 + \cos\theta)$$

$\angle CDH = \theta + 2\theta = 3\theta$이므로
$$\overline{CD} = \frac{\overline{CH}}{\sin 3\theta} = \frac{2(1 + \cos\theta)}{\sin 3\theta}$$

$$\therefore S(\theta) = \frac{1}{2} \times \frac{2(1 + \cos\theta)}{\sin 2\theta} \times \frac{2(1 + \cos\theta)}{\sin 3\theta} \times \sin\theta$$
$$= \frac{(1 + \cos\theta)^2}{\cos\theta\sin 3\theta}$$

$$\therefore \lim_{\theta \to 0+}\{\theta \times S(\theta)\}$$
$$= \lim_{\theta \to 0+}\left\{ \frac{(1 + \cos\theta)^2}{\cos\theta} \times \frac{3\theta}{\sin 3\theta} \times \frac{1}{3} \right\}$$
$$= \frac{2^2}{1} \times 1 \times \frac{1}{3} = \frac{4}{3}$$

28

[전략] 원과 반원의 접점과 선분 BP, AQ의 교점을 지나는 직선을 생각한다.

내접원과 호 PQ의 접점을 C, 원의 중심을 O, $\overline{AQ}$와 $\overline{BP}$의 교점을 R, 직선 CO와 $\overline{AB}$의 교점을 M, O에서 $\overline{AQ}$에 내린 수선의 발을 H라 하자.

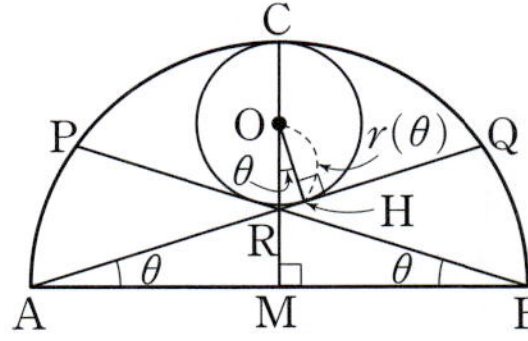

직각삼각형 AMR에서 $\overline{RM} = \tan\theta$
삼각형 OHR와 삼각형 AMR는 닮음이므로 $\angle HOR = \theta$
따라서 직각삼각형 OHR에서
$$\overline{OR} = \frac{r(\theta)}{\cos\theta}$$
이므로
$$\overline{CM} = r(\theta) + \frac{r(\theta)}{\cos\theta} + \tan\theta = 1 \qquad \cdots\ \mathbf{❶}$$

양변에 $\cos\theta$를 곱하여 정리하면

$$r(\theta)=\frac{\cos\theta-\sin\theta}{1+\cos\theta}$$

$$\therefore \lim_{\theta\to\frac{\pi}{4}-}\frac{r(\theta)}{\frac{\pi}{4}-\theta}=\lim_{\theta\to\frac{\pi}{4}-}\frac{\cos\theta-\sin\theta}{\left(\frac{\pi}{4}-\theta\right)(1+\cos\theta)}$$

$\dfrac{\pi}{4}-\theta=t$라 하면

$\theta=\dfrac{\pi}{4}-t$이고 $\theta\to\dfrac{\pi}{4}-$일 때 $t\to0+$이므로

$$\cos\theta-\sin\theta=\cos\left(\frac{\pi}{4}-t\right)-\sin\left(\frac{\pi}{4}-t\right)$$
$$=\cos\frac{\pi}{4}\cos t+\sin\frac{\pi}{4}\sin t$$
$$-\sin\frac{\pi}{4}\cos t+\cos\frac{\pi}{4}\sin t$$
$$=\sqrt{2}\sin t$$

$$\therefore \lim_{\theta\to\frac{\pi}{4}-}\frac{r(\theta)}{\frac{\pi}{4}-\theta}=\lim_{t\to0+}\frac{\sqrt{2}\sin t}{t\left\{1+\cos\left(\frac{\pi}{4}-t\right)\right\}}$$
$$=\lim_{t\to0+}\left[\frac{\sin t}{t}\times\frac{\sqrt{2}}{\left\{1+\cos\left(\frac{\pi}{4}-t\right)\right\}}\right]$$
$$=1\times\frac{\sqrt{2}}{1+\frac{1}{\sqrt{2}}}$$
$$=2(\sqrt{2}-1)=2\sqrt{2}-2 \qquad 〓\ 2\sqrt{2}-2$$

다른 풀이

❶에서 $r(\theta)=\dfrac{1-\tan\theta}{1+\dfrac{1}{\cos\theta}}=(1-\tan\theta)\times\dfrac{\cos\theta}{1+\cos\theta}$

$$\therefore \lim_{\theta\to\frac{\pi}{4}-}\frac{r(\theta)}{\frac{\pi}{4}-\theta}=\lim_{\theta\to\frac{\pi}{4}-}\left(\frac{1-\tan\theta}{\frac{\pi}{4}-\theta}\times\frac{\cos\theta}{1+\cos\theta}\right)$$

이때 $\lim\limits_{\theta\to\frac{\pi}{4}-}\dfrac{\cos\theta}{1+\cos\theta}=\dfrac{\frac{1}{\sqrt{2}}}{1+\frac{1}{\sqrt{2}}}=\sqrt{2}-1$

또 $\lim\limits_{\theta\to\frac{\pi}{4}-}\dfrac{1-\tan\theta}{\frac{\pi}{4}-\theta}$에서 $\dfrac{\pi}{4}-\theta=t$라 하면 $\theta=\dfrac{\pi}{4}-t$이므로

$1-\tan\left(\dfrac{\pi}{4}-t\right)=1-\dfrac{\tan\frac{\pi}{4}-\tan t}{1+\tan\frac{\pi}{4}\tan t}=\dfrac{2\tan t}{1+\tan t}$에서

$$\lim_{\theta\to\frac{\pi}{4}-}\frac{1-\tan\theta}{\frac{\pi}{4}-\theta}=\lim_{t\to0+}\frac{2\tan t}{t(1+\tan t)}=2$$

$$\therefore \lim_{\theta\to\frac{\pi}{4}-}\frac{r(\theta)}{\frac{\pi}{4}-\theta}=2\times(\sqrt{2}-1)=2\sqrt{2}-2$$

Note

삼각함수의 덧셈정리를 이용하였다.

① $\sin(\alpha+\beta)=\sin\alpha\cos\beta+\cos\alpha\sin\beta$

$\sin(\alpha-\beta)=\sin\alpha\cos\beta-\cos\alpha\sin\beta$

② $\cos(\alpha+\beta)=\cos\alpha\cos\beta-\sin\alpha\sin\beta$

$\cos(\alpha-\beta)=\cos\alpha\cos\beta+\sin\alpha\sin\beta$

③ $\tan(\alpha+\beta)=\dfrac{\tan\alpha+\tan\beta}{1-\tan\alpha\tan\beta}$

$\tan(\alpha-\beta)=\dfrac{\tan\alpha-\tan\beta}{1+\tan\alpha\tan\beta}$

29

[전략] 선분 OP와 선분 QH가 수직으로 만난다는 것을 알아내어 $\overline{QH}$, $\overline{OR}$의 길이를 구한다.

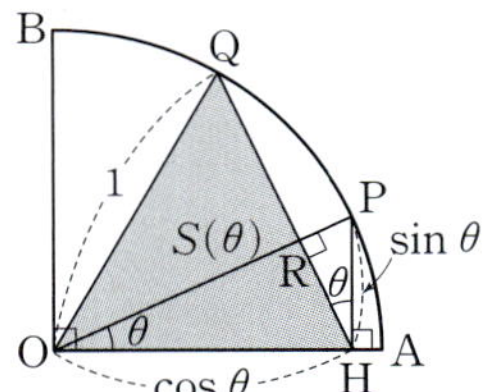

두 선분 OP, HQ의 교점을 R라 하면

$\angle OHR+\angle RHP=\angle OHR+\theta=\dfrac{\pi}{2}$이므로

$$\angle ORH=\frac{\pi}{2}$$

직각삼각형 OHP에서 $\overline{OP}=1$이므로

$\overline{PH}=\sin\theta$, $\overline{OH}=\cos\theta$

직각삼각형 PRH에서 $\overline{RH}=\sin\theta\cos\theta$

직각삼각형 OHR에서 $\overline{OR}=\cos\theta\cos\theta=\cos^2\theta$

직각삼각형 ORQ에서 $\overline{OQ}=1$이므로

$$\overline{QR}=\sqrt{\overline{OQ}^2-\overline{OR}^2}=\sqrt{1-\cos^4\theta}$$

또, $\overline{HQ}=\overline{HR}+\overline{QR}=\cos\theta\sin\theta+\sqrt{1-\cos^4\theta}$이므로

$$S(\theta)=\frac{1}{2}\times(\cos\theta\sin\theta+\sqrt{1-\cos^4\theta})\times\cos^2\theta$$

$$\therefore \lim_{\theta\to0+}\frac{S(\theta)}{\theta}$$
$$=\lim_{\theta\to0+}\frac{\cos^2\theta(\cos\theta\sin\theta+\sqrt{1-\cos^4\theta})}{2\theta}$$
$$=\lim_{\theta\to0+}\left[\frac{\cos^2\theta}{2}\right.$$
$$\left.\times\left\{\frac{\cos\theta\sin\theta}{\theta}+\sqrt{\frac{(1+\cos^2\theta)(1-\cos^2\theta)}{\theta^2}}\right\}\right]$$
$$=\lim_{\theta\to0+}\left[\frac{\cos^2\theta}{2}\right.$$
$$\left.\times\left\{\cos\theta\times\frac{\sin\theta}{\theta}+\sqrt{\frac{(1+\cos^2\theta)\sin^2\theta}{\theta^2}}\right\}\right]$$
$$=\frac{1}{2}\times(1\times1+\sqrt{2})=\frac{1+\sqrt{2}}{2} \qquad 〓\ ①$$

30

[전략] $\overline{AO'}$의 길이를 구하고, 선분 AO'이 현 PQ를 수직이등분함을 이용하여 선분 PQ의 길이를 구한다.

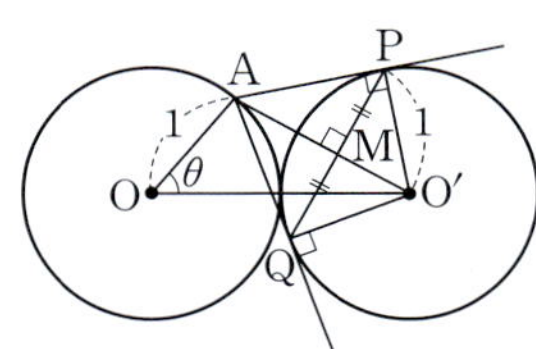

$\overline{OA}=1$, $\overline{OO'}=2$이므로 삼각형 AOO'에서 코사인법칙에 의하여

$$\overline{AO'}^2=1^2+2^2-2\times1\times2\cos\theta=5-4\cos\theta$$

$\overline{O'P}=1$이므로 직각삼각형 $AO'P$에서

$$\overline{AP}=\sqrt{(5-4\cos\theta)-1}=2\sqrt{1-\cos\theta}$$

현 PQ와 선분 AO'의 교점을 M이라 하면

선분 AO'이 현 PQ를 수직이등분하므로 $\overline{PQ}=2\overline{PM}$

또 삼각형 $AO'P$의 넓이에서

$$\frac{1}{2}\times\overline{PM}\times\sqrt{5-4\cos\theta}=\frac{1}{2}\times2\sqrt{1-\cos\theta}\times1$$

$$\overline{PM}=\frac{2\sqrt{1-\cos\theta}}{\sqrt{5-4\cos\theta}}\qquad\therefore\ \overline{PQ}=\frac{4\sqrt{1-\cos\theta}}{\sqrt{5-4\cos\theta}}$$

$$\therefore\ \lim_{\theta\to0+}\frac{\overline{PQ}}{\theta}=\lim_{\theta\to0+}\left(\frac{4}{\sqrt{5-4\cos\theta}}\times\frac{\sqrt{1-\cos\theta}}{\theta}\right)$$

그런데

$$\lim_{\theta\to0+}\frac{\sqrt{1-\cos\theta}}{\theta}=\lim_{\theta\to0+}\sqrt{\frac{(1-\cos\theta)(1+\cos\theta)}{\theta^2(1+\cos\theta)}}$$

$$=\lim_{\theta\to0+}\sqrt{\frac{\sin^2\theta}{\theta^2(1+\cos\theta)}}=\sqrt{\frac{1}{2}}$$

이므로 $\displaystyle\lim_{\theta\to0+}\frac{\overline{PQ}}{\theta}=\frac{4}{1}\times\sqrt{\frac{1}{2}}=2\sqrt{2}$

답 $2\sqrt{2}$

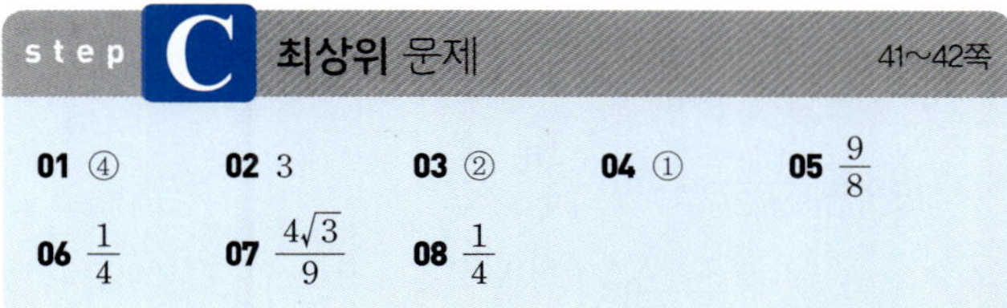

41~42쪽

01 ④	02 3	03 ②	04 ①	05 $\dfrac{9}{8}$
06 $\dfrac{1}{4}$	07 $\dfrac{4\sqrt{3}}{9}$	08 $\dfrac{1}{4}$		

01

[전략] $\dfrac{1}{x}=t$로 치환하여 극한을 구한다.

$\dfrac{1}{x}=t$라 하면 $x\to0+$일 때 $t\to\infty$이므로

$$\lim_{x\to0+}\frac{\ln\left(\dfrac{2}{x}+3\right)}{\ln\left(\dfrac{4}{x}+5\right)}=\lim_{t\to\infty}\frac{\ln(2t+3)}{\ln(4t+5)}$$

$$=\lim_{t\to\infty}\frac{\ln\left\{t\left(2+\dfrac{3}{t}\right)\right\}}{\ln\left\{t\left(4+\dfrac{5}{t}\right)\right\}}$$

$$=\lim_{t\to\infty}\frac{\ln t+\ln\left(2+\dfrac{3}{t}\right)}{\ln t+\ln\left(4+\dfrac{5}{t}\right)}$$

$$=\lim_{t\to\infty}\frac{1+\dfrac{\ln\left(2+\dfrac{3}{t}\right)}{\ln t}}{1+\dfrac{\ln\left(4+\dfrac{5}{t}\right)}{\ln t}}=1$$

답 ④

02

[전략] y축에 접하므로 $r(t)=t$이다.

점과 직선 사이의 거리를 이용하여 $m(t)$를 t의 식으로 나타낸다.

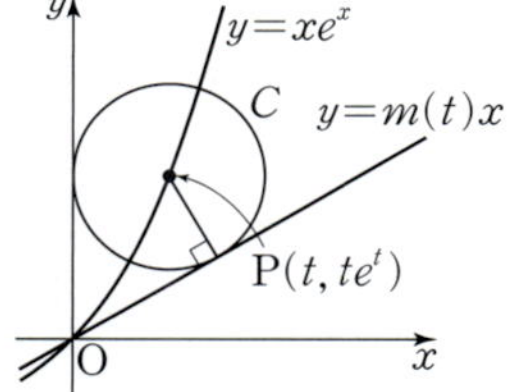

y축에 접하므로 $r(t)=t$이고,

원점을 지나는 접선의 방정식은

$y=m(t)x$이므로

$$t=\frac{|t\times m(t)-te^t|}{\sqrt{\{m(t)\}^2+1}}$$

$$|m(t)-e^t|=\sqrt{\{m(t)\}^2+1}$$

양변을 제곱하면

$$\{m(t)-e^t\}^2=\{m(t)\}^2+1$$

$$e^t\times m(t)=\frac{e^{2t}-1}{2}$$

$$\therefore\ \lim_{t\to0+}\frac{4r(t)-e^t\times m(t)}{t}=\lim_{t\to0+}\frac{4t-\dfrac{e^{2t}-1}{2}}{t}$$

$$=\lim_{t\to0+}\left(4-\frac{e^{2t}-1}{2t}\right)$$

$$=4-1=3$$

답 3

03

[전략] 삼각형 ABC_n이 직각삼각형임을 이용하여 a_n을 구한다.

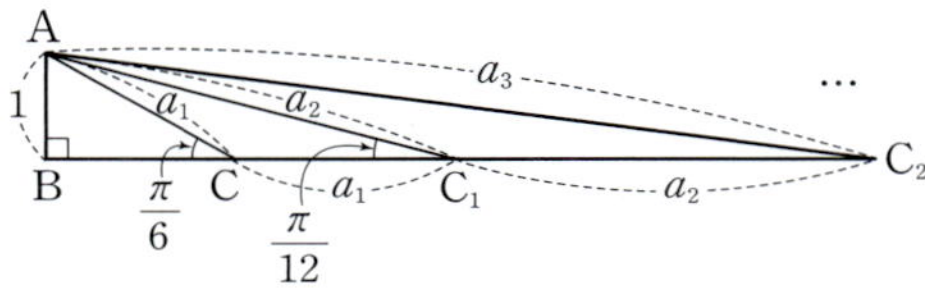

$a_n=\overline{C_{n-1}C_n}=\overline{AC_{n-1}}$이고

$\triangle ABC,\ \triangle ABC_1,\ \triangle ABC_2,\ \cdots$는 직각삼각형이므로

$$\sin\frac{\pi}{6}=\frac{1}{a_1}\qquad\therefore\ a_1=\frac{1}{\sin\dfrac{\pi}{6}}$$

$$\sin\frac{\pi}{12}=\frac{1}{a_2}\qquad\therefore\ a_2=\frac{1}{\sin\dfrac{\pi}{12}}=\frac{1}{\sin\left(\dfrac{\pi}{6}\times\dfrac{1}{2}\right)}$$

$$\sin\frac{\pi}{24}=\frac{1}{a_3}\qquad\therefore\ a_3=\frac{1}{\sin\dfrac{\pi}{24}}=\frac{1}{\sin\left\{\dfrac{\pi}{6}\times\left(\dfrac{1}{2}\right)^2\right\}}$$

$$\vdots$$

$$a_n=\frac{1}{\sin\left\{\dfrac{\pi}{6}\times\left(\dfrac{1}{2}\right)^{n-1}\right\}}=\frac{1}{\sin\left\{\dfrac{\pi}{6}\times2\times\left(\dfrac{1}{2}\right)^{n}\right\}}$$

$$=\frac{1}{\sin\left\{\dfrac{\pi}{3}\times\left(\dfrac{1}{2}\right)^{n}\right\}}$$

$$\therefore\ \lim_{n\to\infty}\frac{\pi a_n}{2^n}=\lim_{n\to\infty}\left[\frac{1}{2^n}\times\frac{\pi}{\sin\left\{\dfrac{\pi}{3}\times\left(\dfrac{1}{2}\right)^{n}\right\}}\right]$$

$$=\lim_{n\to\infty}\left[\frac{\dfrac{\pi}{3}\times\left(\dfrac{1}{2}\right)^{n}}{\sin\left\{\dfrac{\pi}{3}\times\left(\dfrac{1}{2}\right)^{n}\right\}}\times3\right]$$

$$=1\times3=3$$

답 ②

04

[전략] $\overline{QR}$의 길이와 $\angle OQP$의 크기를 구한 다음, $f(\theta)$를 구한다.

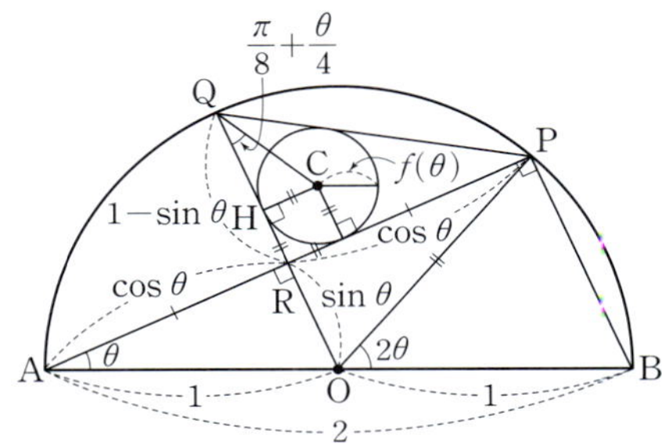

$\overline{AB}$가 지름이므로 $\angle APB=\dfrac{\pi}{2}$

$\therefore \overline{BP}=2\sin\theta,\ \overline{AP}=2\cos\theta$

또, $\overline{OR}\,/\!/\,\overline{BP}$이므로 삼각형의 중점연결정리에서

$$\overline{AR}=\overline{RP}=\cos\theta,\ \overline{OR}=\dfrac{1}{2}\overline{BP}=\sin\theta$$

$$\therefore \overline{QR}=1-\sin\theta$$

$\angle POB=2\theta,\ \angle AOQ=\dfrac{\pi}{2}-\theta$이므로 $\angle POQ=\dfrac{\pi}{2}-\theta$

이등변삼각형 OPQ에서 $\angle OQP=\dfrac{\pi}{4}+\dfrac{\theta}{2}$

따라서 삼각형 PQR의 내접원의 중심을 C라 하면

$$\angle RQC=\dfrac{1}{2}\angle OQP=\dfrac{\pi}{8}+\dfrac{\theta}{4}$$

점 C에서 $\overline{QR}$에 내린 수선의 발을 H라 하면 삼각형 QHC가 직각삼각형이므로

$$\tan\left(\dfrac{\pi}{8}+\dfrac{\theta}{4}\right)=\dfrac{f(\theta)}{1-\sin\theta-f(\theta)}$$

$$\therefore f(\theta)=\dfrac{(1-\sin\theta)\times\tan\left(\dfrac{\pi}{8}+\dfrac{\theta}{4}\right)}{1+\tan\left(\dfrac{\pi}{8}+\dfrac{\theta}{4}\right)}$$

$\dfrac{\pi}{2}-\theta=t$라 하면

$\theta=\dfrac{\pi}{2}-t$이고 $\theta\to\dfrac{\pi}{2}-$ 일 때 $t\to 0+$이므로

$$\lim_{\theta\to\frac{\pi}{2}-}\dfrac{f(\theta)}{\left(\dfrac{\pi}{2}-\theta\right)^2}$$

$$=\lim_{t\to 0+}\left\{\dfrac{1}{t^2}\times\dfrac{(1-\cos t)\times\tan\left(\dfrac{\pi}{4}-\dfrac{t}{4}\right)}{1+\tan\left(\dfrac{\pi}{4}-\dfrac{t}{4}\right)}\right\}$$

$$=\lim_{t\to 0+}\left\{\dfrac{\sin^2 t}{t^2}\times\dfrac{1}{1+\cos t}\times\dfrac{\tan\left(\dfrac{\pi}{4}-\dfrac{t}{4}\right)}{1+\tan\left(\dfrac{\pi}{4}-\dfrac{t}{4}\right)}\right\}$$

$$=1\times\dfrac{1}{2}\times\dfrac{1}{2}=\dfrac{1}{4}$$

답 ①

05

[전략] $\triangle AMC$에서 $\overline{CM}$의 길이, $\triangle CHM$에서 $\overline{MH}$의 길이, $\triangle HME$에서 $\overline{EH}$의 길이를 θ로 나타낸다.

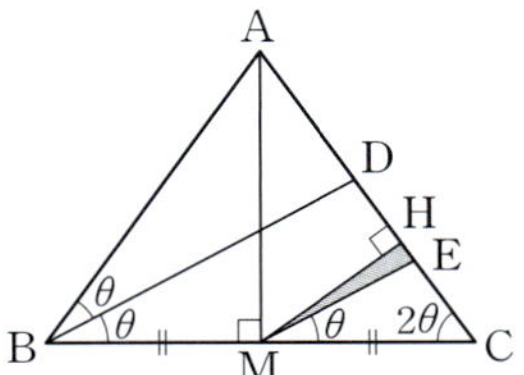

$\overline{AB}<\overline{BC}$이므로 $2\theta<\dfrac{\pi}{3},\ \theta<\dfrac{\pi}{6}$

삼각형 ABC가 이등변삼각형이므로

$$\angle ACM=\angle ABM=2\theta$$

두 직선 BD, ME가 평행하므로 $\angle EMC=\theta$

직각삼각형 AMC에서 $\overline{CM}=2\cos 2\theta$

따라서 직각삼각형 CHM에서

$$\overline{MH}=2\cos 2\theta\sin 2\theta$$

또 $\angle HEM=3\theta$이므로 삼각형 HME에서

$$\overline{EH}=\dfrac{\overline{MH}}{\tan 3\theta}$$

$$\therefore S(\theta)=\dfrac{1}{2}\times\dfrac{\overline{MH}}{\tan 3\theta}\times\overline{MH}=\dfrac{2\cos^2 2\theta\sin^2 2\theta}{\tan 3\theta}$$

$$\therefore \lim_{\theta\to\frac{\pi}{6}-}\dfrac{S(\theta)}{\dfrac{\pi}{6}-\theta}=\lim_{\theta\to\frac{\pi}{6}-}\dfrac{2\cos^2 2\theta\sin^2 2\theta}{\left(\dfrac{\pi}{6}-\theta\right)\tan 3\theta}$$

$\theta\to\dfrac{\pi}{6}-$ 일 때 $\cos 2\theta\to\dfrac{1}{2},\ \sin 2\theta\to\dfrac{\sqrt{3}}{2}$이고,

$$\lim_{\theta\to\frac{\pi}{6}-}\dfrac{1}{\left(\dfrac{\pi}{6}-\theta\right)\tan 3\theta}$$에서 $\dfrac{\pi}{6}-\theta=t$라 하면

$\theta=\dfrac{\pi}{6}-t$이고 $\theta\to\dfrac{\pi}{6}-$ 일 때 $t\to 0+$이므로

$$\lim_{t\to 0+}\dfrac{1}{t\cot 3t}=\lim_{t\to 0+}\dfrac{\sin 3t}{t\cos 3t}$$

$$=\lim_{t\to 0+}\left(\dfrac{\sin 3t}{3t}\times\dfrac{3}{\cos 3t}\right)$$

$$=1\times 3=3$$

$$\therefore \lim_{\theta\to\frac{\pi}{6}-}\dfrac{2\cos^2 2\theta\sin^2 2\theta}{\left(\dfrac{\pi}{6}-\theta\right)\tan 3\theta}=2\times\left(\dfrac{1}{2}\right)^2\times\left(\dfrac{\sqrt{3}}{2}\right)^2\times 3=\dfrac{9}{8}$$

답 $\dfrac{9}{8}$

06

[전략] $\dfrac{1}{2}\overline{BC}$의 길이와 $\dfrac{1}{2}\angle B$의 크기를 구한 후 $r(\theta)$를 구한다.

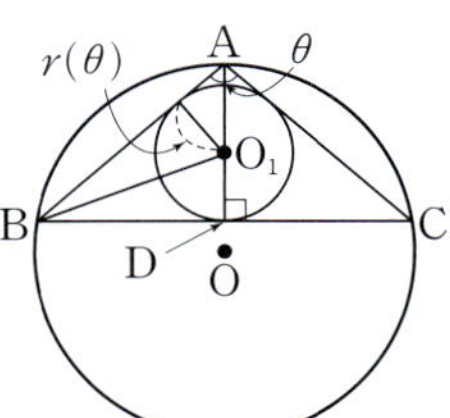

삼각형 ABC의 외접원의 반지름의 길이가 1이므로 사인법칙에 의하여 $\overline{BC}=2\sin\theta$

선분 BC의 중점을 D라 하면 $\overline{BD}=\sin\theta$

삼각형 ABC가 이등변삼각형이므로 $\angle B=\dfrac{\pi}{2}-\dfrac{\theta}{2}$

내접원의 중심을 O_1이라 하면

$$\angle O_1BD=\frac{1}{2}\angle B=\frac{\pi}{4}-\frac{\theta}{4}$$

이므로 직각삼각형 O_1BD에서

$$r(\theta)=\sin\theta\tan\left(\frac{\pi}{4}-\frac{\theta}{4}\right)$$

$$\therefore \lim_{\theta\to\pi-}\frac{r(\theta)}{(\pi-\theta)^2}=\lim_{\theta\to\pi-}\frac{\sin\theta\tan\left(\frac{\pi}{4}-\frac{\theta}{4}\right)}{(\pi-\theta)^2}$$

$\pi-\theta=t$라 하면

$\theta=\pi-t$이고 $\theta\to\pi-$일 때 $t\to0+$이므로

$$\lim_{\theta\to\pi-}\frac{\sin\theta\tan\left(\frac{\pi}{4}-\frac{\theta}{4}\right)}{(\pi-\theta)^2}$$

$$=\lim_{t\to0+}\frac{\sin t\tan\frac{t}{4}}{t^2}$$

$$=\lim_{t\to0+}\left(\frac{\sin t}{t}\times\frac{\tan\frac{t}{4}}{\frac{t}{4}}\times\frac{1}{4}\right)$$

$$=1\times1\times\frac{1}{4}=\frac{1}{4}$$

$$\boxed{답}\ \frac{1}{4}$$

07

[전략] $\overline{AD}$, $\overline{BD}$의 길이를 $\overline{CD}$로 나타낸 다음, $\overline{AD}+\overline{BD}=1$임을 이용한다.

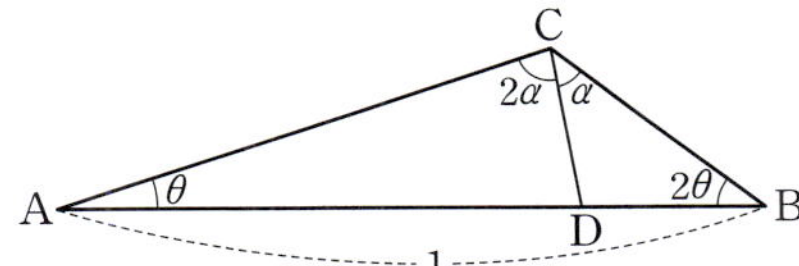

$\angle BCD=\alpha$라 하면 $\angle ACD=2\alpha$

사인법칙에 의하여

$$\frac{\overline{CD}}{\sin\theta}=\frac{\overline{AD}}{\sin 2\alpha},\ \frac{\overline{CD}}{\sin 2\theta}=\frac{\overline{BD}}{\sin\alpha}$$

이므로 $\overline{AD}=\dfrac{\sin 2\alpha}{\sin\theta}\overline{CD}$, $\overline{BD}=\dfrac{\sin\alpha}{\sin 2\theta}\overline{CD}$

$\overline{AD}+\overline{BD}=1$이므로

$$\frac{\sin 2\alpha}{\sin\theta}\overline{CD}+\frac{\sin\alpha}{\sin 2\theta}\overline{CD}=1$$

$$\overline{CD}=\frac{1}{\dfrac{\sin 2\alpha}{\sin\theta}+\dfrac{\sin\alpha}{\sin 2\theta}}\qquad\cdots\ \text{❶}$$

또 $3\theta+3\alpha=\pi$이므로 $\alpha=\dfrac{\pi}{3}-\theta$

$$\therefore \lim_{\theta\to0+}\frac{\overline{CD}}{\theta}=\lim_{\theta\to0+}\frac{1}{\theta\left(\dfrac{\sin 2\alpha}{\sin\theta}+\dfrac{\sin\alpha}{\sin 2\theta}\right)}$$

$$=\lim_{\theta\to0+}\frac{1}{\sin 2\alpha\times\dfrac{\theta}{\sin\theta}+\sin\alpha\times\dfrac{\theta}{\sin 2\theta}}$$

$\theta\to0+$일 때,

$\sin 2\alpha\to\sin\dfrac{2\pi}{3}=\dfrac{\sqrt{3}}{2}$, $\sin\alpha\to\sin\dfrac{\pi}{3}=\dfrac{\sqrt{3}}{2}$이고,

$$\lim_{\theta\to0+}\frac{\theta}{\sin\theta}=1,$$

$$\lim_{\theta\to0+}\frac{\theta}{\sin 2\theta}=\lim_{\theta\to0+}\left(\frac{2\theta}{\sin 2\theta}\times\frac{1}{2}\right)=1\times\frac{1}{2}=\frac{1}{2}$$

이므로

$$\lim_{\theta\to0+}\frac{1}{\sin 2\alpha\times\dfrac{\theta}{\sin\theta}+\sin\alpha\times\dfrac{\theta}{\sin 2\theta}}$$

$$=\frac{1}{\dfrac{\sqrt{3}}{2}+\dfrac{\sqrt{3}}{4}}=\frac{4\sqrt{3}}{9}\qquad\qquad\boxed{답}\ \frac{4\sqrt{3}}{9}$$

Note

❶에 $\alpha=\dfrac{\pi}{3}-\theta$를 대입하여 극한을 구해도 된다.

08

[전략] 구하는 극한에 착안하여 $f(\theta)$를 $\tan\dfrac{\theta}{2}$를 포함하여 나타내거나 $\tan\dfrac{\theta}{2}$를 $f(\theta)$를 이용하여 나타낸다.

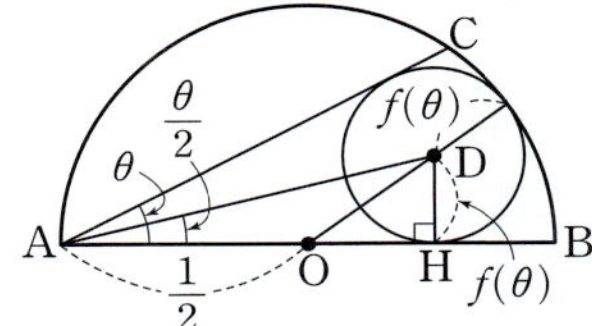

반원의 중심을 O, 내접하는 원의 중심을 D라 하고, 점 D에서 선분 AB에 내린 수선의 발을 H라 하자.

직각삼각형 DOH에서 $\overline{OD}=\dfrac{1}{2}-f(\theta)$, $\overline{DH}=f(\theta)$이므로

$$\overline{OH}=\sqrt{\left\{\frac{1}{2}-f(\theta)\right\}^2-\{f(\theta)\}^2}$$

$$=\sqrt{\frac{1}{4}-f(\theta)}=\frac{\sqrt{1-4f(\theta)}}{2}$$

직각삼각형 DAH에서 $\angle DAH=\dfrac{\theta}{2}$이므로

$$\tan\frac{\theta}{2}=\frac{f(\theta)}{\dfrac{1}{2}+\dfrac{\sqrt{1-4f(\theta)}}{2}}$$

$$=\frac{2f(\theta)}{1+\sqrt{1-4f(\theta)}}$$

$$=\frac{2f(\theta)\times\{1-\sqrt{1-4f(\theta)}\}}{\{1+\sqrt{1-4f(\theta)}\}\{1-\sqrt{1-4f(\theta)}\}}$$

$$=\frac{1-\sqrt{1-4f(\theta)}}{2}$$

$$\therefore \sqrt{1-4f(\theta)}=1-2\tan\frac{\theta}{2}$$

양변을 제곱하여 정리하면 $f(\theta)=\tan\dfrac{\theta}{2}-\tan^2\dfrac{\theta}{2}$

$$\therefore \lim_{\theta\to0+}\frac{\tan\dfrac{\theta}{2}-f(\theta)}{\theta^2}=\lim_{\theta\to0+}\frac{\tan^2\dfrac{\theta}{2}}{\theta^2}$$

$$=\lim_{\theta\to0+}\left\{\frac{\tan^2\dfrac{\theta}{2}}{\left(\dfrac{\theta}{2}\right)^2}\times\frac{1}{4}\right\}$$

$$=1\times\frac{1}{4}=\frac{1}{4}\qquad\qquad\boxed{답}\ \frac{1}{4}$$

04. 여러 가지 미분법

<table>
<tr><td>step</td><td>A</td><td>기본 문제</td><td colspan="2" align="right">44~48쪽</td></tr>
</table>

01 ③	**02** ③	**03** ④	**04** 3	**05** ④
06 ①	**07** $\dfrac{7}{24}$	**08** 3	**09** 12	**10** ①
11 ②	**12** 7	**13** ②	**14** 14	**15** ⑤
16 $a=0$, $b=-2$	**17** ⑤	**18** ④	**19** ①	
20 2	**21** ③	**22** 4	**23** ④	**24** ④
25 ④	**26** ⑤	**27** ③	**28** ⑤	**29** 2
30 ④	**31** ⑤	**32** ①	**33** ○	**34** 17
35 0	**36** ③	**37** ④	**38** ⑤	

01

$\cos \alpha = -\dfrac{1}{3}$ 이고 $\dfrac{\pi}{2} \le \alpha \le \pi$ 이므로

$$\sin \alpha = \sqrt{1-\cos^2 \alpha} = \dfrac{2\sqrt{2}}{3}$$

$\sin \beta = \dfrac{\sqrt{2}}{4}$ 이고 $0 \le \beta \le \dfrac{\pi}{2}$ 이므로

$$\cos \beta = \sqrt{1-\sin^2 \beta} = \dfrac{\sqrt{14}}{4}$$

$$\therefore \cos(\alpha-\beta) = \cos \alpha \cos \beta + \sin \alpha \sin \beta$$
$$= \left(-\dfrac{1}{3}\right) \times \dfrac{\sqrt{14}}{4} + \dfrac{2\sqrt{2}}{3} \times \dfrac{\sqrt{2}}{4}$$
$$= \dfrac{4-\sqrt{14}}{12}$$

답 ③

02

$\sin x - \sin y = \dfrac{1}{2}$ 의 양변을 제곱하면

$$\sin^2 x - 2\sin x \sin y + \sin^2 y = \dfrac{1}{4} \quad \cdots \text{❶}$$

$\cos x + \cos y = 1$ 의 양변을 제곱하면

$$\cos^2 x + 2\cos x \cos y + \cos^2 y = 1 \quad \cdots \text{❷}$$

❶+❷를 하면

$$\sin^2 x + \cos^2 x + 2(-\sin x \sin y + \cos x \cos y)$$
$$+ \sin^2 y + \cos^2 y = \dfrac{5}{4}$$

$$1 + 2\cos(x+y) + 1 = \dfrac{5}{4}$$

$$\therefore \cos(x+y) = -\dfrac{3}{8}$$

답 ③

03

$$\tan\left(\alpha+\dfrac{\pi}{4}\right) = \dfrac{\tan \alpha + \tan \dfrac{\pi}{4}}{1-\tan \alpha \tan \dfrac{\pi}{4}} = \dfrac{\tan \alpha + 1}{1-\tan \alpha} \text{이므로}$$

$$\dfrac{\tan \alpha + 1}{1-\tan \alpha} = 5, \quad \tan \alpha + 1 = 5 - 5\tan \alpha$$

$$\therefore \tan \alpha = \dfrac{2}{3}$$

이때 $\sec^2 \alpha = 1 + \tan^2 \alpha = \dfrac{13}{9}$

$\pi < \alpha < \dfrac{3}{2}\pi$ 이므로 $\sec \alpha = -\dfrac{\sqrt{13}}{3}$

$$\therefore \cos \alpha = -\dfrac{3}{\sqrt{13}} = -\dfrac{3\sqrt{13}}{13}$$

답 ④

04

이차방정식의 근과 계수의 관계에 의하여

$$\tan \alpha + \tan \beta = \dfrac{p}{2}, \quad \tan \alpha \tan \beta = \dfrac{1}{2}$$

이므로

$$\tan(\alpha+\beta) = \dfrac{\tan \alpha + \tan \beta}{1-\tan \alpha \tan \beta} = \dfrac{\dfrac{p}{2}}{1-\dfrac{1}{2}} = p$$

$\tan(\alpha+\beta) = 3$ 이므로 $p=3$

답 3

05

이등변삼각형 ABC에서 $\angle C = \angle B = \beta$ 이므로

$$\alpha + 2\beta = \pi$$

$\alpha + \beta = \pi - \beta$ 이므로 $\tan(\alpha+\beta) = -\dfrac{3}{2}$ 에서

$$\tan(\pi-\beta) = -\dfrac{3}{2}, \quad -\tan \beta = -\dfrac{3}{2}$$

$$\therefore \tan \beta = \dfrac{3}{2}$$

$$\tan(\alpha+\beta) = \dfrac{\tan \alpha + \dfrac{3}{2}}{1-\tan \alpha \times \dfrac{3}{2}} \text{이므로}$$

$$\dfrac{\tan \alpha + \dfrac{3}{2}}{1-\tan \alpha \times \dfrac{3}{2}} = -\dfrac{3}{2}, \quad \tan \alpha + \dfrac{3}{2} = -\dfrac{3}{2} + \dfrac{9}{4}\tan \alpha$$

$$\therefore \tan \alpha = \dfrac{12}{5}$$

답 ④

06

$\angle EFG = \alpha$, $\angle CFG = \beta$ 라 하면

$\tan \alpha = \dfrac{1}{3}$, $\tan \beta = \dfrac{2}{5}$ 이므로

$$\tan(\angle EFC) = \tan(\alpha+\beta)$$
$$= \dfrac{\tan \alpha + \tan \beta}{1-\tan \alpha \tan \beta}$$
$$= \dfrac{\dfrac{1}{3}+\dfrac{2}{5}}{1-\dfrac{1}{3}\times\dfrac{2}{5}} = \dfrac{11}{13}$$

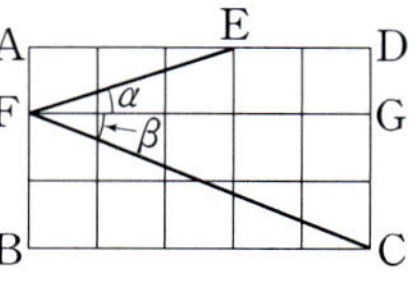

답 ①

07

$\angle BAC = \alpha$, $\angle DAE = \beta$ 라 하면

$\theta = \alpha - \beta$ 이고,

$\overline{AB} = \overline{DE} = 3$, $\overline{BC} = \overline{AD} = 4$ 이므로

$$\tan \alpha = \dfrac{4}{3}, \quad \tan \beta = \dfrac{3}{4}$$

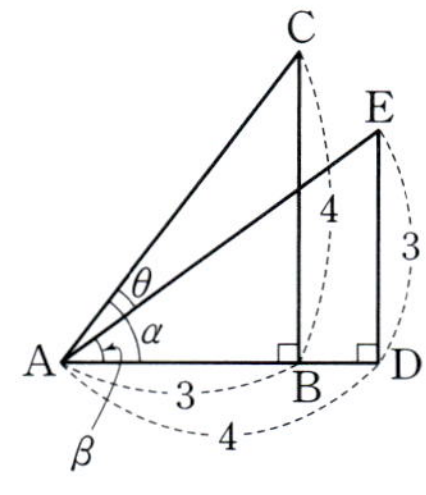

$$\therefore \tan\theta=\tan(\alpha-\beta)$$
$$=\frac{\tan\alpha-\tan\beta}{1+\tan\alpha\tan\beta}$$
$$=\frac{\dfrac{4}{3}-\dfrac{3}{4}}{1+\dfrac{4}{3}\times\dfrac{3}{4}}=\frac{7}{24}$$

답 $\dfrac{7}{24}$

08

직선 $x-3y+1=0$, $kx-2y+5=0$이 x축의 양의 방향과 이루는 각의 크기를 각각 α, β라 하면
$$\tan\alpha=\frac{1}{3},\quad \tan\beta=\frac{k}{2}$$

(i) $k>0$일 때, $\beta-\alpha=45°$이므로
$$\tan(\beta-\alpha)=1$$
$$\tan(\beta-\alpha)$$
$$=\frac{\tan\beta-\tan\alpha}{1+\tan\beta\tan\alpha}$$
$$=\frac{\dfrac{k}{2}-\dfrac{1}{3}}{1+\dfrac{k}{2}\times\dfrac{1}{3}}$$
$$=\frac{3k-2}{6+k}=1$$
$$\therefore k=4$$

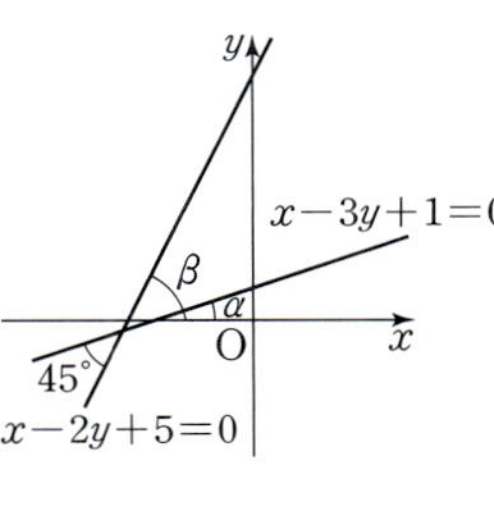

(ii) $k<0$일 때, $\alpha+(\pi-\beta)=45°$,
$\beta-\alpha=\pi-45°$이므로
$$\tan(\beta-\alpha)=-1$$
$$\frac{3k-2}{6+k}=-1$$
$$\therefore k=-1$$

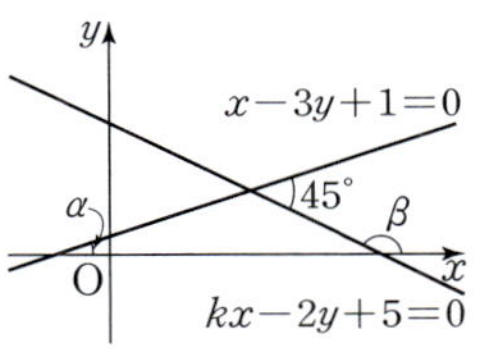

(i), (ii)에서 k값의 합은 $4+(-1)=3$

답 3

09

$f'(x)=8-\left(-\dfrac{4}{x^2}\right)=8+\dfrac{4}{x^2}$이므로
$$f'(1)=8+\frac{4}{1}=12$$

답 12

10

$f'(x)=-\dfrac{1}{(x+3)^2}$이므로 $f'(x)$는 $x\neq-3$일 때 미분가능하다. 이때
$$\lim_{h\to0}\frac{f'(a+h)-f'(a)}{h}=f''(a)$$이므로 $f''(a)=2$
$f''(x)=\dfrac{2}{(x+3)^3}$이므로 $f''(a)=2$에서
$$\frac{2}{(a+3)^3}=2,\ (a+3)^3=1$$
$$\therefore a=-2$$

답 ①

11

$f'(x)=2^{2x-3}\times\ln2\times(2x-3)'=2\ln2\times2^{2x-3}$이므로
$$f'(1)=2\ln2\times\frac{1}{2}=\ln2$$

답 ②

12

$f(0)=5$이므로
$$\lim_{x\to0}\frac{f(x)-5}{x}=\lim_{x\to0}\frac{f(x)-f(0)}{x}=f'(0)$$
$$f'(x)=(x^2+2x+5)'e^x+(x^2+2x+5)(e^x)'$$
$$=(2x+2)e^x+(x^2+2x+5)e^x$$
$$=(x^2+4x+7)e^x$$
$$\therefore f'(0)=7$$

답 7

다른풀이
$$\lim_{x\to0}\frac{f(x)-5}{x}=\lim_{x\to0}\left\{(x+2)e^x+5\times\frac{e^x-1}{x}\right\}$$
$$=(0+2)e^0+5\times1$$
$$=2+5=7$$

13

$$\lim_{x\to2}\frac{f(x)-3}{x-2}=5$$에서
$x\to2$일 때 (분모)$\to0$이므로 (분자)$\to0$이다.
곧, $\lim_{x\to2}\{f(x)-3\}=0$ $\quad\therefore \lim_{x\to2}f(x)=3$
이때 $f(x)$가 미분가능하므로 연속이다.
$$\therefore f(2)=3$$
$$\lim_{x\to2}\frac{f(x)-3}{x-2}=\lim_{x\to2}\frac{f(x)-f(2)}{x-2}=5$$에서 $f'(2)=5$
한편 $g(x)=\dfrac{f(x)}{e^{x-2}}=f(x)e^{-x+2}$에서
$$g'(x)=f'(x)e^{-x+2}+f(x)e^{-x+2}\times(-1)$$
$$=\{f'(x)-f(x)\}e^{-x+2}$$
이므로
$$g'(2)=\{f'(2)-f(2)\}e^0=5-3=2$$

답 ②

Note
몫의 미분법으로 $g'(x)$를 구하면 다음과 같다.
$$g'(x)=\frac{f'(x)\times e^{x-2}-f(x)\times(e^{x-2})'}{(e^{x-2})^2}$$
$$=\frac{\{f'(x)-f(x)\}\times e^{x-2}}{(e^{x-2})^2}$$
$$=\frac{f'(x)-f(x)}{e^{x-2}}$$

14

$f'(x)=\ln x+x\times\dfrac{1}{x}+13=\ln x+14$이므로
$$f'(1)=\ln1+14=14$$

답 14

15

$$\lim_{h \to 0} \frac{f(e+h)-f(e-2h)}{h}$$

$$=\lim_{h \to 0}\left\{\frac{f(e+h)-f(e)}{h}+2\times\frac{f(e-2h)-f(e)}{-2h}\right\}$$

$$=f'(e)+2f'(e)=3f'(e)$$

그런데 $f'(x)=\dfrac{\dfrac{1}{x}\times x^2-\ln x\times 2x}{x^4}=\dfrac{1-2\ln x}{x^3}$ 이므로

$$3f'(e)=3\times\frac{1-2}{e^3}=-\frac{3}{e^3}$$

답 ⑤

16

$f\left(\dfrac{\pi}{3}\right)=-1$ 에서 $\dfrac{\sqrt{3}}{2}a+\dfrac{1}{2}b=-1$ $\qquad$ ⋯ ❶

$f'(x)=a\cos x-b\sin x$ 이므로

$f'\left(\dfrac{\pi}{3}\right)=\sqrt{3}$ 에서 $\dfrac{1}{2}a-\dfrac{\sqrt{3}}{2}b=\sqrt{3}$ $\qquad$ ⋯ ❷

❶, ❷를 연립하여 풀면 $a=0$, $b=-2$ $\qquad$ 답 $a=0$, $b=-2$

17

$$\lim_{h \to 0}\frac{f(\pi-2h)-f(\pi)}{h}$$

$$=\lim_{h \to 0}\left\{\frac{f(\pi-2h)-f(\pi)}{-2h}\times(-2)\right\}$$

$$=-2f'(\pi)$$

$f'(x)=\sin x+x\cos x-\sin x=x\cos x$ 이므로

$-2f'(\pi)=-2\times\pi\cos\pi=2\pi$ $\qquad$ 답 ⑤

18

$f'(x)=\cos(x+\alpha)-2\sin(x+\alpha)$ 이므로

$$f'\left(\frac{\pi}{4}\right)=\cos\left(\frac{\pi}{4}+\alpha\right)-2\sin\left(\frac{\pi}{4}+\alpha\right)=0$$

$$\cos\frac{\pi}{4}\cos\alpha-\sin\frac{\pi}{4}\sin\alpha$$

$$-2\left(\sin\frac{\pi}{4}\cos\alpha+\cos\frac{\pi}{4}\sin\alpha\right)=0$$

$$-\frac{\sqrt{2}}{2}\cos\alpha-\frac{3\sqrt{2}}{2}\sin\alpha=0,\ \cos\alpha=-3\sin\alpha$$

$$\therefore \tan\alpha=\frac{\sin\alpha}{\cos\alpha}=-\frac{1}{3}$$

답 ④

19

$$f'(x)=(e^{2x})'\cos\pi x+e^{2x}(\cos\pi x)'$$

$$=2e^{2x}\cos\pi x+e^{2x}(-\pi\sin\pi x)$$

$$=e^{2x}(2\cos\pi x-\pi\sin\pi x)$$

이므로

$$f'(0)=e^0(2\cos 0-\pi\sin 0)=2$$

답 ①

20

$f(x)=(x^3+1)^{\frac{1}{2}}$ 에서

$$f'(x)=\frac{1}{2}(x^3+1)^{-\frac{1}{2}}\times 3x^2=\frac{3x^2}{2\sqrt{x^3+1}}$$

이므로

$$f'(2)=\frac{3\times 2^2}{2\sqrt{2^3+1}}=2$$

답 2

21

$$\lim_{x \to 0}\frac{f\left(\frac{\pi}{4}+x\right)-f\left(\frac{\pi}{4}-x\right)}{x}$$

$$=\lim_{x \to 0}\left\{\frac{f\left(\frac{\pi}{4}+x\right)-f\left(\frac{\pi}{4}\right)}{x}+\frac{f\left(\frac{\pi}{4}-x\right)-f\left(\frac{\pi}{4}\right)}{-x}\right\}$$

$$=f'\left(\frac{\pi}{4}\right)+f'\left(\frac{\pi}{4}\right)=2f'\left(\frac{\pi}{4}\right)$$

그런데

$$f'(x)=\frac{\left(\tan\frac{x}{2}\right)'}{\tan\frac{x}{2}}=\frac{1}{\tan\frac{x}{2}}\times\sec^2\frac{x}{2}\times\left(\frac{x}{2}\right)'$$

$$=\frac{\cos\frac{x}{2}}{\sin\frac{x}{2}}\times\frac{1}{\cos^2\frac{x}{2}}\times\frac{1}{2}$$

$$=\frac{1}{2\sin\frac{x}{2}\times\cos\frac{x}{2}}=\frac{1}{\sin x}$$

$$\therefore 2f'\left(\frac{\pi}{4}\right)=2\times\frac{1}{\sin\frac{\pi}{4}}=\frac{2}{\frac{1}{\sqrt{2}}}=2\sqrt{2}$$

답 ③

Note

$$\sin 2x=\sin(x+x)$$
$$=\sin x\cos x+\cos x\sin x$$
$$=2\sin x\cos x$$

22

$f'(x)=2kx-2$, $g'(x)=3e^{3x}$ 이고,

$h'(x)=f'(g(x))g'(x)$ 이므로

$$h'(0)=f'(g(0))g'(0)$$
$$=f'(2)\times 3=3(4k-2)$$

$h'(0)=42$ 이므로 $3(4k-2)=42$

$$\therefore k=4$$

답 4

23

$h(x)=g(f(x))$ 라 하면

$$h\left(\frac{\pi}{4}\right)=g\left(f\left(\frac{\pi}{4}\right)\right)=g\left(\frac{1}{2}\right)=\sqrt{e}$$ 이므로

$$\lim_{x \to \frac{\pi}{4}}\frac{g(f(x))-\sqrt{e}}{x-\frac{\pi}{4}}=\lim_{x \to \frac{\pi}{4}}\frac{h(x)-h\left(\frac{\pi}{4}\right)}{x-\frac{\pi}{4}}=h'\left(\frac{\pi}{4}\right)$$

그런데 $f'(x)=2\sin x\cos x$, $g'(x)=e^x$이므로
$$h'(x)=g'(f(x))f'(x)$$
$$=e^{\sin^2 x}\times 2\sin x\cos x$$
$$\therefore h'\left(\frac{\pi}{4}\right)=e^{\frac{1}{2}}\times 2\times\frac{1}{\sqrt{2}}\times\frac{1}{\sqrt{2}}=\sqrt{e}$$
답 ④

24

조건 (가)에서
$$(\text{좌변})=\lim_{h\to 0}\left\{\frac{g(2+4h)-g(2)}{4h}\times 4\right\}=4g'(2)=8$$
이므로 $g'(2)=2$
조건 (나)에서 $f'(g(2))g'(2)=10$이므로
$$f'(g(2))\times 2=10,\ f'(g(2))=5$$
$$f'(x)=\frac{2^x}{\ln 2}\times\ln 2=2^x\text{이므로}$$
$$2^{g(2)}=5\qquad\therefore g(2)=\log_2 5$$
답 ④

25

$f(2x+1)=(x^2+1)^2$의 양변을 x에 대하여 미분하면
$$2f'(2x+1)=4x(x^2+1)$$
$$f'(2x+1)=2x(x^2+1)$$
$x=1$을 대입하면
$$f'(3)=2\times(1^2+1)=4$$
답 ④

26

$g(f(x))=\sin\pi x$의 양변을 x에 대하여 미분하면
$$g'(f(x))f'(x)=\pi\cos\pi x$$
$$g'(e^{-x})\times(-e^{-x})=\pi\cos\pi x$$
$$g'(e^{-x})=-\pi e^x\cos\pi x$$
$x=1$을 대입하면 $g'\left(\dfrac{1}{e}\right)=\pi e$
답 ⑤

27

$$g'(x)=f'(f(x))\times f'(x)\qquad\cdots\ \mathbf{0}$$
$f(x)=\dfrac{x}{2}+2\sin x$, $f'(x)=\dfrac{1}{2}+2\cos x$이므로
$$f'(f(\pi))=f'\left(\frac{\pi}{2}\right)=\frac{1}{2},\ f'(\pi)=-\frac{3}{2}$$
따라서 $\mathbf{0}$에서
$$g'(\pi)=f'(f(\pi))\times f'(\pi)$$
$$=\frac{1}{2}\times\left(-\frac{3}{2}\right)=-\frac{3}{4}$$
답 ③

28

$\dfrac{dx}{dt}=2e^{2t-6}$, $\dfrac{dy}{dt}=2t-1$이므로
$$\frac{dy}{dx}=\frac{\dfrac{dy}{dt}}{\dfrac{dx}{dt}}=\frac{2t-1}{2e^{2t-6}}$$

따라서 $t=3$일 때, $\dfrac{dy}{dx}$의 값은
$$\frac{5}{2e^0}=\frac{5}{2}$$
답 ⑤

29

$2x+x^2 y-y^3=2$의 양변을 x에 대하여 미분하면
$$2+2xy+x^2\times\frac{dy}{dx}-3y^2\times\frac{dy}{dx}=0$$
$$\frac{dy}{dx}=-\frac{2xy+2}{x^2-3y^2}\ (\text{단},\ x^2-3y^2\neq 0)$$
따라서 점 $(1,\,1)$에서 접선의 기울기는
$$-\frac{2\times 1\times 1+2}{1^2-3\times 1^2}=2$$
답 2

30

$\pi x=\cos y+x\sin y$의 양변을 x에 대하여 미분하면
$$\pi=-\sin y\times\frac{dy}{dx}+\sin y+x\cos y\times\frac{dy}{dx}$$
$$(\sin y-x\cos y)\frac{dy}{dx}=\sin y-\pi$$
$$\frac{dy}{dx}=\frac{\sin y-\pi}{\sin y-x\cos y}$$
따라서 점 $\left(0,\,\dfrac{\pi}{2}\right)$에서 접선의 기울기는
$$\frac{1-\pi}{1-0}=1-\pi$$
답 ④

31

$f(-1)=b$라 하면
$$g'(f(-1))=g'(b)=\frac{1}{f'(-1)}$$
$$f(x)=\frac{1}{1+e^{-x}}\text{에서}$$
$$f'(x)=\frac{-(1+e^{-x})'}{(1+e^{-x})^2}=\frac{e^{-x}}{(1+e^{-x})^2}$$
$$\therefore g'(f(-1))=\frac{1}{f'(-1)}=\frac{(1+e)^2}{e}$$
답 ⑤

32

$g(e)=a$라 하면 $f(a)=e$에서
$$e^a+\ln a=e,\ a=1$$
$$\therefore g'(e)=\frac{1}{f'(1)}$$
$f'(x)=e^x+\dfrac{1}{x}$이므로
$$g'(e)=\frac{1}{f'(1)}=\frac{1}{e+1}$$
답 ①

33

$$\lim_{h \to 0} \frac{g(3e+h)-g(3e-h)}{h}$$
$$=\lim_{h \to 0}\left\{\frac{g(3e+h)-g(3e)}{h}+\frac{g(3e-h)-g(3e)}{-h}\right\}$$
$$=g'(3e)+g'(3e)=2g'(3e)$$

그런데 $f(e)=3e$이고 $f'(x)=3\ln x+3$이므로
$$g'(3e)=\frac{1}{f'(e)}=\frac{1}{6}$$
$$\therefore 2g'(3e)=\frac{1}{3}$$

답 ①

34

$g(3)=0$이므로
$$\lim_{x \to 3}\frac{x-3}{g(x)-g(3)}=\lim_{x \to 3}\frac{1}{\dfrac{g(x)-g(3)}{x-3}}$$
$$=\frac{1}{g'(3)}=f'(0)$$

그런데 $f'(x)=15e^{5x}+1+\cos x$이므로
$$f'(0)=15+1+1=17$$

답 17

35

$|f(x)|=\left|\dfrac{x(x+2)^3}{(x+1)^4}\right|$에서

$$\ln|f(x)|=\ln\left|\frac{x(x+2)^3}{(x+1)^4}\right|$$
$$\ln|f(x)|=\ln|x|+3\ln|x+2|-4\ln|x+1|$$

양변을 x에 대하여 미분하면
$$\frac{f'(x)}{f(x)}=\frac{1}{x}+\frac{3}{x+2}-\frac{4}{x+1}$$
$$=\frac{2-2x}{x(x+1)(x+2)}$$
$$f'(x)=\frac{2-2x}{x(x+1)(x+2)}\times f(x)$$
$$=\frac{(x+2)^2(2-2x)}{(x+1)^5}$$
$$\therefore f'(1)=0$$

답 0

36

$f(e)=e$이므로
$$\lim_{h \to 0}\frac{f(e+h)-e}{2h}=\frac{1}{2}\lim_{h \to 0}\frac{f(e+h)-f(e)}{h}=\frac{1}{2}f'(e)$$

그런데 $f(x)=x^{\ln x}$ $(x>0)$에서
$$\ln f(x)=\ln x^{\ln x},\ \ln f(x)=(\ln x)^2$$

양변을 x에 대하여 미분하면
$$\frac{f'(x)}{f(x)}=2\ln x\times\frac{1}{x}$$
$$\therefore f'(x)=\frac{2\ln x}{x}\times x^{\ln x}$$
$$\therefore \frac{1}{2}f'(e)=\frac{1}{2}\times\frac{2}{e}\times e^1=1$$

답 ③

37

$$f'(x)=12\ln x+12-3x^2+2$$
$$=12\ln x-3x^2+14$$
$$f''(x)=\frac{12}{x}-6x$$

이므로 $f''(a)=0$에서
$$\frac{12}{a}-6a=0,\ 2-a^2=0,\ a^2=2$$

$a>0$이므로 $a=\sqrt{2}$

답 ④

38

$$f'(x)=\cos(e^x-1)\times(e^x-1)'$$
$$=e^x\cos(e^x-1)$$
$$f''(x)=\{-e^x\sin(e^x-1)\}e^x+e^x\cos(e^x-1)$$
$$\therefore f''(0)=\{-e^0\sin(e^0-1)\}e^0+e^0\cos(e^0-1)$$
$$=-1\times0\times1+1\times1=1$$

답 ⑤

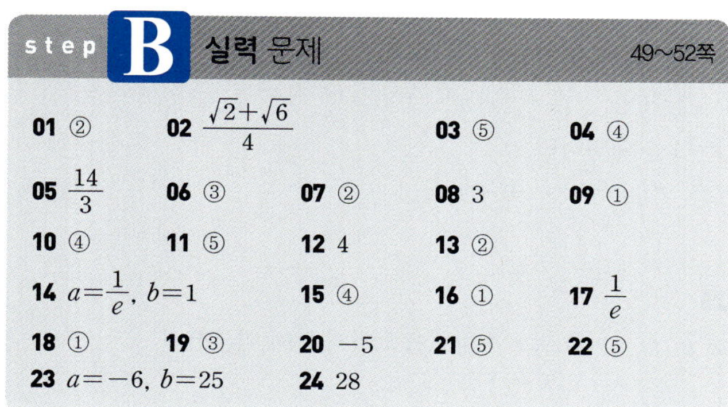

01 ②	**02** $\dfrac{\sqrt{2}+\sqrt{6}}{4}$	**03** ⑤	**04** ④
05 $\dfrac{14}{3}$	**06** ③	**07** ②	**08** 3	**09** ①
10 ④	**11** ⑤	**12** 4	**13** ②
14 $a=\dfrac{1}{e},\ b=1$	**15** ④	**16** ①	**17** $\dfrac{1}{e}$
18 ①	**19** ③	**20** -5	**21** ⑤	**22** ⑤
23 $a=-6,\ b=25$	**24** 28		

01

[전략] $\tan^2\theta+\cot^2\theta=7$이므로 $(\tan\theta+\cot\theta)^2$을 이용하여 $\cos\theta\sin\theta$의 값을 먼저 구한다.

$$(\tan\theta+\cot\theta)^2=\tan^2\theta+\cot^2\theta+2\tan\theta\cot\theta$$
$$=7+2=9$$

$0<\theta<\dfrac{\pi}{2}$이므로 $\tan\theta>0,\ \cot\theta>0$
$$\therefore \tan\theta+\cot\theta=3$$

곧, $\dfrac{\sin\theta}{\cos\theta}+\dfrac{\cos\theta}{\sin\theta}=3$이므로
$$\frac{\sin^2\theta+\cos^2\theta}{\cos\theta\sin\theta}=3,\ \frac{1}{\cos\theta\sin\theta}=3$$
$$\therefore \cos\theta\sin\theta=\frac{1}{3}$$

그런데
$$\sec\theta+\csc\theta=\frac{1}{\cos\theta}+\frac{1}{\sin\theta}=\frac{\sin\theta+\cos\theta}{\cos\theta\sin\theta}$$
$$=3(\sin\theta+\cos\theta)$$

이므로
$$(\sec\theta+\csc\theta)^2=9(\sin\theta+\cos\theta)^2$$
$$=9(\sin^2\theta+\cos^2\theta+2\sin\theta\cos\theta)$$
$$=9\left(1+2\times\frac{1}{3}\right)=9\times\frac{5}{3}=15$$

답 ②

02

[전략] $\triangle PC'A$에서 $\angle APB'=\angle C'AP+\angle C'$이므로
사인함수의 덧셈정리를 이용한다.

$\angle CAB'=15°$, $\angle C'AP=45°$, $\angle C'=60°$이므로

$\qquad \angle APB'=\angle C'AP+\angle C'=45°+60°$

$\qquad \therefore \sin(\angle APB')=\sin(45°+60°)$

$\qquad\qquad\qquad\qquad =\sin 45°\cos 60°+\cos 45°\sin 60°$

$\qquad\qquad\qquad\qquad =\dfrac{\sqrt2}{2}\times\dfrac{1}{2}+\dfrac{\sqrt2}{2}\times\dfrac{\sqrt3}{2}=\dfrac{\sqrt2+\sqrt6}{4}$

$\qquad\qquad\qquad\qquad\qquad\qquad\qquad\qquad$ 답 $\dfrac{\sqrt2+\sqrt6}{4}$

03

[전략] $\overline{DE}=k$로 놓고, 피타고라스 정리를 이용하여 k의 값부터 구한다.

$\overline{DE}=k$로 놓으면 $\overline{AE}=3k$, $\overline{AD}=4k$

직각삼각형 CED에서

$\qquad \overline{CD}^2=5-k^2 \qquad \cdots ❶$

직각삼각형 ADC에서

$\qquad \overline{CD}^2=20-16k^2 \qquad \cdots ❷$

❶, ❷에서 $5-k^2=20-16k^2$

$\qquad \therefore k=1 \ (\because k>0)$

직각삼각형 ABD에서 $\overline{BD}=\sqrt{5^2-4^2}=3$이고

$\qquad \cos\alpha=\dfrac{3}{5}, \ \sin\alpha=\dfrac{4}{5}$

직각삼각형 CED에서 $\overline{CD}=\sqrt{(\sqrt5)^2-1^2}=2$이고

$\qquad \cos\beta=\dfrac{2}{\sqrt5}, \ \sin\beta=\dfrac{1}{\sqrt5}$

$\qquad \therefore \cos(\alpha-\beta)=\cos\alpha\cos\beta+\sin\alpha\sin\beta$

$\qquad\qquad\qquad\qquad =\dfrac{3}{5}\times\dfrac{2}{\sqrt5}+\dfrac{4}{5}\times\dfrac{1}{\sqrt5}=\dfrac{2\sqrt5}{5}$

$\qquad\qquad\qquad\qquad\qquad\qquad\qquad\qquad$ 답 ⑤

04

[전략] $\tan\theta_1=\dfrac{1}{2}$임을 이용하여 점 P의 좌표와 $\tan\theta_2$의 값을 구한다.

P가 곡선 $y=1-x^2$ 위의 점이므로 $P(t, 1-t^2)$이라 하자.

직각삼각형 AHP에서

$\qquad \tan\theta_1=\dfrac{\overline{AH}}{\overline{PH}}=\dfrac{1-(1-t^2)}{t}=t$

$\tan\theta_1=\dfrac{1}{2}$이므로 $t=\dfrac{1}{2}$

$P\left(\dfrac{1}{2}, \dfrac{3}{4}\right)$이므로 직각삼각형 OPH에서

$\qquad \tan\theta_2=\dfrac{\overline{OH}}{\overline{PH}}=\dfrac{\frac{3}{4}}{\frac{1}{2}}=\dfrac{3}{2}$

$\qquad \therefore \tan(\theta_1+\theta_2)=\dfrac{\tan\theta_1+\tan\theta_2}{1-\tan\theta_1\tan\theta_2}$

$\qquad\qquad\qquad\qquad =\dfrac{\frac{1}{2}+\frac{3}{2}}{1-\frac{1}{2}\times\frac{3}{2}}=8$

$\qquad\qquad\qquad\qquad\qquad\qquad\qquad\qquad$ 답 ④

05

[전략] 조건에서 $\tan\alpha$, $\tan\gamma$의 값을 구하고, $\alpha+\beta+\gamma=45°$이므로
탄젠트함수의 덧셈정리를 이용하여 $\tan\beta$의 값을 구한다.

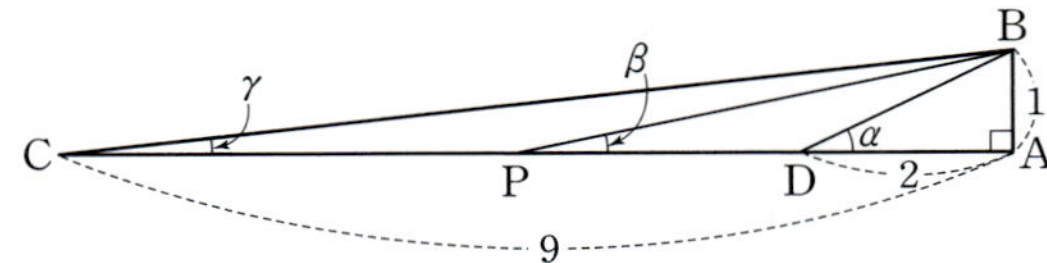

$\tan\alpha=\dfrac{1}{2}$, $\tan\gamma=\dfrac{1}{9}$이므로

$\qquad \tan(\alpha+\gamma)=\dfrac{\tan\alpha+\tan\gamma}{1-\tan\alpha\tan\gamma}=\dfrac{\frac{1}{2}+\frac{1}{9}}{1-\frac{1}{2}\times\frac{1}{9}}=\dfrac{11}{17}$

$\alpha+\beta+\gamma=45°$이므로

$\qquad \tan\beta=\tan\{45°-(\alpha+\gamma)\}$

$\qquad\qquad =\dfrac{\tan 45°-\tan(\alpha+\gamma)}{1+\tan 45°\tan(\alpha+\gamma)}$

$\qquad\qquad =\dfrac{1-\frac{11}{17}}{1+\frac{11}{17}}=\dfrac{3}{14}$

$\qquad \therefore \overline{AP}=\dfrac{1}{\tan\beta}=\dfrac{14}{3}$

$\qquad\qquad\qquad\qquad\qquad\qquad\qquad\qquad$ 답 $\dfrac{14}{3}$

06

[전략] $\overline{AH}=k$로 놓고, $\angle A=\angle BAH+\angle CAH$이므로
탄젠트함수의 덧셈정리를 이용한다.

$\angle BAH=\alpha$, $\angle CAH=\beta$, $\overline{AH}=k$라 하자.

직각삼각형 ABH에서 $\tan\alpha=\dfrac{6}{k}$

직각삼각형 ACH에서 $\tan\beta=\dfrac{2}{k}$

$\angle BAC=\alpha+\beta$이므로

$\qquad \tan(\angle BAC)=\tan(\alpha+\beta)$

$\qquad\qquad =\dfrac{\tan\alpha+\tan\beta}{1-\tan\alpha\tan\beta}$

$\qquad\qquad =\dfrac{\frac{6}{k}+\frac{2}{k}}{1-\frac{6}{k}\times\frac{2}{k}}$

$\qquad\qquad =\dfrac{8k}{k^2-12}$

$\tan(\angle BAC)=2$이므로

$\qquad \dfrac{8k}{k^2-12}=2$

$\qquad 8k=2k^2-24, \ (k+2)(k-6)=0$

$k>0$이므로 $k=6$

$\qquad\qquad\qquad\qquad\qquad\qquad\qquad\qquad$ 답 ③

07

[전략] 조명과 받침대 사이의 거리를 x m라 하고, 탄젠트함수의 덧셈정리를 이용하여 $\tan\theta$를 x에 대한 식으로 나타낸다.

조명과 받침대 사이의 거리를 x m라 하자.

그림에서

$$\tan\alpha=\frac{3}{x},\ \tan\beta=\frac{1}{x}$$

이므로

$$\tan\theta=\tan(\alpha-\beta)$$
$$=\frac{\tan\alpha-\tan\beta}{1+\tan\alpha\tan\beta}$$
$$=\frac{\dfrac{3}{x}-\dfrac{1}{x}}{1+\dfrac{3}{x}\times\dfrac{1}{x}}=\frac{2}{x+\dfrac{3}{x}}$$

이때 θ가 최대가 되려면 $x+\dfrac{3}{x}$의 값이 최소이어야 한다.

$x>0,\ \dfrac{3}{x}>0$이므로 산술평균과 기하평균의 관계에서

$$x+\frac{3}{x}\geq 2\sqrt{x\times\frac{3}{x}}=2\sqrt{3}$$

이고 $x=\dfrac{3}{x}$일 때, 등호가 성립하므로 $x^2=3$

곧, $x=\sqrt{3}\ (x>0)$일 때 θ가 최대이다. **답 ②**

08

[전략] 미분계수의 정의 $f'(0)=\lim\limits_{h\to0}\dfrac{f(h)-f(0)}{h}$을 직접 계산한다.

$$f'(0)=\lim_{h\to0}\frac{f(h)-f(0)}{h}$$
$$=\lim_{h\to0}\frac{h^2\cos\dfrac{2}{h}+2\sin h+e^h-1}{h}$$
$$=\lim_{h\to0}\left(h\cos\frac{2}{h}+\frac{2\sin h}{h}+\frac{e^h-1}{h}\right)$$

$-h\leq h\cos\dfrac{2}{h}\leq h$이고 $\lim\limits_{h\to0}h=\lim\limits_{h\to0}(-h)=0$이므로

$$\lim_{h\to0}h\cos\frac{2}{h}=0$$
$$\therefore f'(0)=0+2+1=3 \quad \text{답 } 3$$

Note

$\lim\limits_{x\to0}\left(x^2\cos\dfrac{2}{x}+2\sin x+e^x\right)=1$이므로 $f(x)$는 $x=0$에서 연속이다.

09

[전략] 주어진 식을 변형하고, $\lim\limits_{x\to0}\dfrac{f(\sin 2x)}{\sin 2x}$, $\lim\limits_{x\to0}\dfrac{f(\tan 3x)}{\tan 3x}$를 미분계수로 나타내어 극한값을 구한다.

$f(x)$는 미분가능하고 $f'(x)=2\cos x+4$

$$\lim_{x\to0}\frac{f(\sin 2x)-f(\tan 3x)}{x}$$
$$=\lim_{x\to0}\left\{\frac{f(\sin 2x)}{\sin 2x}\times\frac{\sin 2x}{2x}\times2\right.$$
$$\left.-\frac{f(\tan 3x)}{\tan 3x}\times\frac{\tan 3x}{3x}\times3\right\} \quad\cdots\ \text{❶}$$

$f(0)=0$이므로

$$\lim_{x\to0}\frac{f(\sin 2x)}{\sin 2x}=f'(0)=6,$$
$$\lim_{x\to0}\frac{f(\tan 3x)}{\tan 3x}=f'(0)=6$$

따라서 ❶은

$$6\times1\times2-6\times1\times3=-6 \quad \text{답 ①}$$

10

[전략] $f(x)=\left(\dfrac{1+\sin x}{1-\sin x}\right)^{\frac{1}{2}}$에서 합성함수의 미분을 생각한다.

$f(x)=\left(\dfrac{1+\sin x}{1-\sin x}\right)^{\frac{1}{2}}$이므로

$$f'(x)=\frac{1}{2}\left(\frac{1+\sin x}{1-\sin x}\right)^{-\frac{1}{2}}\left(\frac{1+\sin x}{1-\sin x}\right)'$$
$$=\frac{1}{2\sqrt{\dfrac{1+\sin x}{1-\sin x}}}\times\frac{2\cos x}{(1-\sin x)^2}$$
$$=\sqrt{\frac{1-\sin x}{1+\sin x}}\times\frac{\cos x}{(1-\sin x)^2} \quad\cdots\ \text{❶}$$
$$\therefore f'\left(\frac{\pi}{6}\right)=\sqrt{\frac{1-\dfrac{1}{2}}{1+\dfrac{1}{2}}}\times\frac{\dfrac{\sqrt{3}}{2}}{\left(1-\dfrac{1}{2}\right)^2}$$
$$=\frac{1}{\sqrt{3}}\times2\sqrt{3}=2 \quad \text{답 ④}$$

Note

❶에서

$$f'(x)=\sqrt{\frac{(1-\sin x)^2}{1-\sin^2 x}}\times\frac{\cos x}{(1-\sin x)^2}$$
$$=\frac{1-\sin x}{|\cos x|}\times\frac{\cos x}{(1-\sin x)^2}$$
$$=\frac{\cos x}{|\cos x|(1-\sin x)}$$

11

[전략] 코사인함수의 덧셈정리를 이용하여 $\cos(x+h)$, $\cos(x-h)$를 전개한 후 극한을 구한다.

$$\cos(x+h)+\cos(x-h)$$
$$=\cos x\cos h-\sin x\sin h+\cos x\cos h+\sin x\sin h$$
$$=2\cos x\cos h$$

이므로

$$f(x)=\lim_{h\to0}\frac{2\cos x(\cos h-1)}{h^2}$$
$$=\lim_{h\to0}\left\{2\cos x\times\frac{(\cos h-1)(\cos h+1)}{h^2(\cos h+1)}\right\}$$
$$=\lim_{h\to0}\left\{2\cos x\times\frac{-\sin^2 h}{h^2(\cos h+1)}\right\}$$
$$=\lim_{h\to0}\left(2\cos x\times\frac{-\sin^2 h}{h^2}\times\frac{1}{\cos h+1}\right)$$
$$=2\cos x\times(-1)\times\frac{1}{2}=-\cos x$$

따라서 $f'(x)=\sin x$이므로 $f'\left(\dfrac{\pi}{3}\right)=\dfrac{\sqrt{3}}{2}$ **답 ⑤**

12

[전략] $\lim\limits_{h \to 0} \dfrac{f(1+h)-f(1)}{h}=f'(1)$임을 이용한다.

$$\lim_{h \to 0} \dfrac{f(1+h)-f(1-h)}{h}$$
$$=\lim_{h \to 0}\left\{\dfrac{f(1+h)-f(1)}{h}+\dfrac{f(1-h)-f(1)}{-h}\right\}$$
$$=f'(1)+f'(1)=2f'(1)$$

이때
$$f'(x)=(2x-1)\log_2(x+3)+\dfrac{x^2-x}{(x+3)\ln 2}$$
이므로
$$2f'(1)=2\times(1\times 2+0)=4$$

답 4

13

[전략] 적당한 $f(x)$를 잡고 $\lim\limits_{x \to 0}\dfrac{f(x)-f(0)}{x}=f'(0)$임을 이용한다.

$$\lim_{x \to 0}\dfrac{1}{x}\ln\dfrac{e^x+e^{2x}+e^{3x}+\cdots+e^{nx}}{n}$$
$$=\lim_{x \to 0}\dfrac{\ln(e^x+e^{2x}+e^{3x}+\cdots+e^{nx})-\ln n}{x} \qquad \cdots \text{❶}$$

에서 $f(x)=\ln(e^x+e^{2x}+e^{3x}+\cdots+e^{nx})$이라 하면
$f(0)=\ln n$이므로 ❶은

$$\lim_{x \to 0}\dfrac{f(x)-f(0)}{x}=f'(0)$$

$f'(x)=\dfrac{e^x+2e^{2x}+\cdots+ne^{nx}}{e^x+e^{2x}+\cdots+e^{nx}}$이므로

$$f'(0)=\dfrac{1+2+3+\cdots+n}{n}=\dfrac{\dfrac{n(n+1)}{2}}{n}=\dfrac{n+1}{2}$$

조건에서 $\dfrac{n+1}{2}=19 \qquad \therefore n=37$

답 ②

14

[전략] f_1, f_2가 미분가능한 함수일 때,

$$f(x)=\begin{cases} f_1(x) & (x \le a) \\ f_2(x) & (x > a) \end{cases}$$가 $x=a$에서 미분가능하면

$f_1(a)=f_2(a)$이고 $f_1'(a)=f_2'(a)$이다.

$f_1(x)=ae^x$, $f_2(x)=x\ln x+b$라 하면
$f_1(x)$, $f_2(x)$는 $x>0$에서 미분가능한 함수이다.
$f_1(1)=f_2(1)$이므로

$$ae=b \qquad \cdots \text{❶}$$

$$f_1'(x)=ae^x, \quad f_2'(x)=\ln x+x\times\dfrac{1}{x}=\ln x+1$$

$f_1'(1)=f_2'(1)$이므로 $ae=1$

$$\therefore a=\dfrac{1}{e}$$

$a=\dfrac{1}{e}$을 ❶에 대입하면 $b=1$

답 $a=\dfrac{1}{e}$, $b=1$

15

[전략] $g(x)=f(x)e^{-x}\cos x$임을 이용하여 $g'(x)$를 구하고 $g(\pi)$와 $g'(\pi)$를 $f(\pi)$, $f'(\pi)$로 나타낸다.

$g(x)=f(x)e^{-x}\cos x$에서
$$g'(x)$$
$$=f'(x)e^{-x}\cos x-f(x)e^{-x}\cos x-f(x)e^{-x}\sin x$$
이므로
$$g(\pi)=-f(\pi)e^{-\pi}$$
$$g'(\pi)=-f'(\pi)e^{-\pi}+f(\pi)e^{-\pi}$$

$g'(\pi)=e^{\pi}g(\pi)$에 대입하면
$$-f'(\pi)e^{-\pi}+f(\pi)e^{-\pi}=-f(\pi)$$
$$f(\pi)(e^{-\pi}+1)=f'(\pi)e^{-\pi}$$
$$\therefore \dfrac{f'(\pi)}{f(\pi)}=\dfrac{e^{-\pi}+1}{e^{-\pi}}=e^{\pi}+1$$

답 ④

16

[전략] 접선의 기울기는 $t=\dfrac{\pi}{2}$일 때, $\dfrac{dy}{dx}=\dfrac{\dfrac{dy}{dt}}{\dfrac{dx}{dt}}$의 값이다.

$$\dfrac{dx}{dt}=\sin t+t\cos t, \quad \dfrac{dy}{dt}=e^t\cos t-e^t\sin t$$
이므로

$$\dfrac{dy}{dx}=\dfrac{\dfrac{dy}{dt}}{\dfrac{dx}{dt}}=\dfrac{e^t(\cos t-\sin t)}{\sin t+t\cos t}$$

따라서 $t=\dfrac{\pi}{2}$에서 접선의 기울기는

$$\dfrac{e^{\frac{\pi}{2}}\times(0-1)}{1+\dfrac{\pi}{2}\times 0}=-e^{\frac{\pi}{2}}$$

답 ①

17

[전략] 음함수의 미분법을 이용하여 $\dfrac{dy}{dx}$를 구한다.

$e^y\ln x=2y+1$의 양변을 x에 대하여 미분하면

$$e^y\ln x\times\dfrac{dy}{dx}+\dfrac{e^y}{x}=2\times\dfrac{dy}{dx}$$

$$\dfrac{dy}{dx}=-\dfrac{e^y}{x(e^y\ln x-2)} \quad (단, x(e^y\ln x-2)\ne 0)$$

따라서 점 $(e, 0)$에서 접선의 기울기는

$$-\dfrac{e^0}{e(e^0\ln e-2)}=\dfrac{1}{e}$$

답 $\dfrac{1}{e}$

18

[전략] $f(x)$가 $g(x)$의 역함수이므로 $g(a)=b$라 하면 $g'(a)=\dfrac{1}{f'(b)}$이다.

$g(a)=b$라 하면 $f(b)=a$이므로
$$\ln(e^b-1)=a, \quad e^b-1=e^a$$
$$\therefore b=\ln(e^a+1)$$

$f'(x)=\dfrac{e^x}{e^x-1}$ 이므로

$$\dfrac{1}{g'(a)}=f'(b)=\dfrac{e^{\ln(e^a+1)}}{e^{\ln(e^a+1)}-1}$$

$$=\dfrac{e^a+1}{e^a+1-1}=\dfrac{e^a+1}{e^a}$$

$$\therefore \dfrac{1}{f'(a)}+\dfrac{1}{g'(a)}=\dfrac{e^a-1}{e^a}+\dfrac{e^a+1}{e^a}=2 \qquad \text{답 ①}$$

다른 풀이

$f(x)=\ln(e^x-1)$ 에서 $f'(x)=\dfrac{e^x}{e^x-1}$

또 $y=\ln(e^x-1)$ 에서 $e^y=e^x-1$, $x=\ln(e^y+1)$

$$\therefore g(x)=\ln(e^x+1),\ g'(x)=\dfrac{e^x}{e^x+1}$$

$$\therefore \dfrac{1}{f'(a)}+\dfrac{1}{g'(a)}=\dfrac{e^a-1}{e^a}+\dfrac{e^a+1}{e^a}=2$$

19

[전략] $f(x)$ 가 $g(x)$ 의 역함수이고 $g(2)=1$ 이므로 $g'(2)=\dfrac{1}{f'(1)}$ 이다.

$h(x)=xg(x)$ 에서 $h'(x)=g(x)+xg'(x)$

$f(x)$ 가 $g(x)$ 의 역함수이고, $f(1)=2$, $f'(1)=3$ 이므로

$$g(2)=1,\ g'(2)=\dfrac{1}{f'(1)}=\dfrac{1}{3}$$

$$\therefore h'(2)=g(2)+2g'(2)=1+2\times\dfrac{1}{3}=\dfrac{5}{3} \qquad \text{답 ③}$$

20

[전략] $g(t)$ 를 구하고 $g'(t)$ 를 $(f^{-1})'$ 을 이용하여 나타낸 다음, $g'(1)$ 의 값을 구한다.

$\dfrac{x+8}{10}=t$ 라 하면 $x=10t-8$

$$\therefore g(t)=f^{-1}(10t-8)$$

$$g'(t)=(f^{-1})'(10t-8)\times 10$$

$$g'(1)=10(f^{-1})'(2)$$

또 $g(1)=0$ 이므로 $g\!\left(\dfrac{x+8}{10}\right)=f^{-1}(x)$ 에 $x=2$ 를 대입하면

$$f^{-1}(2)=0,\ f(0)=2$$

$$\therefore a=1,\ f(x)=(x^2+2)e^{-x}$$

$$f'(x)=2xe^{-x}-(x^2+2)e^{-x}=-(x^2-2x+2)e^{-x}$$

이므로

$$(f^{-1})'(2)=\dfrac{1}{f'(0)}=-\dfrac{1}{2}$$

$$\therefore g'(1)=10\times\left(-\dfrac{1}{2}\right)=-5 \qquad \text{답 } -5$$

21

[전략] 두 함수 $g(x)$, $f(2x-1)$ 이 역함수 관계이므로 $g(f(2x-1))=x$ 임을 이용한다.

$g(x)$ 가 $f(2x-1)$ 의 역함수이므로

$$g(f(2x-1))=x$$

양변을 x 에 대하여 미분하면

$$g'(f(2x-1))\times f'(2x-1)\times 2=1$$

$x=1$ 을 대입하면

$$g'(f(1))\times f'(1)\times 2=1$$

$$\therefore g'(f(1))=\dfrac{1}{2f'(1)}$$

또 $f'(x)=e^{x-1}+3+xe^{x-1}$ 이므로 $f'(1)=5$

$$\therefore g'(f(1))=\dfrac{1}{2\times 5}=\dfrac{1}{10} \qquad \text{답 ⑤}$$

다른 풀이

$f(1)=4$ 이므로 접선의 기울기는 $g'(4)$ 이다.

$h(x)=f(2x-1)$ 이라 하면 $h(x)$ 는 $g(x)$ 의 역함수이다.

또 $f(1)=4$ 이므로 $h(1)=4$

$$\therefore g'(4)=\dfrac{1}{h'(1)}$$

$f'(x)=e^{x-1}+3+xe^{x-1}=(x+1)e^{x-1}+3$ 이고,

$h'(x)=f'(2x-1)\times 2$ 이므로

$$h'(1)=2f'(1)=10$$

$$\therefore g'(4)=\dfrac{1}{10}$$

22

[전략] 두 변 BC, AC의 길이를 t 의 식으로 나타낸다.

$\overline{\mathrm{AC}}=t-1$, $\overline{\mathrm{BC}}=2\sqrt{t}$ 이므로

$$f(t)=\dfrac{1}{2}\times(t-1)\times 2\sqrt{t}=(t-1)\sqrt{t}$$

$$f'(t)=\sqrt{t}+\dfrac{t-1}{2\sqrt{t}}$$

$$\therefore f'(9)=3+\dfrac{8}{6}=\dfrac{13}{3} \qquad \text{답 ⑤}$$

23

[전략] $f'(x)$, $f''(x)$ 를 구하여 식에 대입한 다음, 항등식의 미정계수를 구한다.

$$f'(x)=3e^{3x}\cos 4x-4e^{3x}\sin 4x$$

$$=e^{3x}(3\cos 4x-4\sin 4x) \qquad \cdots ❶$$

$$f''(x)=3e^{3x}(3\cos 4x-4\sin 4x)$$

$$+e^{3x}(-12\sin 4x-16\cos 4x)$$

$$=e^{3x}(-7\cos 4x-24\sin 4x) \qquad \cdots ❷$$

❶, ❷를 $f''(x)+af'(x)+bf(x)=0$ 에 대입하여 정리하면

$$(3a+b-7)e^{3x}\cos 4x-(4a+24)e^{3x}\sin 4x=0$$

위 식은 x 에 대한 항등식이므로

$$3a+b-7=0,\ 4a+24=0$$

$$\therefore a=-6,\ b=25 \qquad \text{답 } a=-6,\ b=25$$

24

[전략] 주어진 극한을 $f'(x)$의 미분계수, 곧 $f''(x)$로 나타낸다.

$$\lim_{h\to 0}\frac{f'(e^2+h)-f'(e^2-3h)}{h}$$

$$=\lim_{h\to 0}\left\{\frac{f'(e^2+h)-f'(e^2)}{h}+3\times\frac{f'(e^2-3h)-f'(e^2)}{-3h}\right\}$$

$$=f''(e^2)+3f''(e^2)=4f''(e^2)$$

$f(x)=x^2\ln x$에서

$$f'(x)=2x\ln x+x,\ f''(x)=2\ln x+3$$

$$\therefore\ 4f''(e^2)=4(2\ln e^2+3)=28$$

답 28

<table>
<tr><td>step</td><td>C</td><td>최상위 문제</td><td>53~54쪽</td></tr>
</table>

01 ④ **02** ② **03** 8 **04** ③ **05** ④
06 ④ **07** ④ **08** 64

01

[전략] $\tan\theta$의 값을 구하고, $3\theta=2\theta+\theta$, $2\theta=\theta+\theta$이므로 탄젠트함수의 덧셈정리를 이용한다.

두 삼각형 AOQ와 APR에서

$$\overline{OQ}=\overline{PR},$$
$$\angle OAQ=\angle PAR,$$
$$\angle OQA=\angle PRA=90°$$

이므로

$$\triangle AOQ\equiv\triangle APR$$

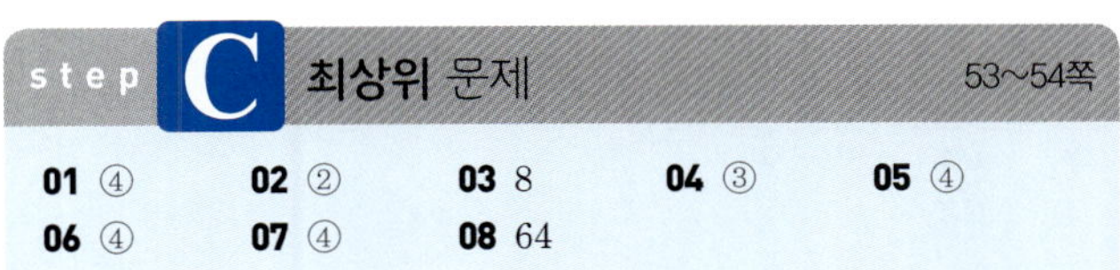

그런데 $\overline{OA}=\dfrac{5}{4}$, $\overline{OQ}=1$이므로 직각삼각형 AOQ에서

$$\overline{AQ}=\sqrt{\left(\frac{5}{4}\right)^2-1^2}=\frac{3}{4}$$

$$\therefore\ \overline{AR}=\overline{AQ}=\frac{3}{4},\ \overline{OR}=\overline{OA}+\overline{AR}=\frac{5}{4}+\frac{3}{4}=2$$

직각삼각형 ORP에서 $\tan\theta=\dfrac{1}{2}$이므로

$$\tan 2\theta=\frac{\tan\theta+\tan\theta}{1-\tan\theta\tan\theta}=\frac{\frac{1}{2}+\frac{1}{2}}{1-\frac{1}{2}\times\frac{1}{2}}=\frac{4}{3}$$

$$\therefore\ \tan 3\theta=\tan(\theta+2\theta)=\frac{\tan\theta+\tan 2\theta}{1-\tan\theta\tan 2\theta}$$

$$=\frac{\frac{1}{2}+\frac{4}{3}}{1-\frac{1}{2}\times\frac{4}{3}}=\frac{11}{2}$$

답 ④

02

[전략] 나무의 꼭대기에서 어린이의 눈높이까지의 거리를 x m라 하고, 탄젠트함수의 덧셈정리를 이용하여 $\tan\theta$와 $\tan\left(\theta+\dfrac{\pi}{4}\right)$의 값을 구한다.

나무의 꼭대기에서 어린이의 눈높이까지 거리를 x m라 하자.

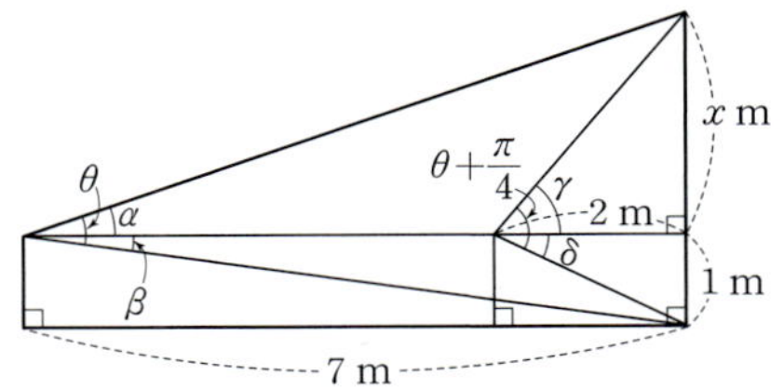

그림에서 $\tan\alpha=\dfrac{x}{7}$, $\tan\beta=\dfrac{1}{7}$이므로

$$\tan\theta=\tan(\alpha+\beta)=\frac{\frac{x}{7}+\frac{1}{7}}{1-\frac{x}{7}\times\frac{1}{7}}=\frac{7(x+1)}{49-x}$$

또 $\tan\gamma=\dfrac{x}{2}$, $\tan\delta=\dfrac{1}{2}$이므로

$$\tan\left(\theta+\frac{\pi}{4}\right)=\tan(\gamma+\delta)=\frac{\frac{x}{2}+\frac{1}{2}}{1-\frac{x}{2}\times\frac{1}{2}}=\frac{2(x+1)}{4-x}$$

그런데 $\tan\left(\theta+\dfrac{\pi}{4}\right)=\dfrac{\tan\theta+\tan\dfrac{\pi}{4}}{1-\tan\theta\tan\dfrac{\pi}{4}}=\dfrac{1+\tan\theta}{1-\tan\theta}$이므로

$$\frac{2(x+1)}{4-x}=\frac{1+\frac{7(x+1)}{49-x}}{1-\frac{7(x+1)}{49-x}},\ \frac{2(x+1)}{4-x}=\frac{6x+56}{42-8x}$$

$$2(x+1)(42-8x)=(4-x)(6x+56)$$

$$x^2-10x+14=0$$

이 이차방정식의 두 근은 양수이므로 두 근을 p, q라 하면

$$p+q=10$$

따라서 나무의 높이는 $(x+1)$ m이므로

$$a+b=(p+1)+(q+1)=p+q+2=12$$

답 ②

03

[전략] 도함수의 정의를 이용하여 $f'(x)$를 구한다.

$$f'(x)=\lim_{h\to 0}\frac{f(x+h)-f(x)}{h}$$

조건 (가)에 $y=0$을 대입하면

$$f(x)=f(x)f(0)+4f(x)+4f(0)+12$$
$$\{f(x)+4\}\{f(0)+3\}=0$$
$$\therefore\ f(0)=-3$$

이때

$$f'(x)=\lim_{h\to 0}\frac{f(x+h)-f(x)}{h}$$

$$=\lim_{h\to 0}\frac{f(x)f(h)+4f(x)+4f(h)+12-f(x)}{h}$$

$$=\lim_{h\to 0}\frac{f(x)f(h)+3f(x)+4f(h)+12}{h}$$

$$=\lim_{h\to 0}\frac{\{f(x)+4\}\{f(h)+3\}}{h}$$

$$=\lim_{h\to 0}\left[\{f(x)+4\}\times\frac{f(h)-f(0)}{h}\right]$$

$$=\{f(x)+4\}f'(0)=2f(x)+8$$

$$\therefore\ f'(\ln 2)=2f(\ln 2)+8=8$$

답 8

04

[전략] $\lim\limits_{x\to 3}\dfrac{f(x)-g(x)}{(x-3)g(x)}$ 를 $f(x)$와 $g(x)$의 미분계수를 이용하여 나타낸다.

$f(3)=3$이므로 $g(3)=3$이다.

$$\lim_{x\to 3}\frac{f(x)-g(x)}{(x-3)g(x)}$$

$$=\lim_{x\to 3}\left\{\frac{f(x)-3}{(x-3)g(x)}-\frac{g(x)-3}{(x-3)g(x)}\right\}$$

$$=\lim_{x\to 3}\left[\frac{1}{g(x)}\times\left\{\frac{f(x)-f(3)}{x-3}-\frac{g(x)-g(3)}{x-3}\right\}\right]$$

$$=\frac{1}{3}\{f'(3)-g'(3)\}$$

$$=\frac{1}{3}\left\{f'(3)-\frac{1}{f'(3)}\right\}$$

그런데 $f'(x)=3x^2-6x+4$에서 $f'(3)=13$이므로

$$\frac{1}{3}\left\{f'(3)-\frac{1}{f'(3)}\right\}=\frac{1}{3}\times\left(13-\frac{1}{13}\right)=\frac{56}{13}$$ 답 ③

05

[전략] 1. 조건 (가)에서 a, b의 값을 구한다.
  2. $h'(e)=(f^{-1})'(e)g(e)+f^{-1}(e)g'(e)$이므로 조건 (나)에서 $g(e)$, $g'(e)$의 값을 구한다.

조건 (가)에서 $f(1)=e$이므로

$$(1+a+b)e=e \qquad \therefore a+b=0 \qquad \cdots ❶$$

$f'(x)=(2x+a)e^x+(x^2+ax+b)e^x$이고

$f'(1)=e$이므로

$$(2+a)e+(1+a+b)e=e \qquad \therefore 2a+b=-2 \qquad \cdots ❷$$

❶, ❷에서 $a=-2$, $b=2$

$$\therefore f(x)=(x^2-2x+2)e^x,\ f'(x)=x^2e^x$$

$h(x)=f^{-1}(x)g(x)$에서

$$h'(x)=(f^{-1})'(x)g(x)+f^{-1}(x)g'(x)$$

$$h'(e)=(f^{-1})'(e)g(e)+f^{-1}(e)g'(e)$$

$f(1)=e$이므로 $h'(e)=\dfrac{g(e)}{f'(1)}+g'(e)$

$g(f(x))=f'(x)$에 $x=1$을 대입하면

$$g(e)=f'(1)=e$$

또 $g(f(x))=f'(x)$의 양변을 미분하면

$$g'(f(x))f'(x)=f''(x)$$

$x=1$을 대입하면

$$g'(e)f'(1)=f''(1) \qquad \cdots ❸$$

$f''(x)=2xe^x+x^2e^x$이므로 $f''(1)=3e$

❸에 대입하면 $g'(e)\times e=3e$, $g'(e)=3$

$$\therefore h'(e)=\frac{e}{e}+3=4$$ 답 ④

06

[전략] $f(x)$, $g(x)$는 역함수 관계이므로 $g(f(x))=x$이다.
  이 식의 양변을 두 번 미분한다.

$g(f(x))=x$의 양변을 미분하면

$$g'(f(x))f'(x)=1 \qquad \cdots ❶$$

양변을 다시 미분하면

$$g''(f(x))\{f'(x)\}^2+g'(f(x))f''(x)=0 \qquad \cdots ❷$$

$f(x)=\sin x$, $f'(x)=\cos x$, $f''(x)=-\sin x$이므로

$$f\left(\frac{\pi}{6}\right)=\frac{1}{2},\ f'\left(\frac{\pi}{6}\right)=\frac{\sqrt{3}}{2},\ f''\left(\frac{\pi}{6}\right)=-\frac{1}{2}$$

$x=\dfrac{\pi}{6}$를 ❶에 대입하면 $g'\left(f\left(\dfrac{\pi}{6}\right)\right)=\dfrac{1}{f'\left(\frac{\pi}{6}\right)}=\dfrac{2}{\sqrt{3}}$

$x=\dfrac{\pi}{6}$를 ❷에 대입하면

$$g''\left(f\left(\frac{\pi}{6}\right)\right)\left\{f'\left(\frac{\pi}{6}\right)\right\}^2+g'\left(f\left(\frac{\pi}{6}\right)\right)f''\left(\frac{\pi}{6}\right)=0$$

$$g''\left(\frac{1}{2}\right)\times\frac{3}{4}+\frac{2}{\sqrt{3}}\times\left(-\frac{1}{2}\right)=0$$

$$\therefore g''\left(\frac{1}{2}\right)=\frac{4\sqrt{3}}{9}$$ 답 ④

다른 풀이

$\dfrac{dx}{dy}=\dfrac{1}{\dfrac{dy}{dx}}=\dfrac{1}{\cos x}$이므로

$$\frac{d^2x}{dy^2}=\frac{d\left(\frac{dx}{dy}\right)}{dy}=\frac{d\left(\frac{1}{\cos x}\right)}{dy}$$

$$=\frac{\sin x}{\cos^2 x}\times\frac{dx}{dy}=\frac{\sin x}{\cos^2 x}\times\frac{1}{\cos x}=\frac{\sin x}{\cos^3 x}$$

$0\le x\le\dfrac{\pi}{2}$이므로 $\sin x=\dfrac{1}{2}$에서 $x=\dfrac{\pi}{6}$

$$\therefore g''\left(\frac{1}{2}\right)=\frac{\sin\frac{\pi}{6}}{\cos^3\frac{\pi}{6}}=\frac{\frac{1}{2}}{\left(\frac{\sqrt{3}}{2}\right)^3}$$

$$=\frac{\frac{1}{2}}{\frac{3\sqrt{3}}{8}}=\frac{4\sqrt{3}}{9}$$

07

[전략] $F(x)=x^3+2x^2-15x+5$라 할 때,
  $F(f(t))=t$, $F(g(t))=t$임을 이용하여 $f'(t)$, $g'(t)$를 구한다.

$h(t)=t\{f(t)-g(t)\}$에서

$$h'(t)=f(t)-g(t)+t\{f'(t)-g'(t)\}$$

이므로

$$h'(5)=f(5)-g(5)+5\{f'(5)-g'(5)\} \qquad \cdots ❶$$

$F(x)=x^3+2x^2-15x+5$라 하면

$F(x)=5$에서 $x^3+2x^2-15x+5=5$

$$x(x-3)(x+5)=0$$

$$\therefore f(5)=3,\ g(5)=-5$$

또 $F'(x)=3x^2+4x-15$이고

$F(f(t))=t$에서 $F'(f(t))f'(t)=1$

$t=5$를 대입하면 $F'(3)f'(5)=1$

$$\therefore f'(5)=\frac{1}{F'(3)}=\frac{1}{24}$$

$F(g(t))=t$에서 $F'(g(t))g'(t)=1$

$t=5$를 대입하면 $F'(-5)g'(5)=1$

$$\therefore g'(5)=\frac{1}{F'(-5)}=\frac{1}{40}$$

따라서 ❶에서

$$h'(5)=3-(-5)+5\times\left(\frac{1}{24}-\frac{1}{40}\right)=\frac{97}{12}$$

🔳 ④

08

[전략] 1. 두 곡선이 접하므로 먼저 접점의 x좌표를 s라 하고 접할 조건을 찾는다.

    2. s를 t의 식으로 나타내고 $a=f(t)$를 대입한 다음 t에 대한 도함수를 생각한다.

$g(x)=t^3\ln(x-t)$, $h(x)=2e^{x-a}$이라 하자.

두 곡선 $y=g(x)$, $y=h(x)$가 한 점에서 만나면 그림과 같이 접한다.

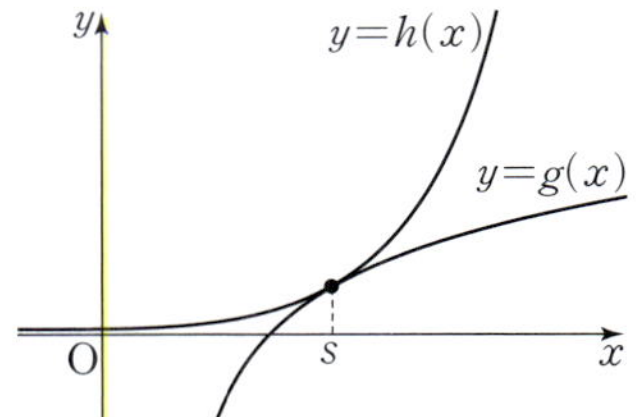

접점의 x좌표를 s $(s>t)$라 하면

$g(s)=h(s)$이므로

$$t^3\ln(s-t)=2e^{s-a} \qquad \cdots ❶$$

$g'(x)=\dfrac{t^3}{x-t}$, $h'(x)=2e^{x-a}$이고, $g'(s)=h'(s)$이므로

$$\frac{t^3}{s-t}=2e^{s-a}$$

두 식에서

$$t^3\ln(s-t)=\frac{t^3}{s-t}$$

$t>0$이므로

$$(s-t)\ln(s-t)=1 \qquad \cdots ❷$$

이때 a의 값이 $f(t)$이므로 ❶은

$$t^3\ln(s-t)=2e^{s-f(t)} \qquad \cdots ❸$$

❸을 t에 대하여 미분하면

$$3t^2\ln(s-t)+\frac{t^3}{s-t}\left(\frac{ds}{dt}-1\right)$$

$$=2e^{s-f(t)}\left\{\frac{ds}{dt}-f'(t)\right\} \qquad \cdots ❹$$

❷를 t에 대하여 미분하면

$$\left(\frac{ds}{dt}-1\right)\ln(s-t)+\frac{s-t}{s-t}\left(\frac{ds}{dt}-1\right)=0$$

$$\left(\frac{ds}{dt}-1\right)\{\ln(s-t)+1\}=0$$

$\ln(s-t)+1=0$이면 $s-t=e^{-1}$이고 ❷가 성립하지 않는다.

따라서 $\dfrac{ds}{dt}=1$이고, 이 값과 ❸을 ❹에 대입하면

$$3t^2\ln(s-t)=t^3\ln(s-t)\{1-f'(t)\}$$

$$\therefore f'(t)=1-\frac{3}{t}$$

$$\therefore \left\{f'\left(\frac{1}{3}\right)\right\}^2=(1-9)^2=64$$

🔳 64

Note

$x\ln x=1$의 해를 p라 하면

❷에서 $s-t=p$

❸에 대입하면 $t^3\ln p=2e^{t+p-f(t)}$

이 식을 미분하여 풀어도 된다.

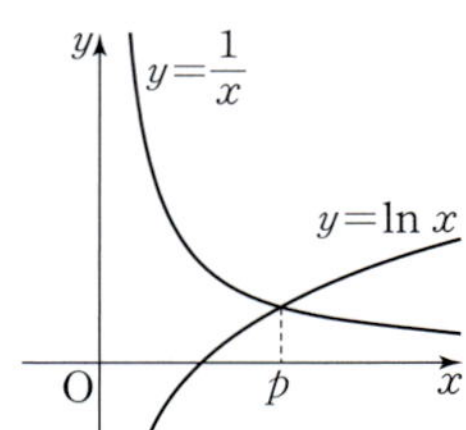

05. 접선과 그래프

01 ①	**02** ③	**03** $\dfrac{3}{4}$	**04** ①	**05** ③
06 ④	**07** ①	**08** 4, 12	**09** $4e$	**10** ⑤
11 ①	**12** ②	**13** $\sqrt{5}-1$	**14** ①	**15** ④
16 ③	**17** ②	**18** ⑤	**19** ③	**20** ①
21 ②	**22** ④	**23** ②	**24** ⑤	**25** ①
26 $a\geq 1$	**27** ③	**28** ②		**29** $a=\dfrac{1}{8}$, $b=12$
30 ①	**31** ⑤	**32** ③	**33** ④	**34** ④
35 ③				

01

$$f'(x)=\cos x \cos x - \sin x \sin x$$
$$=\cos(x+x)=\cos 2x$$

이므로 $x=a$에서 접선의 기울기가 0이면 $\cos 2a=0$

$0<2a<\pi$이므로 $2a=\dfrac{\pi}{2}$

$$\therefore a=\dfrac{\pi}{4}$$

답 ①

02

곡선 $y=\sqrt{2}\sin x+a$가 점 $(0, 1)$을 지나므로
$$1=\sqrt{2}\sin 0+a \quad \therefore a=1$$
또 $y'=\sqrt{2}\cos x$이므로 접선의 기울기는
$$b=\sqrt{2}\cos 0=\sqrt{2}$$
$$\therefore ab=\sqrt{2}$$

답 ③

03

$f(x)=\dfrac{2x}{x+1}=2-\dfrac{2}{x+1}$ 라 하면

$$f'(x)=\dfrac{2}{(x+1)^2}$$

따라서 l, m의 기울기는 각각

$$f'(0)=2, f'(1)=\dfrac{1}{2}$$

이므로

$$\tan\theta=\dfrac{2-\dfrac{1}{2}}{1+2\times\dfrac{1}{2}}=\dfrac{3}{4}$$

답 $\dfrac{3}{4}$

04

$f(x)=\dfrac{1}{x^2+1}$ 이라 하면

$$f'(x)=\dfrac{-2x}{(x^2+1)^2}, f'(1)=-\dfrac{1}{2}$$

따라서 접선 l의 방정식은

$$y-\dfrac{1}{2}=-\dfrac{1}{2}(x-1), y=-\dfrac{1}{2}x+1$$

이므로 l의 y절편은 1이다.

답 ①

05

$f(x)=e^{x-2}$이라 하면
$$f'(x)=e^{x-2}, f'(3)=e$$
따라서 접선의 방정식은
$$y-e=e(x-3), y=ex-2e$$
$\mathrm{A}(2, 0)$, $\mathrm{B}(0, -2e)$이므로 삼각형 OAB의 넓이는

$$\dfrac{1}{2}\times 2\times 2e=2e$$

답 ③

06

$f(x)=0$에서 $\ln(\tan x)=0$, $\tan x=1$

$0<x<\dfrac{\pi}{2}$이므로 $x=\dfrac{\pi}{4}$ 　 $\therefore \mathrm{P}\left(\dfrac{\pi}{4}, 0\right)$

$$f'(x)=\dfrac{\sec^2 x}{\tan x}, f'\left(\dfrac{\pi}{4}\right)=\dfrac{(\sqrt{2})^2}{1}=2$$

따라서 접선의 방정식은

$$y=2\left(x-\dfrac{\pi}{4}\right), y=2x-\dfrac{\pi}{2}$$

이므로 y절편은 $-\dfrac{\pi}{2}$이다.

답 ④

07

$f(x)=2\ln x+1$이라 하면 $f'(x)=\dfrac{2}{x}$

접점의 x좌표를 a라 하면 $f'(a)=2$에서

$$\dfrac{2}{a}=2 \quad \therefore a=1$$

접점이 $(1, 1)$이므로 접선의 방정식은
$$y-1=2(x-1), y=2x-1$$
따라서 $g(x)=2x-1$이므로 $g(0)=-1$

답 ①

08

$f(x)=\dfrac{1}{x-2}-a$라 하면 $f'(x)=-\dfrac{1}{(x-2)^2}$

접점의 x좌표를 t라 하면 접선의 기울기가 -4이므로
$$f'(t)=-4$$

$$-\dfrac{1}{(t-2)^2}=-4, (t-2)^2=\dfrac{1}{4}$$

$$\therefore t=\dfrac{3}{2} \text{ 또는 } t=\dfrac{5}{2}$$

접점은 직선 위의 점이므로 $\left(\dfrac{3}{2}, -6\right)$, $\left(\dfrac{5}{2}, -10\right)$

$f\left(\dfrac{3}{2}\right)=-6$이므로 $-2-a=-6$ 　 $\therefore a=4$

$f\left(\dfrac{5}{2}\right)=-10$이므로 $2-a=-10$ 　 $\therefore a=12$

답 4, 12

Note

$y=-4x$를 $y=\dfrac{1}{x-2}-a$에 대입하여 정리한 다음
이차방정식의 판별식이 0일 조건을 찾아도 된다.

09

$f(x)=2xe^x$이라 하면
$$f'(x)=2e^x+2xe^x=2(1+x)e^x$$
접점의 좌표를 $(t, 2te^t)$이라 하면 $f'(t)=2(1+t)e^t$이므로
접선의 방정식은
$$y-2te^t=2(1+t)e^t(x-t)$$
이 직선이 점 $(1, 0)$을 지나므로
$$-2te^t=2(1+t)e^t(1-t)$$
$e^t>0$이므로 $-2t=2(1+t)(1-t)$
$$t^2-t-1=0$$
이 이차방정식의 해를 α, β라 하면
$$\alpha+\beta=1, \ \alpha\beta=-1$$
또 접선의 기울기는 $2(1+\alpha)e^\alpha$, $2(1+\beta)e^\beta$이므로 곱은
$$\begin{aligned}4(1+\alpha)(1+\beta)e^{\alpha+\beta}&=4\{\alpha\beta+(\alpha+\beta)+1\}e^{\alpha+\beta}\\&=4(-1+1+1)e\\&=4e\end{aligned}$$

답 $4e$

10

$f(x)=\dfrac{x+n}{e^x}=(x+n)e^{-x}$이라 하면
$$f'(x)=e^{-x}-(x+n)e^{-x}=(1-n-x)e^{-x}$$
접점의 좌표를 $(t, (t+n)e^{-t})$이라 하면 접선의 방정식은
$$y-(t+n)e^{-t}=(1-n-t)e^{-t}(x-t)$$
이 직선이 원점을 지나므로
$$-(t+n)e^{-t}=(1-n-t)e^{-t}(-t)$$
$e^{-t}>0$이므로
$$-(t+n)=(1-n-t)(-t)$$
$$t^2+nt+n=0 \qquad \cdots \ \text{❶}$$
접선이 2개이므로 이차방정식 ❶은 서로 다른 두 실근을 갖는다.
❶의 판별식을 D라 하면
$$D=n^2-4n>0 \qquad \therefore \ n<0 \ \text{또는} \ n>4$$
따라서 자연수 n의 최솟값은 5이다.

답 ⑤

11

$f(x)=ke^x+1$, $g(x)=x^2-3x+4$라 하면
$$f'(x)=ke^x, \ g'(x)=2x-3$$
P의 x좌표를 t라 하면 P에서 만나므로 $f(t)=g(t)$에서
$$ke^t+1=t^2-3t+4$$
$$\therefore \ ke^t=t^2-3t+3 \qquad \cdots \ \text{❶}$$
P에서 두 접선이 수직이므로 $f'(t)g'(t)=-1$에서
$$ke^t(2t-3)=-1 \qquad \cdots \ \text{❷}$$
❶을 ❷에 대입하면
$$(t^2-3t+3)(2t-3)=-1$$
$$2t^3-9t^2+15t-8=0$$
$$(t-1)(2t^2-7t+8)=0$$
t는 실수이므로 $t=1$
❶에 대입하면 $ke=1$ $\qquad \therefore \ k=\dfrac{1}{e}$

답 ①

12

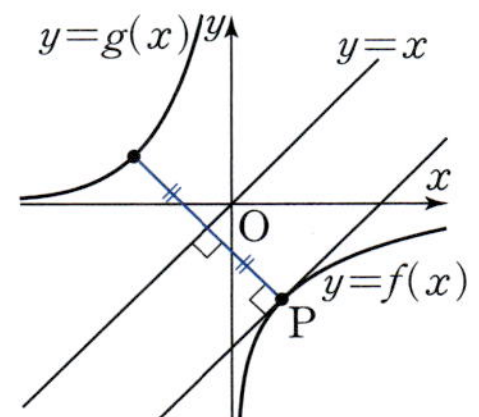

함수 $y=f(x)$의 그래프와 그 역함수 $y=g(x)$의 그래프는 직선 $y=x$에 대하여 대칭이므로 기울기가 1인 접선이 곡선 $y=f(x)$와 접하는 점을 P라 하면 l_k는 P와 직선 $y=x$ 사이 거리의 2배이다.

P의 x좌표를 a라 하자.

$f'(x)=\dfrac{1}{x}$이므로 $f'(a)=1$에서
$$\dfrac{1}{a}=1, \ a=1$$
$$\therefore \ \mathrm{P}\left(1, \ \ln\dfrac{1}{k}\right)$$
P와 직선 $x-y=0$ 사이의 거리를 d라 하면
$$d=\dfrac{\left|1-\ln\dfrac{1}{k}\right|}{\sqrt{2}}=\dfrac{1+\ln k}{\sqrt{2}}$$
$l_k=2d$이므로 $l_k\geq 3\sqrt{2}$에서
$$\sqrt{2}(1+\ln k)\geq 3\sqrt{2}, \ \ln k\geq 2$$
$$\therefore \ k\geq e^2=2.7^2=7.29$$
따라서 자연수 k의 최솟값은 8이다.

답 ②

13

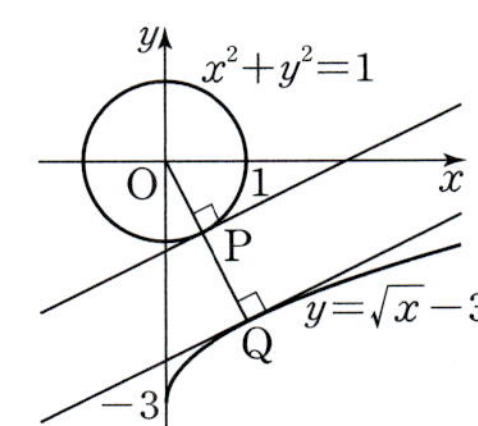

그림과 같이 직선 OQ가 점 Q에서 곡선 $y=\sqrt{x}-3$의 접선에 수직일 때, 선분 PQ의 길이가 최소이고, 최솟값은 $\overline{\mathrm{OQ}}-1$이다.

$g(x)=\sqrt{x}-3$이라 하면 $g'(x)=\dfrac{1}{2\sqrt{x}}$

$\mathrm{Q}(t, \sqrt{t}-3)$이라 하면 Q에서 접선의 기울기는 $\dfrac{1}{2\sqrt{t}}$이고,

직선 OQ가 접선에 수직이므로
$$\dfrac{1}{2\sqrt{t}}\times\dfrac{\sqrt{t}-3}{t}=-1$$
$$2(\sqrt{t})^3+\sqrt{t}-3=0$$
$$(\sqrt{t}-1)(2t+2\sqrt{t}+3)=0$$
t는 실수이므로 $\sqrt{t}=1$, $t=1$
$$\therefore \ \mathrm{Q}(1, -2)$$
따라서 선분 PQ의 길이의 최솟값은
$$\overline{\mathrm{OQ}}-1=\sqrt{5}-1$$

답 $\sqrt{5}-1$

14

$f(5)=f(0)+5f'(c)$에서

$$\frac{f(5)-f(0)}{5}=f'(c)$$

좌변은 곡선 위의 두 점 $O(0,\ 0)$, $A(5,\ \sin 10)$을 잇는 직선의 기울기이고, 우변은 $x=c$인 점에서 곡선에 접하는 직선의 기울기이다.

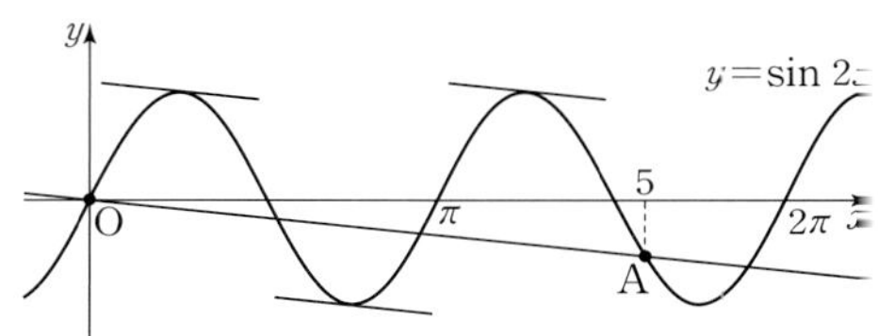

그림과 같이 직선 OA에 평행한 접선을 세 개 그을 수 있으므로 c의 개수는 3이다.　　　　　답 ①

15

$f(x)=e^{-x}\sin x$에서

$$f'(x)=-e^{-x}\sin x+e^{-x}\cos x$$
$$=e^{-x}(-\sin x+\cos x)$$

$e^{-x}>0$이므로 $f'(x)=0$에서

$$-\sin x+\cos x=0 \qquad \therefore \tan x=1$$

$0<x<2\pi$이므로 $x=\dfrac{\pi}{4}$ 또는 $x=\dfrac{5}{4}\pi$

구간 $(0,\ 2\pi)$에서 함수 $f(x)$의 증가와 감소를 표로 나타내면 다음과 같다.

x	(0)	$\cdots$	$\dfrac{\pi}{4}$	$\cdots$	$\dfrac{5}{4}\pi$	$\cdots$	(2π)
$f'(x)$		$+$	0	$-$	0	$+$	
$f(x)$		$\nearrow$	극대	$\searrow$	극소	$\nearrow$	

$f(x)$는 구간 $\left[\dfrac{\pi}{4},\ \dfrac{5}{4}\pi\right]$에서 감소하므로 $b-a$의 최댓값은

$$\frac{5}{4}\pi-\frac{\pi}{4}=\pi$$　　　　　답 ④

16

$f(x)$가 구간 $(0,\ \infty)$에서 증가하므로 구간 $(0,\ \infty)$에서 $f'(x)\geq 0$이다.

$$f'(x)=x-3+\frac{k}{x^2}=\frac{x^3-3x^2+k}{x^2}$$

에서 $x^2>0$이므로 $g(x)=x^3-3x^2+k$라 하면 구간 $(0,\ \infty)$에서 $g(x)\geq 0$이면 된다.

$$g'(x)=3x^2-6x=3x(x-2)$$

$x=2$에서 $g(x)$는 극소이고 최소이므로

$$g(2)\geq 0,\ -4+k\geq 0$$
$$\therefore k\geq 4$$

따라서 k의 최솟값은 4이다.　　　　　답 ③

17

$$f'(x)=2xe^{-x+1}-(x^2-8)e^{-x+1}$$
$$=(-x^2+2x+8)e^{-x+1}$$
$$=-(x+2)(x-4)e^{-x+1}$$

$f'(x)=0$에서 $x=-2$ 또는 $x=4$

함수 $f(x)$의 증가와 감소를 표로 나타내면 다음과 같다.

x	$\cdots$	-2	$\cdots$	4	$\cdots$
$f'(x)$	$-$	0	$+$	0	$-$
$f(x)$	$\searrow$	극소	$\nearrow$	극대	$\searrow$

$f(x)$는 $x=-2$에서 극소이고, $x=4$에서 극대이므로

$$a=f(-2)=-4e^3,\ b=f(4)=8e^{-3}=\frac{8}{e^3}$$

$$\therefore ab=-4e^3\times\frac{8}{e^3}=-32$$　　　　　답 ②

18

$$f'(x)=(\ln x-1)^2+x\left\{2(\ln x-1)\times\frac{1}{x}\right\}$$
$$=(\ln x-1)^2+2(\ln x-1)$$
$$=(\ln x-1)(\ln x+1)$$

$f'(x)=0$에서 $x=e$ 또는 $x=\dfrac{1}{e}$

함수 $f(x)$의 증가와 감소를 표로 나타내면 다음과 같다.

x	$\cdots$	$\dfrac{1}{e}$	$\cdots$	e	$\cdots$
$f'(x)$	$+$	0	$-$	0	$+$
$f(x)$	$\nearrow$	극대	$\searrow$	극소	$\nearrow$

$f(x)$는 $x=\dfrac{1}{e}$에서 극대이고, $x=e$에서 극소이므로

$$a=\frac{1}{e},\ \beta=e$$

$$\therefore \frac{\beta}{a}=e^2$$　　　　　답 ⑤

19

$$f'(x)=\frac{x^2-x+1-(x-1)(2x-1)}{(x^2-x+1)^2}$$
$$=\frac{-x(x-2)}{(x^2-x+1)^2}$$

$f'(x)=0$에서 $x=0$ 또는 $x=2$

함수 $f(x)$의 증가와 감소를 표로 나타내면 다음과 같다.

x	$\cdots$	0	$\cdots$	2	$\cdots$
$f'(x)$	$-$	0	$+$	0	$-$
$f(x)$	$\searrow$	극소	$\nearrow$	극대	$\searrow$

$f(x)$는 $x=0$에서 극소이고, $x=2$에서 극대이므로 극댓값과 극솟값의 합은

$$f(2)+f(0)=\frac{1}{3}+(-1)=-\frac{2}{3}$$　　　　　답 ③

20
$$f'(x)=e^x(\sin x+\cos x)+e^x(\cos x-\sin x)$$
$$=2e^x\cos x$$

$f'(x)=0$에서 $e^x>0$이므로 $\cos x=0$

$0<x<2\pi$이므로 $x=\dfrac{\pi}{2}$ 또는 $x=\dfrac{3}{2}\pi$

구간 $(0,\ 2\pi)$에서 함수 $f(x)$의 증가와 감소를 표로 나타내면 다음과 같다.

x	(0)	$\cdots$	$\dfrac{\pi}{2}$	$\cdots$	$\dfrac{3}{2}\pi$	$\cdots$	(2π)
$f'(x)$		$+$	0	$-$	0	$+$	
$f(x)$		$\nearrow$	극대	$\searrow$	극소	$\nearrow$	

$f(x)$는 $x=\dfrac{\pi}{2}$에서 극대이고 $x=\dfrac{3}{2}\pi$에서 극소이므로 극댓값과 극솟값의 곱은

$$f\!\left(\dfrac{\pi}{2}\right)\times f\!\left(\dfrac{3}{2}\pi\right)=e^{\frac{\pi}{2}}\times\left(-e^{\frac{3}{2}\pi}\right)=-e^{2\pi}$$

답 ①

21

$f(x)$가 $x=1$에서 극값 $\dfrac{1}{2}$을 가지므로 $f(1)=\dfrac{1}{2}$에서

$$\dfrac{6}{1+a+b}=\dfrac{1}{2}$$
$$\therefore a+b=11 \qquad \cdots\ ❶$$

또 $f'(1)=0$이고

$$f'(x)=\dfrac{6(x^2+ax+b)-6x(2x+a)}{(x^2+ax+b)^2}$$
$$=\dfrac{-6(x^2-b)}{(x^2+ax+b)^2}$$

이므로

$$\dfrac{-6(1-b)}{(1+a+b)^2}=0 \qquad \therefore b=1$$

$b=1$을 ❶에 대입하면 $a=10$
$$\therefore a^2+b^2=101$$

답 ②

22
$$f'(x)=x-\dfrac{a}{x}=\dfrac{x^2-a}{x}$$

이므로 $f'(x)=0$에서 $x^2-a=0$

$x>0$이므로 $x=\sqrt{a}$

$f(x)$는 $x=\sqrt{a}$에서 극소이고, 극솟값이 0이므로

$$f(\sqrt{a})=\dfrac{1}{2}a-a\ln\sqrt{a}=0,\ \dfrac{1}{2}a(1-\ln a)=0$$

$a>0$이므로 $1-\ln a=0$ $\qquad \therefore a=e$

답 ④

23

$y'=2x\ln x+x$이므로 접선의 방정식은
$$y-t^2\ln t=(2t\ln t+t)(x-t)$$

$x=0$을 대입하면
$$y-t^2\ln t=-2t^2\ln t-t^2,\ y=-t^2\ln t-t^2$$

$$\therefore f(t)=-t^2\ln t-t^2$$
$$f'(t)=-2t\ln t-t-2t=-t(2\ln t+3)$$

$t>0$이므로 $f'(t)=0$에서

$$\ln t=-\dfrac{3}{2}$$

따라서 $f(t)$는 $t=e^{-\frac{3}{2}}=\dfrac{1}{\sqrt{e^3}}$에서 극대이다.

$$\therefore a=\dfrac{1}{\sqrt{e^3}}$$

답 ②

24

극값을 갖지 않으면 $f'(x)\geq0$ 또는 $f'(x)\leq0$이다.
$$f'(x)=e^x(x^2+ax+a+1)+e^x(2x+a)$$
$$=e^x\{x^2+(a+2)x+2a+1\}$$

$e^x>0$이고 x^2의 계수가 양수이므로
$$x^2+(a+2)x+2a+1\geq0$$

위의 부등식이 모든 실수 x에 대하여 성립하려면 이차방정식 $x^2+(a+2)x+2a+1=0$의 판별식을 D라 할 때,
$$D=(a+2)^2-4(2a+1)\leq0$$
$$a^2-4a\leq0 \qquad \therefore 0\leq a\leq4$$

따라서 정수 a는 $0,\ 1,\ 2,\ 3,\ 4$의 5개이다.

답 ⑤

25

$f(x)=e^{-2x}\sin x$이므로
$$f'(x)=-2e^{-2x}\sin x+e^{-2x}\cos x$$
$$=-e^{-2x}(2\sin x-\cos x)$$

$f'(x)=0$에서 $2\sin x-\cos x=0$, $\tan x=\dfrac{1}{2}$ $\quad\cdots\ ❶$

$0<x<2\pi$에서 ❶의 해를 $a_1,\ a_2\ (a_1<a_2)$라 하면

$0<x<a_1$일 때,
$\quad f'(x)>0$

$a_1<x<a_2$일 때,
$\quad f'(x)<0$

$a_2<x<2\pi$일 때,
$\quad f'(x)>0$

따라서 $x=a_2$에서 극소이다.

$\tan a_2=\dfrac{1}{2}$이므로

$$\sec^2 a_2=1+\tan^2 a_2=1+\left(\dfrac{1}{2}\right)^2=\dfrac{5}{4}$$

$\pi<a_2<\dfrac{3}{2}\pi$이므로

$$\sec a_2=-\dfrac{\sqrt5}{2},\ \cos a_2=-\dfrac{2\sqrt5}{5}$$

답 ①

$f(x)=e^{-2x}\sin x$이므로
$$f'(x)=-2e^{-2x}\sin x+e^{-2x}\cos x$$
$$=e^{-2x}(-2\sin x+\cos x)$$
$$f''(x)=-2e^{-2x}(-2\sin x+\cos x)$$
$$+e^{-2x}(-2\cos x-\sin x)$$
$$=e^{-2x}(3\sin x-4\cos x)$$

$f(x)$가 $x=a$에서 극솟값을 가지면 $f'(a)=0$, $f''(a)>0$이다.

$e^{-2a}>0$이므로 $f'(a)=0$에서

$\qquad -2\sin a+\cos a=0 \qquad \cdots ❶$

$f''(a)>0$에서

$\qquad 3\sin a-4\cos a>0 \qquad \cdots ❷$

❶에서 $\cos a=2\sin a$이므로 $\tan a=\dfrac{1}{2}$

$\qquad \therefore \sec^2 a=1+\tan^2 a=1+\left(\dfrac{1}{2}\right)^2=\dfrac{5}{4}$

또 ❶을 ❷에 대입하면 $-5\sin a>0 \qquad \therefore \sin a<0$

$\tan a>0$이고, $\sin a<0$이므로 $\pi<a<\dfrac{3}{2}\pi$

$\sec a<0$이므로 $\sec a=-\dfrac{\sqrt{5}}{2}$

$\qquad \therefore \cos a=-\dfrac{2\sqrt{5}}{5}$

26

$\qquad f'(x)=2ax-2\sin x=2(ax-\sin x)$

$g(x)=\sin x$라 하면 $g'(x)=\cos x$

$g'(0)=1$이므로 원점에서 곡선 $y=g(x)$의 접선의 기울기가 1이다.

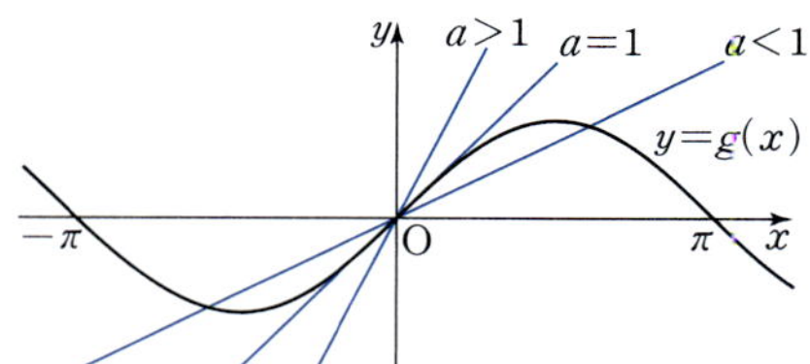

따라서 $a\geq 1$이면 $f'(x)=0$의 해는 $x=0$ 뿐이고 $f'(x)$의 부호가 바뀌므로 $x=0$에서 $f(x)$는 극값을 갖는다.

그러나 $a<1$이면 $f'(p)=0$이고, $x=p$의 좌우에서 $f'(x)$의 부호가 바뀌는 p의 값은 3개 이상이다.

$\qquad \therefore a\geq 1 \qquad\qquad\qquad$ 답 $a\geq 1$

27

$\qquad f'(x)=-\dfrac{6}{x^3}-\dfrac{k}{(x-1)^2}$

$\qquad\qquad =-\dfrac{6(x-1)^2+kx^3}{x^3(x-1)^2}$

따라서 $x>1$에서 $f(x)$가 극댓값과 극솟값을 모두 가지면 $x>1$에서 $kx^3+6(x-1)^2=0$이 서로 다른 두 실근을 가지고 해의 좌우에서 $f'(x)$의 부호가 바뀐다.

$kx^3+6(x-1)^2=0$에서 $\dfrac{(x-1)^2}{x^3}=-\dfrac{k}{6}$

$g(x)=\dfrac{(x-1)^2}{x^3}$이라 하면

$\qquad g'(x)=\dfrac{2(x-1)x^3-3x^2(x-1)^2}{x^6}$

$\qquad\qquad =-\dfrac{(x-1)(x-3)}{x^4}$

이때 $\displaystyle\lim_{x\to 0+}g(x)=\infty$, $\displaystyle\lim_{x\to\infty}g(x)=0$이므로 $y=g(x)$의 그래프는 그림과 같다.

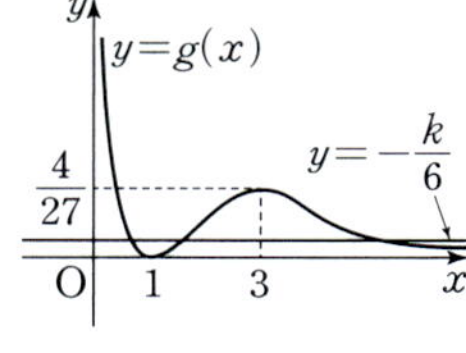

따라서 $x>1$에서 $y=g(x)$의 그래프와 직선 $y=-\dfrac{k}{6}$가 서로 다른 두 점에서 만나야 하므로

$\qquad 0<-\dfrac{k}{6}<\dfrac{4}{27}$

$\qquad \therefore -\dfrac{8}{9}<k<0 \qquad\qquad$ 답 ③

28

$f(x)=(\ln x)^2-x+1$이라 하면

$\qquad f'(x)=\dfrac{2\ln x}{x}-1,\ f''(x)=\dfrac{2-2\ln x}{x^2}$

$f''(x)=0$에서 $2-2\ln x=0$, $x=e$

$x=e$의 좌우에서 $f''(x)$의 부호가 바뀌므로 변곡점의 x좌표는 $x=e$이다.

따라서 변곡점에서 접선의 기울기는

$\qquad f'(e)=\dfrac{2}{e}-1 \qquad\qquad\qquad$ 답 ②

29

$f(x)=\dfrac{2}{x^2+b}$라 하면

$\qquad f'(x)=-\dfrac{4x}{(x^2+b)^2}$

$\qquad f''(x)=-\dfrac{4(x^2+b)^2-16x^2(x^2+b)}{(x^2+b)^4}=\dfrac{4(3x^2-b)}{(x^2+b)^3}$

$f''(2)=0$이므로 $b=12$

이때 $f(x)=\dfrac{2}{x^2+12}$이고, 곡선 $y=f(x)$가 점 $(2,\ a)$를 지나므로

$\qquad a=\dfrac{2}{4+12}=\dfrac{1}{8} \qquad\qquad$ 답 $a=\dfrac{1}{8},\ b=12$

30

$f(x)=2x^2+5x+3k\sin\dfrac{x}{3}$라 하면

$\qquad f'(x)=4x+5+k\cos\dfrac{x}{3}$

$\qquad f''(x)=4-\dfrac{k}{3}\sin\dfrac{x}{3}$

곡선 $y=f(x)$가 변곡점을 갖지 않으면

$\qquad f''(x)\geq 0$ 또는 $f''(x)\leq 0$

k가 자연수이고, $0\leq x\leq 6\pi$이므로 $-\dfrac{k}{3}\leq\dfrac{k}{3}\sin\dfrac{x}{3}\leq\dfrac{k}{3}$

$\qquad \therefore 4-\dfrac{k}{3}\leq f''(x)\leq 4+\dfrac{k}{3}$

$\qquad \left|\dfrac{k}{3}\right|\leq 4,\ -12\leq k\leq 12$

따라서 자연수 k는 12개이다. $\qquad\qquad$ 답 ①

31

$f'(x)=\sin x+x\cos x$, $f''(x)=2\cos x-x\sin x$

ㄱ. $f'(0)=0$이고 $f''(0)=2>0$이다.

따라서 $f(x)$는 $x=0$에서 극솟값을 갖는다. (참)

ㄴ. 원점에서 곡선 $y=f(x)$에 그은 접선의 접점을 $(t,\,t\sin t)$
라 하면 접선의 방정식은
$$y=(\sin t+t\cos t)(x-t)+t\sin t$$
$x=0$, $y=0$을 대입하면
$$0=-t(\sin t+t\cos t)+t\sin t,\ 0=t^2\cos t$$
$$\therefore\ t=0\ \text{또는}\ \cos t=0$$
$t=\dfrac{\pi}{2}$일 때, $f'\!\left(\dfrac{\pi}{2}\right)=1$이므로 곡선 위의 점 $\left(\dfrac{\pi}{2},\ \dfrac{\pi}{2}\right)$에서

접선의 방정식은 $y=\left(x-\dfrac{\pi}{2}\right)+\dfrac{\pi}{2}=x$이다. (참)

ㄷ. $f'\!\left(\dfrac{\pi}{2}\right)=1>0$이고 $f'\!\left(\dfrac{3}{4}\pi\right)=\dfrac{\sqrt{2}}{2}\left(1-\dfrac{3}{4}\pi\right)<0$

이므로 구간 $\left(\dfrac{\pi}{2},\ \dfrac{3}{4}\pi\right)$에서 $f'(a)=0$이고 $x=a$의 좌우에

서 $f'(x)$의 부호가 양에서 음으로 바뀌는 a의 값이 존재한

다. 곧, 구간 $\left(\dfrac{\pi}{2},\ \dfrac{3}{4}\pi\right)$에서 $x=a$일 때, $f(x)$는 극댓값을

갖는다. (참)

따라서 옳은 것은 ㄱ, ㄴ, ㄷ이다.　　　　답 ⑤

Note

ㄴ에서 $t=0$일 때, 접선의 방정식은 $y=0$이다.

32

$f'(x)=\dfrac{(x^2+1)-2x^2}{(x^2+1)^2}=\dfrac{1-x^2}{(x^2+1)^2}=\dfrac{(1-x)(1+x)}{(x^2+1)^2}$

$f'(x)=0$에서 $x=-1$ 또는 $x=1$

함수 $f(x)$의 증가와 감소를 표로 나타내면 다음과 같다.

x	$\cdots$	-1	$\cdots$	1	$\cdots$
$f'(x)$	$-$	0	$+$	0	$-$
$f(x)$	$\searrow$	$-\dfrac{1}{2}$(극소)	$\nearrow$	$\dfrac{1}{2}$(극대)	$\searrow$

또
$\displaystyle\lim_{x\to\infty}f(x)=\lim_{x\to-\infty}f(x)=0$
이므로 $y=f(x)$의 그래프는
그림과 같다.

ㄱ. $f'(0)=1$ (참)

ㄴ. $x=-1$에서 극소이고, 최소이므로 $f(x)\geq-\dfrac{1}{2}$ (참)

ㄷ. $f''(x)=\dfrac{-2x(x^2+1)^2-(1-x^2)\{4x(x^2+1)\}}{(x^2+1)^4}$

$\qquad\quad=\dfrac{2x(x^2-3)}{(x^2+1)^3}$

이고 구간 $[0,\,1]$에서 $f''(x)<0$이므로 $f'(x)$는 감소한다.
따라서 구간 $[0,\,1]$에서 $f'(x)$의 최솟값은 $f'(1)=0$이고,
최댓값은 $f'(0)=1$이다.

그런데 평균값 정리에 의하여
$$\dfrac{f(b)-f(a)}{b-a}=f'(c),\ a<c<b\text{이므로}$$
$$f'(1)<f'(c)<f'(0)$$
$$\therefore\ 0<\dfrac{f(b)-f(a)}{b-a}<1\ \text{(거짓)}$$
따라서 옳은 것은 ㄱ, ㄴ이다.　　　　답 ③

33

$$f'(x)=e^x-\dfrac{1}{x^2},\ f''(x)=e^x+\dfrac{2}{x^3}$$

ㄱ. $f'(a)=e^a-\dfrac{1}{a^2}=0$에서 $e^a=\dfrac{1}{a^2}$ (참)

ㄴ. $x>0$일 때, $f''(x)>0$이므로 곡선 $y=f(x)$의 변곡점은 존
재하지 않는다. (거짓)

ㄷ. $x>0$일 때, $f''(x)>0$이므로 $f'(x)$는 증가한다.
또 $f'(a)=0$이므로 $f'(x)=0$의 해는 $x=a$ 뿐이다.
따라서 $f(x)$는 $x=a$에서 극소이고, 최소이다. (참)

따라서 옳은 것은 ㄱ, ㄷ이다.　　　　답 ④

34

$f'(x)=-(x-1)e^{-x}$

$f'(x)=0$에서 $x=1$일 때, 극
댓값이 e^{-1}이므로 함수 $f(x)$의
그래프는 그림과 같다.

ㄱ. 곡선 $y=f(x)$와 직선

$\quad y=\dfrac{1}{e}$은 한 점에서 만나므

로 $f(x)=\dfrac{1}{e}$의 실근은 1개이다. (거짓)

ㄴ. $f''(x)=(x-2)e^{-x}$이므로 $f''(x)=0$에서 $x=2$이고,
$x=2$의 좌우에서 $f''(x)$의 부호가 바뀐다.

따라서 변곡점에서 접선의 기울기는 $f'(2)=-\dfrac{1}{e^2}$이다. (참)

ㄷ. $y=f'(x)$의 그래프는 그림
과 같으므로

$\quad -\dfrac{1}{e^2}<k<0$일 때,

$y=f'(x)$의 그래프와 직
선 $y=k$는 서로 다른 두 점

에서 만난다. 따라서 기울기가 k인 직선이 곡선 $y=f(x)$와
접하는 점이 2개이다. (참)

따라서 옳은 것은 ㄴ, ㄷ이다.　　　　답 ④

35

$f'(x)=\dfrac{\cos x}{\sin x+2}$이므로

$f'(x)=0$에서 $\cos x=0$

$0\leq x\leq2\pi$이므로 $x=\dfrac{\pi}{2}$ 또는 $x=\dfrac{3}{2}\pi$

따라서 $f(x)$는 $x=\dfrac{\pi}{2}$에서 극댓값 $\ln 3$, $x=\dfrac{3}{2}\pi$에서 극솟값 0을 갖는다.

또 $f(0)=f(2\pi)=\ln 2$이므로 $y=f(x)$의 그래프를 그리면 그림과 같다.

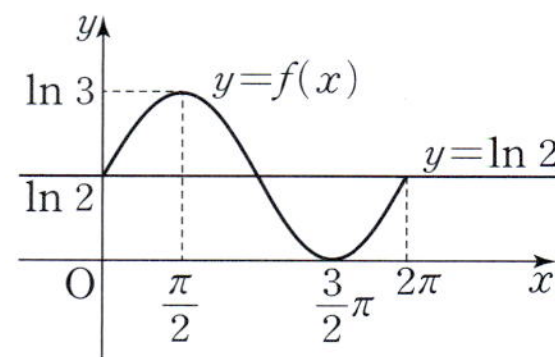

ㄱ. $f(x)$의 최댓값은 $f\left(\dfrac{\pi}{2}\right)=\ln 3$이다. (참)

ㄴ. 곡선 $y=f(x)$와 직선 $y=\ln 2$는 서로 다른 세 점에서 만나므로 방정식 $f(x)=\ln 2$의 실근은 3개이다. (거짓)

ㄷ. $f''(x)=\dfrac{-\sin x(\sin x+2)-\cos^2 x}{(\sin x+2)^2}=\dfrac{-1-2\sin x}{(\sin x+2)^2}$

$f''(x)=0$에서 $\sin x=-\dfrac{1}{2}$

$0\le x\le 2\pi$이므로 $x=\dfrac{7}{6}\pi$ 또는 $x=\dfrac{11}{6}\pi$

이때 $x=\dfrac{7}{6}\pi$, $x=\dfrac{11}{6}\pi$의 좌우에서 모두 $f''(x)$의 부호가 바뀌므로 곡선 $y=f(x)$의 변곡점은 2개이다. (참)

따라서 옳은 것은 ㄱ, ㄷ이다. **답 ③**

01

[전략] 접점 $(f(t), g(t))$를 이용하여 접선의 방정식부터 구한다.

$y=e^x$에서 $y'=e^x$이고, $g(t)=e^{f(t)}$이므로

점 $(f(t), g(t))$에서 접선의 방정식은

$$y-e^{f(t)}=e^{f(t)}(x-f(t))$$

이 직선이 점 $(\ln t, 0)$을 지나므로

$$-e^{f(t)}=e^{f(t)}(\ln t-f(t))$$

$e^{f(t)}>0$이므로 $-1=\ln t-f(t)$

$$\therefore f(t)=\ln t+1, \; g(t)=e^{\ln t+1}=et$$

$$\therefore \lim_{t\to 0+}\frac{f(t+1)-1}{g(t)}=\lim_{t\to 0+}\frac{\{\ln(t+1)+1\}-1}{et}$$

$$=\lim_{t\to 0+}\frac{\ln(t+1)}{et}$$

$$=\frac{1}{e}\lim_{t\to 0+}\frac{\ln(t+1)}{t}$$

$$=\frac{1}{e}$$

답 ①

02

[전략] 접점의 좌표를 (t, te^{t+1})이라 하고 접선의 방정식을 구한 다음, 접선이 점 $(n, 0)$을 지남을 이용한다.

$y=xe^{x+1}$에서

$$y'=e^{x+1}+xe^{x+1}=(x+1)e^{x+1}$$

이므로 접점의 좌표를 (t, te^{t+1})이라 하면 접선의 방정식은

$$y-te^{t+1}=e^{t+1}(t+1)(x-t)$$

이 직선이 점 $(n, 0)$을 지나므로

$$-te^{t+1}=e^{t+1}(t+1)(n-t), \; e^{t+1}(t^2-nt-n)=0$$

$e^{t+1}>0$이므로 $t^2-nt-n=0$

이 이차방정식의 두 실근을 α, β라 하면

$$\alpha+\beta=n, \; \alpha\beta=-n$$

따라서 두 접선의 기울기의 곱은

$$a_nb_n=e^{\alpha+1}(\alpha+1)\times e^{\beta+1}(\beta+1)$$

$$=e^{\alpha+\beta+2}\{\alpha\beta+(\alpha+\beta)+1\}=e^{n+2}$$

$$\therefore \sum_{n=1}^{10}\ln(a_nb_n)=\sum_{n=1}^{10}(n+2)$$

$$=\frac{10\times 11}{2}+10\times 2=75$$

답 75

03

[전략] 접점을 각각 $(k, 3^k)$, (k, a^{k-1})이라 하고 접선의 방정식을 구한다.

$y=3^x$에서 $y'=3^x\ln 3$

$P(k, 3^k)$에서 곡선 $y=3^x$에 접하는 접선의 방정식은

$$y-3^k=3^k\ln 3\times(x-k)$$

$y=0$을 대입하면 $x=k-\dfrac{1}{\ln 3}$

$$\therefore A\left(k-\frac{1}{\ln 3}, 0\right)$$

또 $y=a^{x-1}$에서 $y'=a^{x-1}\ln a$

$P(k, a^{k-1})$에서 곡선 $y=a^{x-1}$에 접하는 접선의 방정식은

$$y-a^{k-1}=a^{k-1}\ln a\times(x-k)$$

$y=0$을 대입하면 $x=k-\dfrac{1}{\ln a}$

$$\therefore B\left(k-\frac{1}{\ln a}, 0\right)$$

$\overline{AH}=\dfrac{1}{\ln 3}$, $\overline{BH}=\dfrac{1}{\ln a}$이므로 $\overline{AH}=2\overline{BH}$에서

$$\frac{1}{\ln 3}=\frac{2}{\ln a}, \; \ln a=2\ln 3$$

$$\therefore a=3^2=9$$

답 ④

04

[전략] 두 곡선이 만나는 점의 x좌표를 p라 하고, $x=p$에서 두 함수의 함숫값과 미분계수가 같음을 이용한다.

$f(x)=a-\sqrt{3}\cos x$, $g(x)=\sin^2 x$라 하면

$$f'(x)=\sqrt{3}\sin x, \; g'(x)=2\sin x\cos x$$

두 곡선의 교점의 x좌표를 p라 하면

$f(p)=g(p)$이므로

$$a-\sqrt{3}\cos p=\sin^2 p \qquad \cdots ❶$$

$f'(p)=g'(p)$이므로

$$\sqrt{3}\sin p=2\sin p\cos p, \; \sin p(\sqrt{3}-2\cos p)=0$$

$$\therefore \sin p=0 \ \text{또는} \ \sqrt{3}-2\cos p=0$$

$0\leq p\leq\dfrac{\pi}{2}$이므로

$\sin p=0$일 때 $p=0$, $\cos p=\dfrac{\sqrt{3}}{2}$일 때 $p=\dfrac{\pi}{6}$

❶에 대입하면 $a-\sqrt{3}=0$ 또는 $a-\dfrac{3}{2}=\dfrac{1}{4}$

$$\therefore a=\sqrt{3} \ \text{또는} \ a=\dfrac{7}{4}$$

따라서 a값의 합은 $\dfrac{7}{4}+\sqrt{3}$이다.   답 ②

05

[전략] 접점의 x좌표를 t라 하고, 접선의 방정식을 구한다. 이때 가능한 t의 값이 3개이어야 한다.

$$y'=4xe^{-\frac{x}{2}}-x^2e^{-\frac{x}{2}}=(4x-x^2)e^{-\frac{x}{2}}$$

이므로 접점의 좌표를 $\left(t,\ 2t^2e^{-\frac{t}{2}}\right)$이라 하면
접선의 방정식은

$$y-2t^2e^{-\frac{t}{2}}=(4t-t^2)e^{-\frac{t}{2}}(x-t)$$

이 직선이 점 $\mathrm{A}(a,\ 0)$을 지나므로

$$0-2t^2e^{-\frac{t}{2}}=(4t-t^2)e^{-\frac{t}{2}}(a-t)$$

$e^{-\frac{t}{2}}>0$이므로 $-2t^2=(4t-t^2)(a-t)$

$$t\{t^2-(2+a)t+4a\}=0$$

이 방정식이 서로 다른 세 실근을 가지므로 이차방정식

$$t^2-(2+a)t+4a=0 \qquad \cdots ❶$$

이 0이 아닌 서로 다른 두 실근을 갖는다.

이때 $a\neq0$이고 ❶의 판별식을 D라 하면

$$D=(2+a)^2-16a>0$$
$$a^2-12a+4>0,\ a>6+4\sqrt{2} \ \text{또는} \ a<6-4\sqrt{2}$$
$$\therefore a>6+4\sqrt{2}=11.\times\times\times \ \text{또는} \ 0<a<6-4\sqrt{2}=0.\times\times\times$$
$$\text{또는} \ a<0$$

따라서 자연수 a의 최솟값은 12이다.   답 ⑤

06

[전략] 주어진 두 함수가 역함수 관계이므로 두 곡선이 직선 $y=x$에 대하여 대칭임을 이용한다.

$f(x)=\ln x+4$, $g(x)=e^{x-4}$이라 하자.

$g(x)$는 $f(x)$의 역함수이므로 곡선 $y=f(x)$와 $y=g(x)$는 직선 $y=x$에 대하여 대칭이다.

또 직선 $y=-x+k$와 직선 $y=x$는 서로 수직이므로 직선 $y=-x+k$와 두 곡선 $y=f(x)$, $y=g(x)$가 만나는 두 점 사이의 거리가 최대일 때, 직선 $y=-x+k$가 두 곡선과 만나는 각 점에서 접선의 기울기가 1이다.

곧, $f'(x)=\dfrac{1}{x}$이므로 $x=t$에서 접선의 기울기가 1이면

$$\dfrac{1}{t}=1 \qquad \therefore t=1$$

이때 $f(1)=4$이므로 직선 $y=-x+k$가 점 $(1,\ 4)$를 지날 때 거리가 최대이다.

$$4=-1+k \qquad \therefore k=5$$
   답 ④

07

[전략] 1. 조건 (다)에서 평균값 정리를 이용한다.
     2. $f'(x)$가 연속이므로 $\displaystyle\lim_{x\to e+}\dfrac{f(x)-f(e)}{x-e}=f'(e)$이다.

$0<x<e$에서 $f'(x)=a(\ln x+1)$이고 $f'(x)$는 연속이므로

$$f'(e)=a(\ln e+1)=2a$$

조건 (다)에서 $\displaystyle\lim_{x\to e+}\dfrac{f(x)-f(e)}{x-e}\leq4$이고,

$f'(x)$가 $x=e$에서 연속이므로

$$\lim_{x\to e+}\dfrac{f(x)-f(e)}{x-e}=f'(e)$$

곧, $2a\leq4$이므로 $a\leq2$

조건 (다)에서 $x_1=e$, $x_2=2e$이면 $\dfrac{f(2e)-f(e)}{2e-e}\leq4$

$$f(2e)\leq4e+f(e)$$

그런데 조건 (나)에서 $f(e)=ae$이고 $a\leq2$이므로 $f(2e)$의 최댓값은 $6e$이다.   답 ③

Note

$f(x)=\begin{cases} 2x\ln x & (0<x\leq e) \\ 4x-2e & (x>e) \end{cases}$ 이면 조건을 만족시킨다.

08

[전략] 함수 $f(x)$가 일대일대응이면 $f(x)$는 항상 증가하거나 감소한다. $f'(x)$를 구한 다음, 사인함수의 덧셈정리를 이용하여 $f'(x)$를 간단히 한다.

$$f'(x)=\sqrt{3}\cos x+\sin x+a$$
$$=2\left(\dfrac{\sqrt{3}}{2}\cos x+\dfrac{1}{2}\sin x\right)+a$$
$$=2\left(\sin\dfrac{\pi}{3}\cos x+\cos\dfrac{\pi}{3}\sin x\right)+a$$
$$=2\sin\left(\dfrac{\pi}{3}+x\right)+a$$

$f(x)$는 일대일대응이므로 $f'(x)\geq0$ 또는 $f'(x)\leq0$

$$\therefore a\geq2 \ \text{또는} \ a\leq-2$$

따라서 자연수 a의 최솟값은 2이다.   답 ②

Note

$$a\sin x+b\cos x=\sqrt{a^2+b^2}\sin(x+\alpha)$$
$$\left(\text{단}, \sin\alpha=\dfrac{b}{\sqrt{a^2+b^2}}, \cos\alpha=\dfrac{a}{\sqrt{a^2+b^2}}\right)$$

꼴로 나타낼 수 있다. 이와 같이 고치는 것을 삼각함수의 합성이라고도 한다.

09

[전략] 1. $f'(x)\leq0$일 조건을 찾는다.
     2. $\cos x=t$로 치환하면 t의 범위가 달라짐에 주의한다.

$$f'(x)$$
$$=\dfrac{2a\sin x\cos x(\cos x-2)-(a\sin^2 x-8)(-\sin x)}{(\cos x-2)^2}$$
$$=\dfrac{\sin x(2a\cos^2 x-4a\cos x+a\sin^2 x-8)}{(\cos x-2)^2}$$

구간 $[0,\ \pi]$에서 $\sin x\geq0$이므로 $f'(x)\leq0$이려면

$$g(x)=2a\cos^2 x-4a\cos x+a\sin^2 x-8\leq0$$이어야 한다.

$g(x)=a\cos^2 x-4a\cos x-8+a$이므로 $\cos x=t$라 하면
$-1\le t\le 1$이고
$$g(t)=at^2-4at-8+a$$
$$=a(t-2)^2-8-3a\ (-1\le t\le 1)$$
이때 $-1\le t\le 1$에서 $g(t)\le 0$이어야 하므로 그림과 같아야 한다.

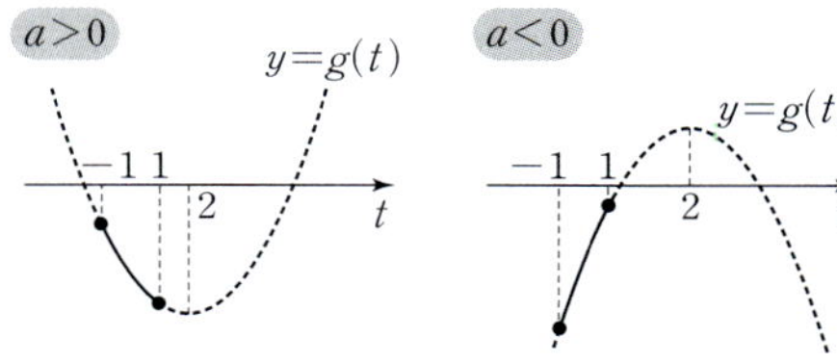

(i) $a>0$일 때, $g(-1)\le 0$에서
$$6a-8\le 0\qquad \therefore a\le \frac{4}{3}$$
(ii) $a<0$일 때, $g(1)\le 0$에서
$$-2a-8\le 0\qquad \therefore a\ge -4$$
(iii) $a=0$일 때, $g(t)=-8<0$

(i)~(iii)에서 $-4\le a\le \frac{4}{3}$이므로 정수 a는 6개이다.   답 ③

10

[전략] 코사인함수는 주기함수이므로 $\cos x=a$의 해는 $0\le x\le 2\pi$에서의 해가 반복된다.

$f'(x)=1-2\cos x$이므로

$f'(x)=0$에서 $\cos x=\frac{1}{2}$

$0\le x\le 2\pi$에서 $x=\frac{\pi}{3}$ 또는 $x=\frac{5}{3}\pi$

$x=\frac{\pi}{3}$의 좌우에서 $f'(x)$의 부호가 음에서 양으로 바뀌므로

$f(x)$는 $x=\frac{\pi}{3}$에서 극소이다.

또 $x=2n\pi+\frac{\pi}{3}$ (n은 자연수)일 때, $f'(x)=0$이고 $f(x)$는 극소이다.

따라서 $a_n=2(n-1)\pi+\frac{\pi}{3}$이므로
$$\sum_{k=1}^{10}a_k=\sum_{k=1}^{10}\left\{2(k-1)\pi+\frac{\pi}{3}\right\}$$
$$=2\pi\times\frac{9\times 10}{2}+\frac{10}{3}\pi=\frac{280}{3}\pi$$
$$\therefore p+q=283\qquad\qquad 답 ①$$

11

[전략] 로그함수나 삼각함수의 극한에서는 $n\to\infty$를 계산하는 것보다 $\frac{1}{n}=t$로 치환한 다음, $t\to 0+$을 계산하는 것이 편할 때가 많다.

$f'(x)=\frac{n}{x}-\frac{n+1}{x^2}=\frac{nx-(n+1)}{x^2}$이므로

$f'(x)=0$에서 $x=\frac{n+1}{n}$

$x=\frac{n+1}{n}$의 좌우에서 $f'(x)$의 부호가 음에서 양으로 바뀌므로

$f(x)$는 $x=\frac{n+1}{n}$에서 극소이다.

$L_n=f\left(\frac{n+1}{n}\right)=n\ln\frac{n+1}{n}+n-n\cos\frac{1}{n}$이므로
$$\lim_{n\to\infty}L_n=\lim_{n\to\infty}\left(n\ln\frac{n+1}{n}+n-n\cos\frac{1}{n}\right)$$

$\frac{1}{n}=t$라 하면 $n=\frac{1}{t}$이고, $n\to\infty$일 때 $t\to 0+$이므로
$$\lim_{n\to\infty}L_n=\lim_{t\to 0+}\left\{\frac{\ln(1+t)}{t}+\frac{1-\cos t}{t}\right\}$$
$$=\lim_{t\to 0+}\left\{\frac{\ln(1+t)}{t}+\frac{1-\cos^2 t}{t(1+\cos t)}\right\}$$
$$=\lim_{t\to 0+}\left\{\frac{\ln(1+t)}{t}+\frac{\sin^2 t}{t^2}\times\frac{t}{1+\cos t}\right\}$$
$$=1+1\times 0=1\qquad\qquad 답 ④$$

12

[전략] $f'(x)=0$의 근이 두 개이므로 두 근을 $\alpha,\ \beta$라 할 때,
$f(\alpha)+f(\beta)=-102$가 될 조건을 찾는다.

$$f'(x)=2e^{2x}-4ae^x+2$$

$f'(x)=0\ \cdots\ ❶$에서 $e^x=t\ (t>0)$라 하면
$$2t^2-4at+2=0\qquad \therefore t^2-2at+1=0\qquad \cdots\ ❶'$$

$f(x)$가 극댓값과 극솟값을 가지므로 이차방정식 $❶'$이 서로 다른 두 양의 근을 갖는다.

$❶'$의 판별식을 D라 하면
$$\frac{D}{4}=a^2-1>0$$이므로 $a>1$ 또는 $a<-1\qquad \cdots\ ❷$

$❶$의 두 근을 $\alpha,\ \beta$라 하면 $❶'$의 두 근은 $e^\alpha,\ e^\beta$
$$e^\alpha+e^\beta=2a>0$$이므로 $a>0\qquad \cdots\ ❸$

$❷$, $❸$에서 $a>1$

$❶'$에서 $e^\alpha e^\beta=e^{\alpha+\beta}=1$이므로 $\alpha+\beta=0$

따라서 극댓값과 극솟값의 합은
$$f(\alpha)+f(\beta)=e^{2\alpha}+e^{2\beta}-4a(e^\alpha+e^\beta)+2(\alpha+\beta)$$
$$=(e^\alpha+e^\beta)^2-2e^{\alpha+\beta}-4a(e^\alpha+e^\beta)$$
$$=4a^2-2-8a^2=-4a^2-2$$

$-4a^2-2=-102$이므로 $a^2=25$

그런데 $a>1$이므로 $a=5$ 답 ⑤

13

[전략] $y''=0$인 x의 값을 구한다.

$f(x)=3\sin kx+4x^3$이라 하면
$$f'(x)=3k\cos kx+12x^2$$
$$f''(x)=-3k^2\sin kx+24x$$

$g(x)=3k^2\sin kx$, $h(x)=24x$라 하자.

곡선 $y=g(x)$와 직선 $y=h(x)$의 교점을 생각하면 $x=0$에서 $f''(x)=0$이고, $x=0$의 좌우에서 $f''(x)$의 부호가 바뀌므로 $x=0$일 때, 곧 원점은 변곡점이다.

또 $g'(x)=3k^3\cos kx$이므로 원점에서 곡선 $y=g(x)$의 접선의 기울기는 $3k^3$이다.

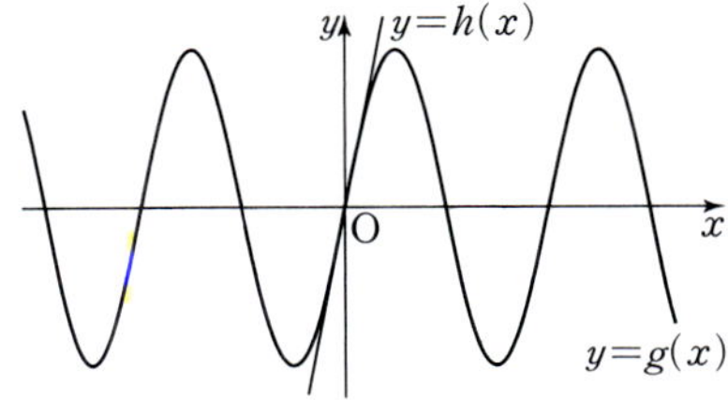

따라서 그림과 같이 $3k^3\le24$이면 변곡점은 원점 하나이다.
곧, $k\le2$이므로 k의 최댓값은 2이다. 　답 2

14

[전략] $y''=0$인 x의 값을 x_n이라 할 때, $\cos^n x_n$의 값을 구하면 된다.

$f(x)=\cos^n x$라 하면
$$f'(x)=-n\cos^{n-1}x\sin x$$
$$f''(x)=n(n-1)\cos^{n-2}x\sin^2 x-n\cos^{n-1}x\cos x$$
$$=n\cos^{n-2}x\{(n-1)\sin^2 x-\cos^2 x\}$$
$$=n\cos^{n-2}x(n\sin^2 x-1)$$

$0<x<\dfrac{\pi}{2}$일 때, $\cos x\ne0$이므로

$f''(x)=0$에서 $\sin^2 x=\dfrac{1}{n}$

이 방정식의 해를 x_n이라 하면 $\sin^2 x_n=\dfrac{1}{n}$이므로

$$a_n=\cos^n x_n=(\cos^2 x_n)^{\frac{n}{2}}=\left(1-\dfrac{1}{n}\right)^{\frac{n}{2}}$$

$$\therefore \lim_{n\to\infty}a_n=\lim_{n\to\infty}\left(1-\dfrac{1}{n}\right)^{\frac{n}{2}}$$
$$=\lim_{n\to\infty}\left\{\left(1-\dfrac{1}{n}\right)^{-n}\right\}^{-\frac{1}{2}}$$
$$=e^{-\frac{1}{2}}=\dfrac{1}{\sqrt{e}}$$
　답 ③

15

[전략] 함수 $f(x)$의 그래프를 그리고, $y=f'(t)(x-t)+f(t)$는 곡선 $y=f(x)$ 위의 점 $(t, f(t))$에서 접선의 방정식임을 이용한다.

$$f'(x)=\dfrac{2x}{x^2+9}$$
$$f''(x)=\dfrac{2(x^2+9)-2x\times2x}{(x^2+9)^2}=\dfrac{-2(x+3)(x-3)}{(x^2+9)^2}$$

따라서 $x=0$에서 $f(x)$는 극값을 가지고, $x=\pm3$일 때 곡선 $f(x)$는 변곡점을 갖는다.
또 $x\to-\infty$일 때 $f(x)\to\infty$, $x\to\infty$일 때 $f(x)\to\infty$이므로 $y=f(x)$의 그래프는 그림과 같다.

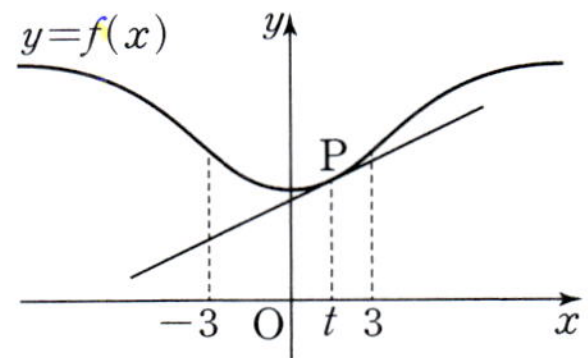

이때 직선 $y=f'(t)(x-t)+f(t)$는 곡선 $y=f(x)$ 위의 점 $P(t, f(t))$에서의 접선이므로
$$f(x)\ge f'(t)(x-t)+f(t)$$
이면 접선이 곡선 $y=f(x)$의 아래쪽에 놓이고, 접점은 아래로 볼록한 부분 위의 점이어야 한다.
따라서 $S\subset\{x\,|-3\le x\le3\}$이므로 $q-p$의 최댓값은
$$3-(-3)=6$$
　답 ②

16

[전략] 1. $-1\le\sin x\le1$임을 이용하여 $f(x)$의 값의 범위를 구한다.
　　　2. $f'(x)=0$인 x의 값을 구한다.

ㄱ. $-e^{-x}\le e^{-x}\sin x\le e^{-x}$이고
$\displaystyle\lim_{x\to\infty}e^{-x}=0$이므로 $\displaystyle\lim_{x\to\infty}f(x)=0$이다. (참)

ㄴ. $f(x+2\pi)=e^{-(x+2\pi)}\sin(x+2\pi)$
$$=e^{-2\pi}e^{-x}\sin x=e^{-2\pi}f(x)$$
그런데 $0<e^{-2\pi}<1$이므로
$\sin x>0$이면 $f(x)>0$이고 $f(x+2\pi)<f(x)$,
$\sin x<0$이면 $f(x)<0$이고 $f(x+2\pi)>f(x)$ (거짓)

ㄷ. $f'(x)=e^{-x}(\cos x-\sin x)$
$e^{-x}>0$이므로 $f'(x)=0$에서
$\cos x=\sin x$, $\tan x=1$

$\therefore x=n\pi+\dfrac{\pi}{4}$ (단, n은 0 또는 자연수이다.)

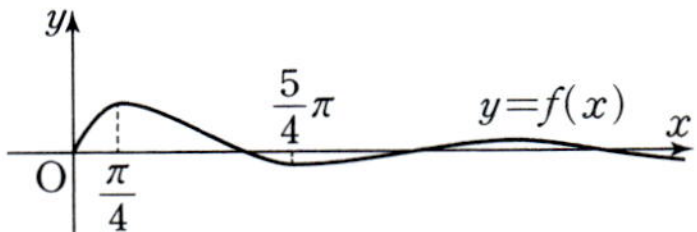

따라서 $y=f(x)$의 그래프는 그림과 같고, $x=\dfrac{5}{4}\pi$에서
$f(x)$는 최소이다. (참)
따라서 옳은 것은 ㄱ, ㄷ이다. 　답 ④

17

[전략] $f'(x)=0$을 이용하여 곡선 $y=f(x)$를 그린다.

$$f'(x)=\dfrac{4\pi x}{(x^2+1)^2}\sin\dfrac{2\pi}{x^2+1}$$

$0<\dfrac{2\pi}{x^2+1}\le2\pi$이므로 $f'(x)=0$에서

$x=0$ 또는 $\dfrac{2\pi}{x^2+1}=\pi$ 또는 $\dfrac{2\pi}{x^2+1}=2\pi$

$\therefore x=0$ 또는 $x=\pm1$

이 값의 좌우에서 $f'(x)$의 부호가 바뀌므로
$f(x)$는 $x=0$, $x=\pm1$에서 극값을 갖는다.
또 $x\to-\infty$ 또는 $x\to\infty$일 때

$\dfrac{2\pi}{x^2+1}\to0$이므로 $\cos\dfrac{2\pi}{x^2+1}\to1$

따라서 $y=f(x)$의 그래프는 그림과 같다.

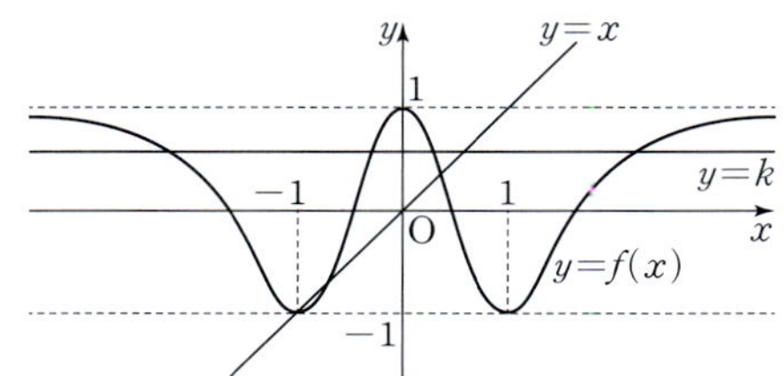

ㄱ. $f(x)$가 극값을 갖는 x의 값은 3개이다. (참)

ㄴ. 곡선 $y=f(x)$는 위의 그림과 같이 직선 $y=x$와 세 점에서 만나므로 교점은 3개이다. (참)

ㄷ. 위의 그림에서 $-1<k<1$이면 곡선 $y=f(x)$와 직선 $y=k$는 네 점에서 만나므로 방정식 $f(x)-k=0$은 서로 다른 네 실근을 갖는다. (참)

따라서 옳은 것은 ㄱ, ㄴ, ㄷ이다.　　　　　　답 ⑤

18

[전략] 합성함수의 미분법을 이용하여 $h'(x)$를 구한다.

ㄱ. $h(x)=g(f(x))$에서 $f(x)=t$라 하면

$x \to -\infty$일 때, $t \to 0+$이므로

$$\lim_{x \to -\infty} h(x) = \lim_{x \to -\infty} g(f(x))$$
$$= \lim_{t \to 0+} g(t) = \lim_{t \to 0+} \frac{e^t}{t} = \infty \text{ (거짓)}$$

ㄴ. $g'(x)=\dfrac{e^x \times x - e^x}{x^2}=\dfrac{(x-1)e^x}{x^2}$,

$f'(x)=e^x=f(x)$이므로

$$h'(x)=g'(f(x))f'(x)=\frac{\{f(x)-1\}e^{f(x)}}{f(x)}$$

$h'(x)=0$에서 $f(x)=1$, $e^x=1$　　∴ $x=0$

$x=0$의 좌우에서 $h'(x)$의 부호가 바뀌므로 $h(x)$는 $x=0$에서 극값을 가지고, 극값은 하나이다. (참)

ㄷ. $g''(x)=\dfrac{\{e^x+(x-1)e^x\}x^2-(x-1)e^x \times 2x}{x^4}$

$$=\frac{(x^2-2x+2)e^x}{x^3}$$

$f''(x)=e^x=f(x)$

이고,

$$h''(x)=g''(f(x))\{f'(x)\}^2+g'(f(x))f''(x)$$

이므로

$$h''(x)=g''(f(x))\{f'(x)\}^2+g'(f(x))f(x)$$
$$=\frac{[\{f(x)\}^2-f(x)+1]e^{f(x)}}{f(x)}$$

이때 $\{f(x)\}^2-f(x)+1=\left\{f(x)-\dfrac{1}{2}\right\}^2+\dfrac{3}{4}>0$이므로

$h''(x)=0$의 해는 없다.

따라서 곡선 $y=h(x)$의 변곡점은 없다. (참)

따라서 옳은 것은 ㄴ, ㄷ이다.　　　　　　답 ⑤

Note

$h(x)=g(f(x))=\dfrac{e^{f(x)}}{f(x)}=\dfrac{e^{e^x}}{e^x}=e^{e^x-x}$을 이용할 수도 있다.

19

[전략] 조건 (가), (나)를 그림으로 나타내면 다음과 같다.

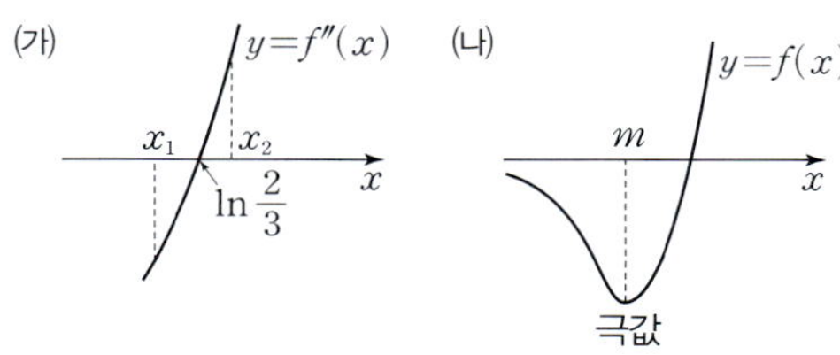

따라서 (가)는 변곡점에 대한 조건, (나)는 극값에 대한 조건이다.

$$f'(x)=3ae^{3x}+be^x \cdots ❶, \quad f''(x)=9ae^{3x}+be^x$$

$f''(x)=0$에서 $x=\dfrac{1}{2}\ln\left(-\dfrac{b}{9a}\right)$

$x=\dfrac{1}{2}\ln\left(-\dfrac{b}{9a}\right)$의 좌우에서만 $f''(x)$의 부호가 바뀐다.

조건 (가)에서 $f''\left(\ln\dfrac{2}{3}\right)=0$

$$f''\left(\ln\dfrac{2}{3}\right)=9ae^{3\ln\frac{2}{3}}+be^{\ln\frac{2}{3}}$$
$$=9a\left(\dfrac{2}{3}\right)^3+\dfrac{2}{3}b=0$$

$4a+b=0$　　∴ $b=-4a$

❶에 대입하면 $f'(x)=3ae^{3x}-4ae^x=ae^x(3e^{2x}-4)$

$f'(x)=0$에서 $3e^{2x}-4=0$　　∴ $x=\dfrac{1}{2}\ln\dfrac{4}{3}$

조건 (나)에서 $f(x)$는 $x=m$에서 극값을 가지므로

$$m=\dfrac{1}{2}\ln\dfrac{4}{3}$$
$$\therefore f(2m)=ae^{3\ln\frac{4}{3}}-4ae^{\ln\frac{4}{3}}$$
$$=a\left(\dfrac{4}{3}\right)^3-4a\times\dfrac{4}{3}=-\dfrac{80}{27}a$$

$f(2m)=-\dfrac{80}{9}$이므로 $a=3$, $b=-12$

$$\therefore f(x)=3e^{3x}-12e^x$$

따라서 $f(0)=-9$이다.　　　　　　답 ③

20

[전략] 1. 극값의 판정이 어려우면 $f''(x)$의 부호를 생각한다.

2. ㄴ은 사잇값의 정리를 생각한다.

ㄱ. $f'(x)=2\cos x-2x\sin x$이므로 $f'(a)=0$에서

$2\cos a-2a\sin a=0$　　∴ $\tan a=\dfrac{1}{a}$ (참)

ㄴ. $f'\left(\dfrac{\pi}{4}\right)=\sqrt{2}-\dfrac{\pi}{2}\times\dfrac{\sqrt{2}}{2}=\sqrt{2}\left(1-\dfrac{\pi}{4}\right)>0$,

$$f'\left(\dfrac{\pi}{3}\right)=1-\dfrac{2}{3}\pi\times\dfrac{\sqrt{3}}{2}=1-\dfrac{\sqrt{3}}{3}\pi<0$$

이고 $f'(x)$가 연속이므로 사잇값의 정리에 의하여 구간 $\left(\dfrac{\pi}{4}, \dfrac{\pi}{3}\right)$에서 $f'(\alpha)=0$인 α가 있다.

또 구간 $\left(\dfrac{\pi}{4}, \dfrac{\pi}{3}\right)$에서

$$f''(x)=-2\sin x-2\sin x-2x\cos x<0$$

이므로 $f'(x)$는 감소한다.

따라서 $f(x)$는 $x=\alpha$에서 극대이고, 극댓값 $f(\alpha)$를 갖는다.

(참)

ㄷ. ㄴ에서 α는 구간 $\left(\dfrac{\pi}{4}, \dfrac{\pi}{3}\right)$에

있으므로

$$f(\alpha) > f\left(\dfrac{\pi}{3}\right) = \dfrac{\pi}{3} > 1$$

따라서 $y=f(x)$의 그래프는

그림과 같으므로 구간

$\left[0, \dfrac{\pi}{2}\right]$에서 방정식 $f(x)=1$의 서로 다른 실근은 2개이다.

(참)

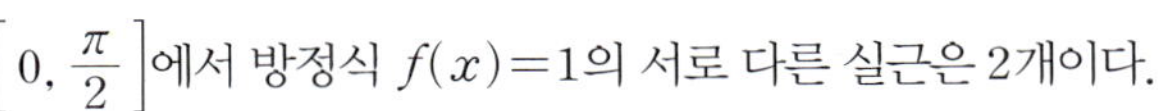

따라서 옳은 것은 ㄱ, ㄴ, ㄷ이다. 　　　　　　답 ⑤

21

[전략] ㄴ. $x=n$의 좌우에서 $f'(x)$의 부호 변화를 조사한다.
　　　　ㄷ. $x=0$의 좌우에서 $f''(x)$의 부호 변화를 조사한다.

$f'(x) = nx^{n-1}e^{-x} - x^n e^{-x} = -(x-n)x^{n-1}e^{-x}$

ㄱ. $f\left(\dfrac{n}{2}\right) = \left(\dfrac{n}{2}\right)^n e^{-\frac{n}{2}}$

$f'\left(\dfrac{n}{2}\right) = -\left(-\dfrac{n}{2}\right)\left(\dfrac{n}{2}\right)^{n-1} \times e^{-\frac{n}{2}} = \left(\dfrac{n}{2}\right)^n e^{-\frac{n}{2}}$

$\therefore f\left(\dfrac{n}{2}\right) = f'\left(\dfrac{n}{2}\right)$ (참)

ㄴ. $f'(n)=0$이고, $n \geq 3$이므로

$0 < x < n$일 때 $f'(x) > 0$, $x > n$일 때 $f'(x) < 0$

따라서 $f(x)$는 $x=n$에서 극댓값을 갖는다. (참)

ㄷ. $f''(x)$

$= -x^{n-1}e^{-x} - (n-1)(x-n)x^{n-2}e^{-x} + (x-n)x^{n-1}e^{-x}$

$= \{x^2 - 2nx + n(n-1)\}x^{n-2}e^{-x}$

이므로 $f''(0) = 0$

또 $x^2 - 2nx + n(n-1)$은 $x=0$의 좌우에서 양수이고

x^{n-2}은 n이 짝수일 때 $x=0$의 좌우에서 부호 변화가 없다.

곧, 점 $(0, 0)$은 곡선 $y=f(x)$의 변곡점이 아니다. (거짓)

따라서 옳은 것은 ㄱ, ㄴ이다. 　　　　　　답 ③

Note

n이 짝수이면 $f'(0)=0$이고 $x=0$의 좌우에서 $f'(x)$의 부호가 바뀌므로 $f(x)$는 $x=0$에서 극솟값을 갖는다.

22

[전략] ㄷ. $y=\tan x$의 그래프에서 기울기를 생각한다.

ㄱ. $f'(x) = -\sin x + 2\sin x + 2x\cos x$

$\qquad = \sin x + 2x\cos x$

$f(x)$가 $x=\alpha$에서 극값을 가지므로

$f'(\alpha) = \sin\alpha + 2\alpha\cos\alpha = 0$, $\tan\alpha = -2\alpha$

$\tan(\alpha+\pi) = \tan\alpha$이므로 $\tan(\alpha+\pi) = -2\alpha$ (참)

ㄴ. $g'(x) = \sec^2 x = \tan^2 x + 1$이므로

$g'(\alpha+\pi) = \tan^2(\alpha+\pi) + 1 = \tan^2\alpha + 1 = 4\alpha^2 + 1$

또 $\tan\beta = -2\beta$이므로 $g'(\beta) = 4\beta^2 + 1$

$\alpha < \beta$이므로 $g'(\alpha+\pi) < g'(\beta)$ (참)

ㄷ. $\tan\alpha < 0$, $\tan\beta < 0$이므로 α, β는 제2사분면 또는 제4사분면의 각이다.

이때 ㄴ을 만족시키는 $y=g(x)$의 그래프는 그림과 같다.

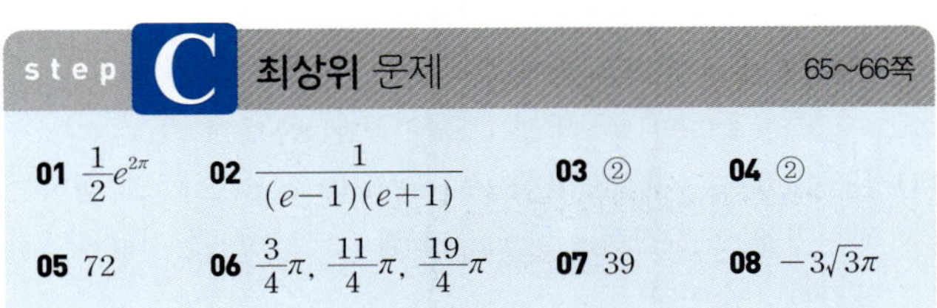

$\sec^2 \alpha$는 $x=\alpha+\pi$인 점 P에서 곡선 $y=g(x)$의 접선의 기울기이고, $\dfrac{2(\beta-\alpha)}{\alpha+\pi-\beta}$는 그림에서 직선 PQ의 기울기이다.

$\therefore \sec^2 \alpha < \dfrac{2(\beta-\alpha)}{\alpha+\pi-\beta}$ (거짓)

따라서 옳은 것은 ㄱ, ㄴ이다. 　　　　　　답 ③

Note

$g''(x) = 2\tan x \sec^2 x$이므로 $\dfrac{3}{2}\pi < x < 2\pi$일 때 $g''(x) < 0$이다.

따라서 곡선 $y=\tan x$는 위로 볼록하다.

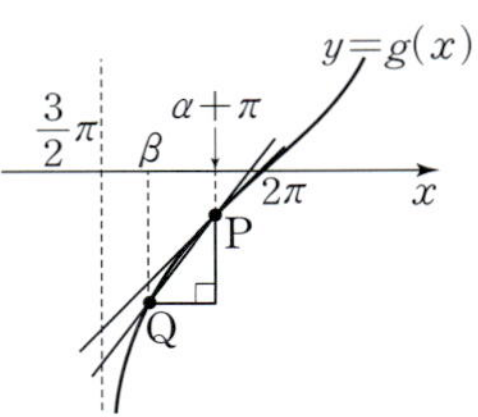

<table>
<tr><td>step</td><td>C</td><td>최상위 문제</td><td>65~66쪽</td></tr>
</table>

| 01 $\dfrac{1}{2}e^{2\pi}$ | 02 $\dfrac{1}{(e-1)(e+1)}$ | 03 ② | 04 ② |
| 05 72 | 06 $\dfrac{3}{4}\pi$, $\dfrac{11}{4}\pi$, $\dfrac{19}{4}\pi$ | 07 39 | 08 $-3\sqrt{3}\pi$ |

01

[전략] 원 $x^2 + y^2 = r^2$ 위의 점은 $(r\cos\theta, r\sin\theta)$로 나타낼 수 있다. 이를 이용하여 점 P의 좌표를 t의 식으로 나타내고 매개변수로 나타낸 함수의 미분을 생각한다.

기울기가 $\tan(\sin t)$인 직선은 x축의 양의 방향과 이루는 각의 크기가 $\sin t$이다. 따라서 직선과 원이 만나는 점 중 x좌표가 양수인 점 $P(x, y)$는

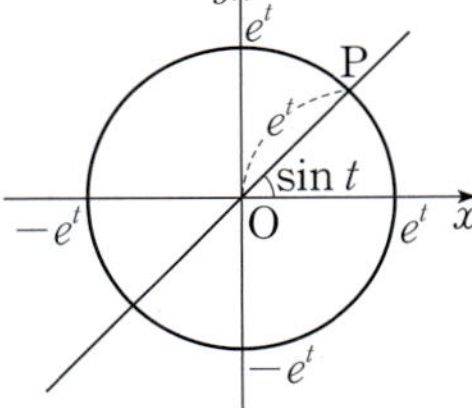

$x = e^t \cos(\sin t)$,

$y = e^t \sin(\sin t)$

이다.

$\dfrac{dx}{dt} = e^t \cos(\sin t) - \{e^t \sin(\sin t)\}\cos t$

$\qquad = e^t\{\cos(\sin t) - \sin(\sin t) \times \cos t\}$

$\dfrac{dy}{dt} = e^t \sin(\sin t) + \{e^t \cos(\sin t)\}\cos t$

$\qquad = e^t\{\sin(\sin t) + \cos(\sin t) \times \cos t\}$

$\dfrac{dy}{dx} = \dfrac{\dfrac{dy}{dt}}{\dfrac{dx}{dt}}$ 이므로 $t=\pi$일 때 접선의 기울기는

$$\dfrac{e^\pi\{\sin(\sin\pi) + \cos(\sin\pi) \times \cos\pi\}}{e^\pi\{\cos(\sin\pi) - \sin(\sin\pi) \times \cos\pi\}} = \dfrac{-e^\pi}{e^\pi} = -1$$

이고, $\mathrm{P}(e^\pi \cos{(\sin{\pi})},\ e^\pi \sin{(\sin{\pi})})=\mathrm{P}(e^\pi,\ 0)$이므로 접선의 방정식은

$$y=-(x-e^\pi)=-x+e^\pi$$

따라서 x절편은 e^π, y절편은 e^π이므로 구하는 넓이는

$$\frac{1}{2}\times e^\pi \times e^\pi = \frac{1}{2}e^{2\pi} \qquad\qquad \text{달} \ \frac{1}{2}e^{2\pi}$$

직선 $y=-x+e^\pi$과 곡선 C는 그림과 같다.

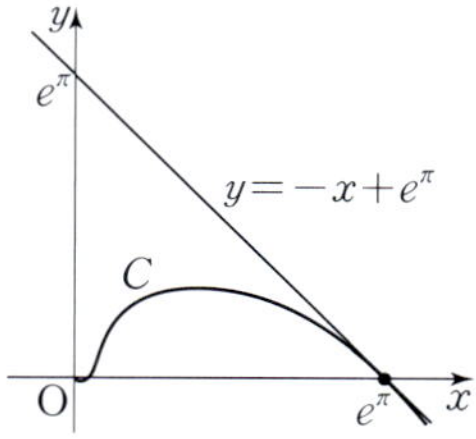

02

[전략] 1. 부등식을 이용하여 일차함수 $g(x)$의 조건을 확인한다.
  2. 점 $(1, 0)$에서 곡선 $y=-t+\ln x \ (x\geq e)$에 접선을 그을 수 있는 경우와 아닌 경우로 나누어 생각한다.
  3. $h(t)$를 접점의 좌표로 나타내는 방법을 생각한다.

$(x-e)\{g(x)-f(x)\}\geq 0$에서
$x\geq e$이고 $g(x)\geq f(x)$ 또는 $x\leq e$이고 $g(x)\leq f(x)$

(ⅰ) 점 $(1, 0)$을 지나고 곡선 $y=-t+\ln x \ (x\geq e)$에 접하는 직선이 없으면 직선 $y=g(x)$가 점 $(e,\ 1-t)$를 지날 때, 기울기가 최소이다.
곡선 $y=-t+\ln x$ 위의 점 $(e,\ -t+1)$에서 접선의 방정식은

$$y+t-1=\frac{1}{e}(x-e)$$

이 직선이 점 $(1, 0)$을 지나면

$$t-1=\frac{1}{e}(1-e),\ t=\frac{1}{e}$$

따라서 $t<\dfrac{1}{e}$이면 접하는 경우가 없다.

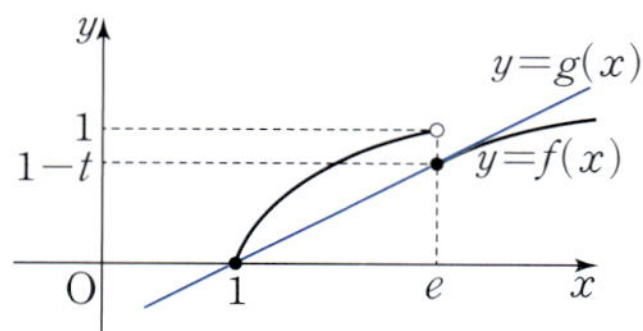

이때 $h(t)$는 점 $(1, 0)$과 점 $(e,\ -t+1)$을 지나는 직선의 기울기이므로

$$h(t)=\frac{1-t}{e-1},\ h'(t)=-\frac{1}{e-1}$$

$$\therefore h'\!\left(\frac{1}{2e}\right)=-\frac{1}{e-1}$$

(ⅱ) 점 $(1, 0)$에서 곡선 $y=-t+\ln x \ (x\geq e)$에 그은 접선이 있으면 이 접선이 직선 $y=g(x)$ 중 기울기가 가장 작은 직선이다.

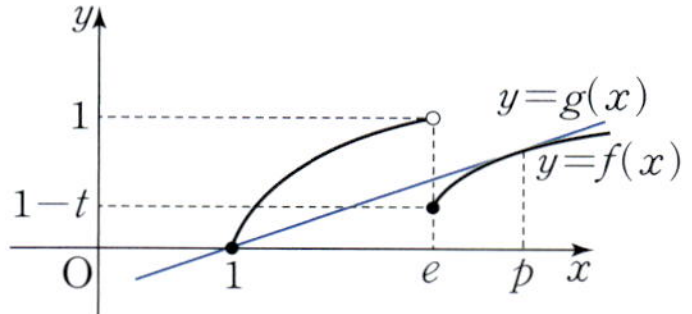

접점의 x좌표를 p라 하면 접선의 방정식은

$$y-(-t+\ln p)=\frac{1}{p}(x-p)$$

점 $(1, 0)$을 지나므로

$$t-\ln p=\frac{1}{p}(1-p) \qquad \therefore t-\ln p=\frac{1}{p}-1$$

$$h(t)=\frac{1}{p}$$이므로 $t+\ln h(t)=h(t)-1$

$h(t)$는 미분가능한 함수이므로 양변을 t에 대하여 미분하면

$$1+\frac{h'(t)}{h(t)}=h'(t)$$

$$h(a)=\frac{1}{e+2}$$이므로

$$1+(e+2)h'(a)=h'(a) \qquad \therefore h'(a)=-\frac{1}{e+1}$$

(ⅰ), (ⅱ)에서 $h'\!\left(\dfrac{1}{2e}\right)\times h'(a)=\dfrac{1}{(e-1)(e+1)}$

$$\text{달} \ \frac{1}{(e-1)(e+1)}$$

$h(a)=\dfrac{1}{e+2}$이면 접점의 x좌표가 $e+2$인 경우이고, 직선 $y=g(x)$가 곡선 $y=-t+\ln x \ (x\geq e)$에 접할 때의 기울기이다.

03

[전략] $g'(x)=\{f'(x)-f(x)\}e^{-x}$에서 $f'(x)-f(x)$에 대한 조건을 구한다.

$g'(x)=\{f'(x)-f(x)\}e^{-x}$에서 $e^{-x}>0$이므로
$h(x)=f'(x)-f(x)$라 하면 $h(x)$는 x^3의 계수가 -1인 삼차함수이고, 조건 (가)에 의하여 $h(0)=0$이다.

조건 (나)에서 구간 $(-\infty,\ 1)$에서 $g'(x)\geq 0$이고, 구간 $(3,\ \infty)$에서 $g'(x)\leq 0$이다.
따라서 곡선 $y=h(x)$는 $x=0$에서 x축에 접하고, 구간 $(0,\ 1)$에서는 $h(x)\geq 0$, 구간 $(3,\ \infty)$에서는 $h(x)\leq 0$이다.

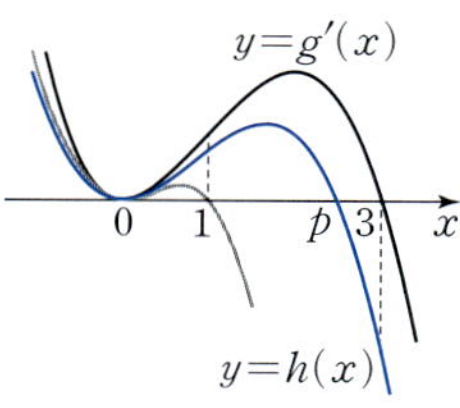

곧, $h(x)=-x^2(x-p)=-x^3+px^2 \ (1\leq p\leq 3)$ $\cdots$ ❶
한편 $f(x)=x^3+ax^2+bx+c \ (a, b, c$는 상수$)$라 하면
$f'(x)=3x^2+2ax+b$이므로

$$f'(x)-f(x)=-x^3+(3-a)x^2+(2a-b)x+b-c$$

이것을 ❶과 비교하면

$$b-c=0,\ 2a-b=0,\ 3-a=p$$

$$\therefore b=c=2a,\ 0\leq a\leq 2$$

$f(x)=x^3+ax^2+2ax+2a$이므로

$$f(2)=8+10a \ (0\leq a\leq 2)$$

따라서 최댓값은 28, 최솟값은 8이므로 합은 36이다.   달 ②

04

[전략] 조건 (나)는 $0 \le x < a$일 때 $f(x)$의 그래프를 x축 방향으로 a만큼, y축 방향으로 b만큼 평행이동한 꼴이다.

조건 (나)는 $0 \le x < a$일 때 $f(x)$의 그래프를 x축 방향으로 a만큼, y축 방향으로 b만큼 평행이동한 꼴이므로

$$f(x) = \begin{cases} x^2 e^{1-x} & (0 \le x < a) \\ (x-a)^2 e^{1-x+a} + b & (a \le x < 2a) \end{cases}$$

여기서 $f_1(x) = x^2 e^{1-x}$, $f_2(x) = (x-a)^2 e^{1-x+a} + b$라 하자.
$f(x)$는 실수 전체의 집합에서 미분가능하므로 연속이다.

(ⅰ) $f_1(a) = f_2(a)$이므로 $a^2 e^{1-a} = b$

(ⅱ) $f_1'(a) = f_2'(a)$이고

$$f_1'(x) = 2xe^{1-x} - x^2 e^{1-x}$$
$$f_2'(x) = 2(x-a)e^{1-x+a} - (x-a)^2 e^{1-x+a}$$

이므로

$$2ae^{1-a} - a^2 e^{1-a} = 0, \ a(2-a)e^{1-a} = 0$$
$$a \ne 0이고, \ e^{1-a} > 0이므로 \ a = 2$$

(ⅰ)에서 $b = \dfrac{4}{e}$이므로 $ab = \dfrac{8}{e}$ 　　　　　답 ②

05

[전략] 1. 조건 (가)에서 $g''(1) = g''(4) = 0$임을 이용하여 $f(x)$에 대한 조건을 찾는다.
　　　　2. 접선의 개수를 조사할 때에는 변곡점에서의 접선을 기준으로 나눈다.

$$g'(x) = e^{-x}\{-f(x) + f'(x)\}$$
$$g''(x) = e^{-x}\{f(x) - 2f'(x) + f''(x)\}$$

$f(x) = ax^2 + bx + c \ (a \ne 0, \ a, \ b, \ c는 상수)$라 하면

$$f'(x) = 2ax + b, \ f''(x) = 2a$$
$$\therefore g''(x) = e^{-x}\{ax^2 + (b-4a)x + 2a - 2b + c\} \quad \cdots \ ❶$$

조건 (가)에서 $g''(1) = 0$, $g''(4) = 0$이므로

$$g''(x) = e^{-x} a(x-1)(x-4) = e^{-x}(ax^2 - 5ax + 4a)$$
$$\qquad\qquad\qquad\qquad\qquad\qquad\qquad \cdots \ ❷$$

❶과 ❷는 같으므로

$$ax^2 + (b-4a)x + 2a - 2b + c = ax^2 - 5ax + 4a$$

양변의 계수를 비교하면

$$b - 4a = -5a, \ 2a - 2b + c = 4a$$
$$\therefore b = -a, \ c = 0$$

따라서 $f(x) = a(x^2 - x)$이므로 $g(x) = ae^{-x}(x^2 - x)$이고,

$$g'(x) = ae^{-x}(-x^2 + 3x - 1)$$

$g'(x) = 0$에서 $e^{-x} > 0$이므로 $x = \dfrac{3 \pm \sqrt{5}}{2}$

또 $g(0) = 0$, $g(1) = 0$이고,

$$\lim_{x \to -\infty} ae^{-x}(x^2 - x) = +\infty, \ \lim_{x \to \infty} ae^{-x}(x^2 - x) = 0$$

이므로 $y = g(x)$의 그래프는 그림과 같다.

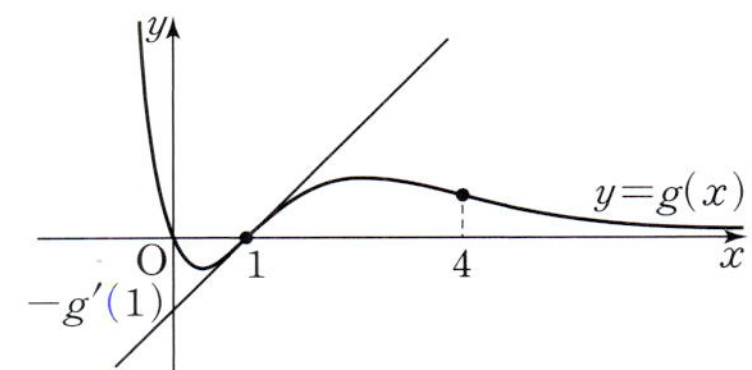

점 $(1, 0)$에서 곡선 $y = g(x)$의 접선은 $y = g'(1)(x-1)$이고, 접선의 y절편이 $-g'(1)$이므로
접선의 개수가 3인 k값의 범위가 $-1 < k < 0$이면
$$-g'(1) = -1이다.$$
$$\therefore -\frac{a}{e} = -1, \ a = e$$

따라서 $g(x) = e^{1-x}(x^2 - x)$이므로

$$g(-2) \times g(4) = 6e^3 \times \frac{12}{e^3} = 72 \qquad\qquad 답 \ 72$$

Note

접점을 $(t, g(t))$라 하면 접선의 방정식은
$$y - g(t) = g'(t)(x-t)$$
점 $(0, k)$를 지나면 $k - g(t) = -tg'(t)$
따라서 직선 $y = k$와 곡선 $y = g(t) - tg'(t)$가 서로 다른 세 점에서 만날 조건을 찾아도 된다.

06

[전략] $g(x)$가 미분가능하면 곡선 $y = f(x) - k$가 x축과 만나는 점에서 접선의 기울기가 0이다.

$f'(x) = 1 - \sin x \ge 0$이므로 $f(x)$는 실수 전체의 집합에서 증가한다. 따라서 $f(a) = k$일 때, $f'(a) = 0$이면 $g(x)$가 실수 전체의 집합에서 미분가능하다.

$f'(x) = 0$에서 $x = 2n\pi + \dfrac{\pi}{2}$ (n은 정수)이고,

$$f\left(2n\pi + \frac{\pi}{2}\right) = 2n\pi + \frac{3}{4}\pi이므로 \ k = 2n\pi + \frac{3}{4}\pi$$

$0 < k < 6\pi$이므로

$$k = \frac{3}{4}\pi \ 또는 \ k = \frac{11}{4}\pi \ 또는 \ k = \frac{19}{4}\pi$$

$$답 \ \frac{3}{4}\pi, \ \frac{11}{4}\pi, \ \frac{19}{4}\pi$$

07

[전략] $|f(x)|$가 $x = -1$에서 미분가능하지 않으므로 $|f(x^k)|$은 $x^k = -1$에서만 미분가능하지 않다. 이 점의 좌우에서 미분계수나 도함수를 조사한다.

$y = |f(x)|$는 $x \ne -1$일 때 미분가능하므로 $y = |f(x^k)|$도 $x^k \ne -1$일 때 미분가능하다.
또 k가 짝수이면 $x^k \ge 0$이고
$$|f(x^k)| = f(x^k) = e^{x^k+1} - 1$$
k가 홀수이면
$x < -1$일 때 $x^k < -1$이므로
$$|f(x^k)| = -f(x^k) = -e^{x^k+1} + 1$$
$x > -1$일 때 $x^k > -1$이므로
$$|f(x^k)| = f(x^k) = e^{x^k+1} - 1$$

따라서

$$g_1(x) = 100f(x) - \sum_{k=1}^{n} f(x^k)$$

$$g_2(x) = -100f(x) - \sum_{k=1}^{n} (-1)^k f(x^k)$$

라 할 때, $g(x) = \begin{cases} g_1(x) & (x \ge -1) \\ g_2(x) & (x < -1) \end{cases}$ 이다.

그런데 $g(x)$는 연속이고, $g_1(x)$, $g_2(x)$는 미분가능하므로
$g_1{}'(-1)=g_2{}'(-1)$이면 $g(x)$는 $x=-1$에서 미분가능하다.

$$g_1{}'(x)=100f'(x)-\sum_{k=1}^{n}kx^{k-1}f'(x^k)$$

$$g_2{}'(x)=-100f'(x)-\sum_{k=1}^{n}(-1)^k kx^{k-1}f'(x^k)$$

$f'(x)=e^{x+1}$에서 $f'(-1)=1$이므로

$$g_1{}'(-1)=100-\sum_{k=1}^{n}k(-1)^{k-1}f'((-1)^k)$$

$$g_2{}'(-1)=-100-\sum_{k=1}^{n}(-1)^k k(-1)^{k-1}f'((-1)^k)$$

따라서 $g_1{}'(-1)=g_2{}'(-1)$이면

$$\sum_{k=1}^{n}\{1-(-1)^k\}k(-1)^{k-1}f'((-1)^k)=200$$

$$\sum_{k=1}^{n}\{1-(-1)^k\}k=200$$

$n=2m$이면 $\displaystyle\sum_{k=1}^{m}2(2k-1)=200$

$$4\times\frac{m(m+1)}{2}-2m=200 \qquad \therefore m=10,\ n=20$$

$n=2m-1$이면 $\displaystyle\sum_{k=1}^{m}2(2k-1)=200$

$$4\times\frac{m(m+1)}{2}-2m=200 \qquad \therefore m=10,\ n=19$$

따라서 n값의 합은 $19+20=39$ 답 **39**

Note 

(i) $n=2m$일 때

$$\sum_{k=1}^{n}|f(x^k)|=\sum_{k=1}^{m}|f(x^{2k-1})|+\sum_{k=1}^{m}|f(x^{2k})|$$

(ii) $n=2m-1$일 때

$$\sum_{k=1}^{n}|f(x^k)|=\sum_{k=1}^{m}|f(x^{2k-1})|+\sum_{k=1}^{m-1}|f(x^{2k})|$$

그런데 $\displaystyle\sum_{k=1}^{m}|f(x^{2k})|$, $\displaystyle\sum_{k=1}^{m-1}|f(x^{2k})|$은 실수 전체의 집합에서 미분가능하다.
따라서

$$h(x)=100|f(x)|-\sum_{k=1}^{m}|f(x^{2k-1})|$$

이라 하고, $h(x)$가 $x=-1$에서 미분가능할 조건을 찾아도 된다.

08

[전략] $g'(\alpha_n)=0$에서 $f'(\alpha_n)$, $f(\alpha_n)$을 구한다.

$g(x)$가 $x=\alpha_n$에서 극값을 가지므로 $g'(\alpha_n)=0$이다.

그런데 $g'(x)=-\dfrac{f'(x)\cos(f(x))}{\{2+\sin(f(x))\}^2}$이므로

$f'(\alpha_n)=0$ 또는 $\cos(f(\alpha_n))=0$

$\therefore f'(\alpha_n)=0$ 또는 $f(\alpha_n)=n\pi+\dfrac{\pi}{2}$ (단, n은 정수이다.)

… ❶

조건 (가)에서 $\alpha_1=0$이므로 $f'(0)=0$

또 $g(0)=\dfrac{1}{2+\sin(f(0))}=\dfrac{2}{5}$에서 $\sin(f(0))=\dfrac{1}{2}$이고

$0<f(0)<\dfrac{\pi}{2}$이므로 $f(0)=\dfrac{\pi}{6}$

또 조건 (나)에서 $2+\sin(f(\alpha_5))=2+\sin(f(\alpha_2))+\dfrac{1}{2}$이므로

$$\sin(f(\alpha_5))=\sin(f(\alpha_2))+\frac{1}{2} \qquad\qquad \cdots ❷$$

이때 $\cos(f(\alpha_2))=0$이고 $\cos(f(\alpha_5))=0$이면 $\sin(f(\alpha_2))$와
$\sin(f(\alpha_5))$는 1 또는 -1이므로 ❷를 만족시키지 않는다.

$\therefore f'(\alpha_2)=0$ 또는 $f'(\alpha_5)=0$

(i) $f'(\alpha_2)=0$일 때

$0<x<\alpha_2$에서 $\cos(f(x))\neq0$
이므로

$$-\frac{\pi}{2}\leq f(\alpha_2)\leq\frac{\pi}{6}$$

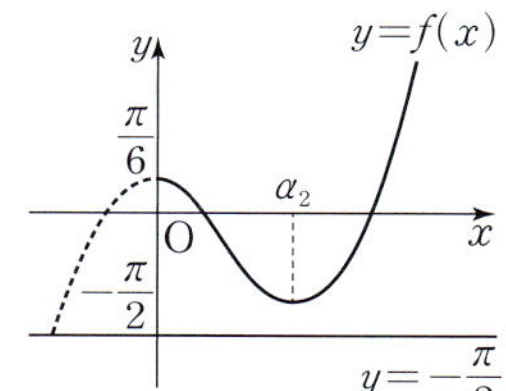

또 $f(\alpha_3)=\dfrac{\pi}{2}$, $f(\alpha_4)=\dfrac{3}{2}\pi$,

$f(\alpha_5)=\dfrac{5}{2}\pi$이고, $\sin(f(\alpha_2))=\dfrac{1}{2}$이므로 ❷가 성립하지
않는다.

(ii) $f'(\alpha_5)=0$일 때

$$f(\alpha_2)=-\frac{\pi}{2},$$

$$f(\alpha_3)=-\frac{3}{2}\pi,$$

$$f(\alpha_4)=-\frac{5}{2}\pi$$이고

$$-\frac{7}{2}\pi<f(\alpha_5)<-\frac{5}{2}\pi$$이다.

❷에서 $\sin(f(\alpha_5))=-1+\dfrac{1}{2}=-\dfrac{1}{2}$

$$\therefore f(\alpha_5)=-\frac{17}{6}\pi$$

따라서 $f'(0)=0$, $f(0)=\dfrac{\pi}{6}$이므로

$$f(x)=6\pi x^3+px^2+\frac{\pi}{6}$$라 하자.

$f'(x)=18\pi x^2+2px$이므로 $\alpha_5=-\dfrac{p}{9\pi}$

$f(\alpha_5)=-\dfrac{17}{6}\pi$이므로

$$-\frac{6p^3}{9^3\pi^2}+\frac{p^3}{9^2\pi^2}+\frac{\pi}{6}=-\frac{17}{6}\pi,\quad \frac{3p^3}{9^3\pi^2}=-3\pi$$

$$\therefore p=-9\pi$$

$$\therefore f(x)=6\pi x^3-9\pi x^2+\frac{\pi}{6}$$

$$f'(x)=18\pi x^2-18\pi x$$

$$\therefore g'\left(-\frac{1}{2}\right)=-\frac{f'\left(-\frac{1}{2}\right)\times\cos\left(f\left(-\frac{1}{2}\right)\right)}{\left\{2+\sin\left(f\left(-\frac{1}{2}\right)\right)\right\}^2}$$

$$=\frac{\dfrac{27}{2}\pi\times\left(-\dfrac{\sqrt{3}}{2}\right)}{\left(2-\dfrac{1}{2}\right)^2}=-3\sqrt{3}\pi$$ 답 $-3\sqrt{3}\pi$

06. 미분의 활용

01 ⑤	02 ②	03 ③	04 ④	05 ③
06 ⑤	07 ②	08 $\dfrac{2}{\sqrt{e}}$	09 $\dfrac{4\sqrt{6}}{3}$	10 ⑤
11 18	12 ②	13 ④	14 ⑤	15 ①
16 ④	17 ③	18 ①	19 ④	20 ⑤
21 ③	22 ④	23 4		

01

$$f'(x)=\frac{2(x^2+1)-2x\times 2x}{(x^2+1)^2}=-\frac{2(x+1)(x-1)}{(x^2+1)^2}$$

$f'(x)=0$에서 $x=\pm 1$

$$\lim_{x\to -\infty} f(x)=0,\ \lim_{x\to \infty} f(x)=0$$

증감을 조사하여 $y=f(x)$의 그래프를 그리면 그림과 같다.

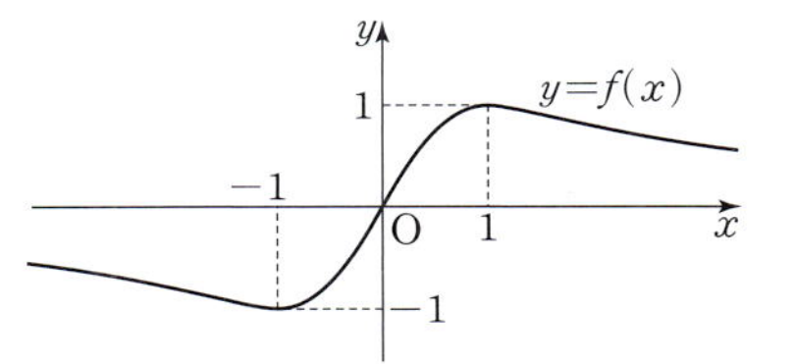

최댓값은

$$M=f(1)=1$$

최솟값은

$$m=f(-1)=-1$$

$$\therefore M-m=2$$

답 ⑤

02

$$f'(x)=\sqrt{x+3}+\frac{x}{2\sqrt{x+3}}=\frac{3(x+2)}{2\sqrt{x+3}}$$

$f'(x)=0$에서 $x=-2$

따라서 $y=f(x)$의 그래프는 그림
과 같으므로 최솟값은

$$f(-2)=-2$$

곧, $a=-2$, $b=-2$이므로

$$ab=4$$

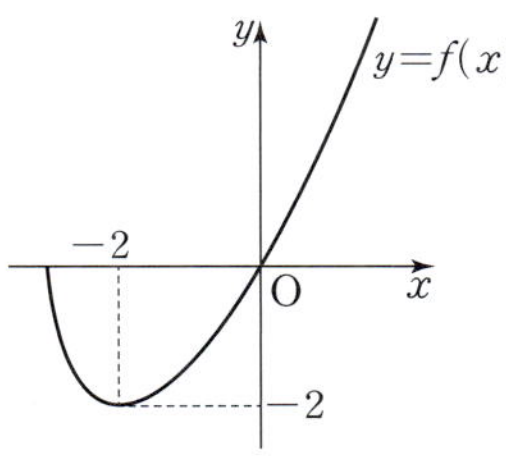

답 ②

03

$$y'=\frac{\dfrac{1}{x}\times x-\ln x}{x^2}=\frac{1-\ln x}{x^2}$$

$y'=0$에서 $1-\ln x=0$이므로

$$x=e$$

따라서 $y=\dfrac{\ln x}{x}$의 그래프는 그림

과 같으므로 $x=e$에서 극대이면서
최대이다.

$$\therefore a=e$$

답 ③

04

$$f'(x)=\ln x+1-2=\ln x-1$$

$f'(x)=0$에서 $x=e$

$$f(1)=-2,\ f(e)=-e,\ f(e^2)=0$$

이므로 $y=f(x)$의 그래프는 그림과 같다.

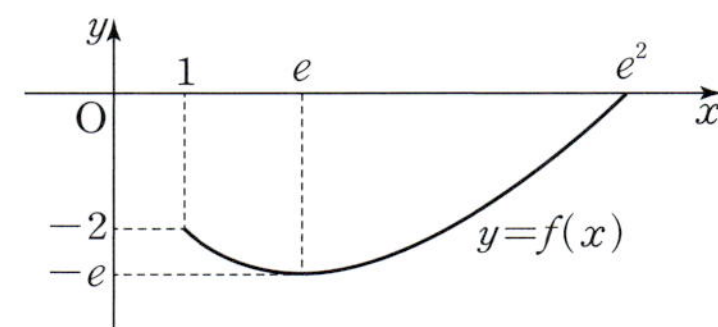

따라서 최댓값 $M=0$, 최솟값 $m=-e$이므로

$$M-m=e$$

답 ④

05

$$f'(x)=-\sin^2 x+(1+\cos x)\cos x$$
$$=\cos^2 x-1+\cos x+\cos^2 x$$
$$=(\cos x+1)(2\cos x-1)$$

$f'(x)=0$에서 $\cos x=-1$ 또는 $\cos x=\dfrac{1}{2}$

$0<x<\pi$이므로 $x=\dfrac{\pi}{3}$

$0<x<\pi$에서 함수 $f(x)$의 증감표는 다음과 같다.

x	(0)	$\cdots$	$\dfrac{\pi}{3}$	$\cdots$	(π)
$f'(x)$		$+$	0	$-$	
$f(x)$		↗	극대	↘	

$x=\dfrac{\pi}{3}$일 때 $f(x)$는 극대이고 $f(x)$의 극값이 하나뿐이므로 극
댓값이 최댓값이다.

따라서 최댓값은 $f\left(\dfrac{\pi}{3}\right)=\dfrac{3\sqrt{3}}{4}$

답 ③

06

$$f'(x)=2xe^x+(x^2-3)e^x=(x+3)(x-1)e^x$$

$f'(x)=0$에서 $x=-3$ 또는 $x=1$

$$f(-4)=\frac{13}{e^4},\ f(-3)=\frac{6}{e^3},\ f(1)=-2e,\ f(2)=e^2$$

이므로 $y=f(x)$의 그래프는 그림과 같다.

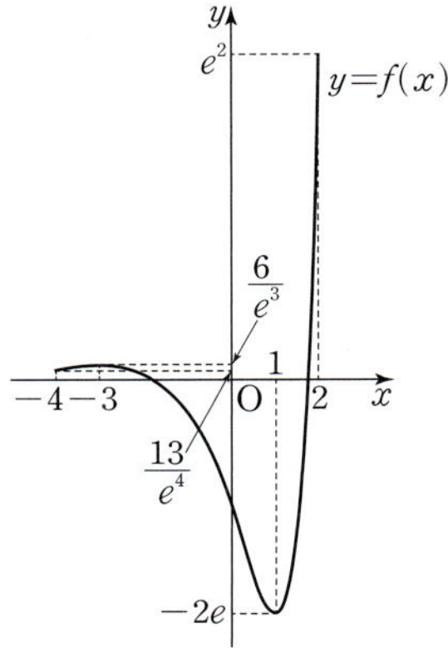

따라서 최댓값 $M=e^2$, 최솟값 $m=-2e$이므로

$$\frac{m}{M}=-\frac{2}{e}$$

답 ⑤

07

$g(x)=\sin x=t$로 놓으면 $-1\le t\le 1$이고,

$\qquad (f\circ g)(x)=f(t)=t^3+3t^2+2$

$\qquad f'(t)=3t^2+6t=3t(t+2)$

$f'(t)=0$에서 $t=0$ 또는 $t=-2$

$-1\le t\le 1$에서 $y=f(t)$의 그래프는

그림과 같으므로

최댓값은 $f(1)=6$,

최솟값은 $f(0)=2$

따라서 최댓값과 최솟값의 합은 8

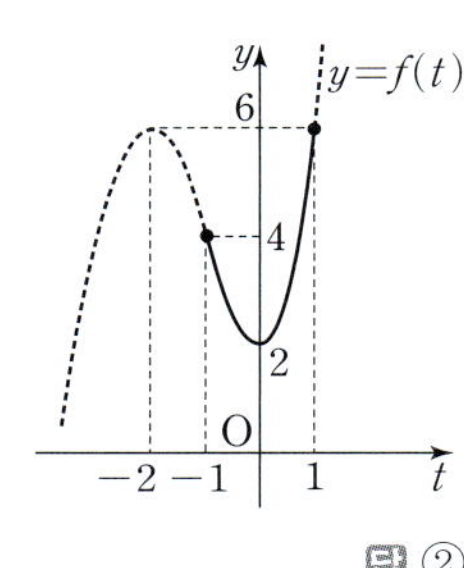

답 ②

08

곡선 $y=e^{-\frac{x^2}{2}}$은 y축에 대칭이므로 직사각형도 y축에 대칭이다.

따라서 제1사분면에 있는 꼭짓점의 좌표를 $P(t,\ e^{-\frac{t^2}{2}})$이라 하고

직사각형의 넓이를 $S(t)$라 하면

$\qquad S(t)=2te^{-\frac{t^2}{2}}$

$\qquad S'(t)=2e^{-\frac{t^2}{2}}+2te^{-\frac{t^2}{2}}\times(-t)=2e^{-\frac{t^2}{2}}(1-t^2)$

$t>0$이므로 $S'(t)=0$에서 $t=1$

t	$\cdots$	1	$\cdots$
$S'(t)$	$+$	0	$-$
$S(t)$	$\nearrow$	극대	$\searrow$

$t=1$일 때 $S(t)$는 극대이고 $S(t)$의 극값이 하나뿐이므로 극댓값이 최댓값이다. 따라서 최댓값은

$\qquad S(1)=2\times 1\times e^{-\frac{1}{2}}=\dfrac{2}{\sqrt{e}}$

답 $\dfrac{2}{\sqrt{e}}$

09

$\overline{PS}=x$라 하면 사각기둥의 높이는 $\sqrt{16-x^2}$이므로

사각기둥의 부피를 $V(x)$라 하면

$\qquad V(x)=x^2\sqrt{16-x^2}$

$\qquad V'(x)=2x\sqrt{16-x^2}+x^2\times\dfrac{-x}{\sqrt{16-x^2}}$

$\qquad\qquad =\dfrac{32x-3x^3}{\sqrt{16-x^2}}$

$x>0$이므로 $V'(x)=0$에서 $x=\dfrac{4\sqrt{6}}{3}$

이때 $V(x)$는 극대이고 극값이 하나뿐이므로 극댓값이 최댓값이다.

답 $\dfrac{4\sqrt{6}}{3}$

10

$f(x)=x^2+\dfrac{16}{x}$이라 하면

$\qquad f'(x)=2x-\dfrac{16}{x^2}=\dfrac{2(x^3-8)}{x^2}$

$f'(x)=0$에서 $x=2$

$\qquad f(2)=12$,

$\qquad \displaystyle\lim_{x\to 0+}f(x)=\infty,\ \lim_{x\to 0-}f(x)=-\infty$,

$\qquad \displaystyle\lim_{x\to\infty}f(x)=\infty,\ \lim_{x\to-\infty}f(x)=\infty$

이므로 $y=f(x)$의 그래프는 그림과 같고,

직선 $y=12$와 서로 다른 두 점에서 만난다.

곧, 주어진 방정식이 서로 다른 두 실근을 가진다.

$\qquad \therefore k=12$

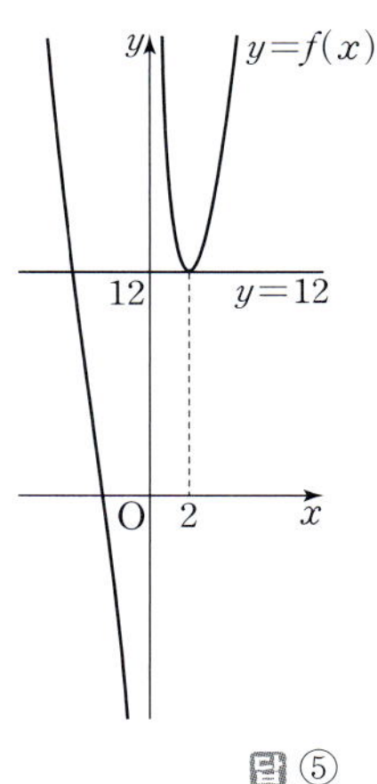

답 ⑤

11

$\ln x-x+20=n$에서 곡선 $y=\ln x-x+20$과 직선 $y=n$이 서로 다른 두 점에서 만난다.

$f(x)=\ln x-x+20$이라 하면

$\qquad f'(x)=\dfrac{1}{x}-1$

$f'(x)=0$에서 $x=1$

$\qquad f(1)=19$,

$\qquad \displaystyle\lim_{x\to 0+}f(x)=-\infty,\ \lim_{x\to\infty}f(x)=-\infty$

이므로 $y=f(x)$의 그래프는 그림과 같다.

따라서 $n<19$이면 곡선 $y=f(x)$와 직선 $y=n$은 서로 다른 두 점에서 만나므로 자연수 n의 개수는 18이다.

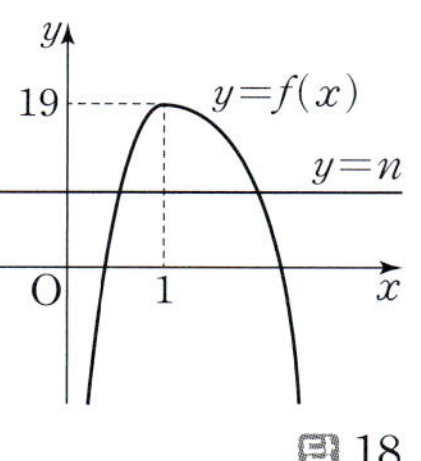

답 18

Note

곡선 $y=\ln x$와 직선 $y=x+n-20$이 서로 다른 두 점에서 만날 조건을 찾아도 된다. 기울기가 1인 접선의 방정식이 $y=x-1$이므로 $n-20<-1$인 자연수 n은 18개이다.

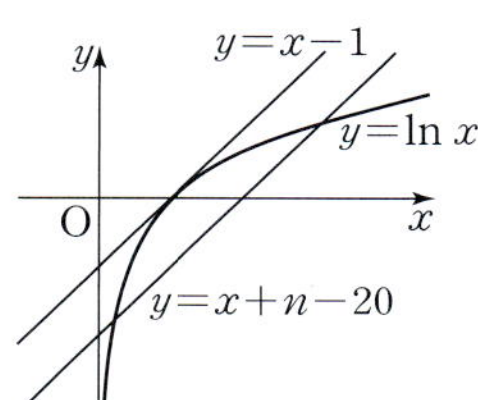

12

$f(x)=\sin x$라 하면

$\qquad f'(x)=\cos x,\ f'(0)=1$

이므로 직선 $y=x$는 곡선 $y=f(x)$에 접한다.

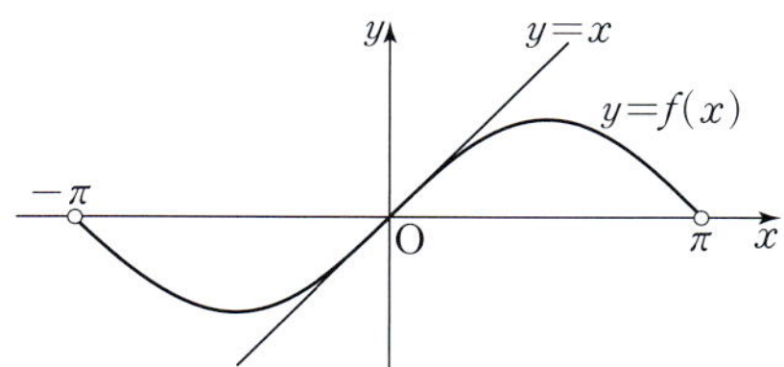

따라서 $0<k<1$이면 직선 $y=x$와 곡선 $y=f(x)$는 서로 다른 세 점에서 만난다. 곧, 주어진 방정식이 서로 다른 세 실근을 가진다.

답 ②

13

$f(x)=e^x$이라 할 때 기울기가 1인 직선이 곡선 $y=f(x)$에 접하는 점을 $(a,\ e^a)$이라 하면

$$f'(a)=1,\ e^a=1$$
$$\therefore\ a=0$$

접선의 방정식은

$$y-e^0=(x-0),\ y=x+1$$

따라서 $k<1$이면 곡선 $y=e^x$과 직선 $y=x+k$가 만나지 않으므로 방정식의 실근이 없다.

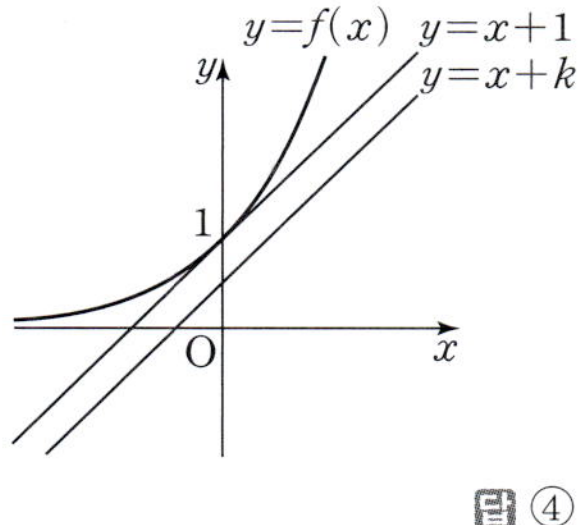

답 ④

Note

곡선 $y=e^x-x$와 직선 $y=k$가 만나는 점의 개수를 조사해도 된다.

14

$kx^2e^{-x}=1$에서 $x\ne0$이므로 $k=\dfrac{e^x}{x^2}$

$f(x)=\dfrac{e^x}{x^2}$이라 할 때 곡선 $y=f(x)$와 직선 $y=k$가 서로 다른 두 점에서 만날 조건을 찾는다.

$$f'(x)=\frac{x^2e^x-2xe^x}{x^4}=\frac{(x-2)e^x}{x^3}$$

$f'(x)=0$에서 $x=2$

$$f(2)=\frac{e^2}{4},$$
$$\lim_{x\to-\infty}f(x)=0,\ \lim_{x\to0-}f(x)=\infty,$$
$$\lim_{x\to0+}f(x)=\infty,\ \lim_{x\to\infty}f(x)=\infty$$

이므로 $y=f(x)$의 그래프는 그림과 같다.

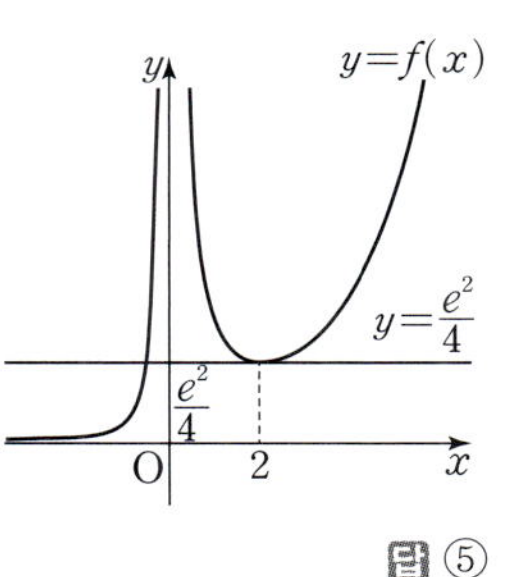

따라서 $k=\dfrac{e^2}{4}$이면 곡선 $y=f(x)$와 직선 $y=\dfrac{e^2}{4}$은 서로 다른 두 점에서 만나므로 방정식이 서로 다른 두 실근을 가진다.

답 ⑤

15

$f(x)=e^x-2x$라 하면

$$f'(x)=e^x-2$$

$f'(x)=0$에서 $x=\ln 2$

$$f(\ln 2)=2-2\ln 2,\ \lim_{x\to-\infty}f(x)=\lim_{x\to\infty}f(x)=\infty$$

이므로 $y=f(x)$의 그래프는 그림과 같다.

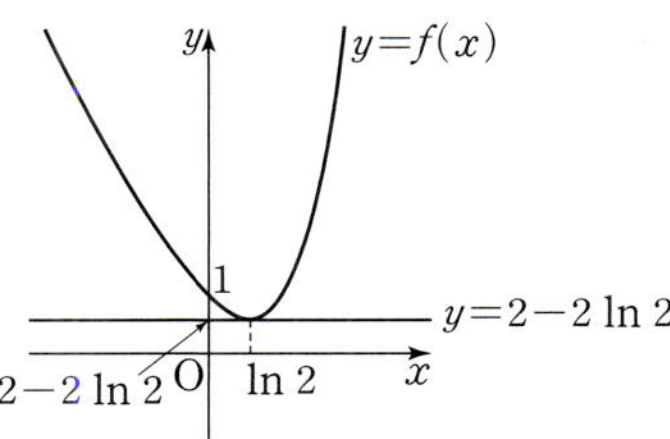

따라서 $k\le2-2\ln 2$이면 $f(x)\ge k$이므로 k의 최댓값은 $2-2\ln 2$이다.

답 ①

16

$f(x)=\dfrac{e^x}{x}$이라 하면

$$f'(x)=\frac{xe^x-e^x}{x^2}=\frac{(x-1)e^x}{x^2}$$

$f'(x)=0$에서 $x=1$

$$f(1)=e,$$
$$\lim_{x\to0+}f(x)=\infty,\ \lim_{x\to\infty}f(x)=\infty$$

이므로 $x>0$에서 $y=f(x)$의 그래프는 그림과 같다.

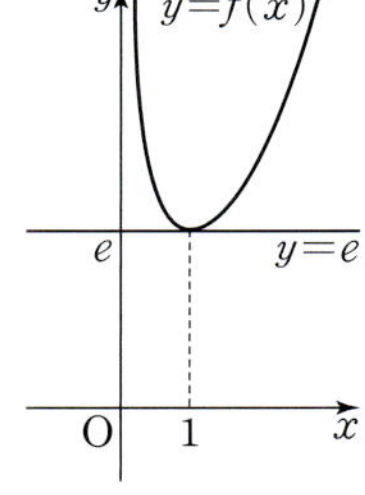

따라서 $k\le e$이면 $f(x)\ge k$이므로 k의 최댓값은 e이다.

답 ④

17

$kx^2\ge\ln 2x$에서 $k\ge\dfrac{\ln 2x}{x^2}$

$f(x)=\dfrac{\ln 2x}{x^2}$라 하면

$$f'(x)=\frac{\dfrac{2}{2x}\times x^2-\ln 2x\times 2x}{x^4}=\frac{1-2\ln 2x}{x^3}$$

$f'(x)=0$에서 $\ln 2x=\dfrac{1}{2}$ $\quad\therefore\ x=\dfrac{\sqrt{e}}{2}$

$$f\!\left(\frac{\sqrt{e}}{2}\right)=\frac{\ln\sqrt{e}}{\dfrac{1}{4}e}=\frac{2}{e},$$
$$\lim_{x\to0+}f(x)=-\infty,\ \lim_{x\to\infty}f(x)=0$$

이므로 $y=f(x)$의 그래프는 그림과 같다.

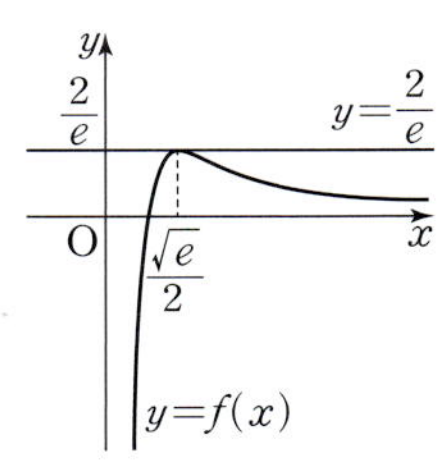

따라서 $k\ge\dfrac{2}{e}$이면 $k\ge f(x)$이므로 k의 최솟값은 $\dfrac{2}{e}$이다.

답 ③

18

$-2x+x\ln x+k\ge0$에서

$$2x-x\ln x\le k$$

$f(x)=2x-x\ln x$라 하면

$$f'(x)=2-\ln x-1=1-\ln x$$

$f'(x)=0$에서 $x=e$

$$f(e)=e,\ \lim_{x\to\infty}f(x)=-\infty$$

이므로 $y=f(x)$의 그래프는 그림과 같다.

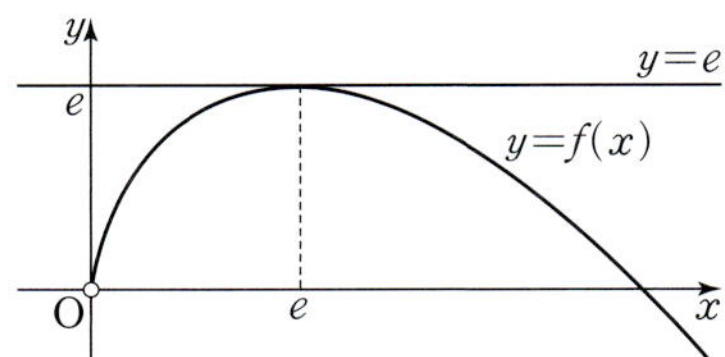

따라서 $k\ge e$이면 $f(x)\le k$이므로 k의 최솟값은 e이다.

답 ①

다른 풀이

$f(x)=-2x+x\ln x+k$라 하면

$$f'(x)=\ln x-1$$

$f'(x)=0$에서 $x=e$

$f(x)$는 $x=e$일 때 극소이고 최소이므로 $f(e)=-e+k\geq0$에서 $k\geq e$

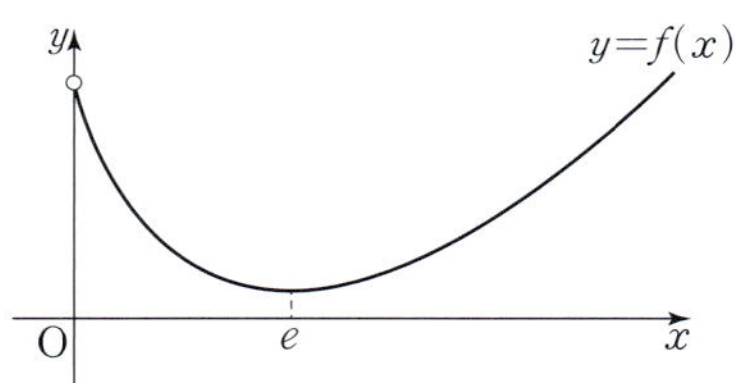

따라서 k의 최솟값은 e이다.

19

$f(x)=\sin 2x+2\sin x$로 놓으면 $f(x)$는 주기가 2π인 주기함수이므로 $0\leq x\leq 2\pi$에서 $f(x)\leq a$이면 된다.

$$f'(x)=2\cos 2x+2\cos x$$
$$=2(2\cos^2 x-1)+2\cos x$$
$$=2(2\cos x-1)(\cos x+1)$$

$f'(x)=0$에서 $x=\dfrac{\pi}{3}$ 또는 $x=\dfrac{5}{3}\pi$ 또는 $x=\pi$

증감을 조사하여 $y=f(x)$의 그래프를 그리면 그림과 같으므로 $f\left(\dfrac{\pi}{3}\right)\leq a$이면 $f(x)\leq a$이다.

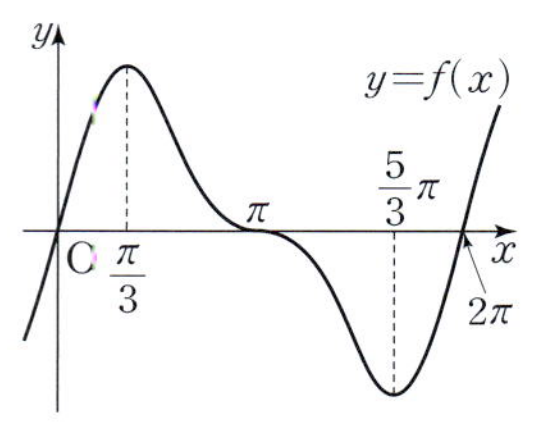

따라서 $f\left(\dfrac{\pi}{3}\right)=\dfrac{3\sqrt3}{2}$에서

$a\geq\dfrac{3\sqrt3}{2}$이므로 a의 최솟값은 $\dfrac{3\sqrt3}{2}$이다.　　답 ④

20

$1\leq x\leq 2$에서 그림과 같이 곡선 $y=e^x$은 직선 $y=\alpha x$의 위쪽에, 직선 $y=\beta x$의 아래쪽에 있으면 된다.

(ⅰ) 직선 $y=\alpha x$가 곡선 $y=e^x$에 접할 때, α는 최대이다.

접점의 좌표를 $(p,\ e^p)$이라 하면 $f'(p)=e^p$이므로 접선의 방정식은
$$y-e^p=e^p(x-p)$$

이 직선이 원점을 지나므로 $-e^p=e^p(-p)$
$$\therefore p=1$$

이때 $\alpha=e^1=e$

(ⅱ) 직선 $y=\beta x$가 점 $(2,\ e^2)$을 지날 때, β는 최소이다.

이때 $e^2=2\beta$이므로 $\beta=\dfrac{e^2}{2}$

(ⅰ), (ⅱ)에서 $\beta-\alpha$의 최솟값은 $\dfrac{e^2}{2}-e=e\left(\dfrac{e}{2}-1\right)$　　답 ⑤

Note

$1\leq x\leq 2$이므로

$\alpha x\leq e^x\leq\beta x$에서 $\alpha\leq\dfrac{e^x}{x}\leq\beta$

따라서 $f(x)=\dfrac{e^x}{x}$이라 하고 $y=f(x)$의 그래프를 그려서 풀 수도 있다.

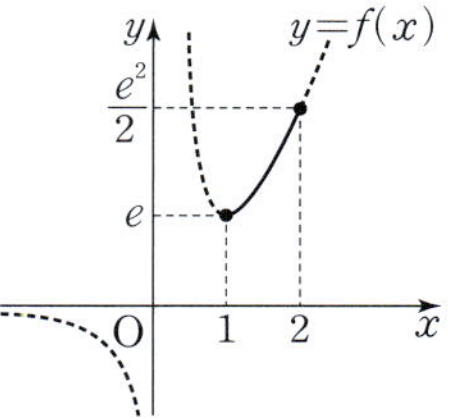

21

$\dfrac{dx}{dt}=1+\dfrac{2}{t^2},\ \dfrac{dy}{dt}=2-\dfrac{1}{t^2}$

이므로 시각 t에서 P의 속력은

$$\sqrt{\left(\dfrac{dx}{dt}\right)^2+\left(\dfrac{dy}{dt}\right)^2}=\sqrt{\left(1+\dfrac{2}{t^2}\right)^2+\left(2-\dfrac{1}{t^2}\right)^2}$$
$$=\sqrt{5+\dfrac{5}{t^4}}$$

따라서 $t=1$에서 P의 속력은 $\sqrt{5+\dfrac{5}{1^4}}=\sqrt{10}$　　답 ③

22

$\dfrac{dx}{dt}=3-\cos t,\ \dfrac{dy}{dt}=\sin t$

이므로 시각 t에서 P의 속력은

$$\sqrt{\left(\dfrac{dx}{dt}\right)^2+\left(\dfrac{dy}{dt}\right)^2}=\sqrt{(3-\cos t)^2+\sin^2 t}$$
$$=\sqrt{9-6\cos t+\cos^2 t+\sin^2 t}$$
$$=\sqrt{10-6\cos t}$$

$-1\leq\cos t\leq1$이므로 $2\leq\sqrt{10-6\cos t}\leq4$

따라서 $M=4,\ m=2$이므로 $M+m=6$　　답 ④

23

$\dfrac{dx}{dt}=4\sin 4t,\ \dfrac{dy}{dt}=\cos 4t$

$\dfrac{d^2x}{dt^2}=16\cos 4t,\ \dfrac{d^2y}{dt^2}=-4\sin 4t$

이므로 시각 t에서 P의 속력은

$$\sqrt{\left(\dfrac{dx}{dt}\right)^2+\left(\dfrac{dy}{dt}\right)^2}=\sqrt{16\sin^2 4t+\cos^2 4t}$$
$$=\sqrt{15\sin^2 4t+1}$$

$0\leq\sin^2 4t\leq1$이므로 $\sin^2 4t=1$일 때 P의 속력이 최대이다.

또 P의 가속도의 크기는
$$\sqrt{(16\cos 4t)^2+(-4\sin 4t)^2}=\sqrt{256\cos^2 4t+16\sin^2 4t}$$
$$=\sqrt{256-240\sin^2 4t}$$

따라서 P의 속력이 최대일 때, P의 가속도의 크기는
$$\sqrt{256-240}=4$$　　답 4

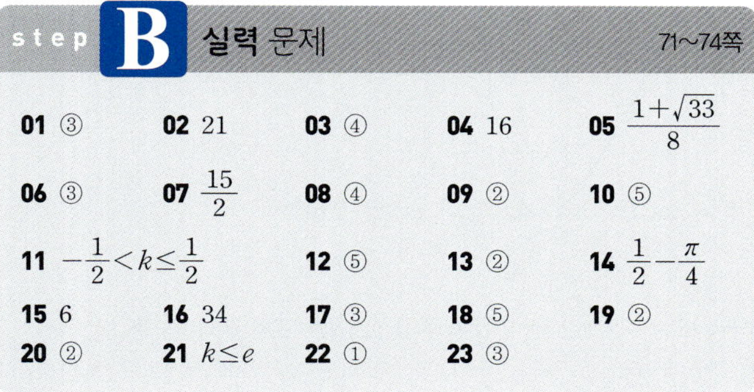

01 ③	**02** 21	**03** ④	**04** 16	**05** $\dfrac{1+\sqrt{33}}{8}$
06 ③	**07** $\dfrac{15}{2}$	**08** ④	**09** ②	**10** ⑤
11 $-\dfrac{1}{2}<k\leq\dfrac{1}{2}$		**12** ⑤	**13** ②	**14** $\dfrac{1}{2}-\dfrac{\pi}{4}$
15 6	**16** 34	**17** ③	**18** ⑤	**19** ②
20 ②	**21** $k\leq e$	**22** ①	**23** ③	

01

[전략] $f'(x)=0$의 해를 구하고 그래프를 그린다.

$$f'(x)=\frac{2}{3}x-2\times\frac{k}{kx}=\frac{2(x^2-3)}{3x}$$

$f'(x)=0$에서 $x=\pm\sqrt{3}$

$k>0$이므로 $kx>0$에서 $x>0$

$x>0$에서 증감을 조사하면

$x=\sqrt{3}$일 때 극소이고 최소이다.

$f(\sqrt{3})=3$이므로

$$1-2\ln(\sqrt{3}k)=3$$
$$\ln(\sqrt{3}k)=-1$$
$$\sqrt{3}k=e^{-1}$$
$$\therefore k=\frac{1}{\sqrt{3}e}$$

답 ③

02

[전략] $f'(x)=0$의 해를 구하고 그래프를 그린다.

$$f'(x)=nx^{n-1}\ln x+x^n\times\frac{1}{x}=x^{n-1}(n\ln x+1)$$

$f'(x)=0$에서

$$n\ln x+1=0 \qquad \therefore x=e^{-\frac{1}{n}}$$

증감을 조사하면 $x=e^{-\frac{1}{n}}$일 때 극소이고 최소이다.

$$\therefore g(n)=f(e^{-\frac{1}{n}})=-\frac{1}{en}$$

$g(n)\leq-\frac{1}{6e}$이므로

$$-\frac{1}{en}\leq-\frac{1}{6e}, \frac{1}{n}\geq\frac{1}{6}$$
$$\therefore n\leq6$$

따라서 자연수 n은 1, 2, 3, 4, 5, 6이므로 합은

$$1+2+3+4+5+6=21$$

답 21

03

[전략] 점 P의 좌표와 P에서의 접선의 방정식을 이용하여 A, B의 좌표를 구한다.

$y'=-2e^{-x}$이므로 점 $P(t, 2e^{-t})$에서 접선의 방정식은

$$y-2e^{-t}=-2e^{-t}(x-t)$$

x좌표가 0일 때 y좌표가 $2(t+1)e^{-t}$이므로

$$B(0, 2(t+1)e^{-t})$$

또 $A(0, 2e^{-t})$이므로 $\overline{AB}=2te^{-t}$

삼각형 APB의 넓이를 $S(t)$라 하면

$$S(t)=\frac{1}{2}\times t\times 2te^{-t}=t^2e^{-t}$$
$$S'(t)=(2t-t^2)e^{-t}$$

$S'(t)=0$에서 $t=0$ 또는 $t=2$

$t>0$에서 증감을 조사하면 $t=2$일 때 극대이고 최대이다.

답 ④

04

[전략] 접점의 좌표를 $P(a, \sqrt{a})$라 하고 접선의 방정식부터 구한다.

$f(x)=\sqrt{x}$라 하면 $f'(x)=\frac{1}{2\sqrt{x}}$

l의 접점의 좌표를 $P(a, \sqrt{a})$라 하면

접선의 기울기는 $f'(a)=\frac{1}{2\sqrt{a}}$이므로 l의 방정식은

$$y-\sqrt{a}=\frac{1}{2\sqrt{a}}(x-a)$$

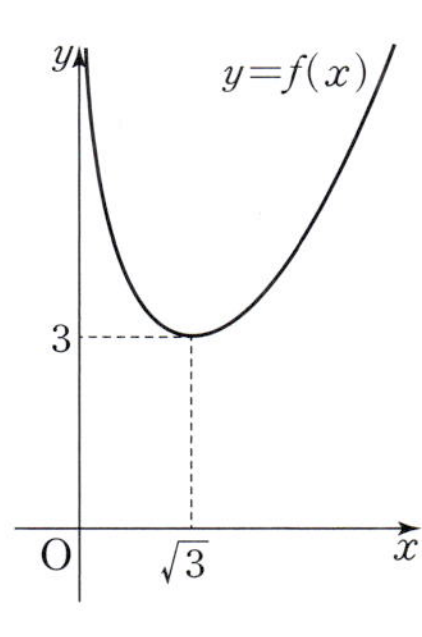

$x=0$일 때 $y=\frac{\sqrt{a}}{2}$

$x=8$일 때 $y=\frac{4}{\sqrt{a}}+\frac{\sqrt{a}}{2}$

사다리꼴의 넓이를 $S(a)$라 하면

$$S(a)=\frac{1}{2}\times\left(\frac{\sqrt{a}}{2}+\frac{4}{\sqrt{a}}+\frac{\sqrt{a}}{2}\right)\times 8=4\left(\sqrt{a}+\frac{4}{\sqrt{a}}\right)$$
$$\geq4\times2\sqrt{\sqrt{a}\times\frac{4}{\sqrt{a}}}=16$$
$$\left(\text{단, 등호는 }\sqrt{a}=\frac{4}{\sqrt{a}}\text{일 때, 성립한다.}\right)$$

따라서 $S(a)$의 최솟값은 16이다.

답 16

05

[전략] 변의 길이를 삼각함수로 나타낸다.

$$\overline{OQ}=2\cos\theta, \overline{OP}=2\cos\theta-1$$

이므로 점 P의 y좌표는

$$\overline{OP}\sin\theta=(2\cos\theta-1)\sin\theta$$

$f(\theta)=(2\cos\theta-1)\sin\theta$라 하면

$$f'(\theta)=-2\sin^2\theta+(2\cos\theta-1)\cos\theta$$
$$=-2(1-\cos^2\theta)+2\cos^2\theta-\cos\theta$$
$$=4\cos^2\theta-\cos\theta-2$$

$f'(\theta)=0$에서 $4\cos^2\theta-\cos\theta-2=0$

$$\therefore \cos\theta=\frac{1\pm\sqrt{33}}{8}$$

$0<\theta<\frac{\pi}{3}$이므로 $\cos\theta=\frac{1+\sqrt{33}}{8}$

$\cos\alpha=\frac{1+\sqrt{33}}{8}$이라 하면

$0<\theta<\alpha$일 때 $f'(\theta)>0$

$\alpha<\theta<\frac{\pi}{3}$일 때 $f'(\theta)<0$

이므로 $f(\theta)$는 $\theta=\alpha$에서 극대이고 최대이다.

따라서 P의 y좌표가 최대일 때, $\cos\theta=\frac{1+\sqrt{33}}{8}$이다.

답 $\frac{1+\sqrt{33}}{8}$

06

[전략] $\angle APO=\theta$로 놓고 변의 길이를 삼각함수로 나타낸다.

$\overline{\text{OP}}=4$, $\overline{\text{OA}}=r$이므로 직각삼각형
APO에서 $\overline{\text{AP}}=\sqrt{16-r^2}$
$\angle\text{APO}=\theta$라 하면
직각삼각형 OPA에서

$$\sin\theta=\frac{r}{4},\ \cos\theta=\frac{\sqrt{16-r^2}}{4}$$

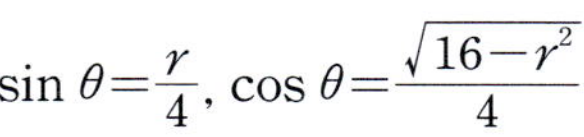

$\overline{\text{OP}}$와 $\overline{\text{AB}}$의 교점을 H라 하면
직각삼각형 APH에서

$$\overline{\text{AH}}=\overline{\text{AP}}\sin\theta=\frac{r\sqrt{16-r^2}}{4}$$

$$\overline{\text{PH}}=\overline{\text{AP}}\cos\theta=\frac{16-r^2}{4}$$

삼각형 PAB의 넓이를 $S(r)$라 하면

$$S(r)=2\times\frac{1}{2}\times\frac{16-r^2}{4}\times\frac{r\sqrt{16-r^2}}{4}$$

$$=\frac{1}{16}r(16-r^2)^{\frac{3}{2}}$$

$$S'(r)=\frac{1}{16}\times(16-r^2)^{\frac{3}{2}}+\frac{1}{16}r\times\frac{3}{2}\times(16-r^2)^{\frac{1}{2}}\times(-2r)$$

$$=\frac{1}{4}\sqrt{16-r^2}(4-r^2)$$

$0<r<4$이므로 $S'(r)=0$에서 $r=2$
$0<r<4$에서 증감을 조사하면 $r=2$일 때 극대이고 최대이다.
따라서 최댓값은 $S(2)=3\sqrt{3}$ 답 ③

07

[전략] $\overline{\text{BQ}}=x$로 놓고, 삼각형의 합동, 닮음을 이용하여 $\overline{\text{QR}}$의 길이를 구한다.

점 R에서 $\overline{\text{AD}}$에 내린 수선의 발을
H라 하자.
$\triangle\text{QBR}\equiv\triangle\text{QPR}$이므로
$\overline{\text{BQ}}=x$라 하면 $\overline{\text{PQ}}=x$
$\overline{\text{AQ}}=10-x$이므로

$$\overline{\text{PA}}=\sqrt{x^2-(10-x)^2}$$
$$=\sqrt{20(x-5)}$$

$\angle\text{PQA}=\bullet$라 하면
$$\angle\text{APQ}=90°-\bullet,\ \angle\text{HPR}=\bullet$$
곧, $\triangle\text{APQ}\backsim\triangle\text{HRP}$이므로

$$x:\sqrt{20(x-5)}=\overline{\text{PR}}:10,\ \overline{\text{PR}}=\frac{10x}{\sqrt{20(x-5)}}$$

직각삼각형 PQR에서

$$\overline{\text{QR}}^2=x^2+\frac{10^2x^2}{20(x-5)}=x^2+\frac{5x^2}{x-5}$$

$f(x)=x^2+\dfrac{5x^2}{x-5}$이라 하면

$$f'(x)=2x+\frac{10x(x-5)-5x^2}{(x-5)^2}=\frac{x^2(2x-15)}{(x-5)^2}$$

$5<x<10$이므로 $f'(x)=0$에서 $x=\dfrac{15}{2}$

$5<x<10$에서 증감을 조사하면 $x=\dfrac{15}{2}$일 때 극소이고 최소이다.

따라서 $\overline{\text{BQ}}=\dfrac{15}{2}$일 때 $\overline{\text{QR}}$의 길이가 최소이다. 답 $\dfrac{15}{2}$

$\overline{\text{BQ}}=\overline{\text{PQ}}=x$, $\angle\text{BQR}=\angle\text{PQR}=\theta$라 하면

$$\overline{\text{QR}}=\frac{x}{\cos\theta}\quad\cdots\ ❶$$

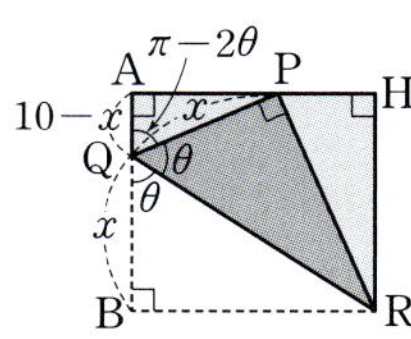

또 $\angle\text{PQA}=\pi-2\theta$, $\overline{\text{AQ}}=10-x$이므로

$$\cos(\pi-2\theta)=\frac{10-x}{x}$$

$$-\cos2\theta=\frac{10-x}{x},\ \cos2\theta=\frac{x-10}{x}$$

$$2\cos^2\theta-1=\frac{x-10}{x},\ \cos^2\theta=\frac{x-5}{x}$$

❶에서 $\overline{\text{QR}}^2=\dfrac{x^2}{\cos^2\theta}=\dfrac{x^3}{x-5}=x^2+\dfrac{5x^2}{x-5}$

08

[전략] $\ln x+2=ax$에서 곡선 $y=\ln x+2$의 접선을 생각한다.

$\ln x-ax+2=0$에서 $\ln x+2=ax$
이므로 $f(x)=\ln x+2$라 할 때 직선
$y=ax$가 곡선 $y=f(x)$에 접한다.
접점의 좌표를 $(p,\ \ln p+2)$라 하면

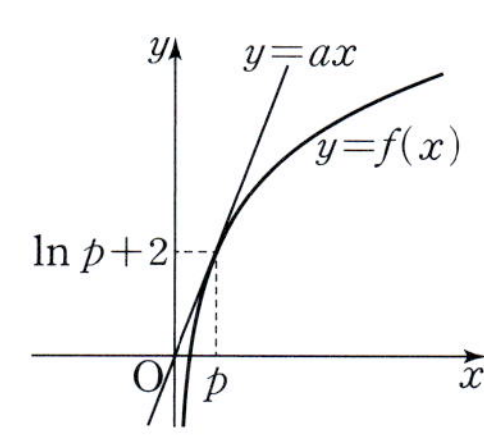

$f'(p)=\dfrac{1}{p}$이므로 접선의 방정식은

$$y-(\ln p+2)=\frac{1}{p}(x-p),\ y=\frac{1}{p}x+\ln p+1$$

$y=ax$와 비교하면 $\dfrac{1}{p}=a$, $\ln p+1=0$

$$\therefore\ p=\frac{1}{e},\ a=e$$

답 ④

09

[전략] $x\ln x+2x=k$에서 곡선 $y=x\ln x+2x$와 직선 $y=k$의 교점의 개수를 생각한다.

$x\ln x+2x=k$이므로 곡선 $y=x\ln x+2x$와 직선 $y=k$가 적어도 한 점에서 만난다.
$f(x)=x\ln x+2x$라 하면

$$f'(x)=\ln x+3$$

$f'(x)=0$에서 $x=e^{-3}$

$f(e^{-3})=-e^{-3}=-\dfrac{1}{e^3}$이므로

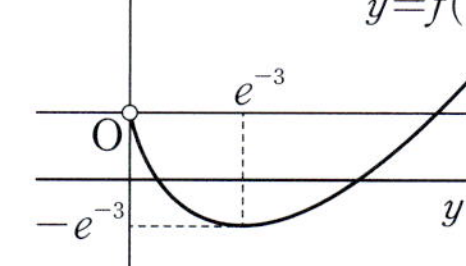

$k\geq-\dfrac{1}{e^3}$이면 곡선 $y=f(x)$와 직선 $y=k$는 적어도 한 점에서 만난다.

따라서 k의 최솟값은 $-\dfrac{1}{e^3}$이다. 답 ②

10

[전략] $\sin x-x\cos x=k$에서 곡선 $y=\sin x-x\cos x$와 직선 $y=k$의 교점의 개수를 생각한다.

$\sin x-x\cos x-k=0$에서 $\sin x-x\cos x=k$이므로
곡선 $y=\sin x-x\cos x$와 직선 $y=k$가 서로 다른 두 점에서 만난다.

$f(x)=\sin x-x\cos x$라 하면
$$f'(x)=\cos x-(\cos x-x\sin x)=x\sin x$$
$0\le x\le 2\pi$이므로
$f'(x)=0$에서 $x=0$ 또는 $x=\pi$ 또는
$x=2\pi$

$$f(0)=0,\ f(\pi)=\pi,$$
$$f(2\pi)=-2\pi$$

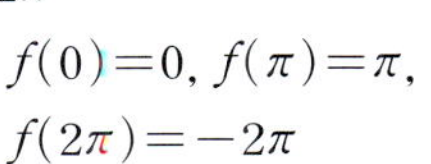

이므로 $x=\pi$일 때 극대이고 $y=f(x)$
의 그래프는 그림과 같다.
따라서 $0\le k<\pi$이면 곡선 $y=f(x)$와 직선 $y=k$는 서로 다른
두 점에서 만난다.
따라서 정수 k는 0, 1, 2, 3이므로 합은
$$0+1+2+3=6 \qquad\qquad \text{답 ⑤}$$

11

[전략] $k=f(x)$ 꼴로 고치고, $y=f(x)$의 그래프를 이용한다.

$k(e^{2x}+2)=2e^x-1$에서 $k=\dfrac{2e^x-1}{e^{2x}+2}$

$f(x)=\dfrac{2e^x-1}{e^{2x}+2}$이라 하면

$$f'(x)=\frac{2e^x(e^{2x}+2)-(2e^x-1)\times 2e^{2x}}{(e^{2x}+2)^2}$$
$$=\frac{-2e^x(e^x+1)(e^x-2)}{(e^{2x}+2)^2}$$

$f'(x)=0$에서 $e^x=2$, $x=\ln 2$
증감을 조사하면 $x=\ln 2$일 때 극대이고,
$$f(\ln 2)=\frac{2e^{\ln 2}-1}{e^{2\ln 2}+2}$$
$$=\frac{2\times 2-1}{2^2+2}=\frac{1}{2}$$
$$\lim_{x\to\infty}f(x)=0,\ \lim_{x\to-\infty}f(x)=-\frac{1}{2}$$
이므로 $y=f(x)$의 그래프는 그림과 같다.

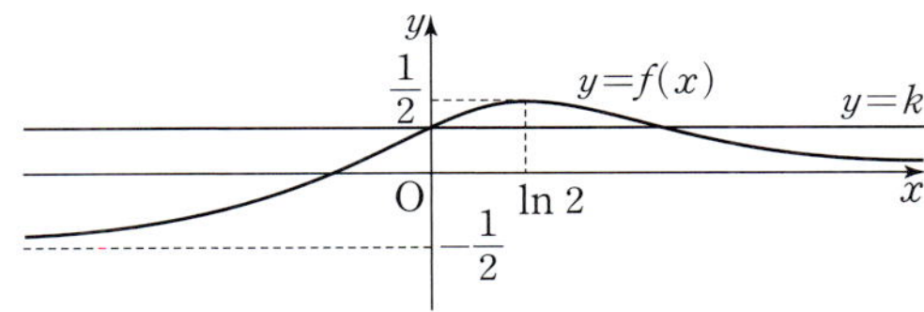

따라서 $-\dfrac{1}{2}<k\le\dfrac{1}{2}$이면 곡선 $y=f(x)$와 직선 $y=k$는 만나므

로 방정식이 실근을 가진다. $\qquad\qquad \text{답}\ -\dfrac{1}{2}<k\le\dfrac{1}{2}$

12

[전략] $k-2=\dfrac{2x}{\sqrt{x^2+2}}$에서 $y=\dfrac{2x}{\sqrt{x^2+2}}$의 그래프를 이용한다.

$(k-2)\sqrt{x^2+2}=2x$에서 $k-2=\dfrac{2x}{\sqrt{x^2+2}}$

$f(x)=\dfrac{2x}{\sqrt{x^2+2}}=2x(x^2+2)^{-\frac{1}{2}}$이라 하면
$$f'(x)=2(x^2+2)^{-\frac{1}{2}}-x(x^2+2)^{-\frac{3}{2}}\times 2x$$
$$=4(x^2+2)^{-\frac{3}{2}}$$

$$\lim_{x\to\infty}f(x)=2,$$
$$\lim_{x\to-\infty}f(x)=-2$$
이고 $f'(x)>0$이므로 $y=f(x)$의
그래프는 그림과 같다.
따라서 곡선 $y=f(x)$와 직선
$y=k-2$가 만나면
$$-2<k-2<2$$
$$\therefore\ 0<k<4$$
따라서 정수 k는 1, 2, 3이므로 합은
$$1+2+3=6 \qquad\qquad \text{답 ⑤}$$

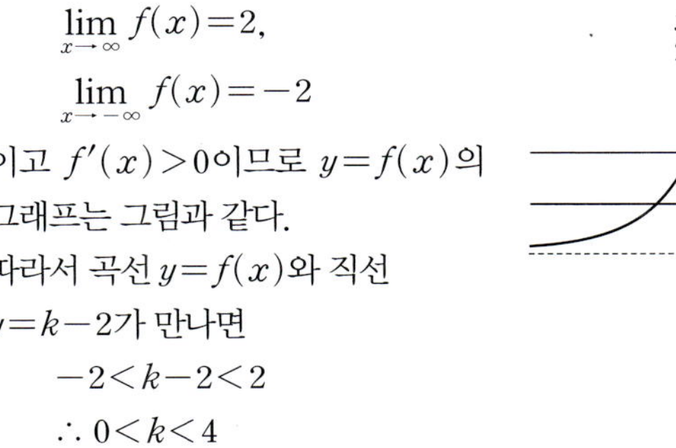

13

[전략] $\dfrac{k}{a}=f(x)$ 꼴로 정리하고, $y=f(x)$의 그래프를 이용한다.

$a=0$이면 실근이 없으므로 $a\ne 0$

$ke^x=a(x^3-2x^2)$에서 $\dfrac{k}{a}=(x^3-2x^2)e^{-x}$

$f(x)=(x^3-2x^2)e^{-x}$이라 하면
$$f'(x)=(3x^2-4x)e^{-x}-(x^3-2x^2)e^{-x}$$
$$=-x(x-1)(x-4)e^{-x}$$

$f'(x)=0$에서 $x=0$ 또는 $x=1$ 또는 $x=4$
$$f(0)=0,\ f(1)=-\frac{1}{e},\ f(4)=\frac{32}{e^4}$$
$$\lim_{x\to\infty}f(x)=0,\ \lim_{x\to-\infty}f(x)=-\infty$$
이므로 $y=f(x)$의 그래프는 그림과 같다.

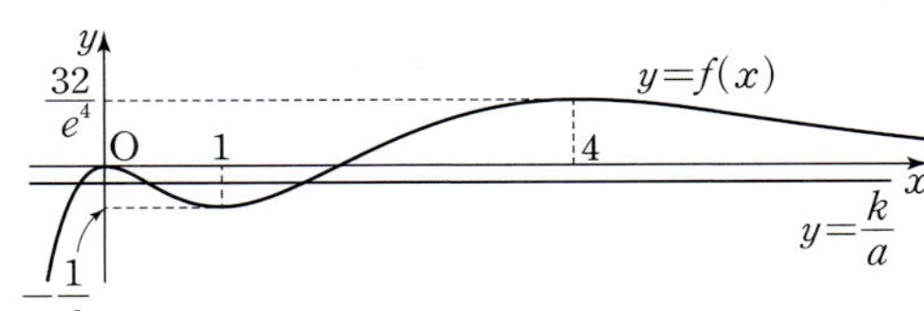

$-\dfrac{1}{e}<\dfrac{k}{a}<0$이면 곡선 $y=f(x)$와 직선 $y=\dfrac{k}{a}$는 세 점에서 만

난다.
이때 $-1<k<0$이므로 $a=e$ $\qquad\qquad \text{답 ②}$

14

[전략] 이차방정식이므로 $D\ge 0$일 조건을 찾는다.

실근을 가지므로 판별식을 D라 하면
$$\frac{D}{4}=\sin^2 t-t\sin 2t-a\ge 0$$

$f(t)=\sin^2 t-t\sin 2t$라 하면
$$f'(t)=2\sin t\cos t-\sin 2t-2t\cos 2t$$
$$=-2t\cos 2t$$

$0\le t\le\pi$이므로 $f'(t)=0$에서
$$t=0 \text{ 또는 } t=\frac{\pi}{4} \text{ 또는 } t=\frac{3}{4}\pi$$
$$f(0)=0,\ f\!\left(\frac{\pi}{4}\right)=\frac{1}{2}-\frac{\pi}{4},\ f\!\left(\frac{3}{4}\pi\right)=\frac{1}{2}+\frac{3}{4}\pi,\ f(\pi)=0$$

증감을 조사하면 $x=\dfrac{\pi}{4}$일 때 극소이고 최소이다.

따라서 $a\leq\dfrac{1}{2}-\dfrac{\pi}{4}$이면 $f(t)\geq a$이므로 a의 최댓값은 $\dfrac{1}{2}-\dfrac{\pi}{4}$이다.

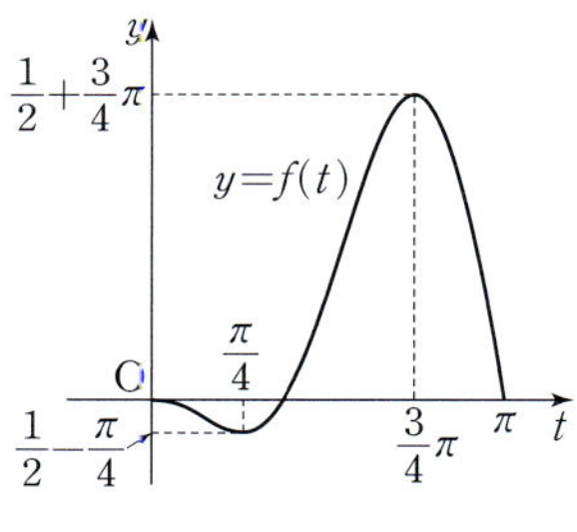

답 $\dfrac{1}{2}-\dfrac{\pi}{4}$

15

[전략] $y=\dfrac{x^n}{e^x}$의 그래프와 직선 $y=1$의 교점의 개수를 구한다.

$\dfrac{x^n}{e^x}=1$에서 $x^n e^{-x}=1$

$g(x)=x^n e^{-x}$이라 하면
$$g'(x)=nx^{n-1}e^{-x}-x^n e^{-x}=x^{n-1}e^{-x}(n-x)$$
$g'(x)=0$에서 $x=0$ 또는 $x=n$
$$g(0)=0,\ g(n)=n^n e^{-n}=\left(\dfrac{n}{e}\right)^n$$
이고, $x=n$일 때 $g(x)$는 극대이고 최대이다.

그런데 n이 홀수이면 $\displaystyle\lim_{x\to-\infty}g(x)=-\infty$,

n이 짝수이면 $\displaystyle\lim_{x\to-\infty}g(x)=\infty$이므로 $y=g(x)$의 그래프는 그림과 같다.

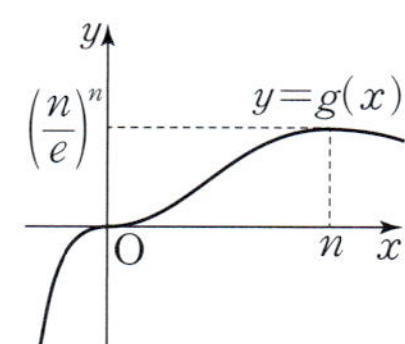

[그림 1] n이 홀수   [그림 2] n이 짝수

(ⅰ) n이 홀수일 때,

$n=1$이면 $g(1)=\dfrac{1}{e}<1$이므로 $f(1)=0$

$n=3$이면 $g(3)=\left(\dfrac{3}{e}\right)^3>1$이므로 $f(3)=2$

(ⅱ) n이 짝수일 때,

$n=2$이면 $g(2)=\left(\dfrac{2}{e}\right)^2<1$이므로 $f(2)=1$

$n=4$이면 $g(4)=\left(\dfrac{4}{e}\right)^4>1$이므로 $f(4)=3$

(ⅰ), (ⅱ)에서 $f(1)+f(2)+f(3)+f(4)=6$

답 6

16

[전략] 곡선 $y=\dfrac{f(x)}{x}$와 직선 $y=\dfrac{a}{n}$의 교점을 조사한다.

이때 $y=f(x)$는 $x\neq0$에서 정의된 함수임에 주의한다.

$f(x)=\dfrac{2\ln|x|}{x}$에서 $f'(x)=\dfrac{2-2\ln|x|}{x^2}$

$f'(x)=0$에서 $x=e$ 또는 $x=-\dfrac{1}{e}$

$$\lim_{x\to\infty}f(x)=0,\ \lim_{x\to0+}f(x)=-\infty$$
$$\lim_{x\to-\infty}f(x)=0,\ \lim_{x\to0-}f(x)=\infty$$

증감을 조사하면 $x=e$일 때 극대이고 극댓값은
$$a=f(e)=\dfrac{2}{e}$$

따라서 $f(x)-\dfrac{a}{n}x=0$에서
$$\dfrac{f(x)}{x}=\dfrac{2}{ne}$$

$g(x)=\dfrac{f(x)}{x}=\dfrac{2\ln|x|}{x^2}$라 하면

$g(x)=g(-x)$이므로 곡선 $y=g(x)$는 y축에 대칭이다.

$x>0$에서 $g(x)=\dfrac{2\ln x}{x^2}$
$$g'(x)=\dfrac{2x-4x\ln x}{x^4}=\dfrac{2(1-2\ln x)}{x^3}$$
$g'(x)=0$에서 $x=\sqrt{e}$
$$\lim_{x\to\infty}g(x)=0,\ \lim_{x\to0+}g(x)=-\infty,\ g(\sqrt{e})=\dfrac{1}{e}$$
이므로 $y=g(x)$의 그래프는 그림과 같다.

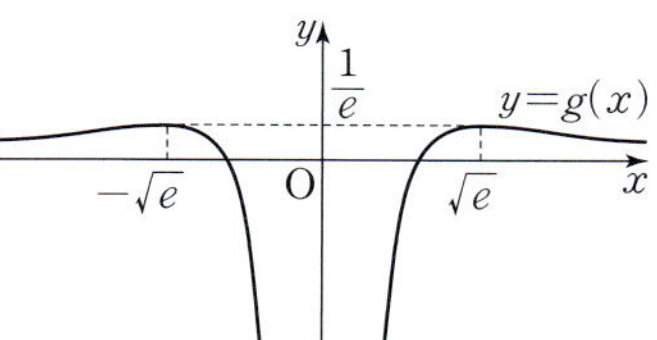

따라서 곡선 $y=g(x)$와 직선 $y=\dfrac{2}{ne}$는

$n=1$이면 만나지 않으므로 $a_1=0$

$n=2$이면 두 점에서 만나므로 $a_2=2$

$n\geq3$이면 네 점에서 만나므로 $a_n=4$

$$\therefore \sum_{n=1}^{10}a_n=0+2+4\times8=34$$

답 34

Note 💡

원점을 지나고 곡선 $y=f(x)$에 접하는 직선은 $y=\dfrac{1}{e}x$이다.

따라서 다음 그림을 이용하여 a_n을 구할 수도 있다.

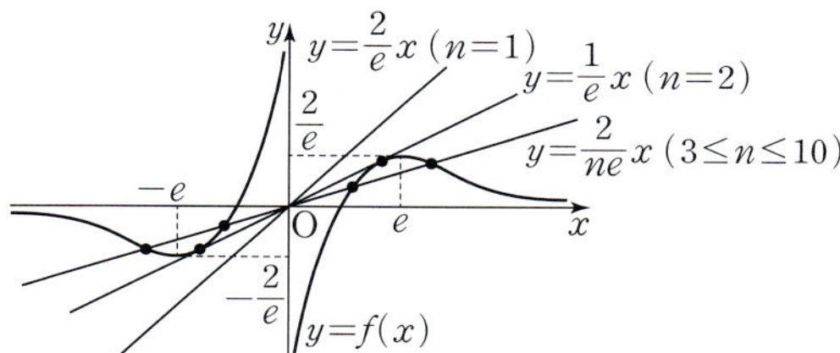

17

[전략] $y=f(x)$의 그래프를 그리고, 곡선 $y=f(x)$와 직선 $y=\dfrac{15}{e^2}$의 교점부터 생각한다.

$f(2)=4$이므로 $4e^{-2+a}=4$, $a=2$

따라서 $f(x)=x^2 e^{-x+2}$이고
$$f'(x)=2xe^{-x+2}-x^2 e^{-x+2}=-x(x-2)e^{-x+2}$$
$f'(x)=0$에서 $x=0$ 또는 $x=2$
$$f(0)=0,\ f(2)=4$$
$$\lim_{x\to\infty}f(x)=0,\ \lim_{x\to-\infty}f(x)=\infty$$
이므로 $y=f(x)$의 그래프는 그림과 같다.

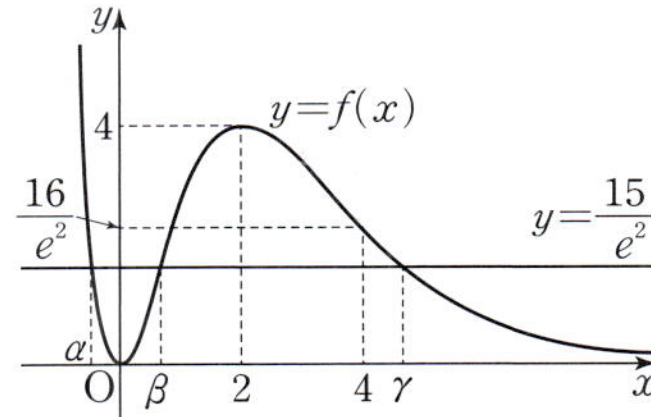

$\dfrac{15}{e^2}<4$이므로 곡선 $y=f(x)$와 직선 $y=\dfrac{15}{e^2}$는 세 점에서 만난다.

교점의 x좌표를 α, β, γ $(\alpha<\beta<\gamma)$라 하면

$f(4)=\dfrac{16}{e^2}$이므로

$\quad \alpha<0,\ 0<\beta<2,\ \gamma>4$

그림과 같이 곡선 $y=f(x)$
와 직선 $y=\alpha$, $y=\beta$, $y=\gamma$
가 만나는 점의 개수는 각각
$0,\ 3,\ 1$이다.
따라서 곡선 $y=(f\circ f)(x)$
와 직선 $y=\dfrac{15}{e^2}$의 교점의 개수는 4이다. 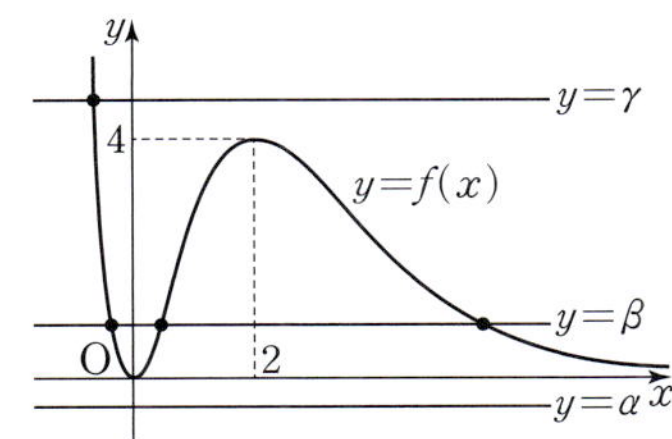

📘 ③

18

[전략] $\ln(1-x)\geq -x^2-x+k$에서 $\ln(1-x)+x^2+x\geq k$를 푼다.

$f(x)\geq g(x)$에서

$\quad \ln(1-x)\geq -x^2-x+k,\ \ln(1-x)+x^2+x\geq k$

$h(x)=\ln(1-x)+x^2+x$라 하면

$$h'(x)=-\frac{1}{1-x}+2x+1=\frac{x(2x-1)}{x-1}$$

구간 $\left[0,\ \dfrac{1}{2}\right]$에서 $h'(x)\geq 0$이므로 $h(x)$는 증가한다.

따라서 $h(x)\geq k$이면 $h(0)\geq k$

$\quad \therefore k\leq 0$

따라서 k의 최댓값은 0이다. 📘 ⑤

19

[전략] $f'(x)=0$의 해를 구하기 어려우면 $f''(x)$를 생각한다.

$\cos 2x\geq k-2x^2$에서 $\cos 2x+2x^2\geq k$

$f(x)=\cos 2x+2x^2$이라 하면

$\quad f'(x)=-2\sin 2x+4x,\ f''(x)=-4\cos 2x+4$

$f''(x)\geq 0$이므로 $f'(x)$는 증가한다.

또 $f'(0)=0$이므로 $x\geq 0$일 때 $f'(x)\geq 0$이다.

$x\geq 0$일 때 $f(x)$는 증가하므로 $f(x)\geq k$이면

$\quad f(0)\geq k \qquad \therefore k\leq 1$ 📘 ②

20

[전략] $f'(x)=0$의 해를 구하기 어려우면 $f''(x)$를 생각한다.

$(1+x)\ln(1+x)+x^2+\cos x\geq a$에서

$f(x)=(1+x)\ln(1+x)+x^2+\cos x$라 하면

$\quad f'(x)=\ln(1+x)+1+2x-\sin x$

$$f''(x)=\frac{1}{1+x}+2-\cos x$$

$x\geq 0$일 때 $f''(x)>0$이므로 $f'(x)$는 증가한다.

또 $f'(0)=1$이므로 $x\geq 0$일 때 $f'(x)\geq 1$이다.

$x\geq 0$일 때 $f(x)$는 증가하므로 $f(x)\geq a$이면

$\quad f(0)\geq a \qquad \therefore a\leq 1$

따라서 a의 최댓값은 1이다. 📘 ②

21

[전략] $\dfrac{2}{x}+1=t$로 치환하고 생각한다.

$\dfrac{2}{x}+1=t$라 하면 $t>1$이고

주어진 부등식은 $t\geq k\ln t$

$\ln t>0$이므로 $k\leq \dfrac{t}{\ln t}$

$f(t)=\dfrac{t}{\ln t}$라 하면 $f'(t)=\dfrac{\ln t-1}{(\ln t)^2}$

$f'(t)=0$에서 $t=e$

$f(e)=e$이므로 $y=f(t)$의 그래프는 그림과 같다. 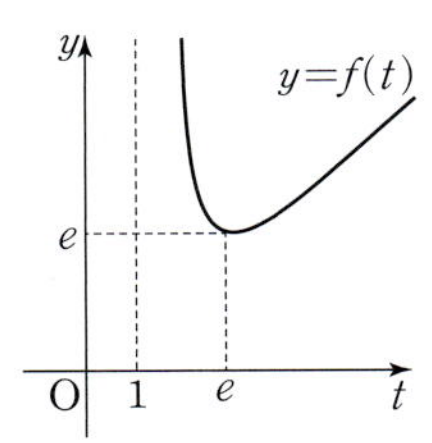

따라서 $f(t)\geq k$이면 $k\leq e$

📘 $k\leq e$

22

[전략] $kx^n(1-\ln x)\leq 1$에서 $y=x^n(1-\ln x)$의 그래프를 생각한다.

$x>0$, $k>0$이므로 $k(1-\ln x)\leq \dfrac{1}{x^n}$에서 $x^n(1-\ln x)\leq \dfrac{1}{k}$

$g(x)=x^n(1-\ln x)$라 하면

$\quad g'(x)=nx^{n-1}(1-\ln x)-x^{n-1}=x^{n-1}(n-1-n\ln x)$

$g'(x)=0$에서 $x=e^{\frac{n-1}{n}}$

$g\!\left(e^{\frac{n-1}{n}}\right)=\dfrac{e^{\frac{n-1}{n}}}{n}$이므로 $y=g(x)$의

그래프는 그림과 같다. 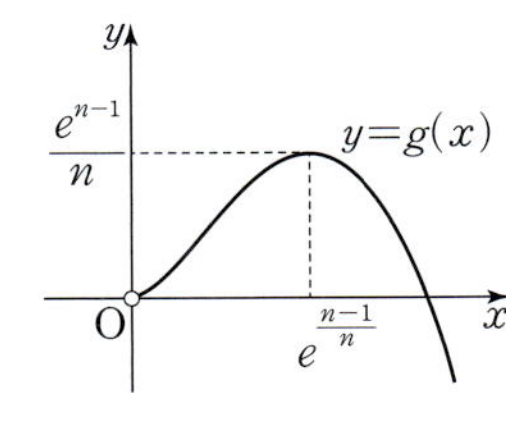

$g(x)\leq \dfrac{1}{k}$에서

$\quad \dfrac{e^{n-1}}{n}\leq \dfrac{1}{k},\ k\leq \dfrac{n}{e^{n-1}}$

따라서 k의 최댓값 $f(n)=\dfrac{n}{e^{n-1}}$이므로

$$\sum_{n=2}^{\infty}\frac{f(n)}{n}=\sum_{n=2}^{\infty}\frac{1}{e^{n-1}}=\frac{\frac{1}{e}}{1-\frac{1}{e}}=\frac{1}{e-1}$$

📘 ①

23

[전략] $P(x,y)$라 하면 $\tan t=\dfrac{y}{x}$이다.

시각 t에서 $P(x,y)$라 하면

$$\tan t=\frac{y}{x}=\frac{x^2}{x}=x$$

$$\therefore \frac{dx}{dt}=\sec^2 t$$

$$\frac{d^2x}{dt^2}=2\sec t(\sec t)'=2\sec^2 t\tan t$$

따라서 $t=\dfrac{\pi}{4}$에서 P의 x축 방향의 가속도는

$$2\times\frac{1}{\frac{1}{2}}\times 1=4$$

답 ③

step C 최상위 문제

75~76쪽

01 ④	**02** ④	**03** ④	**04** 49	**05** ④
06 ④	**07** 142	**08** ②		

01

[전략] $x\geq n$일 때 $g(x)$의 범위부터 구한다.

$g'(x)=\dfrac{3x(x-2)}{n+1}$이므로

$g'(x)=0$에서 $x=0$ 또는 $x=2$

$x=0$일 때 극대, $x=2$일 때 극소이므로 $y=g(x)$의 그래프는 그림과 같다.

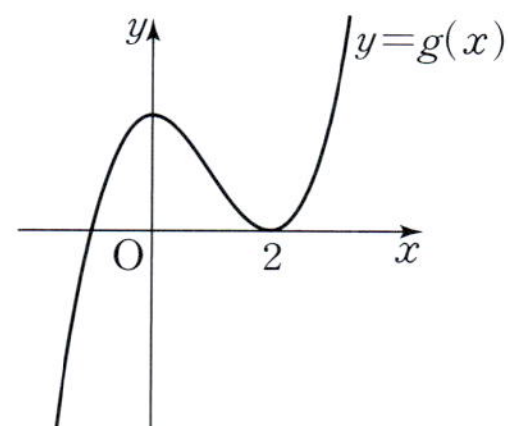

$n=1,\ 2$일 때, $x\geq n$에서 $g(x)\geq g(2)=0$

$n\geq 3$일 때, $x\geq n$에서 $g(x)\geq g(n)=(n-2)^2$

또 $f(x)=x^2 e^{-x}$에서 $f'(x)=x(2-x)e^{-x}$

$f'(x)=0$에서 $x=0$ 또는 $x=2$

$$\lim_{x\to\infty}f(x)=0,\ \lim_{x\to-\infty}f(x)=\infty,\ f(0)=0,\ f(2)=\frac{4}{e^2}$$

이므로 $y=f(x)$의 그래프는 그림과 같다.

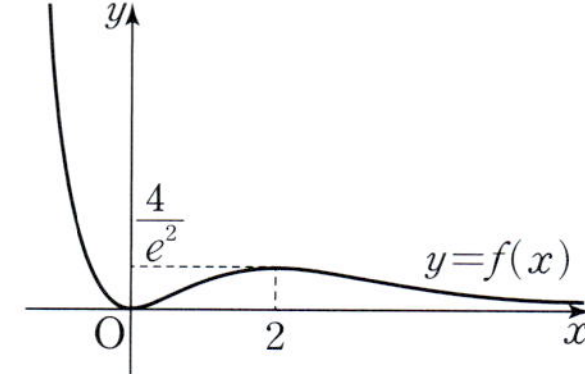

(ⅰ) $n=1,\ 2$일 때, $g(x)\geq 0$이므로

$(f\circ g)(x)$의 최댓값은 $a_1=\dfrac{4}{e^2},\ a_2=\dfrac{4}{e^2}$

(ⅱ) $n=3$일 때, $g(x)\geq g(3)=1$이므로

$(f\circ g)(x)$의 최댓값은 $a_3=\dfrac{4}{e^2}$

(ⅲ) $n=4$일 때, $g(x)\geq g(4)=4$이므로

$(f\circ g)(x)$의 최댓값은 $a_4=\dfrac{16}{e^4}$

$$\therefore a_1+a_2+a_3+a_4=\frac{12e^2+16}{e^4}$$

답 ④

02

[전략] 펼친 그림에서 포개어지는 부분을 찾는다.

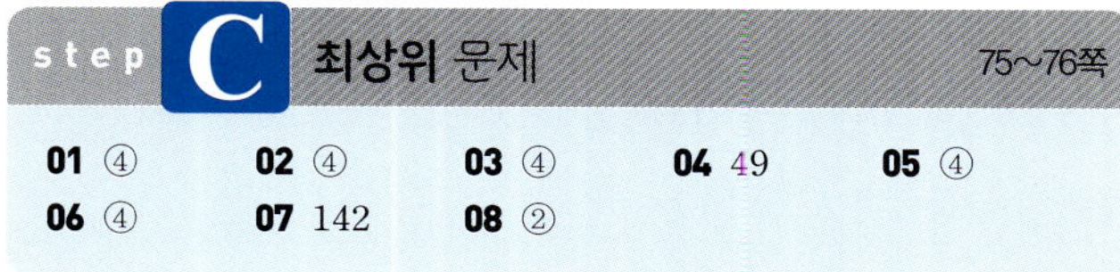

그림에서 색칠한 부분의 넓이가 $S(\theta)$이다.

$\overline{AB}$의 중점을 O라 하면

$\angle POB=2\theta,\ \angle AOP=\pi-2\theta$이므로

부채꼴 AOP의 넓이는 $\dfrac{1}{2}\times 1^2\times(\pi-2\theta)=\dfrac{\pi}{2}-\theta$

삼각형 OPA의 넓이는 $\dfrac{1}{2}\times 1^2\times\sin(\pi-2\theta)=\dfrac{1}{2}\sin 2\theta$

$\angle OQ'A=2\theta,\ \angle AOQ'=\pi-4\theta$이므로

부채꼴 OQ'A의 넓이는 $\dfrac{1}{2}\times 1^2\times(\pi-4\theta)=\dfrac{\pi}{2}-2\theta$

삼각형 AOQ'의 넓이는 $\dfrac{1}{2}\times 1^2\times\sin(\pi-4\theta)=\dfrac{1}{2}\sin 4\theta$

$$\therefore S(\theta)=\frac{\pi}{2}-\theta-\frac{1}{2}\sin 2\theta-\left(\frac{\pi}{2}-2\theta-\frac{1}{2}\sin 4\theta\right)$$

$$=\theta-\frac{1}{2}\sin 2\theta+\frac{1}{2}\sin 4\theta$$

$$S'(\theta)=1-\cos 2\theta+2\cos 4\theta$$

$$=1-\cos 2\theta+2(2\cos^2 2\theta-1)$$

$$=4\cos^2 2\theta-\cos 2\theta-1$$

$S'(\theta)=0$에서 $4\cos^2 2\theta-\cos 2\theta-1=0$

$$\therefore \cos 2\theta=\frac{1\pm\sqrt{17}}{8}$$

$0<\theta<\dfrac{\pi}{4}$이므로 $\cos 2\theta=\dfrac{1+\sqrt{17}}{8}$

증감을 조사하면 $\cos 2\theta=\dfrac{1+\sqrt{17}}{8}$일 때 극대이고,

주어진 구간에서 극값이 하나이므로

$\cos 2\theta=\dfrac{1+\sqrt{17}}{8}$일 때 $S(\theta)$가 최대이다.

$$\therefore \cos 2a=\frac{1+\sqrt{17}}{8}$$

답 ④

03

[전략] $x^3-3x^2+1=mx+2$에서 $m=g(x)$ 꼴로 고치고 $y=g(x)$의 그래프를 그린다.

직선의 방정식이 $y=mx+2$이므로 교점의 개수는 방정식

$x^3-3x^2+1=mx+2$, 곧 $x^3-3x^2-mx-1=0$의 실근의 개수이다.

$x\neq 0$이므로 $x^2-3x-\dfrac{1}{x}=m$

$g(x)=x^2-3x-\dfrac{1}{x}$이라 하면

$$g'(x)=2x-3+\frac{1}{x^2}$$

$$=\frac{(x-1)^2(2x+1)}{x^2}$$

$g'(x)=0$에서 $x=1$ 또는 $x=-\dfrac{1}{2}$

$$\lim_{x\to 0+}g(x)=-\infty,\ \lim_{x\to 0-}g(x)=\infty$$
$$\lim_{x\to\infty}g(x)=\infty,\ \lim_{x\to-\infty}g(x)=\infty$$
$$g(1)=-3,\ g\left(-\dfrac{1}{2}\right)=\dfrac{15}{4}$$

이므로 곡선 $y=g(x)$의 그래프는 그림과 같다.

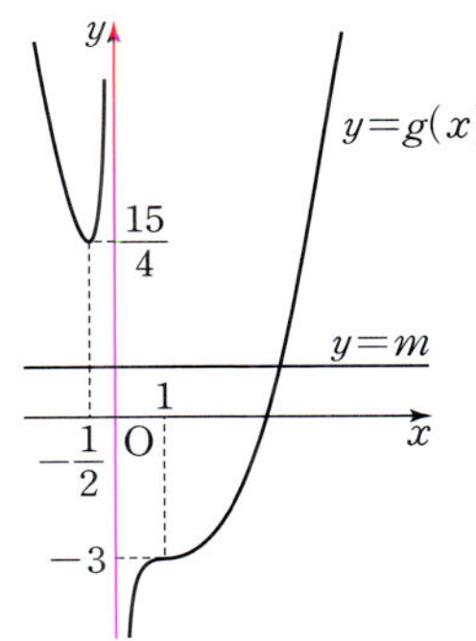

곡선 $y=g(x)$와 직선 $y=m$이 만나는 점의 개수를 그래프로 그리면 그림과 같다.

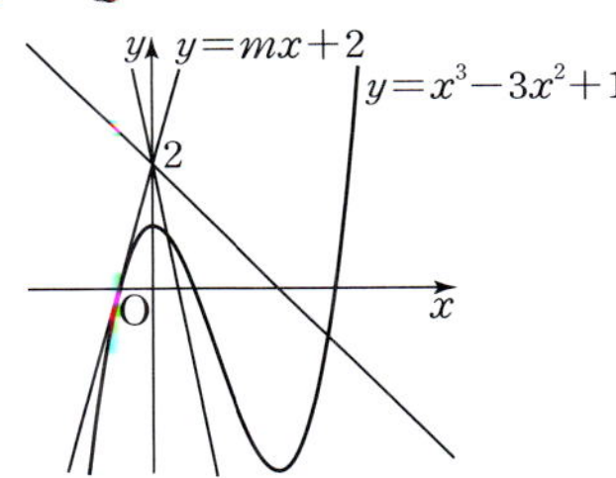

따라서 $a=\dfrac{15}{4}$일 때 불연속이므로 a의

최댓값은 $\dfrac{15}{4}$이다.

답 ④

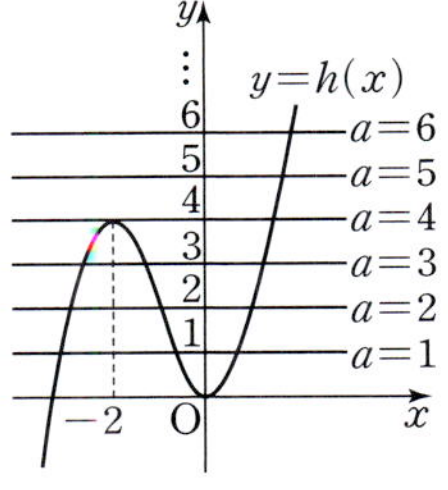

$y=x^3-3x^2+1$의 그래프는 그림과 같으므로 $m\to-\infty$일 때 $f(m)=1$이고, 직선 $y=mx+2$가 곡선 $y=x^3-3x^2+1$에 접할 때부터 $f(m)=2$이다. 따라서 접할 때 a가 최댓값을 가진다.

04

[전략] 1. $f(x)$의 극값이 1개, 2개, 3개일 때 a값의 범위를 구한다.

2. 직선 $y=t$가 곡선 $y=f(x)$의 극점을 지날 때, 교점의 개수가 바뀐다.

$$f'(x)=3x^2 e^x+(x^3-a)e^x=(x^3+3x^2-a)e^x$$
$f'(x)=0$에서 $x^3+3x^2-a=0$, $x^3+3x^2=a$

$h(x)=x^3+3x^2$이라 하면 $h'(x)=3x^2+6x=3x(x+2)$

$h'(x)=0$에서 $x=0$ 또는 $x=-2$

$h(0)=0$, $h(-2)=4$이므로 $y=h(x)$의 그래프는 그림과 같다.

$$(\text{i})\ a>4$$일 때, $f'(x)=0$의 해는 한 개이고 $f(x)$는 극솟값을 가

진다. 따라서 $y=f(x)$의 그래프는 그림과 같다.

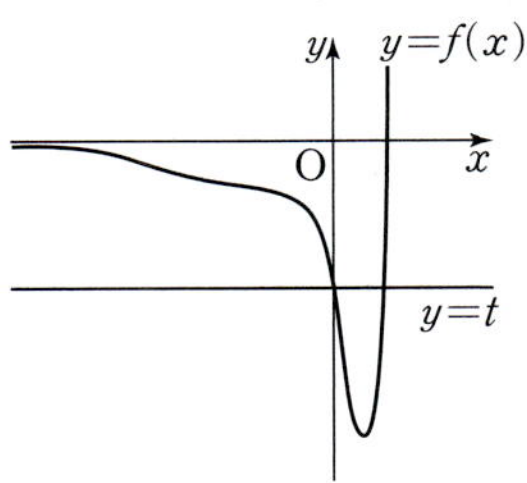

극솟값을 t_0이라 하면

$t\geq 0$일 때 $g(t)=1$, $t_0<t<0$일 때, $g(t)=2$

$t<t_0$일 때 $g(t)=0$, $t=t_0$일 때 $g(t)=1$

따라서 $g(t)$는 $t=0$, $t=t_0$에서 불연속이다.

(ii) $a=4$일 때, $f'(x)=0$은 실근 하나와 중근 하나를 가지므로 $f(x)$는 극값을 하나만 가진다. 따라서 (i)과 같은 이유로 $g(t)$가 불연속인 t의 값은 2개이다.

(iii) $a=1,\ 2,\ 3$일 때, $f'(x)=0$의 해는 3개이고 해에서 $f(x)$는 극대 또는 극소이다. 따라서 $y=f(x)$의 그래프는 그림과 같다.

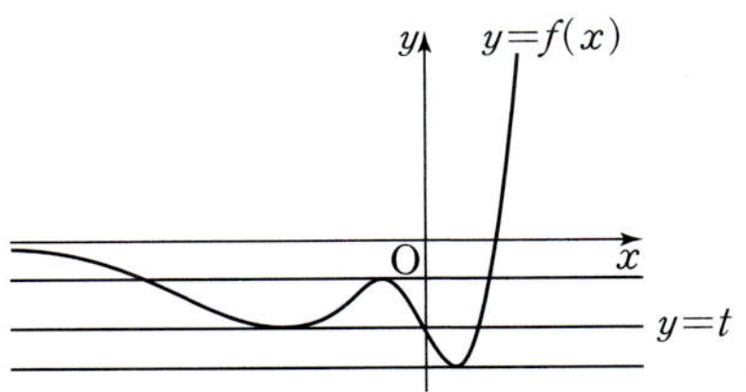

$t=0$ 또는 t가 $f(x)$의 극값일 때 $g(t)$는 불연속이다. 그런데 $f(t)$의 극댓값은 음수이므로 $g(t)$가 불연속인 t의 값은 3개 이상이다.

(i), (ii), (iii)에서 a값의 합은

$$4+5+6+7+8+9+10=49$$

답 49

05

[전략] 곡선 $y=\ln(x-2)$에 접하고 기울기가 1인 직선을 그리고 곡선 $y=x^2+k$가 이 직선과 접할 때, 두 점에서 만날 때, 만나지 않을 때로 나누어 생각한다.

$y=\ln(x-2)$라 하면

$y'=\dfrac{1}{x-2}$이므로 이 곡선에 접하고 기울기가 1인 접선의 접점의 좌표를 $(p,\ \ln(p-2))$라 하면

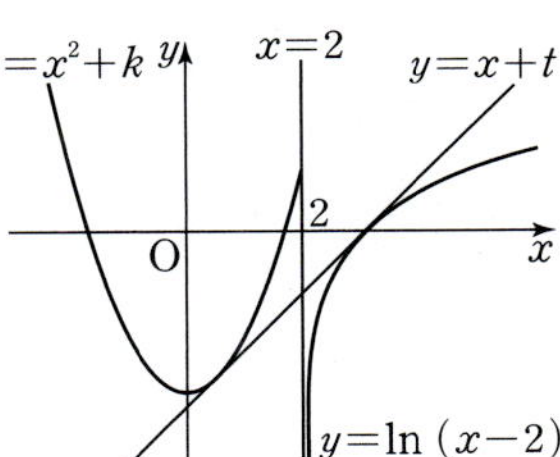

$$\dfrac{1}{p-2}=1 \qquad \therefore p=3$$

곧, 접선의 방정식은 $y=x-3$

곡선 $y=x^2+k$가 직선 $y=x-3$에 접하면

$$x^2+k=x-3,\ x^2-x+k+3=0$$

판별식을 D라 하면

$$D=(-1)^2-4(k+3)=0 \qquad \therefore k=-\dfrac{11}{4}$$

(i) $k>-\dfrac{11}{4}$ 또는 $k<-\dfrac{11}{4}$일 때, 직선 $y=x+t$와 $y=f(x)$

의 그래프가 만나는 점의 개수가 변하는 점이 2개 이상이므로 $g(t)$가 불연속인 t의 값이 2개 이상이다.

(ii) $k=-\dfrac{11}{4}$일 때, 직선 $y=x+t$가 곡선 $y=x^2+k$ 위의 점 $\left(2,\ \dfrac{5}{4}\right)$를 지나면 $t=-\dfrac{3}{4}$

(i), (ii)에서 $t>-\dfrac{3}{4}$이면 $g(t)=1$, $t\leq-\dfrac{3}{4}$이면 $g(t)=2$이므로 $g(t)$는 $t=-\dfrac{3}{4}$에서 불연속이다. 目 ④

06

[전략] $f'(x)\geq0$이므로 $f'(x)$의 극솟값이 0 이상일 조건부터 찾는다.

$f(x)$가 일대일대응이므로 $f'(x)\geq0$
$$f'(x)=e^{x+1}(x^2+nx+1)+a$$
$$f''(x)=e^{x+1}\{x^2+(n+2)x+n+1\}$$
$$=e^{x+1}(x+1)(x+n+1)\ (n\geq2)$$
$f''(x)=0$에서 $x=-n-1$ 또는 $x=-1$
$-n-1<-1$이므로 증감을 조사하면 $f'(x)$는 $x=-1$에서 극소이고, $x=-n-1$에서 극대이다.
따라서 $y=f'(x)$의 그래프는 그림과 같다.

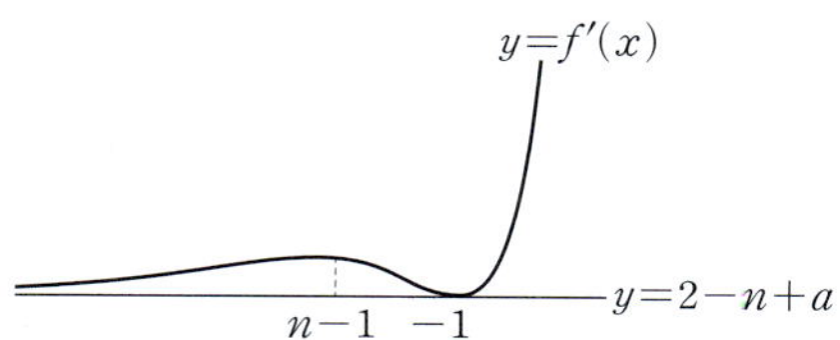

또 $\displaystyle\lim_{x\to-\infty}f'(x)=a$이므로 $f'(x)\geq0$이면
$a\geq0$이고 $f'(-1)=2-n+a\geq0$
곧, $a\geq n-2$이므로 실수 a의 최솟값은
$$g(n)=n-2$$
따라서 $1\leq g(n)\leq8$이면 $3\leq n\leq10$이므로 자연수 n값의 합은
$$3+4+5+\cdots+10=52$$
目 ④

07

[전략] $h(x)=g(x)-g'(x)$라 하면 $h(0)=0$이다. 따라서 $x\geq-1$에서 $h(x)\geq0$일 때, 곡선 $y=h(x)$가 어떤 꼴인지 생각한다.

$h(x)=g(x)-g'(x)$라 하자.
$x\geq-1$에서 $h(x)\geq0$이고 $h'(x)$는 미분가능하며 $h(0)=0$이므로 곡선 $y=h(x)$는 $x=0$에서 x축에 접한다.
따라서 $h'(0)=0$이다.
$g'(x)=\{f'(x)-f(x)\}e^{-x}$이므로
$$g(x)-g'(x)=\{2f(x)-f'(x)\}e^{-x}$$
이때 $k(x)=2f(x)-f'(x)$라 하면
$e^{-x}>0$이고 $g(0)=g'(0)$이므로 $k(0)=0$
또 $x\geq-1$에서 $g(x)\geq g'(x)$이므로 $k(x)\geq0$
그런데 $k(x)$는 미분가능한 함수이므로 $k(x)$는 $x=0$에서 극소이다. 곧, $k'(0)=0$이다.
$f'(x)=4x^3+18x^2+2ax+b$이므로
$$k(x)=2f(x)-f'(x)$$
$$=2x^4+8x^3+2(a-9)x^2+2(b-a)x+2c-b$$
$$k'(x)=8x^3+24x^2+4(a-9)x+2(b-a)$$
$k(0)=0$이므로 $2c-b=0$

$k'(0)=0$이므로 $b-a=0$
$$\therefore a=b=2c$$
$$\therefore k(x)=2x^4+8x^3+2(2c-9)x^2$$
$$=2x^2(x^2+4x+2c-9)$$
이때 $l(x)=x^2+4x+2c-9$
$$=(x+2)^2+2c-13$$
이라 하자.
$x\geq-1$에서 $l(x)\geq0$이면
$$l(-1)=2c-12\geq0,\ c\geq6$$

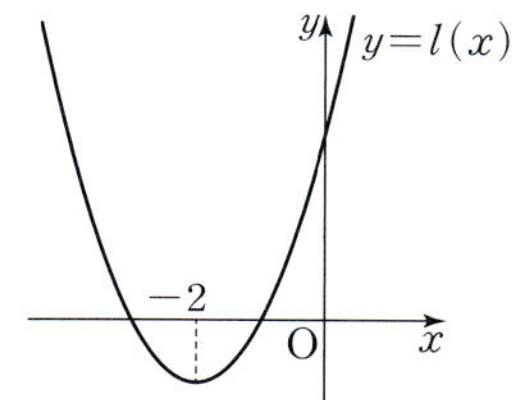

또 $k(x)=0$의 0이 아닌 실근은 $l(x)=0$의 실근이므로 0이 아닌 실근이 있으면 두 실근은 -1보다 작다.
따라서 $y=k(x)$의 그래프는 그림과 같다.

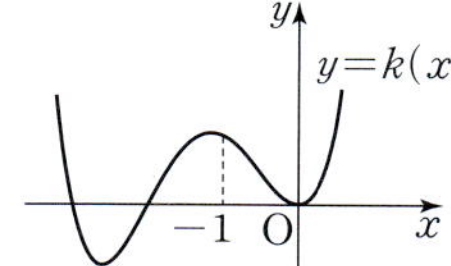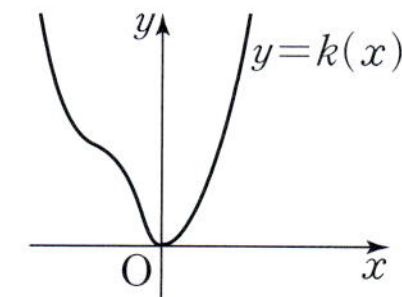

곧, $c\geq6$이면 조건을 만족시킨다.
$f(x)=x^4+6x^3+2cx^2+2cx+c$에서
$$f(2)=13c+64$$
이므로 $f(2)$의 최솟값은 $c=6$일 때 142이다. 目 142

08

[전략] 시각 t에서 $\angle AOT=t$라 하고 T와 P의 좌표를 t로 나타낸다. 이때 호 AT의 길이는 t이다.

시각 t에서 $\angle AOT=t$이므로
$$T(\cos t,\ \sin t)$$
또 $\overset{\frown}{TA}=\overline{TP}=t$이고

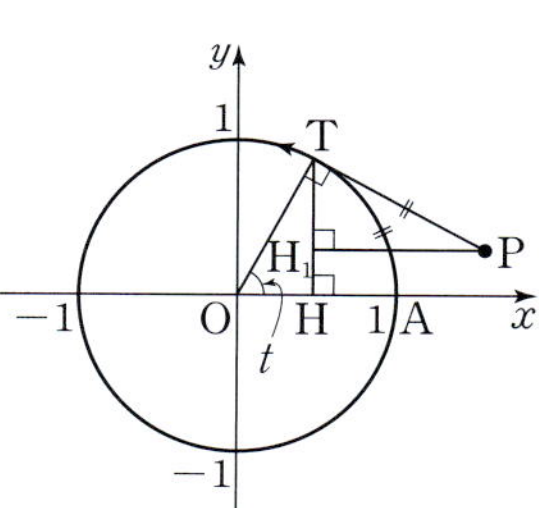

$$\angle OTH=\frac{\pi}{2}-t,$$
$$\angle PTH=t$$
이므로 직각삼각형 PTH_1에서
$$\overline{PH_1}=t\sin t,\ \overline{TH_1}=t\cos t$$
$P(x,\ y)$라 하면
$$x=\cos t+t\sin t,\ y=\sin t-t\cos t$$
$$\therefore \frac{dx}{dt}=-\sin t+\sin t+t\cos t=t\cos t$$
$$\frac{dy}{dt}=\cos t-\cos t+t\sin t=t\sin t$$

$T\left(\dfrac{1}{2},\ \dfrac{\sqrt{3}}{2}\right)$일 때, $t=\dfrac{\pi}{3}$이므로 P의 속력은
$$\sqrt{\left(\frac{dx}{dt}\right)^2+\left(\frac{dy}{dt}\right)^2}=\sqrt{\left(\frac{\pi}{6}\right)^2+\left(\frac{\sqrt{3}}{6}\pi\right)^2}$$
$$=\frac{\pi}{3}$$
目 ②

III. 적분법

07. 부정적분과 정적분

01 ③	**02** $\ln 2 + \dfrac{3}{2}$	**03** ⑤	**04** ①	**05** ①
06 ④	**07** ②	**08** 2	**09** ⑤	**10** ②
11 ②	**12** ②	**13** 3	**14** ⑤	**15** ①
16 ①	**17** ④	**18** ⑤	**19** ②	**20** ①
21 ①	**22** 3	**23** ⑤	**24** ①	**25** ④
26 ①	**27** ②	**28** ⑤	**29** ⑤	**30** ②
31 ⑤	**32** 8			

01

$$\lim_{x \to 1}\frac{f(x^3)-f(1)}{x-1} = \lim_{x \to 1}\left\{\frac{f(x^3)-f(1)}{x^3-1} \times (x^2+x+1)\right\}$$
$$= 3f'(1)$$

$f(x) = \int (3x^3 + 2e^{x-1} - 4)dx$의 양변을 x에 대하여 미분하면

$$f'(x) = 3x^3 + 2e^{x-1} - 4$$

이므로 $3f'(1) = 3$ 답 ③

02

$$\lim_{h \to 0}\frac{f(x+h)-f(x)}{h} = f'(x) \text{이므로 } f'(x) = \frac{x-1}{x^2}$$
$$\therefore f(x) = \int f'(x)dx = \int \left(\frac{1}{x} - \frac{1}{x^2}\right)dx$$
$$= \ln|x| + \frac{1}{x} + C$$

$f(1) = 2$이므로 $1 + C = 2$ $\therefore C = 1$

$f(x) = \ln|x| + \dfrac{1}{x} + 1$이므로

$$f(2) = \ln 2 + \frac{3}{2}$$ 답 $\ln 2 + \dfrac{3}{2}$

03

$$f(x) = \int \frac{4\sin^2 x}{1+\cos x}dx = \int \frac{4(1-\cos^2 x)}{1+\cos x}dx$$
$$= \int 4(1-\cos x)dx$$
$$= 4x - 4\sin x + C$$

$f\left(\dfrac{\pi}{2}\right) = 2\pi - 2$이므로

$$2\pi - 4 + C = 2\pi - 2 \quad \therefore C = 2$$

$f(x) = 4x - 4\sin x + 2$이므로

$$f\left(\frac{3}{2}\pi\right) = 6\pi + 6$$ 답 ⑤

04

(i) $x > 0$일 때,

$$f(x) = \int \sin x\, dx = -\cos x + C_1$$

$f\left(\dfrac{\pi}{2}\right) = 2$이므로 $C_1 = 2$

$$\therefore f(x) = -\cos x + 2$$

(ii) $x < 0$일 때,

$$f(x) = \int (e^x + 1)dx = e^x + x + C_2$$

$x = 0$에서 $f(x)$가 연속이므로 $\lim\limits_{x \to 0+} f(x) = \lim\limits_{x \to 0-} f(x)$

$$-1 + 2 = 1 + C_2 \qquad \therefore C_2 = 0$$

(i), (ii)에서

$$f(x) = \begin{cases} e^x + x & (x \le 0) \\ -\cos x + 2 & (x > 0) \end{cases}$$

$$\therefore f(-\ln 2) + f\left(\frac{2}{3}\pi\right) = \left(\frac{1}{2} - \ln 2\right) + \frac{5}{2}$$
$$= 3 - \ln 2$$ 답 ①

05

(i) $x > 1$일 때, $f'(x) = e^{x-1}$이므로

$$f(x) = \int e^{x-1}dx = e^{x-1} + C_1$$

$f(2) = 2$이므로 $e + C_1 = 2$ $\therefore C_1 = 2 - e$

(ii) $x < 1$일 때, $f'(x) = e^{-x+1}$이므로

$$f(x) = \int e^{-x+1}dx = -e^{-x+1} + C_2$$

(i), (ii)에서

$$f(x) = \begin{cases} e^{x-1} + 2 - e & (x > 1) \\ -e^{-x+1} + C_2 & (x < 1) \end{cases}$$

이고, $x = 1$에서 $f(x)$가 연속이므로 $\lim\limits_{x \to 1+} f(x) = \lim\limits_{x \to 1-} f(x)$

$$3 - e = -1 + C_2 \quad \therefore C_2 = 4 - e$$
$$\therefore f(-1) + f(3) = (-e^2 + 4 - e) + (e^2 + 2 - e)$$
$$= 6 - 2e$$ 답 ①

06

$x^2 = t$라 하면 $\dfrac{dt}{dx} = 2x$에서 $2x\, dx = dt$이고,

$x = 0$일 때 $t = 0$, $x = 2$일 때 $t = 4$이므로

$$\int_0^2 2xe^{x^2}dx = \int_0^4 e^t dt = \left[e^t\right]_0^4 = e^4 - 1$$ 답 ④

07

$\sqrt{x^2-1} = t$라 하면 $\dfrac{dt}{dx} = \dfrac{x}{\sqrt{x^2-1}} = \dfrac{x}{t}$에서

$x\, dx = t\, dt$이고, $x = 1$일 때 $t = 0$, $x = \sqrt{2}$일 때 $t = 1$이다.

또, $x^2 = t^2 + 1$이므로

$$\int_1^{\sqrt{2}} x^3\sqrt{x^2-1}\, dx = \int_0^1 (t^2+1)t^2\, dt = \int_0^1 (t^4+t^2)dt$$
$$= \left[\frac{1}{5}t^5 + \frac{1}{3}t^3\right]_0^1 = \frac{8}{15}$$ 답 ②

다른풀이

$x^2-1=t$라 하면 $\dfrac{dt}{dx}=2x$에서 $x\,dx=\dfrac{1}{2}dt$이고,

$x=1$일 때 $t=0$, $x=\sqrt{2}$일 때 $t=1$이다.

또, $x^2=t+1$이므로

$$\int_1^{\sqrt{2}} x^3\sqrt{x^2-1}\,dx=\int_0^1\left\{(t+1)\sqrt{t}\times\dfrac{1}{2}\right\}dt$$
$$=\dfrac{1}{2}\int_0^1(t^{\frac{3}{2}}+t^{\frac{1}{2}})dt$$
$$=\dfrac{1}{2}\left[\dfrac{2}{5}t^{\frac{5}{2}}+\dfrac{2}{3}t^{\frac{3}{2}}\right]_0^1=\dfrac{8}{15}$$

08

$\ln x=t$라 하면 $\dfrac{dt}{dx}=\dfrac{1}{x}$에서 $\dfrac{1}{x}dx=dt$이므로

$$f(x)=\int \sin t\,dt=-\cos t+C$$
$$=-\cos(\ln x)+C$$

$f(1)=2$이므로 $-\cos 0+C=2$ $\quad\therefore C=3$

$f(x)=-\cos(\ln x)+3$이므로

$$f(e^{2\pi})=-\cos 2\pi+3=2$$

달 2

09

$1+2\ln x=t$라 하면 $\dfrac{dt}{dx}=\dfrac{2}{x}$에서 $\dfrac{1}{x}dx=\dfrac{1}{2}dt$이고,

$x=1$일 때 $t=1$, $x=e^2$일 때 $t=5$이므로

$$\int_1^{e^2}\dfrac{f(1+2\ln x)}{x}dx=\dfrac{1}{2}\int_1^5 f(t)dt=5$$
$$\therefore \int_1^5 f(x)dx=10$$

달 ⑤

10

$\displaystyle\int_{\frac{\pi}{6}}^{\frac{\pi}{3}}\tan x\,dx=\int_{\frac{\pi}{6}}^{\frac{\pi}{3}}\dfrac{\sin x}{\cos x}dx$에서

$\cos x=t$라 하면 $\dfrac{dt}{dx}=-\sin x$에서 $\sin x\,dx=-dt$이고,

$x=\dfrac{\pi}{6}$일 때 $t=\dfrac{\sqrt{3}}{2}$, $x=\dfrac{\pi}{3}$일 때 $t=\dfrac{1}{2}$이므로

$$\int_{\frac{\pi}{6}}^{\frac{\pi}{3}}\dfrac{\sin x}{\cos x}dx=\int_{\frac{\sqrt{3}}{2}}^{\frac{1}{2}}\left(-\dfrac{1}{t}\right)dt$$
$$=\left[-\ln|t|\right]_{\frac{\sqrt{3}}{2}}^{\frac{1}{2}}=\ln\sqrt{3}$$

또 $\displaystyle\int_{\frac{\pi}{6}}^{\frac{\pi}{3}}\cot x\,dx=\int_{\frac{\pi}{6}}^{\frac{\pi}{3}}\dfrac{\cos x}{\sin x}dx$에서

$\sin x=s$라 하면 $\dfrac{ds}{dx}=\cos x$에서 $\cos x\,dx=ds$이고,

$x=\dfrac{\pi}{6}$일 때 $s=\dfrac{1}{2}$, $x=\dfrac{\pi}{3}$일 때 $s=\dfrac{\sqrt{3}}{2}$이므로

$$\int_{\frac{\pi}{6}}^{\frac{\pi}{3}}\dfrac{\cos x}{\sin x}dx=\int_{\frac{1}{2}}^{\frac{\sqrt{3}}{2}}\dfrac{1}{s}ds=\left[\ln|s|\right]_{\frac{1}{2}}^{\frac{\sqrt{3}}{2}}=\ln\sqrt{3}$$

$$\therefore \int_{\frac{\pi}{6}}^{\frac{\pi}{3}}(\tan x+\cot x)dx$$
$$=\int_{\frac{\pi}{6}}^{\frac{\pi}{3}}\tan x\,dx+\int_{\frac{\pi}{6}}^{\frac{\pi}{3}}\cot x\,dx$$
$$=\ln\sqrt{3}+\ln\sqrt{3}=\ln 3$$

달 ②

11

$f(x)=\displaystyle\int\dfrac{e^x}{2e^x+1}dx$이고,

$2e^x+1=t$라 하면 $\dfrac{dt}{dx}=2e^x$에서 $e^x\,dx=\dfrac{1}{2}dt$이므로

$$f(x)=\int\dfrac{1}{2t}dt=\dfrac{1}{2}\ln|t|+C$$

$t>0$이므로 $f(x)=\dfrac{1}{2}\ln(2e^x+1)+C$

$f(0)=\ln 3$이므로 $\dfrac{1}{2}\ln 3+C=\ln 3$

$$\therefore C=\dfrac{1}{2}\ln 3$$

$f(x)=\dfrac{1}{2}\ln(2e^x+1)+\dfrac{1}{2}\ln 3$이므로

$$f(\ln 13)=\dfrac{1}{2}\ln(2e^{\ln 13}+1)+\dfrac{1}{2}\ln 3$$
$$=\dfrac{1}{2}\ln(2\times 13+1)+\dfrac{1}{2}\ln 3$$
$$=\dfrac{1}{2}\ln 81=\ln 9=2\ln 3$$

달 ②

Note

$\displaystyle\int\dfrac{f'(x)}{f(x)}dx=\ln|f(x)|+C$이고, $(2e^x+1)'=2e^x$이므로

$$f(x)=\int\dfrac{e^x}{2e^x+1}dx=\dfrac{1}{2}\int\dfrac{2e^x}{2e^x+1}dx=\dfrac{1}{2}\ln|2e^x+1|+C$$

12

$1-\cos x=t$라 하면 $\dfrac{dt}{dx}=\sin x$에서 $\sin x\,dx=dt$이므로

$$f(x)=\int t^2 dt=\dfrac{1}{3}t^3+C=\dfrac{1}{3}(1-\cos x)^3+C$$

$f\left(\dfrac{\pi}{2}\right)=0$이므로 $\dfrac{1}{3}+C=0$ $\quad\therefore C=-\dfrac{1}{3}$

$f(x)=\dfrac{1}{3}(1-\cos x)^3-\dfrac{1}{3}$이므로 $f(\pi)=\dfrac{7}{3}$

달 ②

13

$$\int_0^{\frac{\pi}{2}}(\cos x+3\cos^3 x)dx=\int_0^{\frac{\pi}{2}}\cos x(1+3\cos^2 x)dx$$
$$=\int_0^{\frac{\pi}{2}}\cos x(4-3\sin^2 x)dx$$

$\sin x=t$라 하면 $\dfrac{dt}{dx}=\cos x$에서 $\cos x\,dx=dt$이고,

$x=0$일 때 $t=0$, $x=\dfrac{\pi}{2}$일 때 $t=1$이므로

$$\int_0^{\frac{\pi}{2}}\cos x(4-3\sin^2 x)dx=\int_0^1(4-3t^2)dt$$
$$=\left[4t-t^3\right]_0^1=3$$

달 3

14

$\int_1^e x(1-\ln x)dx$에서 $u(x)=1-\ln x$, $v'(x)=x$라 하면

$u'(x)=-\dfrac{1}{x}$, $v(x)=\dfrac{1}{2}x^2$이므로

$$\int_1^e x(1-\ln x)dx=\left[\dfrac{1}{2}x^2(1-\ln x)\right]_1^e+\int_1^e \dfrac{1}{2}x\,dx$$
$$=-\dfrac{1}{2}+\left[\dfrac{1}{4}x^2\right]_1^e$$
$$=-\dfrac{1}{2}+\left(\dfrac{1}{4}e^2-\dfrac{1}{4}\right)$$
$$=\dfrac{1}{4}(e^2-3)$$

답 ⑤

Note

$\int_1^e x(1-\ln x)dx=\int_1^e(x-x\ln x)dx$에서

$\int_1^e x\,dx$와 $\int_1^e(-x\ln x)dx$로 나누어 구해도 된다.

15

$f'(x)=\dfrac{\ln x}{x^2}$이므로 $f(x)=\int \dfrac{\ln x}{x^2}dx$

$\int \dfrac{\ln x}{x^2}dx$에서 $u(x)=\ln x$, $v'(x)=\dfrac{1}{x^2}$이라 하면

$u'(x)=\dfrac{1}{x}$, $v(x)=-\dfrac{1}{x}$이므로

$$\int \dfrac{\ln x}{x^2}dx=\ln x\times\left(-\dfrac{1}{x}\right)-\int\left\{\dfrac{1}{x}\times\left(-\dfrac{1}{x}\right)\right\}dx$$
$$=-\dfrac{\ln x}{x}-\dfrac{1}{x}+C$$

곡선 $y=f(x)$가 점 $(1,0)$을 지나므로
$$-1+C=0 \qquad \therefore C=1$$

$f(x)=-\dfrac{\ln x}{x}-\dfrac{1}{x}+1$이므로 $f(e)=\dfrac{e-2}{e}$

답 ①

16

$\int_0^1(2x-1)e^{-x}dx$에서 $u(x)=2x-1$, $v'(x)=e^{-x}$이라 하면

$u'(x)=2$, $v(x)=-e^{-x}$이므로

$$\int_0^1(2x-1)e^{-x}dx$$
$$=\left[-(2x-1)e^{-x}\right]_0^1-\int_0^1 2(-e^{-x})dx$$
$$=-\dfrac{1}{e}-1+2\left[-e^{-x}\right]_0^1$$
$$=-\dfrac{1}{e}-1+2\left(-\dfrac{1}{e}+1\right)=1-\dfrac{3}{e}$$

답 ①

17

$$\sum_{n=1}^{100} a_n=\int_0^1 f(x)dx+\int_1^2 f(x)dx+\cdots+\int_{99}^{100} f(x)dx$$
$$=\int_0^{100} f(x)dx$$

구간 $[0,100]$에서 $f(x)=xe^x$이므로

$$\int_0^{100} f(x)dx=\int_0^{100} xe^x\,dx$$

$\int_0^{100} xe^x\,dx$에서 $u(x)=x$, $v'(x)=e^x$이라 하면

$u'(x)=1$, $v(x)=e^x$이므로

$$\int_0^{100} xe^x\,dx=\left[xe^x\right]_0^{100}-\int_0^{100} e^x\,dx$$
$$=100e^{100}-\left[e^x\right]_0^{100}$$
$$=100e^{100}-(e^{100}-1)$$
$$=99e^{100}+1$$

답 ④

18

$f'(x)=x\cos\dfrac{x}{2}$이므로 $f(x)=\int x\cos\dfrac{x}{2}dx$

$\int x\cos\dfrac{x}{2}dx$에서 $u(x)=x$, $v'(x)=\cos\dfrac{x}{2}$라 하면

$u'(x)=1$, $v(x)=2\sin\dfrac{x}{2}$이므로

$$\int x\cos\dfrac{x}{2}dx=2x\sin\dfrac{x}{2}-\int 2\sin\dfrac{x}{2}dx$$
$$=2x\sin\dfrac{x}{2}+4\cos\dfrac{x}{2}+C$$

$0<x<4\pi$이므로 $f'(x)=0$에서 $\cos\dfrac{x}{2}=0$

$0<\dfrac{x}{2}<2\pi$이므로 $\dfrac{x}{2}=\dfrac{\pi}{2}$ 또는 $\dfrac{x}{2}=\dfrac{3}{2}\pi$

$$\therefore x=\pi \text{ 또는 } x=3\pi$$

함수 $f(x)$의 증감을 조사하면 $x=\pi$일 때 극대이고, $x=3\pi$일 때 극소이다.

곧, $f(\pi)=\pi$이므로 $2\pi+C=\pi$ $\qquad \therefore C=-\pi$

$f(x)=2x\sin\dfrac{x}{2}+4\cos\dfrac{x}{2}-\pi$이므로 극솟값은

$$f(3\pi)=6\pi\times(-1)-\pi=-7\pi$$

답 ⑤

19

$\int_0^\pi e^x\cos x\,dx$에서 $u(x)=\cos x$, $v'(x)=e^x$이라 하면

$u'(x)=-\sin x$, $v(x)=e^x$이므로

$$\int_0^\pi e^x\cos x\,dx=\left[e^x\cos x\right]_0^\pi+\int_0^\pi e^x\sin x\,dx$$
$$=-e^\pi-1+\int_0^\pi e^x\sin x\,dx \qquad \cdots ❶$$

또 $\int_0^\pi e^x\sin x\,dx$에서 $k(x)=\sin x$, $h'(x)=e^x$이라 하면

$k'(x)=\cos x$, $h(x)=e^x$이므로

$$\int_0^\pi e^x\sin x\,dx=\left[e^x\sin x\right]_0^\pi-\int_0^\pi e^x\cos x\,dx$$
$$=-\int_0^\pi e^x\cos x\,dx \qquad \cdots ❷$$

❷를 ❶에 대입하면

$$\int_0^\pi e^x\cos x\,dx=-e^\pi-1-\int_0^\pi e^x\cos x\,dx$$
$$\therefore \int_0^\pi e^x\cos x\,dx=-\dfrac{1}{2}(e^\pi+1)$$

답 ②

20

$f(x)=f(x+3)$이므로 $\int_a^b f(x)dx=\int_{a+3}^{b+3} f(x)dx$

$1999=3\times 666+1$이므로

$$\int_{1999}^{2000} f(x)dx=\int_1^2 f(x)dx=\int_1^2 \frac{1}{x(1+\ln x)^2}dx$$

$1+\ln x=t$라 하면 $\dfrac{dt}{dx}=\dfrac{1}{x}$에서 $\dfrac{1}{x}dx=dt$이고,

$x=1$일 때 $t=1$, $x=2$일 때 $t=1+\ln 2$이므로

$$\int_1^2 \frac{1}{x(1+\ln x)^2}dx=\int_1^{1+\ln 2}\frac{1}{t^2}dt$$
$$=\left[-\frac{1}{t}\right]_1^{1+\ln 2}$$
$$=-\frac{1}{1+\ln 2}+1$$
$$=\frac{\ln 2}{1+\ln 2}$$

目 ①

21

$f(x)=\dfrac{5x^4}{4^x+1}$이라 하면

$$f(x)+f(-x)=\frac{5x^4}{4^x+1}+\frac{5x^4}{4^{-x}+1}$$
$$=\frac{5x^4}{4^x+1}+\frac{5x^4\times 4^x}{1+4^x}$$
$$=\frac{5x^4(1+4^x)}{1+4^x}=5x^4$$

$$\therefore \int_{-1}^1 \frac{5x^4}{4^x+1}dx=\int_0^1 5x^4\,dx=\left[x^5\right]_0^1=1$$

目 ①

Note

$x=-t$라 하면 $-\dfrac{dt}{dx}=1$에서 $dx=-dt$이고,

$x=-a$일 때 $t=a$, $x=0$일 때 $t=0$이므로

$$\int_{-a}^0 f(x)dx=\int_a^0 f(-t)(-dt)=\int_0^a f(-x)dx$$
$$\therefore \int_{-a}^a f(x)dx=\int_{-a}^0 f(x)dx+\int_0^a f(x)dx$$
$$=\int_0^a \{f(x)+f(-x)\}dx$$

22

$$\int_{-\frac{\pi}{2}}^{\frac{\pi}{2}} f(x)dx=\int_{-\frac{\pi}{2}}^0 f(x)dx+\int_0^{\frac{\pi}{2}} f(x)dx \quad \cdots ❶$$

$\int_{-\frac{\pi}{2}}^0 f(x)dx$에서 $x=-t$라 하면 $-\dfrac{dt}{dx}=1$, $dx=-dt$이고,

$x=-\dfrac{\pi}{2}$일 때 $t=\dfrac{\pi}{2}$, $x=0$일 때 $t=0$이므로

$$\int_{-\frac{\pi}{2}}^0 f(x)dx=\int_{\frac{\pi}{2}}^0 f(-t)(-dt)=\int_0^{\frac{\pi}{2}} f(-t)dt$$
$$=\int_0^{\frac{\pi}{2}} f(-x)dx$$

곧, ❶은

$$\int_{-\frac{\pi}{2}}^{\frac{\pi}{2}} f(x)dx=\int_0^{\frac{\pi}{2}} f(-x)dx+\int_0^{\frac{\pi}{2}} f(x)dx$$
$$=\int_0^{\frac{\pi}{2}} \{f(-x)+f(x)\}dx$$
$$=\int_0^{\frac{\pi}{2}} (x^2+\cos x)dx=\left[\frac{1}{3}x^3+\sin x\right]_0^{\frac{\pi}{2}}$$
$$=\frac{1}{24}\pi^3+1$$

따라서 $a=\dfrac{1}{24}$, $b=1$이므로 $48a+b=3$

目 3

23

$f(x)$의 한 부정적분을 $F(x)$라 하자.

$\lim\limits_{x\to 0}\left\{\dfrac{x^2+1}{x}\int_1^{x+1} f(t)dt\right\}=3$에서

$$\lim_{x\to 0}\left\{\frac{x^2+1}{x}\int_1^{x+1} f(t)dt\right\}$$
$$=\lim_{x\to 0}\left\{(x^2+1)\times\frac{F(x+1)-F(1)}{(x+1)-1}\right\}$$
$$=F'(1)=f(1)$$

이므로 $f(1)=3$

$f(x)=a\cos(\pi x^2)$이므로 $-a=3$ $\quad\therefore a=-3$

$f(x)=-3\cos(\pi x^2)$이므로

$$f(a)=f(-3)=-3\cos 9\pi=3$$

目 ⑤

24

$$\int_0^x f(t)dt=e^x+ax+a$$

양변에 $x=0$을 대입하면 $1+a=0$ $\quad\therefore a=-1$

$$\therefore \int_0^x f(t)dt=e^x-x-1$$

양변을 x에 대하여 미분하면 $f(x)=e^x-1$

$$\therefore f(\ln 2)=e^{\ln 2}-1=1$$

目 ①

25

$$f(x)=1+\int_0^x \frac{2e^{4t}}{f(t)}dt \quad \cdots ❶$$

양변을 x에 대하여 미분하면

$$f'(x)=\frac{2e^{4x}}{f(x)},\ 2f(x)f'(x)=4e^{4x}$$

이때

$$\int 2f(x)f'(x)dx=\{f(x)\}^2,\ \int 4e^{4x}dx=e^{4x}+C$$

이므로

$$\{f(x)\}^2=e^{4x}+C \quad \cdots ❷$$

❶에 $x=0$을 대입하면 $f(0)=1$

❷에 $x=0$을 대입하면

$$\{f(0)\}^2=1+C=1 \quad\therefore C=0$$

$\{f(x)\}^2=e^{4x}$이고 $f(x)>0$이므로 $f(x)=e^{2x}$

$f'(x)=2e^{2x}$이므로 $f'(1)=2e^2$

目 ④

26

$$f(x)=\int_{\pi}^{x} f(t)\cos t\,dt-5 \qquad \cdots \ \text{❶}$$

양변을 x에 대하여 미분하면

$$f'(x)=f(x)\cos x \qquad \cdots \ \text{❷}$$

다시 양변을 x에 대하여 미분하면

$$f''(x)=f'(x)\cos x-f(x)\sin x \qquad \cdots \ \text{❸}$$

❶에 $x=\pi$를 대입하면 $f(\pi)=-5$

❷에 $x=\pi$를 대입하면 $f'(\pi)=f(\pi)\cos\pi=5$

❸에 $x=\pi$를 대입하면

$$f''(\pi)=f'(\pi)\cos\pi-f(\pi)\sin\pi=-5 \qquad \text{탑 ①}$$

27

$$\int_{1}^{x^{3}} f(t)\,dt=x^2(2\ln x-k)+1$$

양변에 $x=1$을 대입하면 $0=-k+1 \qquad \therefore k=1$

$$\therefore \int_{1}^{x^{3}} f(t)\,dt=x^2(2\ln x-1)+1$$

$f(x)$의 한 부정적분을 $F(x)$라 하면

$$F(x^2)-F(1)=x^2(2\ln x-1)+1$$

양변을 x에 대하여 미분하면

$$f(x^2)\times 2x=2x(2\ln x-1)+x^2\times \frac{2}{x}$$

$$f(x^2)=2\ln x$$

$x=2$를 대입하면 $f(4)=2\ln 2 \qquad \text{탑 ②}$

28

$\int_{0}^{1} e^t f(t)\,dt=a$라 하면 $f(x)=x+a$이므로

$$a=\int_{0}^{1} e^t f(t)\,dt=\int_{0}^{1} e^t(t+a)\,dt$$

$\int_{0}^{1} e^t(t+a)\,dt$에서 $u(t)=t+a,\ v'(t)=e^t$이라 하면

$u'(t)=1,\ v(t)=e^t$이므로

$$\int_{0}^{1} e^t(t+a)\,dt=\Big[e^t(t+a)\Big]_{0}^{1}-\int_{0}^{1} e^t\,dt$$

$$=e(a+1)-a-\Big[e^t\Big]_{0}^{1}$$

$$=e(a+1)-a-e+1$$

$$=ea-a+1=a$$

곧, $(e-2)a=-1,\ a=-\dfrac{1}{e-2}$이므로

$$f(x)=x-\frac{1}{e-2} \qquad \therefore f(2)=\frac{2e-5}{e-2} \qquad \text{탑 ⑤}$$

29

$\int_{1}^{3} f(t)\,dt=a$라 하면 $f(x)=e^3\ln x+xe^x+a$이므로

$$a=\int_{1}^{3}(e^3\ln t+te^t+a)\,dt$$

$$=\Big[e^3(t\ln t-t)+(t-1)e^t+at\Big]_{1}^{3}$$

$$=e^3(3\ln 3-2)+2e^3+2a=3e^3\ln 3+2a$$

$$\therefore a=-3e^3\ln 3$$

$f(x)=e^3\ln x+xe^x-3e^3\ln 3$이므로

$$f(3)=e^3(3-2\ln 3) \qquad \text{탑 ⑤}$$

1. $\displaystyle\int \ln x\,dx=x\ln x-\int\left(x\times\frac{1}{x}\right)dx$

$$=x\ln x-\int dx=x\ln x-x+C$$

2. $\displaystyle\int xe^x\,dx=xe^x-\int e^x\,dx=(x-1)e^x+C$

30

$f(x)=\ln x-\dfrac{2}{x}\int_{1}^{e} f(t)\,dt$에서 $\int_{1}^{e} f(t)\,dt=a$라 하면

$f(x)=\ln x-\dfrac{2a}{x}$이므로

$$a=\int_{1}^{e}\left(\ln t-\frac{2a}{t}\right)dt$$

$$=\Big[t\ln t-t-2a\ln t\Big]_{1}^{e}$$

$$=-2a+1$$

곧, $a=\dfrac{1}{3}$이므로 $f(x)=\ln x-\dfrac{2}{3x}$

$$\therefore f(1)=-\frac{2}{3} \qquad \text{탑 ②}$$

31

$\int_{1}^{x}(t+x)f(t)\,dt=e^x+2x-e-2$에서

$$\int_{1}^{x} tf(t)\,dt+x\int_{1}^{x} f(t)\,dt=e^x+2x-e-2$$

양변을 x에 대하여 미분하면

$$xf(x)+\int_{1}^{x} f(t)\,dt+xf(x)=e^x+2$$

양변에 $x=1$을 대입하면

$$f(1)+0+f(1)=e+2 \qquad \therefore f(1)=\frac{e}{2}+1 \qquad \text{탑 ⑤}$$

32

$\int_{0}^{x}(t-x)f(t)\,dt=\sin 2x-ax$에서

$$\int_{0}^{x} tf(t)\,dt-x\int_{0}^{x} f(t)\,dt=\sin 2x-ax$$

양변을 x에 대하여 미분하면

$$xf(x)-\int_{0}^{x} f(t)\,dt-xf(x)=2\cos 2x-a$$

$$\int_{0}^{x} f(t)\,dt=-2\cos 2x+a$$

양변에 $x=0$을 대입하면 $0=-2+a \qquad \therefore a=2$

$$\therefore \int_{0}^{x} f(t)\,dt=-2\cos 2x+2$$

양변을 x에 대하여 미분하면

$$f(x)=4\sin 2x \qquad \therefore f\left(\frac{\pi}{4}\right)=4$$

$$\therefore a\times f\left(\frac{\pi}{4}\right)=8 \qquad \text{탑 8}$$

<table>
<tr><td>step</td><td colspan="5">B 실력 문제   83~87쪽</td></tr>
<tr><td>01 ⑤</td><td>02 $\pi+1$</td><td>03 ⑤</td><td>04 ③</td><td>05 ⑤</td></tr>
<tr><td>06 ②</td><td>07 $2\ln 5$</td><td>08 ④</td><td>09 ②</td><td>10 ④</td></tr>
<tr><td>11 ③</td><td>12 ④</td><td>13 ④</td><td>14 ④</td><td>15 ③</td></tr>
<tr><td>16 ④</td><td>17 ⑤</td><td>18 ⑤</td><td>19 $\dfrac{16}{3}$</td><td>20 ⑤</td></tr>
<tr><td>21 ③</td><td>22 ④</td><td>23 ②</td><td>24 ①</td><td>25 ④</td></tr>
<tr><td>26 $-\dfrac{7}{6}$</td><td>27 ⑤</td><td>28 ④</td><td>29 ③</td><td>30 ④</td></tr>
</table>

01

[전략] 주어진 등식의 양변을 적분한다.

$2xf(x)+x^2f'(x)=\{x^2f(x)\}'$이므로

$2xf(x)+x^2f'(x)=(x+2)e^x$의 양변을 적분하면

$$x^2f(x)=\int(x+2)e^x\,dx$$

$\int(x+2)e^x\,dx$에서 $u(x)=x+2$, $v'(x)=e^x$이라 하면

$u'(x)=1$, $v(x)=e^x$이므로

$$\int(x+2)e^x\,dx=(x+2)e^x-\int e^x\,dx$$
$$=(x+2)e^x-e^x+C$$
$$=(x+1)e^x+C$$

$f(-1)=0$이므로 $C=0$

$f(x)=\dfrac{(x+1)e^x}{x^2}$이므로 $f(3)=\dfrac{4e^3}{9}$ 답 ⑤

02

[전략] $F'(x)=f(x)$이므로 주어진 등식의 양변을 x에 대하여 미분한다.

$F(x)=xf(x)+x^2\cos x$의 양변을 x에 대하여 미분하면

$$f(x)=f(x)+xf'(x)+2x\cos x-x^2\sin x$$

$f'(x)=x\sin x-2\cos x$이므로

$$f(x)=\int f'(x)dx=\int(x\sin x-2\cos x)dx$$

$\int x\sin x\,dx$에서 $u(x)=x$, $v'(x)=\sin x$라 하면

$u'(x)=1$, $v(x)=-\cos x$이므로

$$f(x)=\int(x\sin x-2\cos x)dx$$
$$=\left(-x\cos x+\int\cos x\,dx\right)-2\sin x$$
$$=-x\cos x-\sin x+C$$

$f\left(\dfrac{\pi}{2}\right)=0$이므로 $-1+C=0$ $\therefore C=1$

$f(x)=-x\cos x-\sin x+1$이므로

$$f(\pi)=\pi+1$$ 답 $\pi+1$

03

[전략] $\sqrt{x}=t$로 치환한다.

$\sqrt{x}=t$라 하면 $\dfrac{dt}{dx}=\dfrac{1}{2\sqrt{x}}=\dfrac{1}{2t}$에서 $dx=2t\,dt$이므로

$$f(x)=\int\cos\sqrt{x}\,dx=2\int t\cos t\,dt$$

$2\int t\cos t\,dt$에서 $u(t)=t$, $v'(t)=\cos t$라 하면

$u'(t)=1$, $v(t)=\sin t$이므로

$$2\int t\cos t\,dt=2\left(t\sin t-\int\sin t\,dt\right)$$
$$=2t\sin t+2\cos t+C$$
$$=2\sqrt{x}\sin\sqrt{x}+2\cos\sqrt{x}+C$$

$f(0)=1$이므로 $2+C=1$ $\therefore C=-1$

$f(x)=2\sqrt{x}\sin\sqrt{x}+2\cos\sqrt{x}-1$이므로

$$f(4\pi^2)=4\pi\sin 2\pi+2\cos 2\pi-1=1$$ 답 ⑤

04

[전략] $\dfrac{1}{1+\sin x}$의 분모, 분자에 $1-\sin x$를 곱하여 적분할 수 있는 형태로 정리한다.

$$\frac{1}{1+\sin x}=\frac{1-\sin x}{1-\sin^2 x}=\frac{1-\sin x}{\cos^2 x}$$
$$=\sec^2 x-\frac{\sin x}{\cos^2 x}$$

$\int\dfrac{\sin x}{\cos^2 x}dx$에서 $\cos x=t$라 하면

$\dfrac{dt}{dx}=-\sin x$에서 $\sin x\,dx=-dt$이므로

$$\int\frac{\sin x}{\cos^2 x}dx=\int\left(-\frac{1}{t^2}\right)dt=\frac{1}{t}+C=\frac{1}{\cos x}+C$$

$$\therefore f(x)=\int\left(\sec^2 x-\frac{\sin x}{\cos^2 x}\right)dx$$
$$=\tan x-\frac{1}{\cos x}+C$$

$f\left(\dfrac{\pi}{4}\right)=\sqrt{2}$이므로 $1-\sqrt{2}+C=\sqrt{2}$ $\therefore C=2\sqrt{2}-1$

$f(x)=\tan x-\dfrac{1}{\cos x}+2\sqrt{2}-1$이므로

$$f\left(\frac{3}{4}\pi\right)=-1+\sqrt{2}+2\sqrt{2}-1=3\sqrt{2}-2$$ 답 ③

05

[전략] $f'(x)=x\sin x$임을 이용하여 $g(x)$를 구한다.

$\int x\sin x\,dx$에서 $u(x)=x$, $v'(x)=\sin x$라 하면

$u'(x)=1$, $v(x)=-\cos x$이므로

$$f(x)=-x\cos x-\int(-\cos x)dx$$
$$=-x\cos x+\sin x+C_1$$

$f(0)=0$이므로 $C_1=0$

$$\therefore f(x)=-x\cos x+\sin x$$

또, $f'(x)=x\sin x$이므로

$$g(x)=\int e^{f(x)}f'(x)dx=e^{f(x)}+C_2$$

$g(0)=0$이므로 $e^0+C_2=0$ $\therefore C_2=-1$

$$\therefore g(x)=e^{f(x)}-1$$

$f\left(\dfrac{5}{2}\pi\right)=1$이므로 $g\left(\dfrac{5}{2}\pi\right)=e-1$ 답 ⑤

06

[전략] $\int \dfrac{1}{1+x^2}dx$ 꼴은 $x=\tan\theta$로 치환한다.

$\displaystyle\int_{-1}^{1}\dfrac{1}{x^4+2x^2+1}dx=\int_{-1}^{1}\dfrac{1}{(1+x^2)^2}dx$에서

$x=\tan\theta\left(-\dfrac{\pi}{2}<\theta<\dfrac{\pi}{2}\right)$라 하면

$\dfrac{dx}{d\theta}=\sec^2\theta$에서 $dx=\sec^2\theta\,d\theta$이고,

$x=-1$일 때 $\theta=-\dfrac{\pi}{4}$, $x=1$일 때 $\theta=\dfrac{\pi}{4}$이므로

$$\int_{-1}^{1}\dfrac{1}{(1+x^2)^2}dx=\int_{-\frac{\pi}{4}}^{\frac{\pi}{4}}\dfrac{\sec^2\theta}{(1+\tan^2\theta)^2}d\theta$$
$$=\int_{-\frac{\pi}{4}}^{\frac{\pi}{4}}\dfrac{\sec^2\theta}{(\sec^2\theta)^2}d\theta$$
$$=\int_{-\frac{\pi}{4}}^{\frac{\pi}{4}}\dfrac{1}{\sec^2\theta}d\theta$$
$$=\int_{-\frac{\pi}{4}}^{\frac{\pi}{4}}\cos^2\theta\,d\theta$$

$\cos 2\theta=\cos^2\theta-\sin^2\theta=2\cos^2\theta-1$에서

$\cos^2\theta=\dfrac{1+\cos 2\theta}{2}$이므로

$$\int_{-\frac{\pi}{4}}^{\frac{\pi}{4}}\cos^2\theta\,d\theta=2\int_{0}^{\frac{\pi}{4}}\cos^2\theta\,d\theta$$
$$=\int_{0}^{\frac{\pi}{4}}(\cos 2\theta+1)d\theta$$
$$=\left[\dfrac{1}{2}\sin 2\theta+\theta\right]_{0}^{\frac{\pi}{4}}$$
$$=\dfrac{1}{2}+\dfrac{\pi}{4}$$

답 ②

07

[전략] $\dfrac{1}{1+e^{-t}}=\dfrac{e^t}{e^t+1}$임을 이용한다.

$\displaystyle\int\dfrac{1}{1+e^{-t}}dt=\int\dfrac{e^t}{e^t+1}dt$에서

$e^t+1=s$라 하면 $\dfrac{ds}{dt}=e^t$에서 $e^t\,dt=ds$이므로

$$\int\dfrac{e^t}{e^t+1}dt=\int\dfrac{1}{s}ds=\ln|s|+C$$
$$=\ln(e^t+1)+C$$

$f(0)=0$이므로 $\ln 2+C=0$ $\quad\therefore C=-\ln 2$

$\therefore f(x)=\ln(e^x+1)-\ln 2=\ln\dfrac{e^x+1}{2}$

$f(f(a))=\ln 7$에서

$\ln\dfrac{e^{f(a)}+1}{2}=\ln 7,\ e^{f(a)}=13,\ f(a)=\ln 13$

이므로

$\ln\dfrac{e^a+1}{2}=\ln 13,\ e^a=25$

$\therefore a=\ln 25=2\ln 5$

답 $2\ln 5$

08

[전략] x와 삼각함수의 곱의 정적분은 부분적분법을 생각한다.

$\displaystyle\int_{0}^{\frac{\pi}{4}}x\sec^2 x\,dx$에서 $u(x)=x$, $v'(x)=\sec^2 x$라 하면

$u'(x)=1$, $v(x)=\tan x$이므로

$$\int_{0}^{\frac{\pi}{4}}x\sec^2 x\,dx=\left[x\tan x\right]_{0}^{\frac{\pi}{4}}-\int_{0}^{\frac{\pi}{4}}\tan x\,dx$$
$$=\dfrac{\pi}{4}-\int_{0}^{\frac{\pi}{4}}\dfrac{\sin x}{\cos x}dx$$
$$=\dfrac{\pi}{4}-\left[-\ln|\cos x|\right]_{0}^{\frac{\pi}{4}}$$
$$=\dfrac{\pi}{4}+\ln\dfrac{\sqrt{2}}{2}$$

답 ④

09

[전략] $x^2=t$로 치환하고, 부분적분법을 이용하여 $f(x)$를 구한다.

$x^2=t$라 하면 $\dfrac{dt}{dx}=2x$에서 $x\,dx=\dfrac{1}{2}dt$이므로

$$\int x^3\sin x^2\,dx=\int\dfrac{1}{2}t\sin t\,dt=\dfrac{1}{2}\int t\sin t\,dt$$

$\displaystyle\int t\sin t\,dt$에서 $u(t)=t$, $v'(t)=\sin t$라 하면

$u'(t)=1$, $v(t)=-\cos t$이므로

$$\dfrac{1}{2}\int t\sin t\,dt=\dfrac{1}{2}\left\{-t\cos t-\int(-\cos t)dt\right\}$$
$$=-\dfrac{1}{2}(t\cos t-\sin t)+C$$
$$=-\dfrac{1}{2}x^2\cos x^2+\dfrac{1}{2}\sin x^2+C$$

$f(0)=0$이므로 $C=0$

$f(x)=-\dfrac{1}{2}x^2\cos x^2+\dfrac{1}{2}\sin x^2$이므로 $f(\sqrt{\pi})=\dfrac{\pi}{2}$

답 ②

10

[전략] 삼각함수의 적분에서는 $\sin\theta$나 $\cos\theta$로 치환할 수 있는 꼴로 변형한다.

$$\int_{0}^{\frac{\pi}{6}}\sec\theta\,d\theta=\int_{0}^{\frac{\pi}{6}}\dfrac{1}{\cos\theta}d\theta=\int_{0}^{\frac{\pi}{6}}\dfrac{\cos\theta}{\cos^2\theta}d\theta$$
$$=\int_{0}^{\frac{\pi}{6}}\dfrac{\cos\theta}{1-\sin^2\theta}d\theta$$

$\sin\theta=t$라 하면 $\dfrac{dt}{d\theta}=\cos\theta$에서 $\cos\theta\,d\theta=dt$이고,

$\theta=0$일 때 $t=0$, $\theta=\dfrac{\pi}{6}$일 때 $t=\dfrac{1}{2}$이므로

$$\int_{0}^{\frac{\pi}{6}}\dfrac{\cos\theta}{1-\sin^2\theta}d\theta=\int_{0}^{\frac{1}{2}}\dfrac{1}{1-t^2}dt$$
$$=\int_{0}^{\frac{1}{2}}\dfrac{1}{2}\left(\dfrac{1}{1-t}+\dfrac{1}{1+t}\right)dt$$
$$=\dfrac{1}{2}\left[-\ln|1-t|+\ln|1+t|\right]_{0}^{\frac{1}{2}}$$
$$=\dfrac{1}{2}\ln 3$$

$\therefore 2\int_{0}^{\frac{\pi}{6}}\sec\theta\,d\theta=2\times\dfrac{1}{2}\ln 3=\ln 3$

답 ④

11

[전략] $\tan x$를 변형하여 $\sin x$나 $\cos x$를 치환할 수 있는 꼴로 정리한다.

$$\frac{1}{1+\tan x}=\frac{\cos x}{\sin x+\cos x}$$
$$=\frac{\cos x(\sin x+\cos x)}{(\sin x+\cos x)^2}$$
$$=\frac{\cos^2 x+\cos x\sin x}{\sin^2 x+\cos^2 x+2\sin x\cos x}$$
$$=\frac{\frac{1+\cos 2x}{2}+\frac{1}{2}\sin 2x}{1+\sin 2x}$$
$$=\frac{1}{2}+\frac{1}{2}\times\frac{\cos 2x}{1+\sin 2x}$$
$$=\frac{1}{2}\left(1+\frac{\cos 2x}{1+\sin 2x}\right)$$

이므로

$$\int_0^{\frac{\pi}{4}}\frac{1}{1+\tan x}dx=\int_0^{\frac{\pi}{4}}\frac{1}{2}\left(1+\frac{\cos 2x}{1+\sin 2x}\right)dx$$
$$=\frac{1}{2}\left[x+\frac{1}{2}\ln|1+\sin 2x|\right]_0^{\frac{\pi}{4}}$$
$$=\frac{1}{2}\left(\frac{\pi}{4}+\frac{1}{2}\ln 2\right)$$
$$=\frac{1}{2}\left(\frac{\pi}{4}+\ln\sqrt{2}\right)$$

답 ③

Note

$\cos 2\theta=\cos^2\theta-\sin^2\theta=2\cos^2\theta-1=1-2\sin^2\theta$에서

$$\cos^2\theta=\frac{1+\cos 2\theta}{2},\ \sin^2\theta=\frac{1-\cos 2\theta}{2}$$

12

[전략] $\frac{\pi}{2}-x=t$로 치환하고, $\sin\left(\frac{\pi}{2}-\theta\right)=\cos\theta$, $\cos\left(\frac{\pi}{2}-\theta\right)=\sin\theta$ 임을 이용한다.

$\frac{\pi}{2}-x=t$라 하면 $\frac{dt}{dx}=-1$에서 $dx=-dt$이고

$x=0$일 때 $t=\frac{\pi}{2}$, $x=\frac{\pi}{2}$일 때 $t=0$이므로

$$\int_0^{\frac{\pi}{2}}\frac{2\sin x}{\sin x+\cos x}dx$$
$$=\int_{\frac{\pi}{2}}^0\frac{-2\sin\left(\frac{\pi}{2}-t\right)}{\sin\left(\frac{\pi}{2}-t\right)+\cos\left(\frac{\pi}{2}-t\right)}dt$$
$$=\int_0^{\frac{\pi}{2}}\frac{2\cos t}{\cos t+\sin t}dt$$
$$=\int_0^{\frac{\pi}{2}}\frac{2\cos x}{\cos x+\sin x}dx$$

이고,

$$\int_0^{\frac{\pi}{2}}\frac{2\sin x}{\sin x+\cos x}dx+\int_0^{\frac{\pi}{2}}\frac{2\cos x}{\cos x+\sin x}dx$$
$$=\int_0^{\frac{\pi}{2}}\frac{2(\sin x+\cos x)}{\sin x+\cos x}dx$$
$$=\int_0^{\frac{\pi}{2}}2dx$$
$$=\left[2x\right]_0^{\frac{\pi}{2}}=\pi$$

이므로

$$\int_0^{\frac{\pi}{2}}\frac{2\sin x}{\sin x+\cos x}dx=\frac{\pi}{2}$$

답 ④

13

[전략] 주어진 식의 x에 $\frac{1}{x}$을 대입하면 $f(x)$를 구할 수 있다.

$$2f(x)+\frac{1}{x^2}f\left(\frac{1}{x}\right)=\frac{1}{x}+\frac{1}{x^2}\qquad\cdots\ ❶$$

의 x에 $\frac{1}{x}$을 대입하면 $2f\left(\frac{1}{x}\right)+x^2f(x)=x+x^2$

양변을 $2x^2$으로 나누면

$$\frac{1}{x^2}f\left(\frac{1}{x}\right)+\frac{1}{2}f(x)=\frac{1}{2x}+\frac{1}{2}\qquad\cdots\ ❷$$

$❶-❷$를 하면 $\frac{3}{2}f(x)=\frac{1}{x^2}+\frac{1}{2x}-\frac{1}{2}$에서

$f(x)=\frac{2}{3x^2}+\frac{1}{3x}-\frac{1}{3}$이므로

$$\int_{\frac{1}{2}}^2 f(x)dx=\int_{\frac{1}{2}}^2\left(\frac{2}{3x^2}+\frac{1}{3x}-\frac{1}{3}\right)dx$$
$$=\left[-\frac{2}{3x}+\frac{\ln|x|}{3}-\frac{x}{3}\right]_{\frac{1}{2}}^2$$
$$=\frac{2\ln 2}{3}+\frac{1}{2}$$

답 ②

14

[전략] $f'(x)$와 $\int_0^1 f(x)g'(x)dx$의 값이 주어졌으므로 부분적분법을 생각한다.

$\int_0^1 f(x)g'(x)dx=\frac{1}{6}$에서

$$\int_0^1 f(x)g'(x)dx$$
$$=\left[f(x)g(x)\right]_0^1-\int_0^1 f'(x)g(x)dx$$
$$=f(1)g(1)-f(0)g(0)-\int_0^1\frac{x^2}{(1+x^3)^2}dx$$
$$=f(1)-\int_0^1\frac{x^2}{(1+x^3)^2}dx$$

$1+x^3=t$라 하면 $\frac{dt}{dx}=3x^2$에서 $x^2dx=\frac{1}{3}dt$이고,

$x=0$일 때 $t=1$, $x=1$일 때 $t=2$이므로

$$\int_0^1\frac{x^2}{(1+x^3)^2}dx=\int_1^2\frac{1}{3t^2}dt$$
$$=\frac{1}{3}\left[-\frac{1}{t}\right]_1^2=\frac{1}{6}$$

$f(1)-\frac{1}{6}=\frac{1}{6}$이므로 $f(1)=\frac{1}{3}$

답 ④

15

[전략] $f(x)+f(2\pi-x)=2k$이면 $y=f(x)$의 그래프는 점 (π,k)에 대칭이다.

$\sin(2\pi-x)=-\sin x$이므로

$$f(x)+f(2\pi-x)$$
$$=\ln\left(\sin x+\sqrt{1+\sin^2 x}\,\right)+1$$
$$\quad+\ln\left(-\sin x+\sqrt{1+\sin^2 x}\,\right)+1$$
$$=\ln\{(\sin x+\sqrt{1+\sin^2 x}\,)(-\sin x+\sqrt{1+\sin^2 x}\,)\}+2$$
$$=\ln 1+2=2$$
$$\therefore a=2$$

또, $f(x)+f(2\pi-x)=2$이면 $f(2\pi-x)=2-f(x)$이므로
곡선 $y=f(x)$는 점 $(\pi,\,1)$에 대칭이다.

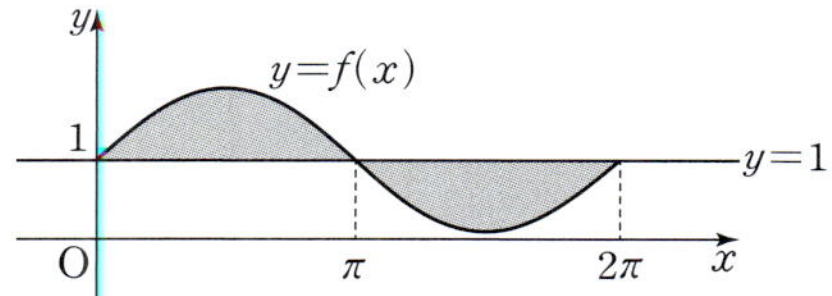

따라서 그림에서 색칠한 두 부분의 넓이가 같으므로
$$\int_0^{2\pi}\{f(x)-1\}dx=0,\quad \int_0^{2\pi}f(x)dx-2\pi=0$$
$$\therefore b=2\pi$$
$$\therefore a+b=2\pi+2$$
달 ③

 **Note**

점 $(x,\,y)$와 점 $(a,\,b)$에 대칭인 점
은 $(2a-x,\,2b-y)$이므로 곡선
$y=f(x)$가 점 $(a,\,b)$에 대칭이면
$(2a-x,\,2b-y)$도 곡선 위에 있다.
$2b-y=f(2a-x)$에서 $y=f(x)$
이므로
$$f(x)+f(2a-x)=2b$$

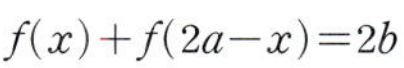

16

[전략] 조건 (가)는 조건 (나)의 $0\le x<1$에서 $f(x)$의 그래프를 x축 방향으로
1만큼, y축 방향으로 $e-1$만큼 평행이동시킨 것임을 나타낸다.
$$f(x+1)=f(x)+e-1$$
이므로 $y=f(x)$의 그래프는 그림과 같
다.

$\displaystyle\int_0^3 f(x)dx$는 $y=f(x)$의 그래프와

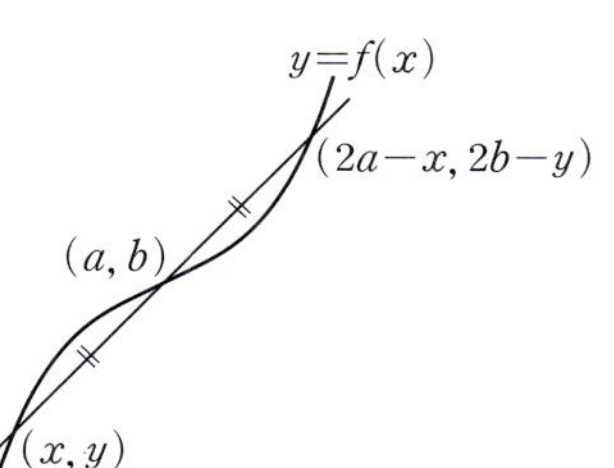

x축 및 두 직선 $x=0$, $x=3$으로 둘러싸
인 부분의 넓이이다.
이때 그림에서 색칠한 세 부분의 넓이는
같고, 한 부분의 넓이는
$$\int_0^1(e^x-1)dx=\Big[e^x-x\Big]_0^1=e-2$$
이므로
$$\int_0^3 f(x)dx=3(e-2)+1+e+(2e-1)$$
$$=6e-6$$
달 ④

17

[전략] $f(x)$의 주기가 2이고, 곡선이 y축에 대칭임을 이용하여 그래프를 그
린 다음, 정적분을 생각한다.

$f(-x)=f(x)$이므로 곡선 $y=f(x)$는 y축에 대칭이다.

또, $f(x+2)=f(x)$이므로 $f(x)$는 주기가 2이다.
$$f'(x)=\frac{4x(x^2-1)(x^4+1)-(x^2-1)^2\times 4x^3}{(x^4+1)^2}$$
$$=\frac{4x(x+1)(x-1)(x^2+1)}{(x^4+1)^2}$$

$-1\le x<1$에서 증감을 조사하면 $f(x)$는 $x=0$에서 극대이다.
따라서 $y=f(x)$의 그래프는 그림과 같다.

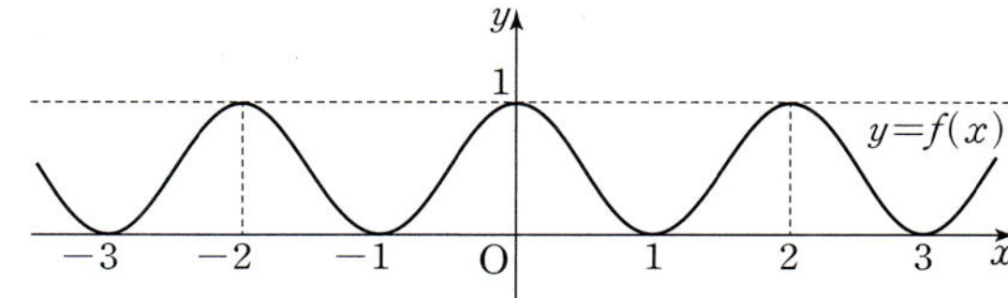

ㄱ. 그림에서 n이 자연수일 때,
$$\int_n^{n+1}f(x)dx=\int_0^1 f(x)dx\qquad\cdots\ ❶$$
$$\therefore \int_{-2}^2 f(x)dx=4\int_0^1 f(x)dx\ (참)$$

ㄴ. $f(x+2)=f(x)$이므로 $f'(x+2)=f'(x)$
그런데 $-1<x<0$에서 $f'(x)>0$이므로
$1<x<2$에서 $f'(x)>0$ (참)

ㄷ. ㄴ에서 $1<x<2$일 때 $f'(x)>0$이고,
$2<x<3$일 때 $f'(x)<0$이므로
$$\int_1^3 x|f'(x)|dx$$
$$=\int_1^2 xf'(x)dx-\int_2^3 xf'(x)dx$$
$$=\Big[xf(x)\Big]_1^2-\int_1^2 f(x)dx-\left\{\Big[xf(x)\Big]_2^3-\int_2^3 f(x)dx\right\}$$

❶에서 $\displaystyle\int_1^2 f(x)dx=\int_2^3 f(x)dx$이므로
$$\int_1^3 x|f'(x)|dx=2f(2)-f(1)-3f(3)+2f(2)$$
$$=2f(0)-f(1)-3f(1)+2f(0)$$
$$=4\ (참)$$
따라서 옳은 것은 ㄱ, ㄴ, ㄷ이다.
달 ⑤

18

[전략] $t\ge x$일 때와 $t<x$일 때로 나누면 절댓값 기호를 없앨 수 있다.

$$f(1)$$
$$=\int_0^2 |t-1|e^t dt$$
$$=\int_0^1(1-t)e^t dt+\int_1^2(t-1)e^t dt$$
$$=\Big[(1-t)e^t\Big]_0^1-\int_0^1(-e^t)dt+\Big[(t-1)e^t\Big]_1^2-\int_1^2 e^t dt$$
$$=-1+\Big[e^t\Big]_0^1+e^2-\Big[e^t\Big]_1^2$$
$$=-1+(e-1)+e^2-(e^2-e)$$
$$=2e-2$$
달 ⑤

19

[전략] $\{f(x)-tx\}'=f'(x)-t$이므로 $f'(x)=t$의 해부터 생각한다.

함수 $f'(x)$의 그래프를 그리면 그림과 같다.

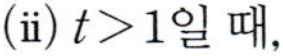

$h(x)=f(x)-tx$라 하면

$h'(x)=f'(x)-t$

(ⅰ) $0\le t\le 1$일 때,

　　$h'(x)=0$에서

　　$x=0$이므로 $g(t)=0$

(ⅱ) $t>1$일 때,

　　$h'(x)=0$에서 $x^2+1=t$이므로 $g(t)=\sqrt{t-1}$

(ⅰ), (ⅱ)에서

$$\int_0^5 g(t)dt=\int_0^1 0\,dt+\int_1^5 \sqrt{t-1}\,dt$$
$$=\left[\frac{2}{3}(t-1)^{\frac{3}{2}}\right]_1^5$$
$$=\frac{16}{3}$$

답 $\dfrac{16}{3}$

20

[전략] $f(g(x))=x$에서 합성함수의 미분을 이용하여 $g'(x)$를 $f'(x)$로 나타낸다.

$f(g(x))=x$이므로 양변을 x에 대하여 미분하면

　　$f'(g(x))g'(x)=1$

$f'(x)=\cos x$이므로

　　$\cos g(x)\times g'(x)=1$　　$\therefore \dfrac{1}{g'(x)}=\cos g(x)$

또 $f(g(x))=x$에서 $\sin g(x)=x$이고,

$\sin^2 g(x)+\cos^2 g(x)=1$이므로 $\cos g(x)=\sqrt{1-x^2}$

　　$\therefore \displaystyle\int_{\frac{1}{2}}^1 \frac{1}{g'(x)}dx=\int_{\frac{1}{2}}^1 \sqrt{1-x^2}\,dx$

$x=\sin\theta\left(-\dfrac{\pi}{2}\le\theta\le\dfrac{\pi}{2}\right)$로 놓으면

$\dfrac{dx}{d\theta}=\cos\theta$에서 $dx=\cos\theta\,d\theta$이고,

$x=\dfrac{1}{2}$일 때 $\theta=\dfrac{\pi}{6}$, $x=1$일 때 $\theta=\dfrac{\pi}{2}$이므로

$$\int_{\frac{1}{2}}^1 \sqrt{1-x^2}\,dx=\int_{\frac{\pi}{6}}^{\frac{\pi}{2}}(\sqrt{1-\sin^2\theta}\times\cos\theta)d\theta$$
$$=\int_{\frac{\pi}{6}}^{\frac{\pi}{2}}\cos^2\theta\,d\theta$$
$$=\int_{\frac{\pi}{6}}^{\frac{\pi}{2}}\frac{1+\cos 2\theta}{2}d\theta$$
$$=\frac{1}{2}\left[\theta+\frac{1}{2}\sin 2\theta\right]_{\frac{\pi}{6}}^{\frac{\pi}{2}}$$
$$=\frac{\pi}{6}-\frac{\sqrt{3}}{8}$$

답 ⑤

21

[전략] $f(t)=\sqrt{2t+5}\sin\dfrac{\pi}{12}t$의 한 부정적분을 $F(t)$라 하고 식을 정리한다.

$f(t)=\sqrt{2t+5}\sin\dfrac{\pi}{12}t$의 한 부정적분을 $F(t)$라 하면

$$\lim_{x\to 2}\frac{1}{x-2}\int_2^{3x-4}\sqrt{2t+5}\sin\frac{\pi}{12}t\,dt$$
$$=\lim_{x\to 2}\frac{F(3x-4)-F(2)}{x-2}$$
$$=\lim_{x\to 2}\frac{F(3x-4)-F(2)}{(3x-4)-2}\times 3$$
$$=F'(2)\times 3$$
$$=3f(2)$$
$$=3\times 3\times\frac{1}{2}=\frac{9}{2}$$

답 ③

22

[전략] $f'(x)$를 구할 때에는 적분 기호 안의 x에 주의한다.

$f(x)=\displaystyle\int_0^{x-1}(t-x)e^t dt=\int_0^{x-1}te^t dt-x\int_0^{x-1}e^t dt$에서

　　$f'(x)=(x-1)e^{x-1}-\displaystyle\int_0^{x-1}e^t dt-xe^{x-1}$
　　　　　$=-e^{x-1}-\left[e^t\right]_0^{x-1}$
　　　　　$=-2e^{x-1}+1$

$f'(x)=0$에서 $e^{x-1}=\dfrac{1}{2}$　　$\therefore x=-\ln 2+1$

이때 $f(x)$는 극대이고, 유일한 극값이므로 최대이다.

따라서 $f(x)$의 최댓값은

$$f(-\ln 2+1)=\int_0^{-\ln 2}(t+\ln 2-1)e^t dt$$

$\displaystyle\int_0^{-\ln 2}(t+\ln 2-1)e^t dt$에서

$u(t)=t+\ln 2-1$, $v'(t)=e^t$이라 하면

$u'(t)=1$, $v(t)=e^t$이므로

$$\int_0^{-\ln 2}(t+\ln 2-1)e^t dt$$
$$=\left[(t+\ln 2-1)e^t\right]_0^{-\ln 2}-\int_0^{-\ln 2}e^t dt$$
$$=-e^{-\ln 2}-(\ln 2-1)-\left[e^t\right]_0^{-\ln 2}$$
$$=-2e^{-\ln 2}-\ln 2+2$$
$$=1-\ln 2$$

답 ④

Note

$f(x)$의 한 부정적분을 $F(x)$라 하면

$$\frac{d}{dx}\int_a^{x+p}f(t)dt=\frac{d}{dx}\{F(x+p)-F(a)\}$$
$$=F'(x+p)\times(x+p)'=f(x+p)$$

23

[전략] $f'(x)=\dfrac{1}{1+x^6}$임을 이용한다.

$f(x)=\displaystyle\int_0^x \frac{1}{1+t^6}dt$의 양변을 x에 대하여 미분하면

$$f'(x)=\frac{1}{1+x^6}$$

이고, $f(0)=0$이므로

$$\int_0^a \frac{e^{f(x)}}{1+x^6}dx = \int_0^a e^{f(x)}f'(x)dx$$
$$= \left[e^{f(x)} \right]_0^a$$
$$= e^{f(a)} - e^{f(0)}$$
$$= e^{\frac{1}{2}} - e^0 = \sqrt{e} - 1 \qquad \text{답 } ②$$

24

[전략] $\int_0^1 xf(x+1)dx$는 부분적분법을 생각한다.

$y=f(x)$의 그래프가 원점에 대칭이므로 $f(0)=0$

또 $f(1)=1$이므로 $f(-1)=-1$

$$f(x)=\frac{\pi}{2}\int_1^{x+1}f(t)dt \qquad \cdots ❶$$

양변을 x에 대하여 미분하면

$$f'(x)=\frac{\pi}{2}f(x+1), \ f(x+1)=\frac{2}{\pi}f'(x)$$

$\pi^2 \int_0^1 xf(x+1)dx$에서

$u(x)=x, \ v'(x)=f(x+1)$이라 하면

$u'(x)=1, \ v(x)=\frac{2}{\pi}f(x)$이므로

$$\pi^2 \int_0^1 xf(x+1)dx$$
$$= \pi^2 \left[x \times \frac{2}{\pi}f(x) \right]_0^1 - \pi^2 \int_0^1 \frac{2}{\pi}f(x)dx$$
$$= 2\pi f(1) - 2\pi \int_0^1 f(x)dx \qquad \cdots ❷$$

❶에서 $f(-1)=\frac{\pi}{2}\int_1^0 f(t)dt = -\frac{\pi}{2}\int_0^1 f(t)dt$이고,

$f(-1)=-1$이므로

$$\int_0^1 f(t)dt = \frac{2}{\pi}$$

이것을 ❷에 대입하면

$$2\pi f(1) - 2\pi \times \frac{2}{\pi} = 2(\pi-2) \qquad \text{답 } ①$$

Note

$\pi^2 \int_0^1 xf(x+1)dx$는 다음과 같이 정리할 수도 있다.

$$\pi^2 \int_0^1 xf(x+1)dx = \pi^2 \int_0^1 \left\{ x \times \frac{2}{\pi}f'(x) \right\}dx$$
$$= 2\pi \int_0^1 xf'(x)dx$$
$$= 2\pi \left\{ \left[xf(x) \right]_0^1 - \int_0^1 f(x)dx \right\}$$
$$= 2\pi \left\{ f(1) - \int_0^1 f(x)dx \right\}$$
$$= 2\pi \left\{ 1 - \int_0^1 f(x)dx \right\}$$

25

[전략] 조건 (나)의 양변을 x에 대하여 미분하고, $x=\frac{\pi}{4}$를 대입한다.

조건 (나)에서

$$\cos x \int_0^x f(t)dt = -\sin x \int_{\frac{\pi}{2}}^x f(t)dt$$

양변을 x에 대하여 미분하면

$$-\sin x \int_0^x f(t)dt + \cos x \times f(x)$$
$$= -\cos x \int_{\frac{\pi}{2}}^x f(t)dt - \sin x \times f(x)$$

양변에 $x=\frac{\pi}{4}$를 대입하면

$$-\frac{\sqrt{2}}{2}\int_0^{\frac{\pi}{4}}f(t)dt + \frac{\sqrt{2}}{2}f\left(\frac{\pi}{4}\right)$$
$$= -\frac{\sqrt{2}}{2}\int_{\frac{\pi}{2}}^{\frac{\pi}{4}}f(t)dt - \frac{\sqrt{2}}{2}f\left(\frac{\pi}{4}\right)$$
$$\therefore \sqrt{2}f\left(\frac{\pi}{4}\right) = \frac{\sqrt{2}}{2}\int_0^{\frac{\pi}{4}}f(t)dt + \frac{\sqrt{2}}{2}\int_{\frac{\pi}{4}}^{\frac{\pi}{2}}f(t)dt$$
$$= \frac{\sqrt{2}}{2}\int_0^{\frac{\pi}{2}}f(t)dt$$

조건 (가)에서 $\int_0^{\frac{\pi}{2}}f(t)dt=1$이므로

$$f\left(\frac{\pi}{4}\right) = \frac{1}{2}\int_0^{\frac{\pi}{2}}f(t)dt = \frac{1}{2} \qquad \text{답 } ④$$

26

[전략] $f(x)$에서 $\int_0^{\sqrt{3}}tf(t)dt=a$로 놓고 식을 정리한다.

$\int_0^{\sqrt{3}}tf(t)dt=a$라 하면 $f(x)=\sqrt{x^2+1}+2a$이므로

$$\int_0^{\sqrt{3}}t(\sqrt{t^2+1}+2a)dt=a$$

$\int_0^{\sqrt{3}}t(\sqrt{t^2+1}+2a)dt = \int_0^{\sqrt{3}}t\sqrt{t^2+1}\,dt + 2a\int_0^{\sqrt{3}}t\,dt$에서

$t^2+1=u$라 하면 $\frac{du}{dt}=2t$에서 $t\,dt=\frac{1}{2}du$이고,

$t=0$일 때 $u=1$, $t=\sqrt{3}$일 때 $u=4$이므로

$$\int_0^{\sqrt{3}}t\sqrt{t^2+1}\,dt + 2a\int_0^{\sqrt{3}}t\,dt$$
$$= \int_1^4 \left(\sqrt{u}\times\frac{1}{2}\right)du + a\left[t^2\right]_0^{\sqrt{3}}$$
$$= \left[\frac{1}{3}u^{\frac{3}{2}}\right]_1^4 + 3a$$
$$= \frac{7}{3} + 3a$$

곧, $\frac{7}{3}+3a=a$이므로 $a=-\frac{7}{6}$ $\qquad \text{답 } -\frac{7}{6}$

27

[전략] $\int_a^x f(t)dt = \frac{x^2-2x+b}{x+1}$의 양변을 x에 대하여 미분하고, $f(x)$를 구한다.

$$\int_a^x f(t)dt = \frac{x^2-2x+b}{x+1} \qquad \cdots ❶$$

양변에 $x=a$를 대입하면

$$0 = \frac{a^2-2a+b}{a+1} \qquad \therefore a^2-2a+b=0 \qquad \cdots ❷$$

❶의 양변을 x에 대하여 미분하면

$$f(x)=\frac{(2x-2)(x+1)-(x^2-2x+b)}{(x+1)^2}$$
$$=\frac{x^2+2x-2-b}{(x+1)^2}$$
$$=1-\frac{b+3}{(x+1)^2}$$

$\int_0^2 f(x)dx=2$에서

$$\int_0^2 f(x)dx=\int_0^2\left\{1-\frac{b+3}{(x+1)^2}\right\}dx$$
$$=\left[x+\frac{b+3}{x+1}\right]_0^2$$
$$=2-\frac{2(b+3)}{3}=2$$

$$\therefore b=-3$$

❷에 대입하면 $a^2-2a-3=0$, $(a-3)(a+1)=0$
$a>0$이므로 $a=3$
$$\therefore a^2+b^2=18$$

답 ⑤

28

[전략] $\int_0^1 g(t)dt=a$, $\int_1^4 f(t)dt=b$라 하고 a, b의 값부터 구한다.

$\int_0^1 g(t)dt=a$, $\int_1^4 f(t)dt=b$라 하면
$$f(x)=\sin \pi x+a, \ g(x)=\cos \pi x+b$$

$\int_0^1 g(t)dt=a$에서
$$\int_0^1(\cos \pi x+b)dx=a, \ \left[\frac{1}{\pi}\sin \pi x+bx\right]_0^1=a$$
$$\therefore b=a$$

$\int_1^4 f(t)dt=b$에서
$$\int_1^4(\sin \pi x+a)dx=b, \ \left[-\frac{1}{\pi}\cos \pi x+ax\right]_1^4=b$$
$$\therefore -\frac{2}{\pi}+3a=b$$

$b=a$이므로 $a=b=\frac{1}{\pi}$

$f(x)=\sin \pi x+\frac{1}{\pi}$, $g(x)=\cos \pi x+\frac{1}{\pi}$이므로
$$\lim_{x\to 1}\frac{1}{x-1}\int_1^x f(t)g(t)dt=f(1)g(1)$$
$$=\frac{1}{\pi}\left(-1+\frac{1}{\pi}\right)$$
$$=\frac{1-\pi}{\pi^2}$$

따라서 $p=1$, $q=-1$이므로 $p-q=2$

답 ④

29

[전략] 주어진 식에서 $x-t=s$로 치환하고, 양변을 x에 대하여 미분한다.

$\int_0^x tf(x-t)dt$에서 $x-t=s$라 하면

$\frac{ds}{dt}=-1$에서 $dt=-ds$이고, $t=0$일 때 $s=x$, $t=x$일 때 $s=0$이므로

$$\int_0^x tf(x-t)dt=\int_x^0\{-(x-s)f(s)\}ds$$
$$=x\int_0^x f(s)ds-\int_0^x sf(s)ds$$

따라서 주어진 식은
$$x\int_0^x f(s)ds-\int_0^x sf(s)ds=-2\sin 4x+\frac{a}{2}x$$

양변을 x에 대하여 미분하면
$$\int_0^x f(s)ds+xf(x)-xf(x)=-8\cos 4x+\frac{a}{2}$$
$$\int_0^x f(s)ds=-8\cos 4x+\frac{a}{2}$$

양변에 $x=0$을 대입하면
$$0=-8+\frac{a}{2} \qquad \therefore a=16$$

답 ③

30

[전략] $\int_0^a f(x)dx+\int_a^8 g(x)dx$는 a에 대하여 미분가능한 함수이므로 미분하고, 주어진 그래프를 이용하여 증감을 조사한다.

$h(a)=\int_0^a f(x)dx+\int_a^8 g(x)dx$라 하면
$$h(a)=\int_0^a f(x)dx-\int_0^a g(x)dx+\int_0^8 g(x)dx$$
$$=\int_0^a\{f(x)-g(x)\}dx+\frac{1}{2}\times 8\times 2$$
$$=\int_0^a\{f(x)-g(x)\}dx+8$$
$$\therefore h'(a)=f(a)-g(a)$$

$0\le a\le 8$이므로 그래프에서
$0<a<1$일 때, $h'(a)>0$
$1<a<6$일 때, $h'(a)<0$
$6<a<8$일 때, $h'(a)>0$
따라서 $h(a)$는 $a=6$에서 극솟값을 갖는다.

$$h(0)=\int_0^8 g(x)dx=8$$
$$h(6)=\int_0^6 f(x)dx+\int_6^8 g(x)dx$$
$$=\int_0^6\left(\frac{5}{2}-\frac{10x}{x^2+4}\right)dx+\frac{1}{2}\times 2\times 1$$
$$=\left[\frac{5}{2}x-5\ln (x^2+4)\right]_0^6+1$$
$$=16-5\ln 10$$

그런데 $h(0)-h(6)=5\ln 10-8=5\left(\ln 10-\frac{8}{5}\right)$에서

$\ln 10>\ln e^2=2$이므로 $h(0)-h(6)>0$
따라서 최솟값은 $h(6)=16-5\ln 10$

답 ④

Note 

$h(a)=\int_0^a f(x)dx+\int_a^8 g(x)dx$라 하면
$h(a)$는 그림에서 색칠한 두 부분의 넓이의 합이다.

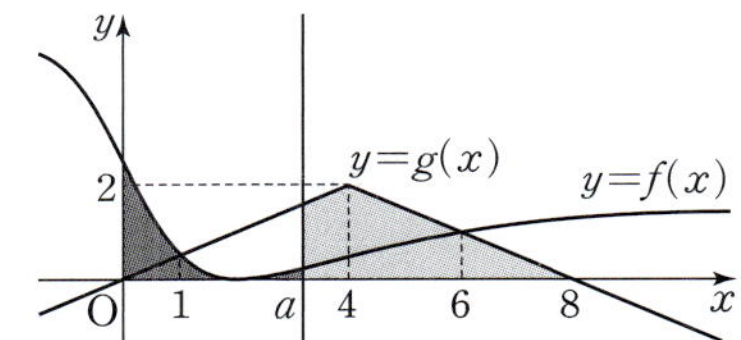

$0<a<1$일 때, $f(x)>g(x)$이므로 $h(a)$는 증가,
$1<a<6$일 때, $f(x)<g(x)$이므로 $h(a)$는 감소,
$a>6$일 때, $f(x)>g(x)$이므로 $h(a)$는 증가한다.

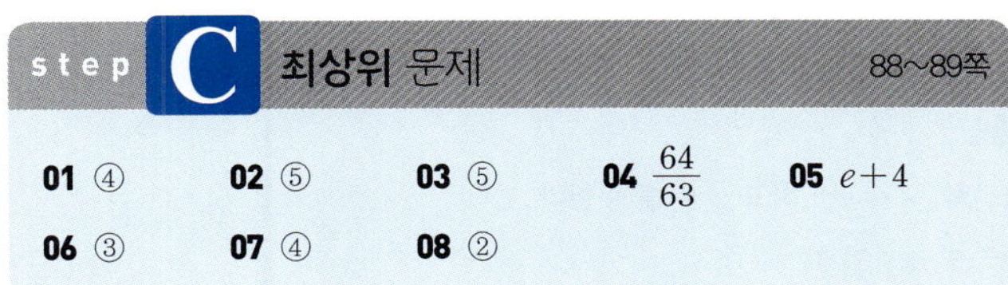

01 ④	**02** ⑤	**03** ⑤	**04** $\dfrac{64}{63}$	**05** $e+4$
06 ③	**07** ④	**08** ②		

01

[전략] $\dfrac{d}{dx}\{f(x)\}^3=3\{f(x)\}^2 f'(x)$임을 이용하여 조건 (가)의 양변의 부정적분을 구한다.

$$\frac{d}{dx}\{f(x)\}^3=3\{f(x)\}^2 f'(x),$$
$$\frac{d}{dx}\{f(2x+1)\}^3=3\{f(2x+1)\}^2 f'(2x+1)\times 2$$

이므로 조건 (가)의
$$2\{f(x)\}^2 f'(x)=\{f(2x+1)\}^2 f'(2x+1)$$
에서 양변의 부정적분을 구하면

$$\frac{2}{3}\{f(x)\}^3+C_1=\frac{1}{6}\{f(2x+1)\}^3+C_2$$
$$\{f(x)\}^3+C_1'=\frac{1}{4}\{f(2x+1)\}^3+C_2'$$
$$\therefore \{f(x)\}^3=\frac{1}{4}\{f(2x+1)\}^3+C \quad \cdots ❶$$

조건 (나)에서 $f\left(-\dfrac{1}{8}\right)=1$이므로 ❶에 $x=-\dfrac{1}{8}$을 대입하면

$$1=\frac{1}{4}\left\{f\left(\frac{3}{4}\right)\right\}^3+C \quad\quad \cdots ❷$$

또 ❶에 $x=\dfrac{3}{4}$을 대입하면

$$\left\{f\left(\frac{3}{4}\right)\right\}^3=\frac{1}{4}\left\{f\left(\frac{5}{2}\right)\right\}^3+C \quad \cdots ❸$$

❶에 $x=\dfrac{5}{2}$를 대입하면 $\left\{f\left(\dfrac{5}{2}\right)\right\}^3=\dfrac{1}{4}\{f(6)\}^3+C$

$f(6)=2$이므로 $\left\{f\left(\dfrac{5}{2}\right)\right\}^3=2+C$

이것을 ❸에 대입하면 $\left\{f\left(\dfrac{3}{4}\right)\right\}^3=\dfrac{2+C}{4}+C=\dfrac{2+5C}{4}$

❷에 대입하면 $1=\dfrac{2+5C}{16}+C \quad \therefore C=\dfrac{2}{3}$

$$\therefore \{f(x)\}^3=\frac{1}{4}\{f(2x+1)\}^3+\frac{2}{3}$$

$x=-1$을 대입하면

$$\{f(-1)\}^3=\frac{1}{4}\{f(-1)\}^3+\frac{2}{3}, \ \{f(-1)\}^3=\frac{8}{9}$$

$$\therefore f(-1)=\frac{2\sqrt[3]{3}}{3} \quad\quad\quad \boxed{답} ④$$

02

[전략] 각 구간에서 부정적분을 구하고, 주어진 조건을 이용하여 적분상수부터 정한다.

$0<x<\dfrac{\pi}{2}$, $\dfrac{\pi}{2}<x<\pi$, $\pi<x<\dfrac{3}{2}\pi$에서 $f'(x)$의 부정적분을 구하면

$$f(x)=\begin{cases} l\sin x+C_1 & \left(0\le x<\dfrac{\pi}{2}\right) \\ m\sin x+C_2 & \left(\dfrac{\pi}{2}<x<\pi\right) \\ n\sin x+C_3 & \left(\pi<x\le\dfrac{3}{2}\pi\right) \end{cases}$$

$f(0)=0$이므로 $C_1=0$

$f\left(\dfrac{3}{2}\pi\right)=1$이므로 $-n+C_3=1 \quad \therefore C_3=n+1$

$x=\pi$에서 연속이므로 $C_2=C_3 \quad \therefore C_2=n+1$

$x=\dfrac{\pi}{2}$에서 연속이므로 $l+C_1=m+C_2$

$$\therefore l=m+n+1 \quad \cdots ❶$$

$$\therefore f(x)=\begin{cases} l\sin x & \left(0\le x<\dfrac{\pi}{2}\right) \\ m\sin x+n+1 & \left(\dfrac{\pi}{2}\le x<\pi\right) \\ n\sin x+n+1 & \left(\pi\le x\le\dfrac{3}{2}\pi\right) \end{cases}$$

$$\int_0^{\frac{3}{2}\pi} f(x)\,dx$$
$$=\int_0^{\frac{\pi}{2}} l\sin x\,dx+\int_{\frac{\pi}{2}}^{\pi}(m\sin x+n+1)\,dx$$
$$\quad+\int_{\pi}^{\frac{3}{2}\pi}(n\sin x+n+1)\,dx$$
$$=\Big[-l\cos x\Big]_0^{\frac{\pi}{2}}+\Big[-m\cos x+(n+1)x\Big]_{\frac{\pi}{2}}^{\pi}$$
$$\quad+\Big[-n\cos x+(n+1)x\Big]_{\pi}^{\frac{3}{2}\pi}$$
$$=l+\left\{m+\frac{\pi}{2}(n+1)\right\}+\left\{\frac{\pi}{2}(n+1)-n\right\}$$

❶을 대입하고 정리하면

$$\int_0^{\frac{3}{2}\pi} f(x)\,dx=2m+n\pi+\pi+1$$

따라서 좌변의 적분값이 최대이면 $2m+n\pi$의 값이 최대이다.
그런데 $|l|+|m|+|n|\le 10$에서
$|m+n+1|+|m|+|n|\le 10$이므로
(i) $n=1$일 때, $m\le 3$이므로
$\quad 2m+n\pi$의 최댓값은 $6+\pi$
(ii) $n=2$일 때, $m\le 2$이므로
$\quad 2m+n\pi$의 최댓값은 $4+2\pi$
(iii) $n=3$일 때, $m\le 1$이므로
$\quad 2m+n\pi$의 최댓값은 $2+3\pi$

(iv) $n=4$일 때, $m\leq-1$이므로

$2m+n\pi$의 최댓값은 $-2+4\pi$

(v) $n\geq5$이면 m의 값은 없다.

(i)~(v)에서 $n=3$, $m=1$일 때 $2m+n\pi$의 값이 최대이다.

이때 $l=5$이므로

$l+2m+3n=5+2\times1+3\times3=16$ 답 ⑤

03

[전략] 정적분의 기하적 의미, 평균값 정리, 사잇값의 정리를 이용한다.

ㄱ. $f(\sqrt{\pi})=e^{-\sqrt{\pi}}\int_0^{\sqrt{\pi}}\sin t^2\,dt$에서

$e^{-\sqrt{\pi}}>0$이고, $0\leq t\leq\sqrt{\pi}$일 때, $\sin t^2\geq0$이므로

$\int_0^{\sqrt{\pi}}\sin t^2\,dt>0$

$\therefore f(\sqrt{\pi})>0$ (참)

ㄴ. $f(x)$가 구간 $[0,\sqrt{\pi}]$에서 연속이고, 구간 $(0,\sqrt{\pi})$에서 미분가능하므로 평균값 정리에 의하여

$\dfrac{f(\sqrt{\pi})-f(0)}{\sqrt{\pi}-0}=f'(a)\ (0<a<\sqrt{\pi})$

인 a가 적어도 하나 존재한다. 이때 $f(0)=0$이고, ㄱ에서 $f(\sqrt{\pi})>0$이므로

$\dfrac{f(\sqrt{\pi})-f(0)}{\sqrt{\pi}-0}=\dfrac{f(\sqrt{\pi})}{\sqrt{\pi}}>0$

$\therefore f'(a)>0$ (참)

ㄷ. $f'(x)=-e^{-x}\int_0^x\sin t^2\,dt+e^{-x}\sin x^2$이므로

$f'(\sqrt{\pi})=-e^{-\sqrt{\pi}}\int_0^{\sqrt{\pi}}\sin t^2\,dt+e^{-\sqrt{\pi}}\sin\pi$

$e^{-\sqrt{\pi}}>0$, $\int_0^{\sqrt{\pi}}\sin t^2\,dt>0$, $\sin\pi=0$이므로

$f'(\sqrt{\pi})<0$

$f'(x)$는 연속이고 $f'(a)>0$이므로 사잇값의 정리에 의하여 $f'(b)=0$인 b가 구간 $(a,\sqrt{\pi})$에 적어도 하나 존재한다. (참)

따라서 옳은 것은 ㄱ, ㄴ, ㄷ이다. 답 ⑤

04

[전략] 조건을 이용하여 삼각형의 넓이를 $f(t)$, $f(t+1)$로 나타내고, 정적분을 이용하여 나타내는 방법을 생각한다.

그림에서 $\triangle OBA$의 넓이는

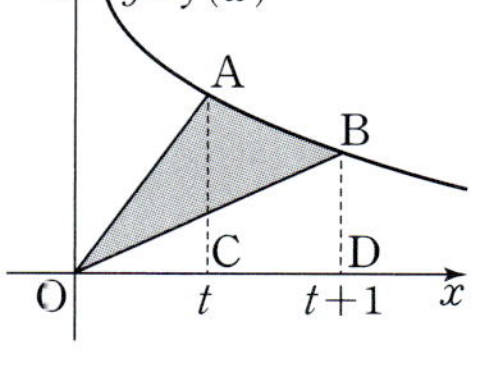

$\triangle OCA+\square ACDB-\triangle ODB$

$=\dfrac{1}{2}tf(t)+\dfrac{1}{2}\{f(t)+f(t+1)\}$

$\quad-\dfrac{1}{2}(t+1)f(t+1)$

$=\dfrac{1}{2}\{(t+1)f(t)-tf(t+1)\}$

이므로

$\dfrac{1}{2}\{(t+1)f(t)-tf(t+1)\}=\dfrac{t+1}{t}$

양변을 $\dfrac{1}{2}t(t+1)$로 나누면

$\dfrac{f(t)}{t}-\dfrac{f(t+1)}{t+1}=\dfrac{2}{t^2}$

그런데 $\dfrac{f(t)}{t}-\dfrac{f(t+1)}{t+1}=\dfrac{d}{dt}\int_{t+1}^t\dfrac{f(x)}{x}\,dx$이므로

$\int_t^{t+1}\dfrac{f(x)}{x}\,dx=-\int\dfrac{2}{t^2}\,dt=\dfrac{2}{t}+C$

$\int_1^2\dfrac{f(x)}{x}\,dx=2$이므로 $t=1$을 대입하면

$2=2+C$ $\quad\therefore C=0$

$\int_t^{t+1}\dfrac{f(x)}{x}\,dx=\dfrac{2}{t}$이므로

$\int_{\frac{7}{2}}^{\frac{11}{2}}\dfrac{f(x)}{x}\,dx=\int_{\frac{7}{2}}^{\frac{9}{2}}\dfrac{f(x)}{x}\,dx+\int_{\frac{9}{2}}^{\frac{11}{2}}\dfrac{f(x)}{x}\,dx$

$=\dfrac{2}{\frac{7}{2}}+\dfrac{2}{\frac{9}{2}}=\dfrac{64}{63}$ 답 $\dfrac{64}{63}$

05

[전략] $e^x=y$라 하고 $g(y)$를 구한다.

$e^x=y$라 하면

$g(y)=\begin{cases}f(\ln y) & (1\leq y<e)\\ g\left(\dfrac{y}{e}\right)+5 & (e\leq y\leq e^2)\end{cases}$

이므로 $\int_1^{e^2}g(x)\,dx=6e^2+4$에서

$\int_1^e f(\ln y)\,dy+\int_e^{e^2}\left\{g\left(\dfrac{y}{e}\right)+5\right\}dy=6e^2+4$ ··· ❶

$\dfrac{y}{e}=t$라 하면 $\dfrac{dy}{dt}=e$에서 $dy=e\,dt$이고,

$y=e$일 때 $t=1$, $y=e^2$일 때 $t=e$이므로

$\int_e^{e^2}\left\{g\left(\dfrac{y}{e}\right)+5\right\}dy=e\int_1^e g(t)\,dt+5e^2-5e$

$\int_1^e g(t)\,dt=\int_1^e f(\ln t)\,dt=\int_1^e f(\ln y)\,dy$

이므로 ❶에 대입하면

$\int_1^e f(\ln y)\,dy+e\int_1^e f(\ln y)\,dy+5e^2-5e=6e^2+4$

$(1+e)\int_1^e f(\ln y)\,dy=e^2+5e+4$

$\therefore \int_1^e f(\ln y)\,dy=e+4$ 답 $e+4$

06

[전략] $g(x)$에서 $e^{t^2}f(t)=te^{t^2}\times\dfrac{f(t)}{t}$로 놓고, 조건 (가)와 부분적분법을 이용한다.

$g(x)=\dfrac{4}{e^4}\int_1^x e^{t^2}f(t)\,dt$

$=\dfrac{4}{e^4}\int_1^x\left[te^{t^2}\left\{\dfrac{f(t)}{t}\right\}\right]dt$

$\int\left[te^{t^2}\left\{\dfrac{f(t)}{t}\right\}\right]dt$에서 $u(t)=\dfrac{f(t)}{t}$, $v'(t)=te^{t^2}$으로 놓으면

$u'(t)=t^2e^{-t^2}$, $v(t)=\dfrac{1}{2}e^{t^2}$이므로

$$g(x)=\frac{4}{e^4}\left[\frac{1}{2}e^{t^2}\times\frac{f(t)}{t}\right]_1^x-\frac{4}{e^4}\int_1^x\frac{1}{2}e^{t^2}t^2e^{-t^2}dt$$

$$=\frac{2}{e^4}\left\{e^{x^2}\times\frac{f(x)}{x}-e\times f(1)\right\}-\frac{2}{e^4}\int_1^x t^2dt$$

$$=\frac{2}{e^4}\left\{e^{x^2}\times\frac{f(x)}{x}-e\times\frac{1}{e}\right\}-\frac{2}{e^4}\times\left(\frac{1}{3}x^3-\frac{1}{3}\right)$$

이므로

$$g(2)=\frac{2}{e^4}\left\{e^4\times\frac{f(2)}{2}-e\times\frac{1}{e}\right\}-\frac{2}{e^4}\times\frac{7}{3}$$

$$=f(2)-\frac{2}{e^4}-\frac{14}{3e^4}$$

$$\therefore\ f(2)-g(2)=\frac{2}{e^4}+\frac{14}{3e^4}=\frac{20}{3e^4}$$
답 ③

07

[전략] $f(x_0)=0$이라 하면 $x<x_0$일 때 $f(x)<0$, $x>x_0$일 때 $f(x)\geq0$이다. 이를 이용하여 x값의 범위를 나누고 $F(x)$를 조사한다.

그림과 같이

$$f(x_0)=0,\ \int_0^{x_1}f(x)dx=0$$

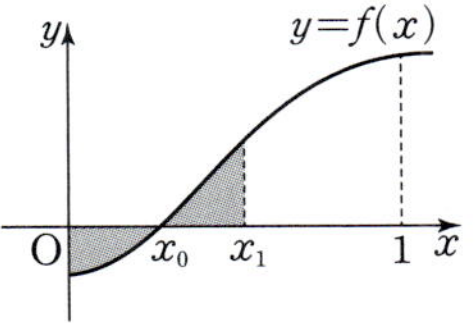

이라 하면 색칠한 두 부분의 넓이는 같다. 한 부분의 넓이를 a라 하면

$\int_0^1 f(x)dx=2$이므로 $\int_{x_1}^1 f(x)dx=2$

$\int_0^1|f(x)|dx=2\sqrt2$이므로 $2a+2=2\sqrt2$　　$\therefore\ a=\sqrt2-1$

(i) $x\leq x_0$일 때,

$$F(x)=\int_0^x\{-f(t)\}dt,\ F'(x)=-f(x)$$이므로

$$\int_0^{x_0}f(x)F(x)dx=\left[-\frac{1}{2}\{F(x)\}^2\right]_0^{x_0}$$

$$=-\frac{1}{2}\{F(x_0)\}^2+\frac{1}{2}\{F(0)\}^2$$

$F(0)=0,\ F(x_0)=\sqrt2-1$이므로

$$\int_0^{x_0}f(x)F(x)dx=-\frac{1}{2}(\sqrt2-1)^2=-\frac{3}{2}+\sqrt2$$

(ii) $x_0<x\leq1$일 때,

$$F(x)=\int_0^{x_0}\{-f(t)\}dt+\int_{x_0}^x f(t)dt,\ F'(x)=f(x)$$이므로

$$\int_{x_0}^1 f(x)F(x)dx=\left[\frac{1}{2}\{F(x)\}^2\right]_{x_0}^1$$

$$=\frac{1}{2}\{F(1)\}^2-\frac{1}{2}\{F(x_0)\}^2$$

$$=\frac{1}{2}\times(2\sqrt2)^2-\frac{1}{2}(\sqrt2-1)^2$$

$$=\frac{5}{2}+\sqrt2$$

(i), (ii)에서

$$\int_0^1 f(x)F(x)dx$$

$$=\int_0^{x_0}f(x)F(x)dx+\int_{x_0}^1 f(x)F(x)dx$$

$$=-\frac{3}{2}+\sqrt2+\frac{5}{2}+\sqrt2=1+2\sqrt2$$
답 ④

08

[전략] $n\geq2$일 때 $a_{n+1}-a_n=\frac{1}{2^{n-1}}$이고, $\sin(2^n\pi x)$의 주기가 $\frac{2\pi}{2^n\pi}=\frac{1}{2^{n-1}}$임을 이용하여 $y=f(x)$의 그래프를 그린다.

$-1\leq x\leq1$일 때, $f(x)=\sin(2\pi x)$

$1\leq x\leq2-\frac{1}{2}$일 때, $f(x)=\sin(4\pi x)$

$2-\frac{1}{2}\leq x\leq2-\frac{1}{2^2}$일 때, $f(x)=\sin(8\pi x)$

$\vdots$

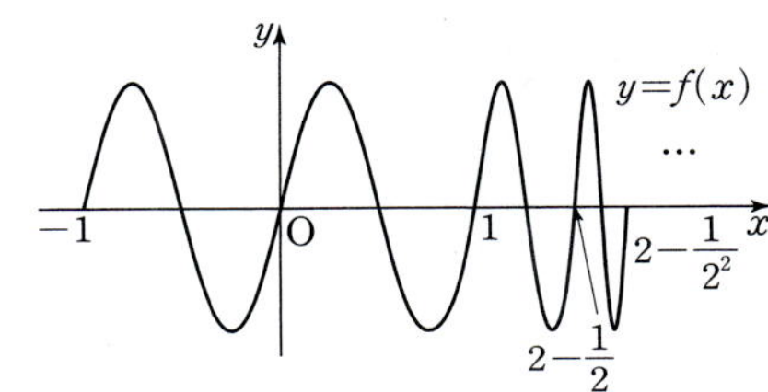

$a_1\leq x\leq a_2$에서 $y=\sin(2\pi x)$의 그래프가 2번 반복되고, $n\geq2$이면 $a_n\leq x\leq a_{n+1}$에서 $y=\sin(2^n\pi x)$의 그래프가 1번 나온다.

$\int_a^t f(x)dx=0$에서 $\int_a^0 f(x)dx+\int_0^t f(x)dx=0$

$$-\int_a^0 f(x)dx=\int_0^t f(x)dx$$

$\int_{a_n}^{a_{n+1}}\sin(2^n\pi x)dx=0$이므로 $a_n<t\leq a_{n+1}$이면

$$-\int_a^0 f(x)dx=\int_{a_n}^t f(x)dx\qquad\cdots\ ❶$$

따라서 [그림 1]과 같이 색칠한 두 부분의 정적분 값이 같아지는 t가 2개 있거나 [그림 2]와 같이 색칠한 두 부분의 정적분의 값이 같아지는 t가 한 개 있다.

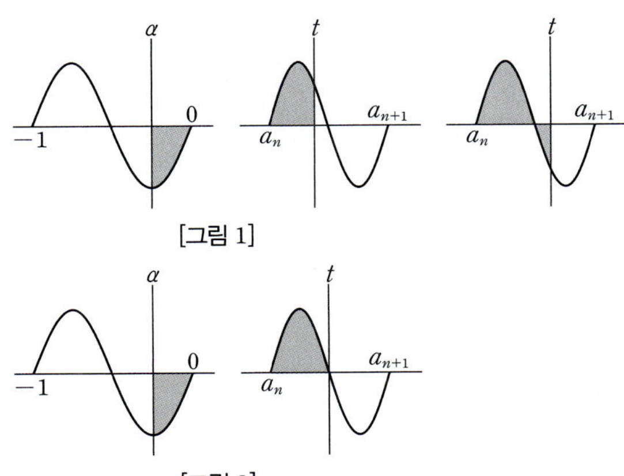

[그림 1]

[그림 2]

따라서 t가 103개이면

$0<x<a_2$에서 2개, $a_2<x<a_3$에서 2개, $\cdots$, $a_{51}<x<a_{52}$에서 2개, $a_{52}<x<a_{53}$에서 1개이다.

이때 ❶은

$$\left[-\frac{1}{2\pi}\cos2\pi x\right]_a^0+\left[-\frac{1}{2^{52}\pi}\cos(2^{52}\pi x)\right]_{a_{52}}^t=0$$

$t=2-\frac{1}{2^{50}}+\frac{1}{2^{52}},\ a_{52}=2-\frac{1}{2^{50}}$이므로

$$-\frac{1}{2\pi}(1-\cos2\pi a)+\frac{1}{2^{51}\pi}=0,\ 1-\cos2\pi a=\frac{1}{2^{50}}$$

$$\therefore\ \log_2(1-\cos(2\pi a))=\log_2 2^{-50}=-50$$
답 ②

08. 정적분의 활용

<table>
<tr><td colspan="5">step A 기본 문제   91~95쪽</td></tr>
<tr><td>01 ②</td><td>02 1</td><td>03 ③</td><td>04 ③</td><td>05 ①</td></tr>
<tr><td>06 ③</td><td>07 ④</td><td>08 ②</td><td>09 ③</td><td>10 $\dfrac{5}{2}$</td></tr>
<tr><td>11 ①</td><td>12 27</td><td>13 ①</td><td>14 ln 5</td><td>15 ③</td></tr>
<tr><td>16 ④</td><td>17 $\dfrac{1}{3}$</td><td>18 ①</td><td>19 ⑤</td><td>20 ③</td></tr>
<tr><td>21 ①</td><td>22 ②</td><td>23 ④</td><td>24 ⑤</td><td>25 ③</td></tr>
<tr><td>26 ①</td><td>27 ①</td><td>28 ④</td><td>29 ①</td><td>30 ④</td></tr>
<tr><td>31 ④</td><td>32 ④</td><td>33 32</td><td>34 ⑤</td><td>35 ⑤</td></tr>
</table>

01

둘러싸인 부분의 넓이는

$$\int_{-1}^{1}(e^x+1)dx$$
$$=\Big[e^x+x\Big]_{-1}^{1}$$
$$=e-\frac{1}{e}+2$$

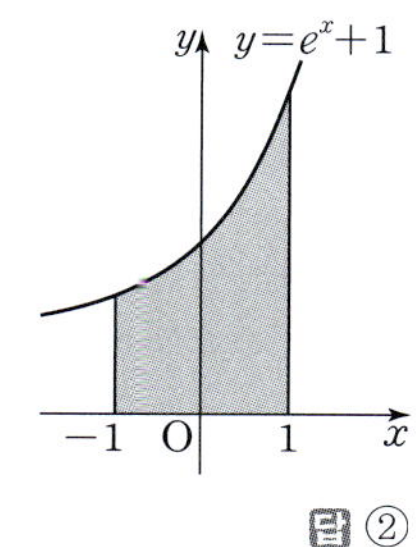

답 ②

02

$y=0$에서 $x=1$이므로 둘러싸인 부분의 넓이는

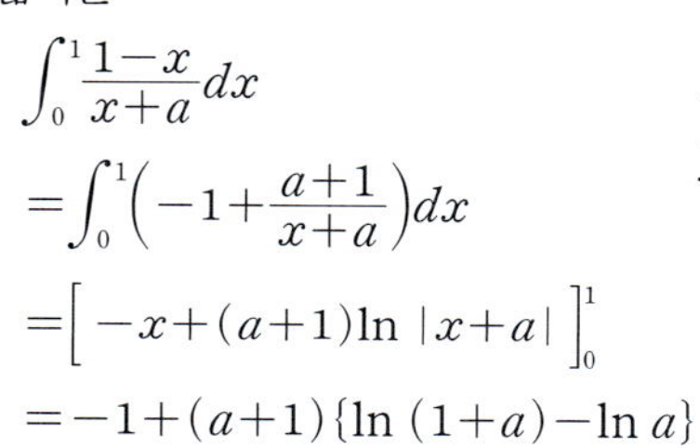

$$\int_{0}^{1}\frac{1-x}{x+a}dx$$
$$=\int_{0}^{1}\Big(-1+\frac{a+1}{x+a}\Big)dx$$
$$=\Big[-x+(a+1)\ln|x+a|\Big]_{0}^{1}$$
$$=-1+(a+1)\{\ln(1+a)-\ln a\}$$

조건에서

$$-1+(a+1)\{\ln(1+a)-\ln a\}=2\ln 2-1$$
$$(a+1)\ln\frac{a+1}{a}=2\ln 2$$
$$\therefore a=1$$

답 1

03

$y=0$에서 $x=1$이고,

구간 $\Big[\dfrac{1}{e},\,1\Big]$에서 $y\leq0$,

구간 $[1,\,e]$에서 $y\geq0$

이므로 둘러싸인 부분의 넓이는

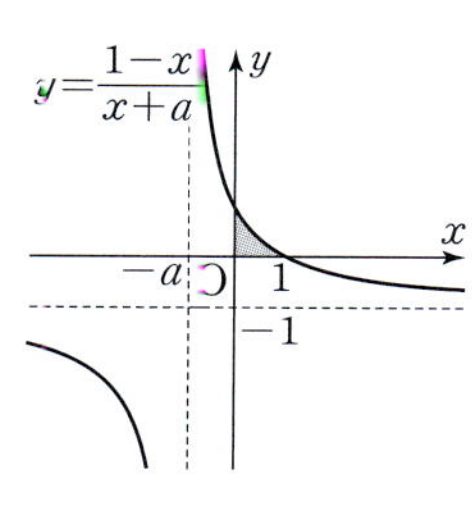

$$\int_{\frac{1}{e}}^{e}\Big|\frac{\ln x}{x}\Big|dx$$
$$=\int_{\frac{1}{e}}^{1}\Big(-\frac{\ln x}{x}\Big)dx+\int_{1}^{e}\frac{\ln x}{x}dx$$

$\ln x=t$로 놓으면 $\dfrac{dt}{dx}=\dfrac{1}{x}$에서 $\dfrac{1}{x}dx=dt$이고

$x=\dfrac{1}{e}$일 때 $t=-1$, $x=1$일 때 $t=0$, $x=e$일 때 $t=1$이므로

$$\int_{-1}^{0}(-t)dt+\int_{0}^{1}t\,dt=\Big[-\frac{1}{2}t^2\Big]_{-1}^{0}+\Big[\frac{1}{2}t^2\Big]_{0}^{1}$$
$$=\frac{1}{2}+\frac{1}{2}=1$$

답 ③

04

둘러싸인 부분의 넓이는

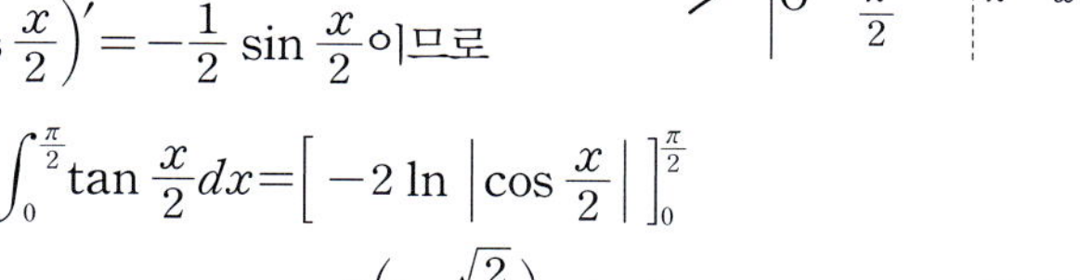

$$\int_{0}^{\frac{\pi}{2}}\tan\frac{x}{2}dx=\int_{0}^{\frac{\pi}{2}}\frac{\sin\frac{x}{2}}{\cos\frac{x}{2}}dx$$

$\Big(\cos\dfrac{x}{2}\Big)'=-\dfrac{1}{2}\sin\dfrac{x}{2}$이므로

$$\int_{0}^{\frac{\pi}{2}}\tan\frac{x}{2}dx=\Big[-2\ln\Big|\cos\frac{x}{2}\Big|\Big]_{0}^{\frac{\pi}{2}}$$
$$=-2\Big(\ln\frac{\sqrt{2}}{2}\Big)=\ln 2$$

답 ③

05

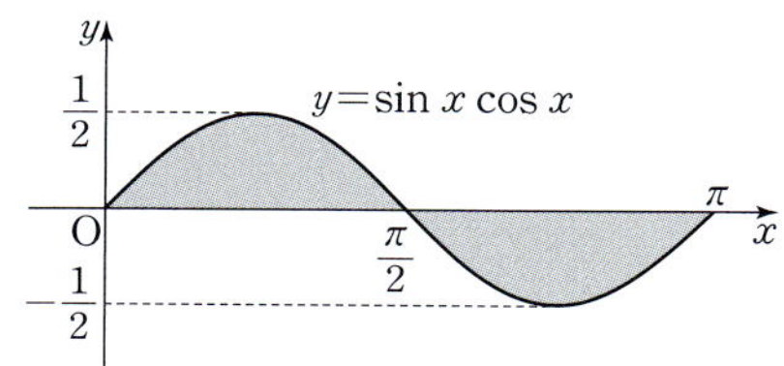

$x=0,\,\dfrac{\pi}{2},\,\pi$일 때 $y=0$이고,

구간 $\Big[0,\,\dfrac{\pi}{2}\Big]$에서 $y\geq0$, 구간 $\Big[\dfrac{\pi}{2},\,\pi\Big]$에서 $y\leq0$

이므로 둘러싸인 부분의 넓이는

$$\int_{0}^{\frac{\pi}{2}}\sin x\cos x\,dx-\int_{\frac{\pi}{2}}^{\pi}\sin x\cos x\,dx$$
$$=\Big[\frac{1}{2}\sin^2 x\Big]_{0}^{\frac{\pi}{2}}-\Big[\frac{1}{2}\sin^2 x\Big]_{\frac{\pi}{2}}^{\pi}=\frac{1}{2}+\frac{1}{2}=1$$

답 ①

Note

$\sin x\cos x=\dfrac{1}{2}\sin 2x$임을 이용하여 넓이를 구해도 된다.

06

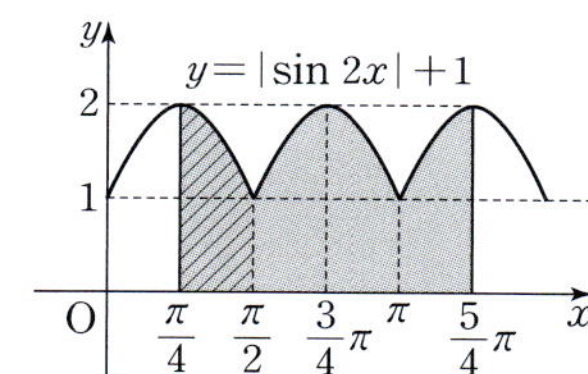

둘러싸인 부분의 넓이는 빗금친 부분 넓이의 4배이므로

$$4\int_{\frac{\pi}{4}}^{\frac{\pi}{2}}(\sin 2x+1)dx=4\times\Big[-\frac{1}{2}\cos 2x+x\Big]_{\frac{\pi}{4}}^{\frac{\pi}{2}}$$
$$=4\times\Big(\frac{1}{2}+\frac{\pi}{4}\Big)=\pi+2$$

답 ③

07

둘러싸인 부분의 넓이는

$$\int_{\frac{1}{e}}^{e}\left\{\frac{1}{x}-\left(-\frac{2}{x}\right)\right\}dx$$

$$=\int_{\frac{1}{e}}^{e}\frac{3}{x}dx$$

$$=\Big[\,3\ln|x|\,\Big]_{\frac{1}{e}}^{e}=6$$

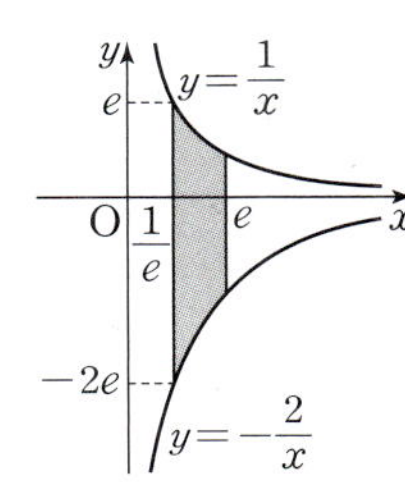

답 ④

08

두 곡선이 만나는 점의 x좌표는

$x^2=\sqrt{x}$에서 $x^4=x$

$$x(x^3-1)=0$$

$$\therefore x=0 \ \text{또는} \ x=1$$

구간 $[0,\,1]$에서 $\sqrt{x}\geq x^2$이므로 둘
러싸인 부분의 넓이는

$$\int_0^1(\sqrt{x}-x^2)dx=\Big[\frac{2}{3}x^{\frac{3}{2}}-\frac{1}{3}x^3\Big]_0^1=\frac{1}{3}$$

답 ②

09

두 곡선이 만나는 점의 x좌표는

$(1+e)e^x-e=e^{2x}$에서

$$e^{2x}-(e+1)e^x+e=0$$

$$(e^x-e)(e^x-1)=0$$

$$\therefore x=1 \ \text{또는} \ x=0$$

구간 $[0,\,1]$에서

$$(1+e)e^x-e\geq e^{2x}$$

이므로 둘러싸인 부분의 넓이는

$$\int_0^1\{(1+e)e^x-e-e^{2x}\}dx$$

$$=\Big[(1+e)e^x-ex-\frac{1}{2}e^{2x}\Big]_0^1$$

$$=\frac{1}{2}e^2-e-\frac{1}{2}$$

답 ③

10

두 곡선이 만나는 점의 x좌표는

$\sin x=\sin 2x$에서

$$\sin x=2\sin x\cos x$$

$$\sin x(1-2\cos x)=0$$

$$\therefore \sin x=0 \ \text{또는} \ \cos x=\frac{1}{2}$$

$0\leq x\leq\pi$에서 $x=0$ 또는 $x=\dfrac{\pi}{3}$ 또는 $x=\pi$

구간 $\Big[0,\,\dfrac{\pi}{3}\Big]$에서 $\sin 2x\geq\sin x$

구간 $\Big[\dfrac{\pi}{3},\,\pi\Big]$에서 $\sin 2x\leq\sin x$

이므로 둘러싸인 부분의 넓이는

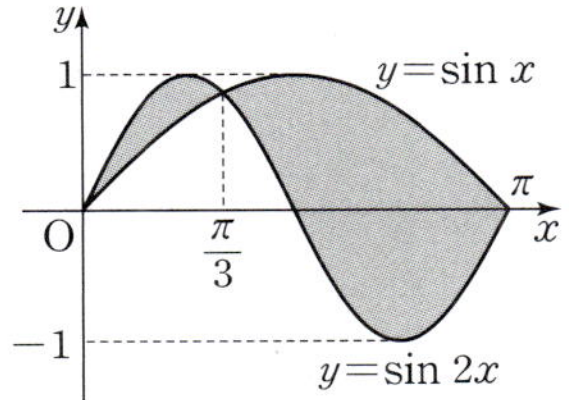

$$\int_0^{\frac{\pi}{3}}(\sin 2x-\sin x)dx+\int_{\frac{\pi}{3}}^{\pi}(\sin x-\sin 2x)dx$$

$$=\Big[-\frac{1}{2}\cos 2x+\cos x\Big]_0^{\frac{\pi}{3}}+\Big[-\cos x+\frac{1}{2}\cos 2x\Big]_{\frac{\pi}{3}}^{\pi}$$

$$=\frac{1}{4}+\frac{9}{4}=\frac{5}{2}$$

답 $\dfrac{5}{2}$

11

두 곡선이 만나는 점의 x좌표는

$\ln(x+1)=\ln 2x$에서

$$x+1=2x$$

$$\therefore x=1$$

구간 $[0,\,1]$에서

$\ln(x+1)\geq\ln 2x$이므로 둘
러싸인 부분의 넓이는

$$\int_0^1\ln(x+1)dx-\int_{\frac{1}{2}}^1\ln 2x\,dx$$

$$=\int_1^2\ln t\,dt-\frac{1}{2}\int_1^2\ln s\,ds$$

$$=\frac{1}{2}\int_1^2\ln t\,dt$$

$$=\frac{1}{2}\Big[t\ln t-t\Big]_1^2$$

$$=\frac{1}{2}(2\ln 2-1)=\ln 2-\frac{1}{2}$$

답 ①

$y=\ln 2x$에서 $x=\dfrac{1}{2}e^y$, $y=\ln(x+1)$에서 $x=e^y-1$

따라서 둘러싸인 부분의 넓이는

$$\int_0^{\ln 2}\left\{\frac{1}{2}e^y-(e^y-1)\right\}dy=\int_0^{\ln 2}\left(1-\frac{1}{2}e^y\right)dy$$

$$=\Big[y-\frac{1}{2}e^y\Big]_0^{\ln 2}$$

$$=\ln 2-\frac{1}{2}$$

12

$f(x)=3\sqrt{x-9}$라 하면

$$f'(x)=\frac{3}{2\sqrt{x-9}}$$

$f'(18)=\dfrac{1}{2}$이므로 접선의 방정
식은

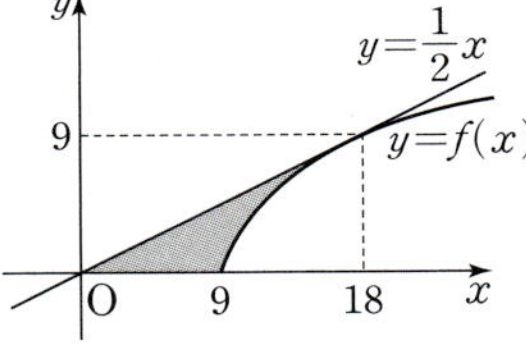

$$y-9=\frac{1}{2}(x-18) \qquad \therefore y=\frac{1}{2}x$$

따라서 둘러싸인 부분의 넓이는

$$\frac{1}{2}\times 18\times 9-\int_9^{18}3\sqrt{x-9}\,dx$$

$$=81-\Big[3\times\frac{2}{3}\times(x-9)^{\frac{3}{2}}\Big]_9^{18}$$

$$=81-54=27$$

답 27

Note

$\int_0^9 \frac{1}{2}x\,dx + \int_9^{18}\left(\frac{1}{2}x - 3\sqrt{x-9}\right)dx$로 계산해도 된다.

13

접점을 $(a, \ln a)$라 하자.

$y' = \frac{1}{x}$이므로 접선의 방정식은

$$y - \ln a = \frac{1}{a}(x-a)$$

원점을 지나므로

$$-\ln a = -1 \qquad \therefore a = e$$

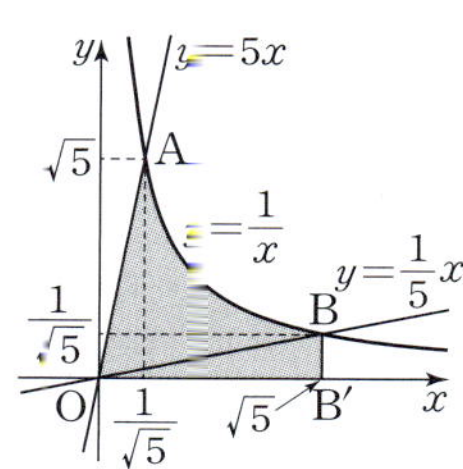

따라서 접선의 방정식은 $y = \frac{1}{e}x$이므로 둘러싸인 부분의 넓이는

$$\frac{1}{2} \times e \times 1 - \int_1^e \ln x\,dx = \frac{e}{2} - \Big[x\ln x - x\Big] = \frac{e}{2} - 1$$

답 ①

14

$x > 0$에서 곡선 $y = \frac{1}{x}$과 직선 $y = 5x$가 만나는 점의 x좌표는

$$\frac{1}{x} = 5x$$에서 $5x^2 = 1$ $\qquad \therefore x = \frac{1}{\sqrt{5}}$

$x > 0$에서 곡선 $y = \frac{1}{x}$과 직선 $y = \frac{1}{5}x$가 만나는 점의 x좌표는

$$\frac{1}{x} = \frac{1}{5}x$$에서 $x^2 = 5$ $\qquad \therefore x = \sqrt{5}$

구하는 넓이는 그림의 색칠한 부분의 넓이에서 삼각형 OBB'의 넓이를 뺀 것과 같으므로

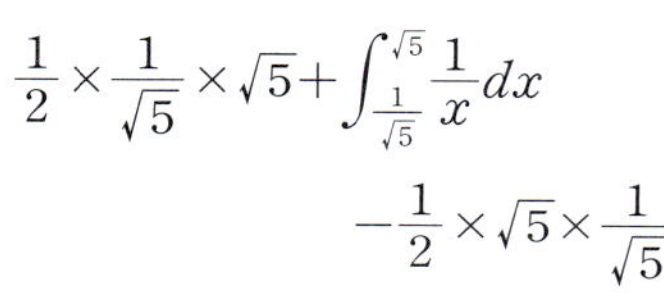

$$\frac{1}{2} \times \frac{1}{\sqrt{5}} \times \sqrt{5} + \int_{\frac{1}{\sqrt{5}}}^{\sqrt{5}} \frac{1}{x}dx$$
$$- \frac{1}{2} \times \sqrt{5} \times \frac{1}{\sqrt{5}}$$
$$= \Big[\ln x\Big]_{\frac{1}{\sqrt{5}}}^{\sqrt{5}} = \ln 5$$

답 $\ln 5$

15

넓이를 이등분하므로

$$\int_0^1 e^x\,dx = 2\int_0^1 ax\,dx$$

이때

$$\int_0^1 e^x\,dx = \Big[e^x\Big]_0^1 = e - 1,$$
$$\int_0^1 ax\,dx = \Big[\frac{a}{2}x^2\Big]_0^1 = \frac{a}{2}$$

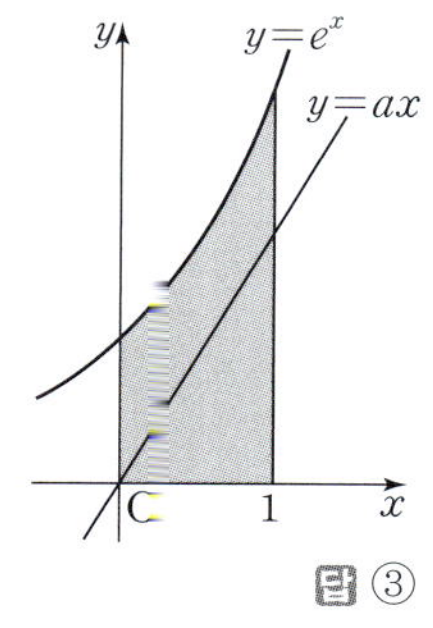

이므로 $a = e - 1$

답 ③

16

$\int_0^9 \sqrt{x}\,dx = \Big[\frac{2}{3}x^{\frac{3}{2}}\Big]_0^9 = 18$이므로

$$\int_0^9 \sqrt{ax}\,dx = \Big[\frac{2}{3}\sqrt{a}\,x^{\frac{3}{2}}\Big]_0^9 = 18\sqrt{a} = 6$$

$$\therefore a = \frac{1}{9}$$

$$\int_0^9 \sqrt{bx}\,dx = \Big[\frac{2}{3}\sqrt{b}\,x^{\frac{3}{2}}\Big]_0^9 = 18\sqrt{b} = 12$$

$$\therefore b = \frac{4}{9}$$

$$\therefore a + b = \frac{5}{9}$$

답 ④

17

두 곡선이 만나는 점의 x좌표는 $\sin 2x = \cos x$에서

$$2\sin x \cos x = \cos x, \quad \cos x(2\sin x - 1) = 0$$

$$\therefore \cos x = 0 \text{ 또는 } \sin x = \frac{1}{2}$$

$0 \le x \le \frac{\pi}{2}$에서 $x = \frac{\pi}{6}$ 또는 $x = \frac{\pi}{2}$

$$A = \int_{\frac{\pi}{6}}^{\frac{\pi}{2}}(\sin 2x - \cos x)dx$$

$$= \Big[-\frac{1}{2}\cos 2x - \sin x\Big]_{\frac{\pi}{6}}^{\frac{\pi}{2}} = \frac{1}{4}$$

$$B = \int_0^{\frac{\pi}{6}}\sin 2x\,dx + \int_{\frac{\pi}{6}}^{\frac{\pi}{2}}\cos x\,dx$$

$$= \Big[-\frac{1}{2}\cos 2x\Big]_0^{\frac{\pi}{6}} + \Big[\sin x\Big]_{\frac{\pi}{6}}^{\frac{\pi}{2}}$$

$$= \frac{1}{4} + \frac{1}{2} = \frac{3}{4}$$

$$\therefore \frac{A}{B} = \frac{1}{3}$$

답 $\frac{1}{3}$

18

A, B의 넓이가 같으므로 $\int_0^1 \{e^{2x} - (-2x + a)\}dx = 0$

$$(\text{좌변}) = \int_0^1 (e^{2x} + 2x - a)dx$$

$$= \Big[\frac{1}{2}e^{2x} + x^2 - ax\Big]_0^1 = \frac{1}{2}e^2 + \frac{1}{2} - a$$

이므로 $\frac{1}{2}e^2 + \frac{1}{2} - a = 0$

$$\therefore a = \frac{e^2 + 1}{2}$$

답 ①

19

A, B의 넓이가 같으므로 $\int_0^{\frac{\pi}{2}}(\sin 2x - ax)dx = 0$

$$(\text{좌변}) = \Big[-\frac{1}{2}\cos 2x - \frac{1}{2}ax^2\Big]_0^{\frac{\pi}{2}} = 1 - \frac{\pi^2}{8}a$$

이므로 $1 - \frac{\pi^2}{8}a = 0$

$$\therefore a = \frac{8}{\pi^2}$$

답 ⑤

20

$S_1+S_3=S_2$이므로 $\int_0^{2\pi}\left(\sin\dfrac{x}{2}-k\right)dx=0$

$$（좌변）=\left[-2\cos\dfrac{x}{2}-kx\right]_0^{2\pi}=4-2\pi k$$

이므로 $4-2\pi k=0$　　$\therefore k=\dfrac{2}{\pi}$　　　답 ③

21

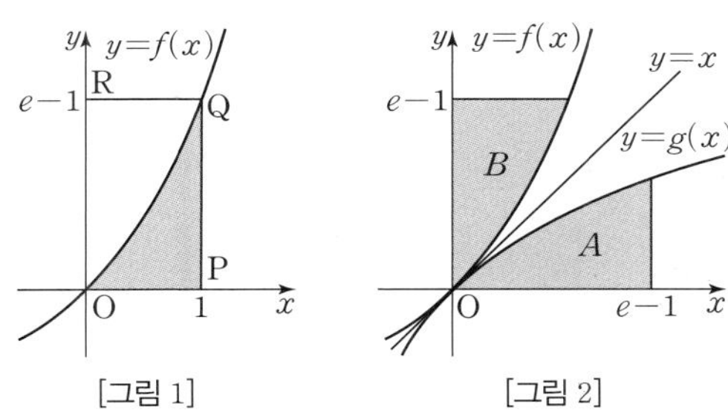

[그림 1]　　　　　　[그림 2]

$\int_0^1 f(x)dx$는 [그림 1]에서 색칠한 부분의 넓이이고,

$\int_0^{e-1} g(x)dx$는 [그림 2]에서 A 부분의 넓이이다.

그런데 곡선 $y=f(x)$와 $y=g(x)$는 직선 $y=x$에 대칭이므로 A, B의 넓이가 같다.

따라서 $\int_0^1 f(x)dx+\int_0^{e-1} g(x)dx$의 값은 [그림 1]에서 직사각형 OPQR의 넓이인 $e-1$이다.　　　답 ①

22

$y=\log_2 x$는 $y=2^x$의 역함수이므로 두 곡선 $y=2^x$, $y=\log_2 x$는 직선 $y=x$에 대칭이다.

따라서 그림에서 색칠한 두 부분 P, Q의 넓이가 같다.

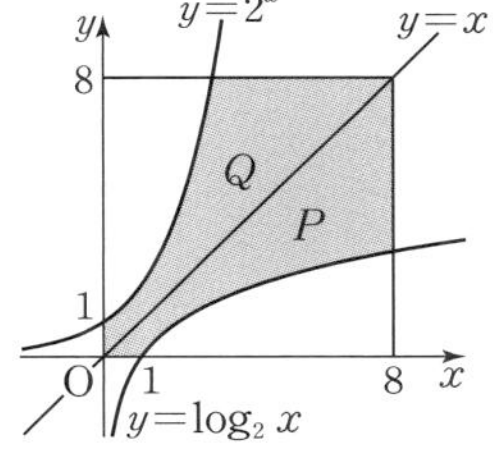

$\log_2 x=\dfrac{\ln x}{\ln 2}$이므로 P의 넓이는

$$\dfrac{1}{2}\times 8\times 8-\int_1^8 \dfrac{\ln x}{\ln 2}\,dx=32-\dfrac{1}{\ln 2}\Big[x\ln x-x\Big]_1^8$$

$$=32-\dfrac{1}{\ln 2}(8\ln 8-7)$$

$$=8+\dfrac{7}{\ln 2}$$

따라서 색칠한 부분의 넓이는

$$2\times\left(8+\dfrac{7}{\ln 2}\right)=16+\dfrac{14}{\ln 2}$$　　　답 ②

23

두 곡선 $y=f(x)$, $y=g(x)$는 직선 $y=x$에 대칭이므로 그림과 같고, 색칠한 두 부분 P, Q의 넓이가 같다.

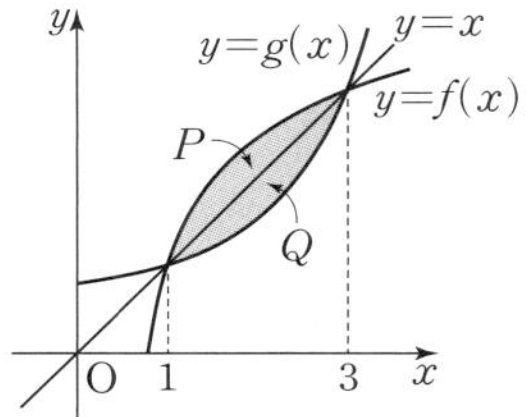

두 곡선이 만나는 점의 x좌표는 $\sqrt{4x-3}=x$에서

$$4x-3=x^2,\ x^2-4x+3=0$$

$\therefore x=1$ 또는 $x=3$

P의 넓이는

$$\int_1^3 (\sqrt{4x-3}-x)dx=\left[\dfrac{1}{4}\times\dfrac{2}{3}(4x-3)^{\frac{3}{2}}-\dfrac{1}{2}x^2\right]_1^3=\dfrac{1}{3}$$

따라서 둘러싸인 부분의 넓이는

$$2\times\dfrac{1}{3}=\dfrac{2}{3}$$　　　답 ④

24

두 곡선 $y=f(x)$, $y=g(x)$는 직선 $y=x$에 대칭이고, $f(0)=0$, $f(1)=1$이므로 그림과 같다.

색칠한 두 부분 P, Q의 넓이는 같고, Q의 넓이는

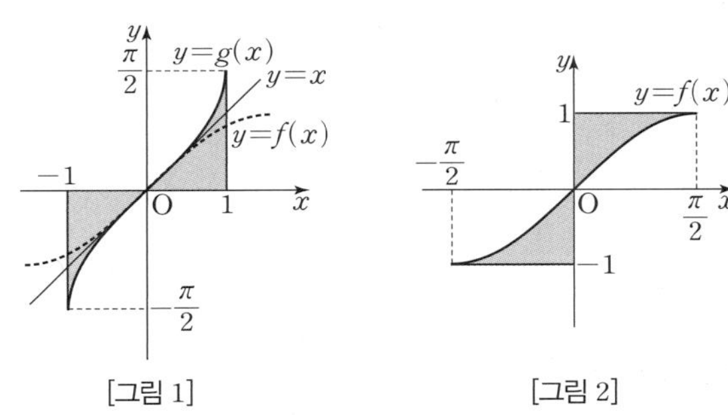

$$\int_0^1\left(x-\tan\dfrac{\pi}{4}x\right)dx$$

$$=\int_0^1 x\,dx-\int_0^1 \dfrac{\sin\dfrac{\pi}{4}x}{\cos\dfrac{\pi}{4}x}dx$$

$$=\left[\dfrac{1}{2}x^2\right]_0^1-\left[-\dfrac{4}{\pi}\ln\left|\cos\dfrac{\pi}{4}x\right|\right]_0^1$$

$$=\dfrac{1}{2}-\left(-\dfrac{4}{\pi}\ln\dfrac{1}{\sqrt{2}}\right)=\dfrac{1}{2}-\dfrac{2}{\pi}\ln 2$$

따라서 둘러싸인 부분의 넓이는

$$2\times\left(\dfrac{1}{2}-\dfrac{2}{\pi}\ln 2\right)=1-\dfrac{4}{\pi}\ln 2$$　　　답 ④

25

[그림 1]　　　　　　[그림 2]

두 곡선 $y=f(x)$, $y=g(x)$는 직선 $y=x$에 대칭이므로 [그림 1]에서 색칠한 부분의 넓이는 [그림 2]에서 색칠한 부분의 넓이와 같다.

[그림 2]에서 색칠한 부분의 넓이는

$$2\left(1\times\dfrac{\pi}{2}-\int_0^{\frac{\pi}{2}}\sin x\,dx\right)=\pi-2\left[-\cos x\right]_0^{\frac{\pi}{2}}=\pi-2$$

따라서 $a=1$, $b=-2$이므로 $a-b=3$　　　답 ③

26

$$\lim_{n\to\infty}\dfrac{1}{n}\left(\cos\dfrac{2\pi}{n}+\cos\dfrac{4\pi}{n}+\cos\dfrac{6\pi}{n}+\cdots+\cos\dfrac{2n\pi}{n}\right)$$

$$=\lim_{n\to\infty}\dfrac{1}{n}\sum_{k=1}^{n}\cos\dfrac{2k}{n}\pi$$

에서 $\dfrac{2k}{n}\pi=x$로 놓으면

$k=0$일 때 $x=0$, $k=n$일 때 $x=2\pi$이므로

$$\lim_{n\to\infty}\frac{1}{2\pi}\sum_{k=1}^{n}\left(\cos\frac{2k}{n}\pi\right)\frac{2\pi}{n}=\frac{1}{2\pi}\int_0^{2\pi}\cos x\,dx$$

$$=\frac{1}{2\pi}\Big[\sin x\Big]_0^{2\pi}=0 \qquad \text{답 ①}$$

다른 풀이

$\dfrac{k}{n}=x$로 놓으면

$k=0$일 때 $x=0$, $k=n$일 때 $x=1$이므로

$$(\text{주어진 식})=\lim_{n\to\infty}\frac{1}{n}\sum_{k=1}^{n}\cos\frac{2k}{n}\pi$$

$$=\int_0^1\cos 2\pi x\,dx$$

$$=\left[\frac{1}{2\pi}\sin 2\pi x\right]_0^1=0$$

27

$$\lim_{n\to\infty}\frac{\pi}{n^2}\left(\sin\frac{\pi}{n}+2\sin\frac{2\pi}{n}+3\sin\frac{3\pi}{n}+\cdots+n\sin\frac{n\pi}{n}\right)$$

$$=\lim_{n\to\infty}\frac{1}{\pi}\sum_{k=1}^{n}\left(\frac{k}{n}\pi\sin\frac{k}{n}\pi\right)\frac{\pi}{n}$$

에서 $\dfrac{k}{n}\pi=x$로 놓으면

$k=0$일 때 $x=0$, $k=n$일 때 $x=\pi$이므로

$$\lim_{n\to\infty}\frac{1}{\pi}\sum_{k=1}^{n}\left(\frac{k}{n}\pi\sin\frac{k}{n}\pi\right)\frac{\pi}{n}=\frac{1}{\pi}\int_0^{\pi}x\sin x\,dx$$

$u(x)=x$, $v'(x)=\sin x$라 하면 $u'(x)=1$, $v(x)=-\cos x$

이므로

$$\frac{1}{\pi}\int_0^{\pi}x\sin x\,dx$$

$$=\frac{1}{\pi}\Big[-x\cos x\Big]_0^{\pi}-\frac{1}{\pi}\int_0^{\pi}(-\cos x)dx$$

$$=1+\frac{1}{\pi}\Big[\sin x\Big]_0^{\pi}=1 \qquad \text{답 ①}$$

다른 풀이

$\dfrac{k}{n}=x$로 놓으면

$k=0$일 때 $x=0$, $k=n$일 때 $x=1$이므로

$$(\text{주어진 식})=\lim_{n\to\infty}\frac{\pi}{n}\sum_{k=1}^{n}\frac{k}{n}\left(\sin\frac{k}{n}\pi\right)$$

$$=\int_0^1\pi x\sin\pi x\,dx$$

$$=\Big[-x\cos\pi x\Big]_0^1-\int_0^1(-\cos\pi x)dx$$

$$=1+\left[\frac{1}{\pi}\sin\pi x\right]_0^1=1$$

28

$$\lim_{n\to\infty}\sum_{k=1}^{n}\frac{\ln(n+2k)-\ln n}{n}$$

$$=\lim_{n\to\infty}\sum_{k=1}^{n}\frac{1}{n}\ln\left(1+\frac{2k}{n}\right)$$

$$=\frac{1}{2}\lim_{n\to\infty}\sum_{k=1}^{n}\frac{2}{n}\ln\left(1+\frac{2k}{n}\right)$$

$1+\dfrac{2k}{n}=x$로 놓으면

$k=0$일 때 $x=1$, $k=n$일 때 $x=3$이므로

$$\frac{1}{2}\lim_{n\to\infty}\sum_{k=1}^{n}\frac{2}{n}\ln\left(1+\frac{2k}{n}\right)=\frac{1}{2}\int_1^3\ln x\,dx$$

$$=\frac{1}{2}\Big[x\ln x-x\Big]_1^3$$

$$=\frac{3}{2}\ln 3-1 \qquad \text{답 ④}$$

29

$$\angle\mathrm{P_1OP_0}=\frac{1}{2n}\times\frac{\pi}{2}=\frac{\pi}{4n}$$

$$\angle\mathrm{P_{n-k}OP_{n+k}}=2k\,\angle\mathrm{P_1OP_0}=\frac{k}{2n}\pi$$

이므로

$$S_k=\frac{1}{2}\times 1^2\times\sin\frac{k}{2n}\pi=\frac{1}{2}\sin\frac{k}{2n}\pi$$

$$\therefore\lim_{n\to\infty}\frac{1}{n}\sum_{k=1}^{n}S_k=\lim_{n\to\infty}\frac{1}{n}\sum_{k=1}^{n}\frac{1}{2}\sin\frac{k}{2n}\pi$$

$$=\lim_{n\to\infty}\frac{1}{\pi}\sum_{k=1}^{n}\frac{\pi}{2n}\sin\frac{k}{2n}\pi$$

$\dfrac{k}{2n}\pi=x$로 놓으면

$k=0$일 때 $x=0$, $k=n$일 때 $x=\dfrac{\pi}{2}$이므로

$$\lim_{n\to\infty}\frac{1}{\pi}\sum_{k=1}^{n}\frac{\pi}{2n}\sin\frac{k}{2n}\pi=\frac{1}{\pi}\int_0^{\frac{\pi}{2}}\sin x\,dx$$

$$=\frac{1}{\pi}\Big[-\cos x\Big]_0^{\frac{\pi}{2}}$$

$$=\frac{1}{\pi} \qquad \text{답 ①}$$

30

$x=t$를 포함하고 x축에 수직인 평면으로 자른 단면의 넓이를 $S(t)$라 하면

$$S(t)=(\sqrt{t}+1)^2=t+2\sqrt{t}+1$$

따라서 입체도형의 부피는

$$\int_0^1 S(t)dt=\int_0^1(t+2\sqrt{t}+1)dt$$

$$=\left[\frac{1}{2}t^2+\frac{4}{3}t\sqrt{t}+t\right]_0^1=\frac{17}{6} \qquad \text{답 ④}$$

31

$x=t$를 포함하고 x축에 수직인 평면으로 자른 단면의 넓이를 $S(t)$라 하면

$$S(t)=\left(\sqrt{t+\frac{\pi}{4}\sin\frac{\pi}{2}t}\right)^2=t+\frac{\pi}{4}\sin\frac{\pi}{2}t$$

따라서 입체도형의 부피는

$$\int_1^4 S(t)dt=\int_1^4\left(t+\frac{\pi}{4}\sin\frac{\pi}{2}t\right)dt$$

$$=\left[\frac{1}{2}t^2-\frac{1}{2}\cos\frac{\pi}{2}t\right]_1^4=7 \qquad \text{답 ④}$$

32

$\dfrac{dx}{dt}=2t^{\frac{1}{2}}$, $\dfrac{dy}{dt}=t-1$이므로

$$\sqrt{\left(\dfrac{dx}{dt}\right)^2+\left(\dfrac{dy}{dt}\right)^2}=\sqrt{4t+(t-1)^2}$$
$$=\sqrt{(t+1)^2}=t+1$$

따라서 곡선의 길이는

$$\int_0^2\sqrt{\left(\dfrac{dx}{dt}\right)^2+\left(\dfrac{dy}{dt}\right)^2}\,dt=\int_0^2(t+1)\,dt$$
$$=\left[\dfrac{t^2}{2}+t\right]_0^2=4$$

답 ④

33

$\dfrac{dx}{dt}=4\sqrt{2}e^t(\cos t-\sin t)$, $\dfrac{dy}{dt}=4\sqrt{2}e^t(\sin t+\cos t)$이므로

$$\left(\dfrac{dx}{dt}\right)^2+\left(\dfrac{dy}{dt}\right)^2$$
$$=32e^{2t}(\cos^2 t-2\cos t\sin t+\sin^2 t)$$
$$+32e^{2t}(\sin^2 t+2\sin t\cos t+\cos^2 t)$$
$$=64e^{2t}$$

따라서 P가 움직인 거리는

$$\int_0^{\ln 5}\sqrt{\left(\dfrac{dx}{dt}\right)^2+\left(\dfrac{dy}{dt}\right)^2}\,dt=\int_0^{\ln 5}\sqrt{64e^{2t}}\,dt$$
$$=\int_0^{\ln 5}8e^t\,dt$$
$$=8\left[e^t\right]_0^{\ln 5}=32$$

답 32

34

$y'=(x^2+1)^{\frac{1}{2}}\times 2x$이므로

$$\sqrt{1+(y')^2}=\sqrt{1+(x^2+1)\times 4x^2}$$
$$=\sqrt{(2x^2+1)^2}=2x^2+1$$

따라서 곡선의 길이는

$$\int_0^1\sqrt{1+(y')^2}\,dx=\int_0^1(2x^2+1)\,dx$$
$$=\left[\dfrac{2}{3}x^3+x\right]_0^1=\dfrac{5}{3}$$

$p=3$, $q=5$이므로 $p+q=8$

답 ④

35

$y'=\dfrac{1}{4}e^{2x}-e^{-2x}$이므로

$$\sqrt{1+(y')^2}=\sqrt{1+\left(\dfrac{1}{4}e^{2x}-e^{-2x}\right)^2}$$
$$=\sqrt{1+\left(\dfrac{1}{16}e^{4x}-\dfrac{1}{2}+e^{-4x}\right)}$$
$$=\sqrt{\left(\dfrac{1}{4}e^{2x}+e^{-2x}\right)^2}=\dfrac{1}{4}e^{2x}+e^{-2x}$$

따라서 곡선의 길이는

$$\int_0^{\ln 2}\sqrt{1+(y')^2}\,dx=\int_0^{\ln 2}\left(\dfrac{1}{4}e^{2x}+e^{-2x}\right)dx$$
$$=\left[\dfrac{1}{8}e^{2x}-\dfrac{1}{2}e^{-2x}\right]_0^{\ln 2}=\dfrac{3}{4}$$

답 ⑤

01 ④	**02** $\dfrac{e^\pi}{2(e^\pi-1)}$	**03** ①	**04** ⑤
05 $2\ln 3-2$		**06** $420\pi^2$	**07** ③	**08** ④
09 ③	**10** ②	**11** ⑤	**12** ⑤	**13** 96
14 ③	**15** ①	**16** ③	**17** 1	**18** ④
19 $\log_2 3$	**20** ③	**21** $\dfrac{\sqrt{3}}{8}(\pi+2)$		**22** ④
23 ⑤	**24** ①	**25** ④		

01

[전략] x축과 만나는 점의 x좌표를 구하고, $y\geq 0$일 때와 $y\leq 0$일 때로 나누어 적분한다.

곡선 $y=1-2\sin\left(x+\dfrac{\pi}{6}\right)$가 x축과 만나는 점의 x좌표는

$0=1-2\sin\left(x+\dfrac{\pi}{6}\right)$에서 $\sin\left(x+\dfrac{\pi}{6}\right)=\dfrac{1}{2}$

$0\leq x\leq 2\pi$이므로 $x+\dfrac{\pi}{6}=\dfrac{\pi}{6}$, $\dfrac{5}{6}\pi$, $2\pi+\dfrac{\pi}{6}$

$\therefore x=0$ 또는 $x=\dfrac{2}{3}\pi$ 또는 $x=2\pi$

$0\leq x\leq\dfrac{2}{3}\pi$에서 $1-2\sin\left(x+\dfrac{\pi}{6}\right)\leq 0$

$\dfrac{2}{3}\pi\leq x\leq 2\pi$에서 $1-2\sin\left(x+\dfrac{\pi}{6}\right)\geq 0$

따라서 둘러싸인 부분의 넓이는

$$\int_0^{\frac{2}{3}\pi}\left\{-1+2\sin\left(x+\dfrac{\pi}{6}\right)\right\}dx$$
$$+\int_{\frac{2}{3}\pi}^{2\pi}\left\{1-2\sin\left(x+\dfrac{\pi}{6}\right)\right\}dx$$
$$=\left[-x-2\cos\left(x+\dfrac{\pi}{6}\right)\right]_0^{\frac{2}{3}\pi}+\left[x+2\cos\left(x+\dfrac{\pi}{6}\right)\right]_{\frac{2}{3}\pi}^{2\pi}$$
$$=\left(-\dfrac{2}{3}\pi-2\cos\dfrac{5}{6}\pi+2\cos\dfrac{\pi}{6}\right)$$
$$+\left\{\dfrac{4}{3}\pi+2\cos\left(2\pi+\dfrac{\pi}{6}\right)-2\cos\dfrac{5}{6}\pi\right\}$$
$$=\dfrac{2}{3}\pi+4\sqrt{3}$$

답 ④

02

[전략] $2n\pi\leq x\leq 2n\pi+\pi$에서 $e^{-x}\sin x\geq 0$이므로 이때의 넓이를 구하여 급수로 나타낸다.

$2n\pi\leq x\leq 2n\pi+\pi$ (n은 0 이상의 정수)일 때, $e^{-x}\sin x\geq 0$ 이다.

$2n\pi\leq x\leq 2n\pi+\pi$일 때 곡선 $y=e^{-x}\sin x$와 x축으로 둘러싸인 부분의 넓이를 a_n이라 하자.

$$\int e^{-x}\sin x\,dx$$
$$=e^{-x}(-\cos x)-\int\{-e^{-x}(-\cos x)\}dx$$
$$=-e^{-x}\cos x-\int e^{-x}\cos x\,dx$$

$$=-e^{-x}\cos x-\left\{e^{-x}\sin x-\int(-e^{-x}\sin x)dx\right\}+C$$

$$=-e^{-x}\cos x-e^{-x}\sin x-\int e^{-x}\sin x\,dx+C$$

에서

$$2\int e^{-x}\sin x\,dx=-e^{-x}(\sin x+\cos x)$$

이므로

$$a_n=\int_{2n\pi}^{2n\pi+\pi}e^{-x}\sin x\,dx$$

$$=\frac{1}{2}\Big[-e^{-x}(\sin x+\cos x)\Big]_{2n\pi}^{2n\pi+\pi}$$

$$=\frac{1}{2}\{e^{-(2n\pi+\pi)}+e^{-2n\pi}\}$$

따라서 구하는 넓이는

$$\sum_{n=0}^{\infty}a_n=\frac{1}{2}\sum_{n=0}^{\infty}\{e^{-(2n\pi+\pi)}+e^{-2n\pi}\}$$

이 값은 첫째항이 $\dfrac{e^{-\pi}+1}{2}$ 이고 공비가 $e^{-2\pi}$ 인 등비급수의 합이므로

$$\sum_{n=0}^{\infty}a_n=\frac{\dfrac{e^{-\pi}+1}{2}}{1-e^{-2\pi}}=\frac{e^{\pi}}{2(e^{\pi}-1)}$$

$$\boxdot\ \frac{e^{\pi}}{2(e^{\pi}-1)}$$

03

[전략] 곡선과 직선의 교점의 x좌표를 구하고, 곡선과 직선이 모두 원점에 대칭임을 이용한다.

곡선과 직선이 만나는 점의 x좌표는

$$\frac{xe^{x^2}}{e^{x^2}+1}=\frac{2}{3}x에서\ 3xe^{x^2}=2x(e^{x^2}+1)$$

$$x(e^{x^2}-2)=0$$

$$\therefore\ x=0\ 또는\ x=\pm\sqrt{\ln 2}$$

곡선 $y=\dfrac{xe^{x^2}}{e^{x^2}+1}$ 과 직선 $y=\dfrac{2}{3}x$는
각각 원점에 대칭이므로 그림에서
색칠한 두 부분의 넓이가 같다.
따라서 구하는 넓이는

$$2\int_0^{\sqrt{\ln 2}}\Big(\frac{2}{3}x-\frac{xe^{x^2}}{e^{x^2}+1}\Big)dx이고$$

이때 $(e^{x^2}+1)'=2xe^{x^2}$ 이므로

$$2\int_0^{\sqrt{\ln 2}}\Big(\frac{2}{3}x-\frac{xe^{x^2}}{e^{x^2}+1}\Big)dx$$

$$=\Big[\frac{2}{3}x^2-\ln(e^{x^2}+1)\Big]_0^{\sqrt{\ln 2}}$$

$$=\frac{2}{3}\ln 2-\{\ln(e^{\ln 2}+1)-\ln 2\}$$

$$=\frac{5}{3}\ln 2-\ln 3$$

$$\boxdot\ ①$$

 Note

$0\leq x\leq\sqrt{\ln 2}$ 일 때 $x(e^{x^2}-2)\leq 0$ 이므로 $\dfrac{xe^{x^2}}{e^{x^2}+1}\leq\dfrac{2}{3}x$ 이다.

04

[전략] 곡선 $y=f(x)$, $y=f'(x)$의 교점의 x좌표를 구하고, 두 곡선의 대소를 조사한다.

$$f(x)=\sin 2x+2\cos 2x$$

$$f'(x)=2\cos 2x-4\sin 2x$$

이므로 두 곡선의 교점의 x좌표는

$$\sin 2x+2\cos 2x=2\cos 2x-4\sin 2x$$

$$5\sin 2x=0$$

$0\leq x\leq\pi$이므로

$$x=0\ 또는\ x=\frac{\pi}{2}\ 또는\ x=\pi$$

또 $f(x)-f'(x)=5\sin 2x$ 이고

$0\leq x\leq\dfrac{\pi}{2}$ 일 때 $f(x)\geq f'(x)$

$\dfrac{\pi}{2}\leq x\leq\pi$ 일 때 $f(x)\leq f'(x)$

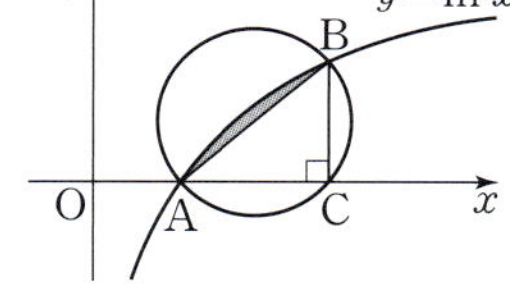

따라서 둘러싸인 부분의 넓이는

$$\int_0^{\frac{\pi}{2}}\{f(x)-f'(x)\}dx+\int_{\frac{\pi}{2}}^{\pi}\{f'(x)-f(x)\}dx$$

$$=5\int_0^{\frac{\pi}{2}}\sin 2x\,dx-5\int_{\frac{\pi}{2}}^{\pi}\sin 2x\,dx$$

$$=5\Big[-\frac{1}{2}\cos 2x\Big]_0^{\frac{\pi}{2}}-5\Big[-\frac{1}{2}\cos 2x\Big]_{\frac{\pi}{2}}^{\pi}$$

$$=5+5=10$$

$$\boxdot\ ⑤$$

05

[전략] C가 지름이 $\overline{AB}$인 원 위의 점임을 이용하여 B의 좌표를 구한다.

$\overline{AC}=2$이므로 C$(3,0)$

또 선분 AB가 지름이고,

C가 원 위의 점이므로

$\angle ACB=90°$이고 B$(3,\ln 3)$

따라서 둘러싸인 부분의 넓이는

$$\int_1^3\ln x\,dx-\frac{1}{2}\times 2\times\ln 3$$

$$=\Big[x\ln x-x\Big]_1^3-\ln 3$$

$$=2\ln 3-2$$

$$\boxdot\ 2\ln 3-2$$

06

[전략] 곡선과 직선의 교점의 x좌표를 구한 다음 $x>0$에서 $x\cos x\leq x$임을 이용하여 넓이를 구한다.

곡선과 직선이 만나는 점의 x좌표는

$x\cos x=x$에서 $x(\cos x-1)=0$

$$\therefore\ x=2n\pi\ (단,\ n은\ 자연수이다.)$$

따라서 P_n의 x좌표는 $2n\pi$이다.

또 $x>0$에서 $x\cos x\leq x$이므로

$$A_n=\int_{2n\pi}^{2(n+1)\pi}(x-x\cos x)dx$$

$$=\left[\frac{1}{2}x^2\right]_{2n\pi}^{2(n+1)\pi}-\int_{2n\pi}^{2(n+1)\pi}x\cos x\,dx$$

$$=(4n+2)\pi^2-\left[x\sin x\right]_{2n\pi}^{2(n+1)\pi}+\int_{2n\pi}^{2(n+1)\pi}\sin x\,dx$$

$$=(4n+2)\pi^2+\left[-\cos x\right]_{2n\pi}^{2(n+1)\pi}=(4n+2)\pi^2$$

$$\therefore A_1+A_3+A_5+\cdots+A_{19}=\sum_{k=1}^{10}A_{2k-1}$$

$$=\sum_{k=1}^{10}(8k-2)\pi^2$$

$$=\pi^2\left(8\times\frac{10\times11}{2}-20\right)$$

$$=420\pi^2 \qquad\qquad \text{달}\ 420\pi^2$$

07

[전략] 점 P에서의 접선의 방정식을 구한 다음, y절편을 구한다.

$f(x)=e^{nx}+n$이라 하자.

$f'(x)=ne^{nx}$, $f'(1)=ne^n$이므로 점 $P(1,\ e^n+n)$에서 접선 l_n의 방정식은

$$y-(e^n+n)=ne^n(x-1),\ y=ne^nx-(n-1)e^n+n$$

따라서 $a_n=-(n-1)e^n+n$이고,

$$S_n=\int_0^1\{e^{nx}+n-ne^nx+(n-1)e^n-n\}dx$$

$$=\left[\frac{1}{n}e^{nx}-\frac{1}{2}ne^nx^2+(n-1)e^nx\right]_0^1$$

$$=\frac{1}{n}(e^n-1)-\frac{1}{2}ne^n+(n-1)e^n$$

$$=\frac{(n^2-2n+2)e^n-2}{2n}$$

$$\therefore \lim_{n\to\infty}\frac{S_n}{a_n}=\lim_{n\to\infty}\frac{(n^2-2n+2)e^n-2}{2n\{-(n-1)e^n+n\}}=-\frac{1}{2} \qquad \text{달}\ ③$$

08

[전략] 두 곡선 $y=f(x)$, $y=g(x)$가 $x=p$에서 접하면
$f(p)=g(p)$, $f'(p)=g'(p)$이다.

$f(x)=ax^2$, $g(x)=\ln x$라 하면

$$f'(x)=2ax,\ g'(x)=\frac{1}{x}$$

$x=p$에서 접한다고 하면

$$f(p)=g(p),\ f'(p)=g'(p)$$

이므로

$$ap^2=\ln p \qquad \cdots ❶$$

$$2ap=\frac{1}{p} \qquad \cdots ❷$$

❷에서 $ap^2=\dfrac{1}{2}$을 ❶에 대입하면

$$\ln p=\frac{1}{2} \qquad \therefore p=\sqrt{e}$$

또 $a=\dfrac{1}{2p^2}=\dfrac{1}{2e}$이므로 $f(x)=\dfrac{1}{2e}x^2$

따라서 둘러싸인 부분의 넓이는

$$S=\int_0^{\sqrt{e}}\frac{1}{2e}x^2\,dx-\int_1^{\sqrt{e}}\ln x\,dx$$

$$=\left[\frac{1}{6e}x^3\right]_0^{\sqrt{e}}-\left[x\ln x-x\right]_1^{\sqrt{e}}$$

$$=\frac{\sqrt{e}}{6}-\left(-\frac{\sqrt{e}}{2}+1\right)=\frac{2\sqrt{e}}{3}-1 \qquad \text{달}\ ④$$

09

[전략] 적당한 부분 C를 찾아 $A+C=B+C$임을 이용한다.

그림과 같이 C 부분을 생각하면 $A+C$ 부분의 넓이와 $B+C$ 부분의 넓이가 같다.

$B+C$ 부분의 넓이는 $\dfrac{\pi}{2}\left(\dfrac{\pi}{2}-k\right)$

$A+C$ 부분의 넓이는

$$\int_0^{\frac{\pi}{2}}x\sin x\,dx$$

$$=\left[-x\cos x\right]_0^{\frac{\pi}{2}}+\int_0^{\frac{\pi}{2}}\cos x\,dx$$

$$=0+\left[\sin x\right]_0^{\frac{\pi}{2}}=1$$

넓이가 같으므로 $\dfrac{\pi}{2}\left(\dfrac{\pi}{2}-k\right)=1$

$$\therefore k=\frac{\pi}{2}-\frac{2}{\pi} \qquad \text{달}\ ③$$

다른 풀이

$\displaystyle\int_0^k x\sin x\,dx=\int_k^{\frac{\pi}{2}}\left(\frac{\pi}{2}-x\sin x\right)dx$에서

$$\int_0^k x\sin x\,dx=\int_k^{\frac{\pi}{2}}\frac{\pi}{2}dx-\int_k^{\frac{\pi}{2}}x\sin x\,dx$$

$$\int_0^k x\sin x\,dx+\int_k^{\frac{\pi}{2}}x\sin x\,dx=\int_k^{\frac{\pi}{2}}\frac{\pi}{2}dx$$

$$\int_0^{\frac{\pi}{2}}x\sin x\,dx=\int_k^{\frac{\pi}{2}}\frac{\pi}{2}dx$$

$$1=\frac{\pi}{2}\left(\frac{\pi}{2}-k\right) \qquad \therefore k=\frac{\pi}{2}-\frac{2}{\pi}$$

10

[전략] 두 곡선의 교점의 x좌표를 k에 대한 식으로 나타낸다.

곡선 $y=\sqrt{-x+1}$과 x축 및 y축으로 둘러싸인 부분의 넓이는

$$\int_0^1\sqrt{-x+1}\,dx=\left[-\frac{2}{3}(-x+1)^{\frac{3}{2}}\right]_0^1=\frac{2}{3}$$

두 곡선 $y=\sqrt{-x+1}$, $y=\sqrt{kx}$의 교점의 x좌표를 α라 하면

$$\sqrt{-\alpha+1}=\sqrt{k\alpha},\ -\alpha+1=k\alpha$$

$$\therefore \alpha=\frac{1}{k+1}$$

곡선 $y=\sqrt{kx}$가 넓이를 이등분하므로

$$\int_0^{\frac{1}{k+1}}(\sqrt{-x+1}-\sqrt{kx})dx=\frac{1}{3}$$

$$(\text{좌변})=\left[-\frac{2}{3}(-x+1)^{\frac{3}{2}}-\frac{2}{3k}(kx)^{\frac{3}{2}}\right]_0^{\frac{1}{k+1}}$$
$$=-\frac{2}{3}\left(\frac{k}{k+1}\right)^{\frac{3}{2}}-\frac{2}{3k}\left(\frac{k}{k+1}\right)^{\frac{3}{2}}+\frac{2}{3}$$

이므로

$$\frac{2}{3}\left(\frac{k}{k+1}\right)^{\frac{3}{2}}+\frac{2}{3k}\left(\frac{k}{k+1}\right)^{\frac{3}{2}}=\frac{1}{3}$$

양변에 $3k(k+1)^{\frac{3}{2}}$을 곱하면

$$2k\times k^{\frac{3}{2}}+2k^{\frac{3}{2}}=k(k+1)^{\frac{3}{2}},\ 2(k+1)k^{\frac{3}{2}}=k(k+1)^{\frac{3}{2}}$$

$k>0$이므로 $2k^{\frac{1}{2}}=(k+1)^{\frac{1}{2}}$

양변을 제곱하면 $4k=k+1$

$$\therefore k=\frac{1}{3}$$

답 ②

11

[전략] 한 점에서 만나므로 곡선 $y=f(x)$와 직선 $y=x$의 관계를 이용한다.

곡선 $y=f(x)$와 $y=g(x)$는 직선 $y=x$에 대칭이므로 두 곡선이 한 점에서 만나면 곡선 $y=f(x)$는 직선 $y=x$에 접한다.

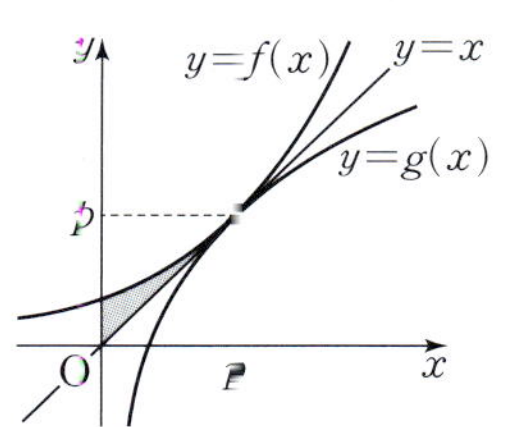

접점의 좌표를 $(p,\ p)$라 하면

$f(p)=p$, $f'(p)=1$이므로

$$e^{p-a}=p,\ e^{p-a}=1$$
$$\therefore p=1,\ a=1$$

곧, $f(x)=e^{x-1}$이므로 그림에서 색칠한 부분의 넓이는

$$\int_0^1(e^{x-1}-x)dx=\left[e^{x-1}-\frac{1}{2}x^2\right]_0^1=\frac{1}{2}-\frac{1}{e}$$

따라서 구하는 넓이는 $1-\dfrac{2}{e}$이다.

답 ⑤

12

[전략] ㄴ. $y=(\ln x)^n$, $y=(\ln x)^{n+1}$의 그래프를 비교한다.
　　ㄷ. $y=g(x)$의 그래프를 그린다.

ㄱ. $1\le x\le e$일 때, $0\le \ln x\le 1$이므로

$$(\ln x)^n-(\ln x)^{n+1}=(\ln x)^n(1-\ln x)\ge 0$$
$$\therefore (\ln x)^n\ge(\ln x)^{n+1}\ (참)$$

ㄴ.

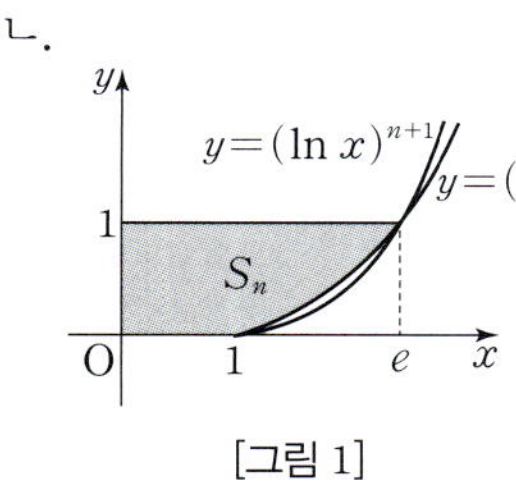

[그림 1]

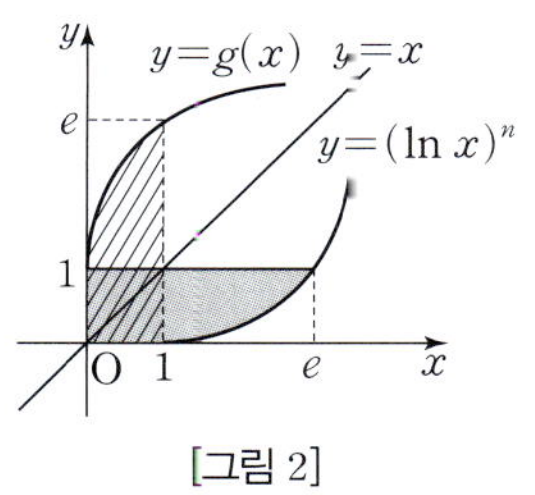

[그림 2]

ㄱ에서 $y=(\ln x)^n$, $y=(\ln x)^{n+1}$의 그래프가 [그림 1]과 같으므로 $S_n<S_{n+1}$이다. (참)

ㄷ. [그림 2]에서 $\int_0^1 g(x)dx$는 빗금친 부분의 넓이이고,

곡선 $y=f(x)$와 $y=g(x)$는 직선 $y=x$에 대칭이므로

$$\int_0^1 g(x)dx=S_n이다.\ (참)$$

따라서 옳은 것은 ㄱ, ㄴ, ㄷ 이다.

답 ⑤

13

[전략] $f(x)$의 증감을 조사하여 $f(x)$가 최대일 때의 x의 값을 구한다.

$f(x)=\displaystyle\int_0^x(a-t)e^t dt$에서 $f'(x)=(a-x)e^x$

$f'(x)=0$에서 $x=a$

증감을 조사하면 $f(x)$는 $x=a$에서 극대이다.

그리고 유일한 극값이므로 $f(x)$는 $x=a$에서 최대이다.

$f(x)$의 최댓값이 32이므로

$$f(a)=\int_0^a(a-t)e^t dt=\left[(a-t)e^t\right]_0^a+\int_0^a e^t dt$$
$$=-a+\left[e^t\right]_0^a=e^a-a-1$$

에서 $e^a-a-1=32$, $e^a=a+33$

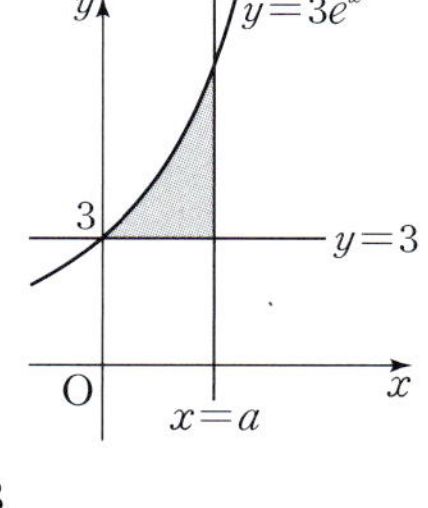

$3e^x=3$에서 $x=0$이므로 둘러싸인 부분의 넓이는

$$\int_0^a(3e^x-3)dx=\left[3e^x-3x\right]_0^a$$
$$=3e^a-3a-3$$
$$=3(a+33)-3a-3$$
$$=96$$

답 96

14

[전략] $f'(x)\ge 0$, $f'(x)\le 0$일 때로 나누면 $g(x)$를 구할 수 있다.

$f(x)=xe^{-x}$이므로 $f'(x)=(1-x)e^{-x}$

$x\le 1$일 때 $f'(x)\ge 0$, $x\ge 1$일 때 $f'(x)\le 0$이므로

$x\le 1$일 때

$$g(x)=\int_0^x(1-t)e^{-t}dt=\left[te^{-t}\right]_0^x=xe^{-x}$$

$x\ge 1$일 때

$$g(x)=\int_0^1(1-t)e^{-t}dt+\int_1^x\{-(1-t)e^{-t}\}dt$$
$$=\left[te^{-t}\right]_0^1+\left[-te^{-t}\right]_1^x$$
$$=-xe^{-x}+\frac{2}{e}$$

곧,

$x\le 1$일 때 $g(x)=f(x)$

$x\ge 1$일 때 $g(x)=-f(x)+\dfrac{2}{e}$

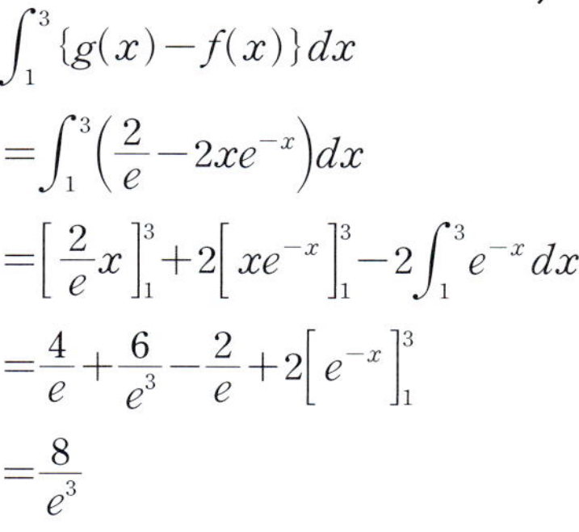

따라서 둘러싸인 부분의 넓이는

$$\int_1^3\{g(x)-f(x)\}dx$$
$$=\int_1^3\left(\frac{2}{e}-2xe^{-x}\right)dx$$
$$=\left[\frac{2}{e}x\right]_1^3+2\left[xe^{-x}\right]_1^3-2\int_1^3 e^{-x}dx$$
$$=\frac{4}{e}+\frac{6}{e^3}-\frac{2}{e}+2\left[e^{-x}\right]_1^3$$
$$=\frac{8}{e^3}$$

$a=3$, $b=8$이므로 $a+b=11$

답 ③

15

[전략] 삼각형 ABC의 넓이를 $f(t)$와 $f'(t)$로 나타낸다.

조건에서 $f(x)$는 실수 전체의 집합에서 증가하고 곡선 $y=f(x)$는 원점을 지난다.

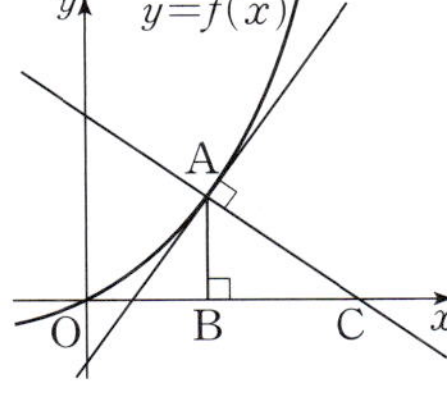

$A(t,\ f(t))$에서 접선의 기울기는 $f'(t)$이므로 직선 AC의 방정식은

$$y-f(t)=-\frac{1}{f'(t)}(x-t)$$

$y=0$을 대입하면 $x=f(t)f'(t)+t$

$\overline{BC}=f(t)f'(t)$이므로 삼각형 ABC의 넓이는

$$\frac{1}{2}\times f(t)f'(t)\times f(t)=\frac{1}{2}\{f(t)\}^2 f'(t)$$

조건에서 $\{f(t)\}^2 f'(t)=e^{3t}-2e^{2t}+e^t$

양변을 적분하면

$$\frac{1}{3}\{f(t)\}^3=\frac{1}{3}e^{3t}-e^{2t}+e^t+C$$

$f(0)=0$이므로 $C=-\frac{1}{3}$

이때 $\{f(t)\}^3=e^{3t}-3e^{2t}+3e^t-1=(e^t-1)^3$이므로

$$f(t)=e^t-1$$

따라서 구하는 넓이는

$$\int_0^1 (e^x-1)dx=\Big[e^x-x\Big]_0^1=e-2 \qquad \text{답 ①}$$

16

[전략] $S'(t)=0$의 해가 존재하는 범위를 조사한다.

$$S(t)=\int_0^{\frac{1}{t}} e^{2t^2 x}\,dx=\Big[\frac{1}{2t^2}e^{2t^2 x}\Big]_0^{\frac{1}{t}}=\frac{1}{2t^2}(e^{2t}-1)$$

이므로

$$S'(t)=\frac{2e^{2t}\times 2t^2-(e^{2t}-1)\times 4t}{4t^4}=\frac{(t-1)e^{2t}+1}{t^3}$$

$g(t)=(t-1)e^{2t}+1$이라 하면

$$g'(t)=e^{2t}+2(t-1)e^{2t}$$
$$=(2t-1)e^{2t}$$

따라서 $g(t)$는 $t=\frac{1}{2}$에서 극소이다.

그리고 $g\left(\frac{1}{2}\right)=-\frac{1}{2}e+1$, $g(1)=1$

이므로 $g(\alpha)=0$이라 하면 $\frac{1}{2}<\alpha<1$이고,

$0<t<\alpha$일 때 $S'(t)<0$, $t>\alpha$일 때 $S'(t)>0$

따라서 $S(t)$는 $t=\alpha$에서 극소이고 최소이다. 　답 ③

17

[전략] l의 방정식을 $y=ax$라 하고 넓이를 구한 다음, $a=\tan\theta$임을 이용한다.

l의 방정식을 $y=ax$라 하면 곡선과 직선이 만나는 점의 x좌표는

$-x^3+x=ax$에서 $x\{x^2-(1-a)\}=0$

$x\ge 0$일 때 $x=0$ 또는 $x=\sqrt{1-a}$

따라서 둘러싸인 부분의 넓이는

$$\int_0^{\sqrt{1-a}}(-x^3+x-ax)dx=\Big[-\frac{1}{4}x^4+\frac{(1-a)}{2}x^2\Big]_0^{\sqrt{1-a}}$$
$$=\frac{(1-a)^2}{4}$$

$a=\tan\theta$이므로 $S(\theta)=\dfrac{(1-\tan\theta)^2}{4}$

$\theta-\dfrac{\pi}{4}=t$라 하면 $\theta=t+\dfrac{\pi}{4}$이므로

$$S\left(t+\frac{\pi}{4}\right)=\frac{1}{4}\left\{1-\tan\left(t+\frac{\pi}{4}\right)\right\}^2=\frac{1}{4}\left(1-\frac{1+\tan t}{1-\tan t}\right)^2$$
$$=\frac{\tan^2 t}{(1-\tan t)^2}$$

$\theta\to\dfrac{\pi}{4}-$일 때 $t\to 0-$이므로

$$\lim_{\theta\to\frac{\pi}{4}-}\frac{S(\theta)}{\left(\theta-\frac{\pi}{4}\right)^2}=\lim_{t\to 0-}\left\{\frac{\tan^2 t}{t^2}\times\frac{1}{(1-\tan t)^2}\right\}=1$$

답 1

18

[전략] 1. 급수의 합을 정적분으로 고친다.

2. $\sqrt{a^2-x^2}$의 정적분은 $x=a\sin\theta$로 치환하여 구한다.

$$\lim_{n\to\infty}\sum_{k=1}^{n}\frac{1}{\sqrt{4n^2-(n+k)^2}}=\lim_{n\to\infty}\sum_{k=1}^{n}\frac{1}{\sqrt{4-\left(1+\frac{k}{n}\right)^2}}\times\frac{1}{n}$$
$$=\int_1^2 \frac{1}{\sqrt{4-x^2}}\,dx$$

$x=2\sin\theta\left(-\dfrac{\pi}{2}\le\theta\le\dfrac{\pi}{2}\right)$로 놓으면

$\dfrac{dx}{d\theta}=2\cos\theta$에서 $dx=2\cos\theta\,d\theta$이고

$x=1$일 때 $\theta=\dfrac{\pi}{6}$, $x=2$일 때 $\theta=\dfrac{\pi}{2}$이므로

$$\int_1^2 \frac{1}{\sqrt{4-x^2}}\,dx=\int_{\frac{\pi}{6}}^{\frac{\pi}{2}}\frac{2\cos\theta}{\sqrt{4-4\sin^2\theta}}\,d\theta$$
$$=\int_{\frac{\pi}{6}}^{\frac{\pi}{2}}\frac{2\cos\theta}{\sqrt{4\cos^2\theta}}\,d\theta$$
$$=\int_{\frac{\pi}{6}}^{\frac{\pi}{2}}1\,d\theta=\Big[\theta\Big]_{\frac{\pi}{6}}^{\frac{\pi}{2}}=\frac{\pi}{3} \qquad \text{답 ④}$$

Note

$\displaystyle\int_0^1 \frac{1}{\sqrt{4-(1+x)^2}}\,dx$로 변형해도 된다.

19

[전략] $\displaystyle\lim_{n\to\infty}\sum_{k=1}^{n}f\left(a+\frac{(b-a)k}{n}\right)\frac{b-a}{n}=\int_a^b f(x)dx$를 이용한다.

$$\lim_{n\to\infty}\sum_{k=1}^{n}\left\{f\left(2+\frac{k}{n}\right)+f\left(2-\frac{k}{n}\right)\right\}\frac{1}{n}$$
$$=\lim_{n\to\infty}\sum_{k=1}^{n}\left\{f\left(2+\frac{k}{n}\right)\frac{1}{n}-f\left(2-\frac{k}{n}\right)\left(\frac{-1}{n}\right)\right\}$$
$$=\int_2^3 f(x)dx-\int_2^1 f(x)dx$$
$$=\int_2^3 f(x)dx+\int_1^2 f(x)dx$$
$$=\int_1^3 f(x)dx=\int_1^3 \frac{2^x}{2^x+1}\,dx$$

$(2^x+1)'=2^x\times\ln 2$이므로

$$\int_1^3 \frac{2^x}{2^x+1}\,dx=\left[\frac{1}{\ln 2}\times\ln(2^x+1)\right]_1^3$$
$$=\frac{1}{\ln 2}\times\ln 3=\log_2 3 \qquad\qquad \text{달}\ \log_2 3$$

20

[전략] $\displaystyle\sum_{k=1}^{n}\frac{k}{n}\left\{f\left(\frac{k}{n}\right)-f\left(\frac{k-1}{n}\right)\right\}$을 전개하여 간단히 한다.

$$\sum_{k=1}^{n}\frac{k}{n}\left\{f\left(\frac{k}{n}\right)-f\left(\frac{k-1}{n}\right)\right\}$$
$$=\frac{1}{n}\left\{f\left(\frac{1}{n}\right)-f\left(\frac{0}{n}\right)\right\}+\frac{2}{n}\left\{f\left(\frac{2}{n}\right)-f\left(\frac{1}{n}\right)\right\}$$
$$+\frac{3}{n}\left\{f\left(\frac{3}{n}\right)-f\left(\frac{2}{n}\right)\right\}+\cdots+\frac{n}{n}\left\{f\left(\frac{n}{n}\right)-f\left(\frac{n-1}{n}\right)\right\}$$
$$=f(1)-\frac{1}{n}\left\{f\left(\frac{0}{n}\right)+f\left(\frac{1}{n}\right)+f\left(\frac{2}{n}\right)+f\left(\frac{3}{n}\right)\right.$$
$$\left.+\cdots+f\left(\frac{n-1}{n}\right)\right\}$$

이므로

$$\lim_{n\to\infty}\sum_{k=1}^{n}\frac{k}{n}\left\{f\left(\frac{k}{n}\right)-f\left(\frac{k-1}{n}\right)\right\}$$
$$=f(1)-\lim_{n\to\infty}\sum_{k=0}^{n-1}f\left(\frac{k}{n}\right)\frac{1}{n}$$
$$=1-\int_0^1 f(x)\,dx$$
$$=1-\int_0^1 \sqrt{x}\,dx$$
$$=1-\left[\frac{2}{3}x^{\frac{3}{2}}\right]_0^1=\frac{1}{3} \qquad\qquad \text{달}\ ③$$

다른풀이

[그림 1]에서 $\dfrac{k}{n}\left\{f\left(\dfrac{k}{n}\right)-f\left(\dfrac{k-1}{n}\right)\right\}$의 값은 직사각형의 넓이와 같으므로 [그림 2]에서 $\displaystyle\lim_{n\to\infty}\sum_{k=1}^{n}\frac{k}{n}\left\{f\left(\frac{k}{n}\right)-f\left(\frac{k-1}{n}\right)\right\}$의 값은 색칠한 부분의 넓이와 같다.

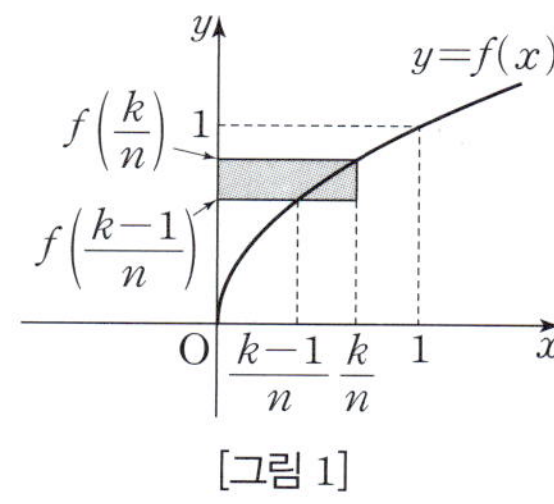
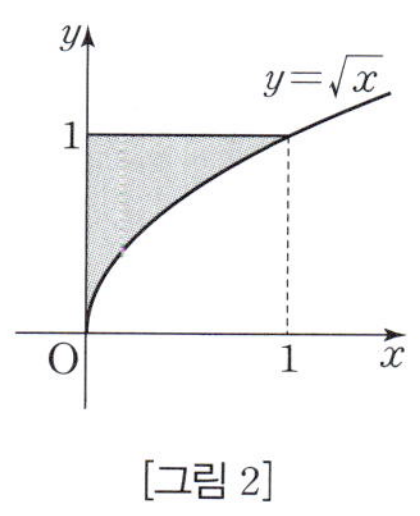

그런데 $x=y^2$이므로

$$\int_0^1 y^2\,dy=\left[\frac{1}{3}y^3\right]_0^1=\frac{1}{3}$$

21

[전략] $\overline{PQ}$가 한 변인 정삼각형의 넓이 $S(x)$를 구한 다음, $\displaystyle\int_0^{\sqrt{\pi}}S(x)dx$를 계산한다.

선분 PQ를 한 변으로 하는 정삼각형의 넓이를 $S(x)$라 하면

$$S(x)=\frac{\sqrt{3}}{4}x(x^2+1)\sin x^2$$

입체도형의 부피를 V라 하면

$$V=\int_0^{\sqrt{\pi}}\frac{\sqrt{3}}{4}x(x^2+1)\sin x^2\,dx$$

$x^2=t$라 하면 $x\,dx=\frac{1}{2}dt$이고,

$x=0$일 때 $t=0$, $x=\sqrt{\pi}$일 때 $t=\pi$이므로

$$V=\frac{\sqrt{3}}{8}\int_0^{\pi}(t+1)\sin t\,dt$$
$$=\frac{\sqrt{3}}{8}\times\left[-(t+1)\cos t\right]_0^{\pi}-\frac{\sqrt{3}}{8}\int_0^{\pi}(-\cos t)dt$$
$$=\frac{\sqrt{3}}{8}(\pi+2) \qquad\qquad \text{달}\ \frac{\sqrt{3}}{8}(\pi+2)$$

22

[전략] $x<0$일 때와 $x\geq0$일 때로 나누어 단면의 넓이를 먼저 구한다.

선분 PH를 한 변으로 하는 정사각형의 넓이는

$x<0$일 때, e^{-2x}

$x\geq0$일 때, $\ln(x+1)+1$

따라서 입체도형의 부피를 V라 하면

$$V=\int_{-\ln 2}^{0}e^{-2x}dx+\int_0^{e-1}\{\ln(x+1)+1\}dx$$

이때

$$\int_{-\ln 2}^{0}e^{-2x}dx=-\frac{1}{2}\left[e^{-2x}\right]_{-\ln 2}^{0}$$
$$=-\frac{1}{2}(1-e^{2\ln 2})=\frac{3}{2}$$

또 $\displaystyle\int_0^{e-1}\{\ln(x+1)+1\}dx$에서

$x+1=t$라 하면 $dx=dt$이고,

$x=0$일 때 $t=1$, $x=e-1$일 때 $t=e$이므로

$$\int_0^{e-1}\{\ln(x+1)+1\}dx=\int_1^{e}(\ln t+1)dt$$
$$=\left[t\ln t-t+t\right]_1^{e}=e$$
$$\therefore V=\frac{3}{2}+e \qquad\qquad \text{달}\ ④$$

23

[전략] $\sqrt{\left(\dfrac{dx}{dt}\right)^2+\left(\dfrac{dy}{dt}\right)^2}$을 계산할 때에는 삼각함수의 덧셈정리와 배각공식 또는 반각공식을 이용한다.

ㄱ. $\begin{cases}x=2\sin t+\sin 2t\\y=2\cos t-\cos 2t\end{cases}$에 $t=\dfrac{\pi}{2}$를 대입하면 $x=2$, $y=1$ (참)

ㄴ. $y=1$이면 $2\cos t-\cos 2t=1$

$2\cos t-(2\cos^2 t-1)=1$, $2\cos t(\cos t-1)=0$

$\therefore \cos t=0$ 또는 $\cos t=1$

따라서 처음으로 다시 만나는 시각은 $t=\dfrac{\pi}{2}$ (참)

ㄷ. $\dfrac{dx}{dt}=2(\cos t+\cos 2t)$, $\dfrac{dy}{dt}=2(-\sin t+\sin 2t)$

이므로

$$\sqrt{\left(\frac{dx}{dt}\right)^2+\left(\frac{dy}{dt}\right)^2}$$

$$=\sqrt{4(\cos t+\cos 2t)^2+4(-\sin t+\sin 2t)^2}$$

$$=2\sqrt{2+2(\cos 2t\cos t-\sin 2t\sin t)}$$

$$=2\sqrt{2(1+\cos 3t)}=2\sqrt{4\cos^2\frac{3}{2}t}\quad\cdots\ \mathbf{❶}$$

$$=4\left|\cos\frac{3}{2}t\right|$$

$$\therefore\int_0^{\frac{\pi}{3}}\sqrt{\left(\frac{dx}{dt}\right)^2+\left(\frac{dy}{dt}\right)^2}dt=4\int_0^{\frac{\pi}{3}}\cos\frac{3}{2}t\,dt$$

$$=4\left[\frac{2}{3}\sin\frac{3}{2}t\right]_0^{\frac{\pi}{3}}=\frac{8}{3}\ (참)$$

따라서 옳은 것은 ㄱ, ㄴ, ㄷ이다. 답 ⑤

Note

❶은 다음 배각공식을 이용한다.

$$\cos 2\theta=2\cos^2\theta-1$$

24

[전략] $f(0)=0$, $f'\left(\frac{1}{2}\right)=-\frac{4}{3}$에서 a, b의 값을 구하고,
$1+\{f'(x)\}^2$을 간단히 한다.

$f(0)=0$이므로 $\ln b=0$　$\therefore b=1$

이때 $f(x)=\ln(ax^2+1)$이므로 $f'(x)=\dfrac{2ax}{ax^2+1}$

$f'\left(\dfrac{1}{2}\right)=-\dfrac{4}{3}$이므로 $\dfrac{a}{\frac{1}{4}a+1}=-\dfrac{4}{3}$

$3a=-(a+4)$　$\therefore a=-1$

이때

$$1+\{f'(x)\}^2=1+\left(\frac{-2x}{-x^2+1}\right)^2=\left(\frac{1+x^2}{1-x^2}\right)^2$$

이므로 곡선의 길이는

$$\int_{-\frac{1}{3}}^{\frac{1}{3}}\sqrt{1+\{f'(x)\}^2}dx$$

$$=\int_{-\frac{1}{3}}^{\frac{1}{3}}\frac{1+x^2}{1-x^2}dx=2\int_0^{\frac{1}{3}}\frac{1+x^2}{1-x^2}dx$$

$$=2\int_0^{\frac{1}{3}}\left(-1+\frac{2}{1-x^2}\right)dx$$

$$=2\int_0^{\frac{1}{3}}\left(-1+\frac{1}{1-x}+\frac{1}{1+x}\right)dx$$

$$=2\left[-x-\ln|1-x|+\ln|x+1|\right]_0^{\frac{1}{3}}$$

$$=2\left(-\frac{1}{3}-\ln\frac{2}{3}+\ln\frac{4}{3}\right)=2\ln 2-\frac{2}{3}$$
답 ①

25

[전략] 곡선 $y=f(x)$의 길이를 이용하여 $f(x)$를 구한다.

조건 (나)에서 $\displaystyle\int_0^t\sqrt{1+\{f'(x)\}^2}dx=\frac{e^t-e^{-t}}{2}$

양변을 t에 대하여 미분하면 $\sqrt{1+\{f'(t)\}^2}=\dfrac{e^t+e^{-t}}{2}$

양변을 제곱하여 정리하면

$$\{f'(t)\}^2=\left(\frac{e^t+e^{-t}}{2}\right)^2-1=\left(\frac{e^t-e^{-t}}{2}\right)^2$$

조건 (가)에서 $f'(t)\geq 0$이므로 $f'(t)=\dfrac{1}{2}(e^t-e^{-t})$

$$\therefore f(t)=\int\frac{1}{2}(e^t-e^{-t})dt=\frac{1}{2}(e^t+e^{-t})+C$$

$f(0)=1$이므로 $1+C=1$, $C=0$

$f(x)=\dfrac{1}{2}(e^x+e^{-x})$이므로

$$f(\ln 2)=\frac{1}{2}\left(2+\frac{1}{2}\right)=\frac{5}{4}$$
답 ④

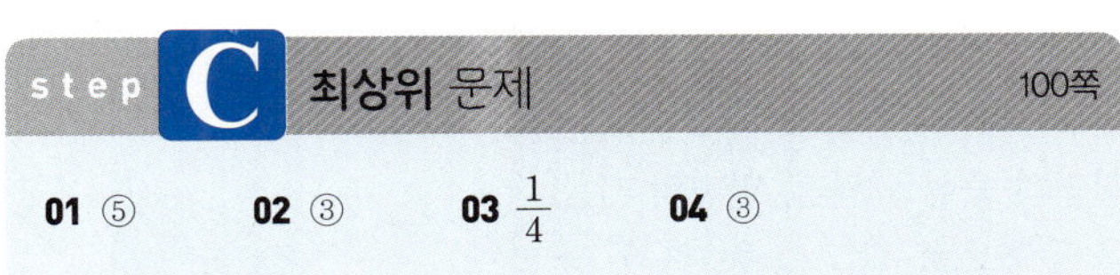

01

[전략] ㄴ, ㄷ은 등비급수의 합을 생각한다.

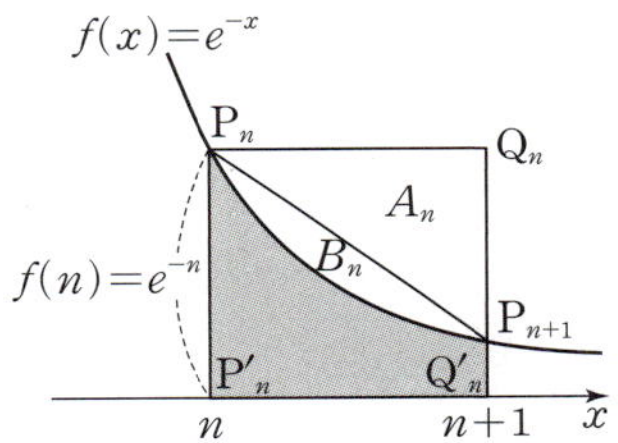

ㄱ. $f(x)>0$이므로 $\displaystyle\int_n^{n+1}f(x)dx$는 그림에서 색칠한 부분의 넓이이다. 그런데 직사각형 $P_nP'_nQ'_nQ_n$의 넓이가 $f(n)\times 1=f(n)$이므로

$$\int_n^{n+1}f(x)dx=f(n)-(A_n+B_n)\ (참)$$

ㄴ. $A_n=\dfrac{1}{2}\times 1\times\{f(n)-f(n+1)\}$

$$=\frac{1}{2}(e^{-n}-e^{-n-1})$$

$$=\frac{1}{2}e^{-n-1}(e-1)$$

이므로 수열 $\{A_n\}$은 첫째항이 $\dfrac{1}{2}(e-1)e^{-2}=\dfrac{e-1}{2e^2}$이고,

공비가 $\dfrac{1}{e}$인 등비수열이다.

$$\therefore\sum_{n=1}^{\infty}A_n=\frac{\frac{e-1}{2e^2}}{1-\frac{1}{e}}=\frac{1}{2e}\ (참)$$

ㄷ. B_n은 사다리꼴 $P_nP'_nQ'_nP'_{n+1}$의 넓이에서
$\displaystyle\int_n^{n+1}f(x)dx$를 뺀 값이므로

$$B_n=\frac{1}{2}(e^{-n}+e^{-n-1})-\int_n^{n+1}e^{-x}dx$$
$$=\frac{1}{2}(e^{-n}+e^{-n-1})+(e^{-n-1}-e^{-n})$$
$$=\frac{3}{2}e^{-n-1}-\frac{1}{2}e^{-n}=e^{-n}\left(\frac{3}{2e}-\frac{1}{2}\right)$$

따라서 수열 $\{B_n\}$은 첫째항이 $\frac{3}{2e^2}-\frac{1}{2e}$이고 공비가 $\frac{1}{e}$인 등비수열이다.

$$\therefore \sum_{n=1}^{\infty}B_n=\frac{\frac{3}{2e^2}-\frac{1}{2e}}{1-\frac{1}{e}}=\frac{3-e}{2e(e-1)} \ (참)$$

따라서 옳은 것은 ㄱ, ㄴ, ㄷ이다.　　　답 ⑤

Note

ㄷ에서 B_n은 ㄱ, ㄴ을 이용하여 구해도 된다.

02

[전략] 밑면의 지름을 x축으로 하고 x축에 수직인 평면으로 자른 단면을 생각한다.

밑면의 중심을 원점, 밑면의 지름을 x축으로 잡고 x축 위의 점 $\mathrm{P}(x,\,0)$을 지나고 x축에 수직인 평면으로 입체도형을 자른 단면을 삼각형 PQR라 하자.
$-1\le x\le 1$이고,

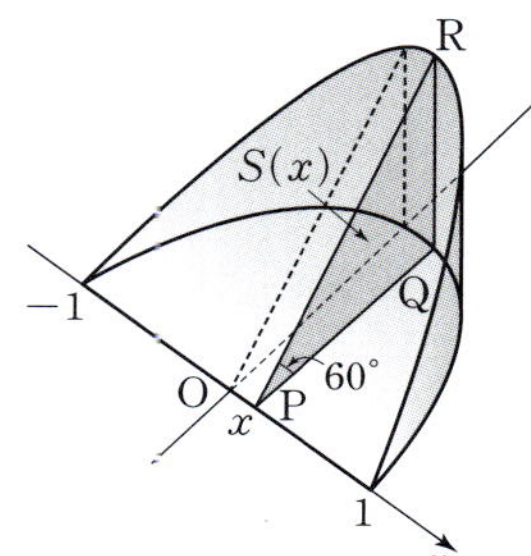

$$\overline{\mathrm{PQ}}=\sqrt{\overline{\mathrm{OQ}}^2-\overline{\mathrm{OP}}^2}$$
$$=\sqrt{1-x^2}$$
$$\overline{\mathrm{RQ}}=\overline{\mathrm{PQ}}\tan 60°=\sqrt{3}\sqrt{1-x^2}$$

이므로 삼각형 PQR의 넓이를 $S(x)$라 하면

$$S(x)=\frac{1}{2}\times\sqrt{1-x^2}\times\sqrt{3}\sqrt{1-x^2}=\frac{\sqrt{3}}{2}(1-x^2)$$

따라서 입체도형의 부피는

$$\int_{-1}^{1}S(x)dx=2\int_0^1\frac{\sqrt{3}}{2}(1-x^2)dx$$
$$=\sqrt{3}\left[x-\frac{1}{3}x^3\right]_0^1=\frac{2\sqrt{3}}{3}$$　答 ③

03

[전략] 다음 두 식에서 $\frac{ds}{dt}$를 구할 수 있다.

$$s=\int_1^t\sqrt{\left(\frac{dx}{dt}\right)^2+\left(\frac{dy}{dt}\right)^2}\,dt,\ t=\frac{s+\sqrt{s^2+4}}{2}$$

속도는 $\left(\frac{dx}{dt},\,\frac{dy}{dt}\right)=\left(\frac{2}{t},\,f'(t)\right)$

가속도는 $\left(\frac{d^2}{dt^2}x,\,\frac{d^2}{dt^2}y\right)=\left(-\frac{2}{t^2},\,f''(t)\right)$

따라서 $t=2$일 때, 속도는 $(1,\,f'(2))$, 가속도는 $\left(-\frac{1}{2},\,f''(2)\right)$

속도가 $\left(1,\,\frac{3}{4}\right)$이므로 $f'(2)=\frac{3}{4}$

또 시각 $t=1$에서 t까지 움직인 거리가 s이므로

$$\int_1^t\sqrt{\frac{4}{t^2}+\{f'(t)\}^2}\,dt=s$$

양변을 t에 대하여 미분하면

$$\sqrt{\frac{4}{t^2}+\{f'(t)\}^2}=\frac{ds}{dt}$$
$$4t^{-2}+\{f'(t)\}^2=\left(\frac{ds}{dt}\right)^2 \quad \cdots ❶$$
$$t=\frac{s+\sqrt{s^2+4}}{2}에서\ 2t-s=\sqrt{s^2+4}$$

양변을 제곱하여 정리하면 $4t^2-4ts=4,\ s=t-\frac{1}{t}$

양변을 t에 대하여 미분하면 $\frac{ds}{dt}=1+\frac{1}{t^2}$이므로 ❶에 대입하면

$$4t^{-2}+\{f'(t)\}^2=\left(1+\frac{1}{t^2}\right)^2$$

양변을 t에 대하여 미분하면

$$-8t^{-3}+2f'(t)f''(t)=2\left(1+\frac{1}{t^2}\right)\times(-2t^{-3})$$

$t=2$를 대입하면 $-1+2\times\frac{3}{4}\times f''(2)=2\times\frac{5}{4}\times\left(-\frac{1}{4}\right)$

$$\therefore a=f''(2)=\frac{1}{4}$$　答 $\frac{1}{4}$

04

[전략] 1. 선분 $\mathrm{OC_2}$가 x축의 양의 방향과 이루는 각의 크기 θ를 이용하여 원 C_2의 중심의 좌표를 나타낸다.

2. 반지름 $\mathrm{C_2P}$가 x축의 양의 방향과 이루는 각의 크기를 이용하여 C_2의 좌표와 P의 좌표 사이의 관계를 구한다.

C_2의 중심을 $\mathrm{C_2}$라 하면 $\overline{\mathrm{OC_2}}=5$이므로

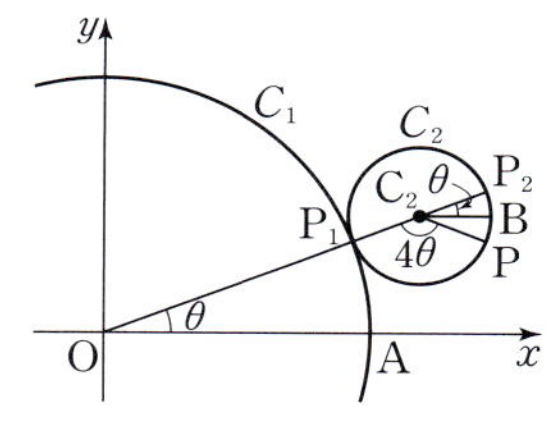

$$\mathrm{C_2}(5\cos\theta,\,5\sin\theta)$$

선분 $\mathrm{OC_2}$가 원 C_2와 만나는 점을 $\mathrm{P_1}$, 선분 $\mathrm{OC_2}$의 연장선이 원 C_2와 만나는 점을 $\mathrm{P_2}$라 하자.

호 $\mathrm{AP_1}$의 길이가 4θ이므로 호 $\mathrm{PP_1}$의 길이도 4θ이고, $\angle\mathrm{P_1C_2P}=4\theta$이다.

또 반지름 $\mathrm{C_2B}$가 x축에 평행하면 $\angle\mathrm{P_2C_2B}=\theta$이므로 반지름 $\mathrm{C_2P}$가 x축의 양의 방향과 이루는 각의 크기는

$$\angle\mathrm{BC_2P}=\theta+\pi+4\theta=\pi+5\theta$$

따라서 $\mathrm{P}(x,\,y)$라 하면

$$x=5\cos\theta+\cos(\pi+5\theta)=5\cos\theta-\cos 5\theta,$$
$$y=5\sin\theta+\sin(\pi+5\theta)=5\sin\theta-\sin 5\theta$$

$$\therefore \frac{dx}{d\theta}=-5\sin\theta+5\sin 5\theta,\ \frac{dy}{d\theta}=5\cos\theta-5\cos 5\theta$$

$$\left(\frac{dx}{d\theta}\right)^2+\left(\frac{dy}{d\theta}\right)^2$$
$$=(-5\sin\theta+5\sin 5\theta)^2+(5\cos\theta-5\cos 5\theta)^2$$
$$=50-50(\sin\theta\sin 5\theta+\cos\theta\cos 5\theta)$$
$$=50-50\cos 4\theta$$
$$=50-50(1-2\sin^2 2\theta)=100\sin^2 2\theta$$

$$\therefore \int_0^{\frac{\pi}{2}}\sqrt{\left(\frac{dx}{d\theta}\right)^2+\left(\frac{dy}{d\theta}\right)^2}\,d\theta=\int_0^{\frac{\pi}{2}}10\sin 2\theta\,d\theta$$
$$=\left[-5\cos 2\theta\right]_0^{\frac{\pi}{2}}=10$$　答 ③

절대등급

달라진
교육과정에도
변함없이
하이탑 !

하이탑
과학 고수들의 필독서

#2015 개정 교육과정
#믿고 보는 과학 개념서
#통합과학
#물리학 #화학 #생명과학 #지구과학
#과학 #잘하고싶다 #중요 #개념 #열공
#포기하지마 #엄지척 #화이팅

01
기초부터 심화까지
자세하고 빈틈 없는 개념 설명

02
풍부한 그림 자료,
수준 높은 문제 수록

03
새 교육과정을 완벽 반영한
깊이 있는 내용

중학교 1~3학년 / 고등학교 통합과학 / 물리학 Ⅰ,Ⅱ / 화학 Ⅰ,Ⅱ / 생명과학 Ⅰ,Ⅱ / 지구과학 Ⅰ,Ⅱ

동아출판

내신 1등급 문제서

절대등급